新常态中国产业全碳足迹关联复杂网络及协同减排研究

杨传明◎著

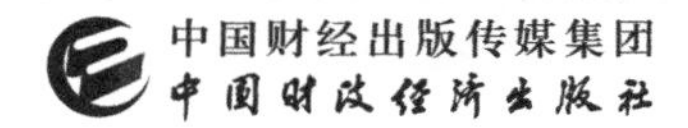

中国财经出版传媒集团
中国财政经济出版社

图书在版编目（CIP）数据

新常态中国产业全碳足迹关联复杂网络及协同减排研究 / 杨传明著. --北京：中国财政经济出版社，2023.8

ISBN 978-7-5223-2359-6

Ⅰ.①新… Ⅱ.①杨… Ⅲ.①产业结构调整-关系-二氧化碳-减量化-排气-研究-中国 Ⅳ.①F269.24 ②X511

中国国家版本馆 CIP 数据核字（2023）第 130618 号

责任编辑：王 芳　　责任校对：胡永立
封面设计：陈宇琰　　责任印制：张 健

新常态中国产业全碳足迹关联复杂网络及协同减排研究
XINCHANGTAI ZHONGGUO CHANYE QUANTAN ZUJI GUANLIAN FUZA WANGLUO JI XIETONG JIANPAI YANJIU

中国财政经济出版社 出版

URL：http：//www.cfeph.cn
E-mail：cfeph@cfeph.cn

社址：北京市海淀区阜成路甲 28 号　邮政编码：100142
营销中心电话：010-88191522
天猫网店：中国财政经济出版社旗舰店
网址：https：//zgczjjcbs.tmall.com
北京财经印刷厂印刷　各地新华书店经销
成品尺寸：170mm×240mm　16 开　25.25 印张　397 000 字
2023 年 8 月第 1 版　2023 年 8 月北京第 1 次印刷
定价：92.00 元
ISBN 978-7-5223-2359-6
（图书出现印装问题，本社负责调换，电话：010-88190548）
本社质量投诉电话：010-88190744

序

绿色是生命的象征、大自然的底色，低碳发展顺应自然、促进人与自然和谐共生，用最少资源环境代价取得最大经济社会效益，是高质量且可持续的发展。几千年来，中华民族尊重自然、保护自然，生生不息、繁衍发展，倡导“天人合一”是中华文明的鲜明特色。当前，为了更好地推动构建人类命运共同体的伟大使命，面对后巴黎时代巨大的减排压力、经济增长趋缓的新常态，中国把节约资源和保护环境确立为基本国策，把绿色发展定位为重大战略导向，明确提出积极稳妥推进碳达峰碳中和，以求破解新常态下可持续发展之难题。作为碳排放最主要源头的产业部门，则肩负着实现该目标的首要重任。为此，研究中国如何在新常态环境下，保持以稳为主的政策基调，在追求产业良性发展的同时控制并减少碳排放，已成为一个重要而紧迫的现实任务。

当前各界已经从产业碳排放衡量指标、产业碳排放影响因素等角度，对某特定产业部门或者行业的碳排放测算及节能减排展开了深入研究。但必须看到，国民经济中各产业是一个相互联系、相互影响的复杂经济系统，新常态中国产业协同减排涉及经济形态、理论形态与实践形态，是一个具有内在联系的完整结构问题。传统研究直接考察单个产业部门间的碳减排联系及影响，强调产业个体关联效应的简单叠加，弱化了多个产业间关联效应的复杂差异性，无法有效整体对接产业间碳关联流转移，必须引入新的研究方法和理论体系加以解构。

面对上述需求，《新常态中国产业全碳足迹关联复杂网络及协同减排研究》突破性地以产业全碳足迹关联性为切入点、以新旧常态为围绕点、以纵横多重对比为依托点、以碳协同减排责任为着力点、以科学减排政策建议为落脚点，实现了学术研究视角上的创新。该书利用函数动态修正新常态中国产业投入产出表，提取实时全碳足迹知识元解析网络关联关系；

设计算法分析网络结构，构建关联延伸指标体系分析网络关联效应；创建产业碳足迹影响因素分解模型，辨析新旧常态中国产业碳足迹的影响因素，运用多种方法分析各自影响程度；设计 ZSG－DEA 模型分配产业碳减排责任，依照多重原则系统解析新旧常态时期中国产业碳足迹减排责任分解效率，利用情景分析法进行系统仿真，保障所提机制和政策的有效可行性，从而实现了模型构造、算法设计、政策仿真等方面的方法创新。全书紧扣新常态中国产业协同减排的现实需求，很好地秉承了问题导向，逻辑清晰、数据详实、方法可行、分析合理、结论科学。

杨传明教授长期从事绿色低碳产业发展研究，具有相当扎实的学术功底，先后主持了 2 项国家社科基金一般项目，以及教育部人文社科、江苏省社科重大项目等 40 余项各类项目，以第一作者发表核心高水平论文 70 余篇，并获评江苏省 333 高层次人才、江苏省首届社科优青、江苏省青蓝骨干教师、江苏省高端智库研究员。本书体现了杨传明教授对于交叉学科的深入探索和认真严谨的研究精神，对从事相关领域研究的研究人员、高校教师、研究生具有很好参考价值，并为相关部门制定产业协同减排政策提供了科学理论参考和决策思路。

中国科技产业化促进会副理事长

同济大学教授

2023 年 8 月于上海

前　言

改革开放以来，中国在创造了经济高速增长奇迹的同时，也产生了巨量碳排放，其中产业一直是碳排放的主要源头。随着中国步入了新常态，展示了经济发展增速趋缓、产业结构调整升级、资源环境约束强化等与旧常态明显不同的特征，产业碳减排面临的挑战愈发严峻。为了破解新常态下经济与环境协调共进的难题，国家明确将绿色发展定位为重大战略导向，提出建立健全绿色低碳循环发展的经济体系。由于经济产业间存在着错综复杂的碳关联关系，且在技术水平和能源消费等方面存在较大差异，导致各产业碳减排能力迥然不同，使得产业碳减排成为一个典型环境相关的非确定性复杂博弈问题。

为此，本书综合资源环境管理学、产业经济学、生态经济学等相关理论，以新旧常态时期中国产业结构因素变化为动力，以产业全碳足迹数据库为基础，以产业全碳足迹关联链及复杂网络为依据，以产业碳足迹减排影响因素为抓手，以产业区别碳减排责任分解为考量，以产业与碳减排协调发展为目标，制定合理有效的产业协同减排机制和政策，以求为新常态下中国产业协同减排提供科学的理论依据。

全书首先全面采集国内外相关研究文献，挖掘预处理数据，提炼研究主题，归类述评文献，确定研究思路及内容。依照研究思路，确定数据来源、明确产业划分、编制投入产出表、分解模型参数，设计平衡性投入产出产业全碳足迹生命周期测算模型，完成新旧常态时期中国产业全碳足迹基础数据库的构建。

再利用基础数据库，组合构建产业全碳足迹关联传播距离模型，整体解析并比较新旧常态时期中国产业全碳足迹关联传播距离链。基于复杂网络机理，依据图论及动态平衡态原理，确定节点间强全碳足迹关联关系，设计产业全碳足迹关联复杂网络基础模型，构建新旧常态时期中国产业全碳足迹关联复杂网络，比较分析网络变化特征及关联效应。

继而创建产业碳足迹影响因素分解模型，辨析新旧常态时期中国产业碳足迹的影响因素及其影响程度。依据拣选出四个关键影响因素，结合实际数据进行深入分析。一是能源结构因素，在对比分析新旧常态时期典型国家产业能源结构的基础上，解析影响中国产业能源结构的主要因素，预测发展趋势，测算能源产出弹性，以碳足迹最小化为目标，分析各产业能源结构优化状况及减排潜力。二是技术进步因素，通过设计产业技术进步偏向测度模型，测算新旧常态时期中国产业技术进步碳足迹要素偏向性，厘清变化趋势，进而测度新旧常态时期不同来源技术进步对中国产业碳强度的影响。三是产业结构因素，在系统分析新旧常态时期中国产业结构与碳足迹排放演变的基础上，描述产业结构与碳足迹排放的关联程度。再利用设计的改良模拟退火遗传混合算法，模拟中国细分产业结构调整的优化状态，测算四种不同优化方案下全碳足迹减排关联效应。四是环境规制因素，在系统梳理新中国碳减排制度变迁与发展的基础上，计算新旧常态时期中国产业的环境规制强度，厘清环境规制对于产业碳足迹影响传导机理，设计门槛检测模型动态分析环境规制对中国产业的影响效应，进而剖析当前中国产业碳减排制度存在的问题。

而后依照影响中国产业碳足迹排放因素，构建开放模型，辨析协整关系，运用情景分析法设置八种中国产业全碳足迹发展情景模式，并结合中外典型国家发展历程解析变量发展趋势，系统预测中国产业全碳足迹发展趋势及出现的峰值。在此基础上，设计四种碳足迹减排责任分解原则，构建模型测算新旧常态时期中国各产业碳足迹减排责任分解效率，从纵横向视角对比分析产业碳足迹减排责任再分解结果。再依据产业全碳足迹峰值预测数据，测算各种中国产业全碳足迹发展情景模式下投入产出指标数值，寻求产业差别减排责任分解导向的帕累托最优。

最后基于前各章所得结论，以新旧常态时期中国产业经济结构性因素变化为背景，基于新常态时期中国产业差别减排责任分析结果，以产业低碳发展的现实需要为导向，提出新常态时期中国产业协同减排的保障机制体系和政策建议，并对未来研究进行展望。

本书以笔者主持的国家社会科学基金项目“新常态下中国产业全碳足迹关联复杂网络及协同减排研究”（17BGL146）及江苏省 333 高层次人

才、江苏省高校社科重大项目等项目的相关研究成果，以及以第一作者发布的十余篇 CSSCI 论文为研究基础，期望能从理论上为产业层面的碳减排研究创立新的分析视角和研究框架；从应用上为新常态下中国产业碳足迹协同减排提供科学依据，进而帮助降低社会整体碳排放量。

多产业协同碳减排是一个综合性科学研究领域，由于笔者知识修养和学识水平有限，书中难免存在诸多疏漏，敬请广大读者批评指正。

2023 年 6 月

目录

第1章 绪 论

1.1 研究背景

随着工业化进程的不断推进，人类生产生活的碳排放极大地影响了全球环境。联合国跨政府间气候变化专门委员会（IPCC）在2022年年度报告中指出，工业化以来全球大气温室气体浓度不断增高，2021年全球大气中二氧化碳、甲烷和氮氧化物浓度较工业化之前分别增加了41.52%、156.16%和21.37%，三种气体含量处于地球过去80万年中的最高值。1750—2021年，人类向大自然至少排放了2万亿吨二氧化碳，使得温度辐射强迫度增加了3.01W/m^2，其中二氧化碳排放直接贡献高达1.68W/m^2，导致该时期全球表面温度平均上升了0.952摄氏度，达到了此前2000年温度上升总和的357.36%。

根据世界气象组织2022年研究报告，当前全球变暖趋势仍在持续，且工业化以来地球温度增速之快在过去至少2.2万年内从未出现过。若仍以当前速度发展，2050年前后全球气温将可能再上升3—6摄氏度，会彻底灭绝25%的物种，每年将会有至少600万人死于因为碳排放引起的空气污染、饥荒和疾病。根据国际能源局2022年的研究报告，若要确保2050年全球气温增长维持或者低于1.5摄氏度的安全值，则需要当年全球二氧化碳排放量较2015年下降40%左右。为了实现该目标，关键要在产业碳排放方面实现快速而深刻的绿色转型，以求基本达到全球碳排放与碳吸收均衡的碳中性状态。

面对如此严峻的环境，国际社会采取了多项应对措施。瑞士达沃斯世界经济论坛将由于碳排放而导致的气候变化问题直接列为全球第一大挑战。世界主要经济体于1992年在巴西里约热内卢签署了《联合国气候变化框架公约》，规定了发达国家需要限制或减少温室气体排放量。1997年全球192个组织通过了《京都议定书》，2005年和2007年联合国又分别制定了第二阶段温室减排的“蒙特利尔路线图”及“巴厘岛路线图”。2009年联合国在哥本哈根召开的会议上，商讨了《京都议定书》的后续方案。2019年马德里协议明确指出，虽然当前世界各国已经努力实现减少温室气体排放量，但总体依然严重偏离承诺的预期减排目标，未来仍需各方加大合作减排力度。

为了履行国际组织商定的减排目标，各国也先后启动了相应减排工作。英国于2008年通过了《气候变化法案》，规定到2050年全国碳排放量较1990年至少降低80%。2014年日本提出到2050年温室气体减排量比2010年下降40%左右。2019年德国联邦议院通过了《气候保护法》，以法律形式明确了2030年碳减排总量较1990年下降55%的减排目标。此外，日本、欧盟、美国等率先于2005年、2007年和2008年建立了碳排放交易与抵押机制，借助市场力量调整企业碳排放。

就中国而言，改革开放四十余年来，在取得举世瞩目的经济发展奇迹的同时，也产生了巨量碳排放。据世界银行碳排放数据显示，中国整体碳排放量由1978年的39.12亿吨增长至2021年的215.27亿吨，年均增长达到了3.86%；全球占比由1978年的7.87%增长至2021年的33.12%，年均增长比率为3.24%。自2005年起中国年度总碳排放量一直位居世界第一位，并在2017年超过美国和欧盟排放总和；人均碳排放量也在2013年超过欧盟，位居全球第三。与此同时，2021年中国单位GDP碳排放量均值是世界均值的157.16%，分别为美国、欧盟和日本的202.55%、411.66%和755.42%，可见高碳排放量已经极大减弱了中国经济增长绩效。

为了应对国内外空前强大的减排压力，遏制飞速增长的碳排放，切实优化生态环境，国家先后出台系列专项碳排放规制加以应对。如2005年颁布了《可再生能源法》、2010年发布了《关于开展碳排放权交易试点工作的通知》，并于2009年在哥本哈根会议上承诺至2020年单位GDP碳排放均值较2005年下降45%—50%。2012年进入新时代后，党和国家愈加重视碳减排工作，党的十八大首次将生态文明建设纳入中国特色社会主义建设的基本内涵。2020年9月，习近平主席在第七十五届联合国大会上郑重宣布：中国将提高国家自主贡献力度，二氧化碳排放力争于2030年前达到峰值，争取2060年前实现碳中和。2022年党的二十大再次明确提出要“积极稳妥推进碳达峰碳中和”。

2014年5月，习近平主席在河南考察时首次明确提出经济新常态的概念。2014年12月，中央经济工作会议从九个方面进一步阐述了中国经济新常态的成因、表现及未来发展方向，并明确指出：“认识新常态，适应新常态，引领新常态，是当前和今后一个时期我国经济发展的大逻辑。”依照国际及中国实际发展情况，1987—2007年为处于大稳定繁荣发展时期的经济旧常态，2008年起，包括中国在内的全球经济进入新常态。经济新常态之新，意味着与以往有所不同；经济新常态之常，意味着特征的相对稳定，其基本特征为经济由高速增长转换为中高速增长、经济发展结构不断优化、经济发展动力也由要素及投资驱动转为创新驱动。在经济新常态背景下，意味着中国经济发展的条件和环境已经发生了诸多重大转变，与旧常态时期不协调、不平衡、不持续的粗放增长模式要划清界限。面对经济发展趋缓、减排压力增大的新常态，2018年5月，习近平总书记在全国生态环境保护大会上强调：“加快形成节约资源和保护环境的空间格局、产业结构、生产方式、生活方式。”党的二十大明确指出：“必须牢固树立和践行绿水青山就是金山银山的理念，站在人与自然和谐共生的高度谋划发展。”

由于产业间存在着错综复杂的碳关联关系，且在技术水平和能源消费等方面存在较大差异，导致各产业碳减排能力迥然不同，使得产业碳减排成为一个典型环境相关的非确定性复杂博弈问题。为此，如何紧密联系中国新旧常态特征，从深层次产业经济联系出发，比较分析全碳足迹关联效应，寻找需重点减排的产业关联链条，构建中国产业全碳足迹关联复杂网络；如何对接全碳足迹关联效应，解析影响中国产业碳足迹排放的因素及相关影响度；如何构建模型分析中国各产业碳足迹减排责任分解效率，公平有效地解析各产业的碳减排责任；如何依据减排责任，为新常态中国制定合理有效的产业协同减排机制和政策，成为亟待解决的问题。

为此，本书基于新旧常态研究视野，创建新旧常态中国产业全碳足迹基础数据库，分析中国产业全碳足迹关联链，构建中国产业全碳足迹关联复杂网络，动静态解析网络关联关系和结构，充分挖掘新常态中国产业全碳足迹关联复杂网络的变化特征和关联效应。再剖析影响新旧常态中国产业碳足迹的诸多因素，并分别就四个关键因素的影响效应进行解析。继而结合关键因素设置发展情景模式，预测中国产业全碳足迹排放趋势，分解中国产业碳足迹差别减排责任。并结合具体章节提出有利于产业碳足迹减排的建议，以求为新常态中国产业协同减排提供科学的理论依据。

1.2 文献综述

课题资料准备的前期重点参考了中文文献 1868 篇，外文文献 1272 篇，中文专著 32 部，外文专著 17 部；经 Nvivo11.0 软件运用扎根理论法分析整理关键词，将其分为产业关联、产业碳减排、碳减排责任、碳减排衡量指标等几个方面。

1.2.1 文献整理

1.2.1.1 产业关联研究

当前学界对于产业关联的研究主要集中于产业关联研究对象及产业关联研究方法两个方面。

（1）产业关联研究对象。Solovev（2014）、郑休休（2022）等通过实证研究，得出整体国民经济是由多个产业综合组成的复杂经济系统，各产业间借助连带关系联系、依存，并将之称为“产业关联效应”，并将其进一步梳理为不同产业借助投入产出数量关系而形成的特殊关联性[1-2]。鉴于产业间存在关联效应，Beach（2018）、田金方（2022）等测算了房地产、数字经济等单一产业与其他产业的关联程度，继而解析了产业发展过程中与关联产业间的注意事项[3-4]。Sharma（2016）、毛晓蒙（2021）等进一步分析了能源业与造纸业、生产性服务业等多产业间的关联关系[5-6]。

（2）产业关联研究方法。当前主要研究方法包括生命周期法、假设抽取法、权重份额法等。生命周期法将产业运行过程看作一个生命发展周期，结合各个时期的特点及内外部环境进行分析；假设抽取法则将拟研究的产业进行假设抽取，以求更清晰地辨析产业关联程度；权重份额法则将产业最终产品比重进行平均加权，再按照不同产业比重分析相关产业关联程度。以上三类方法虽然均可在一定程度上分析产业关联效应，但目前公认最为有效的分析方法为投入产出法[7]，其又可以分为两大类型。第一类是经典模型，采用中间流量矩阵及转化的系数矩阵进行分析，主要包括静态模型、双比例平衡模型和乘数积矩阵分析模型。其中静态模型只能考虑产业间第一轮直接关联消耗，无法有效描述间接关联关系；双比例平衡模型所得关联结果往往忽略了最终产品结构，致使结果极易产生误差。乘数积矩阵原始系数指标由于未充分考虑产业间的最终需求，无法有效反映产业变动对国民经济的影响，对实际产业发展的指导意义明显不足。

鉴于传统三种投入产出法研究方法均有一定问题，Wiebe（2018）、杨灿（2019）等分别采用通过添加最终产品构成权重、设计产品产值增加率等方法改进原始系数指标[7-8]。针对原始或改进系数仅能反映产业间关联关系，无法定量描述关联距离及中间环节的问题，所以学界设计了平均产业链长度（Average Propagation Lengths，APL）模型，并运用该模型分析了发达及欠发达区域产业间的经济距离关系[9]。改进的投入产出模型虽然已经可以较好地描述产业关联关系，但无法克服计算过程中信息相关分散的问题，为此学者采用了产业图和网络模型力求更为直观地剖析产业关联结构。Li（2019）、吴永亮（2019）等运用 QIQA/MFA 网络图方法研究了区域产业关联关系，对中美产业关联情况进行了综合性对比[9-10]。郭守前（2016）、赵小曼（2019）等运用网络图方法研究了区域产业碳排放的关联关系及小尺度空间关联特性[11-12]。

1.2.1.2 产业碳减排研究

当前在产业层面展开的碳减排研究主要可以分为两个方面，分别为特定产业碳排放测算及产业碳排放影响因素分析。

（1）特定产业碳排放测算。Li（2018）、章杰宽（2022）等分析了制造业、旅游业的碳排放时空演变情况[13-14]；Mansour（2017）、王霞（2020）等从产业转移及国内外贸易视角综合测算了相关产业碳排放水平、直接及间接贸易碳排放转移，并分析了各产业的节能减排潜力[15-16]。

（2）产业碳排放影响因素分析。Chang（2017）、董昕灵（2019）等运用 Kaya、STIRPAT 等模型将产业碳排放影响因素分解为产业结构、能源强度、经济规模、碳排放强度等诸多因素，并着重分析了技术进步、能源消耗强度等单一因素对具体产业碳排放的影响程度[17-18]；Verge（2016）、刘小丽（2022）等分别利用 SBM - DEA、LMDI 等模型深入分析了各个因素的影响程度，继而从推进产业结构优化升级、加速低碳集聚转型、提升低碳技术运用力度等方面提出了产业减排对策[19-20]。

1.2.1.3 碳减排责任研究

研究产业碳排放的最终目的在于合理分解产业碳减排责任，现有成果主要从碳减排负责主体、责任分配原则两个方面展开了一定研究。

（1）减排负责主体。经济合作与发展组织在 1974 年最先提出了产业碳减排的污染者负责原则，即要求产生碳排放的产业对其造成的污染全权负责[21]。然而，现实产品生产销售发生了广泛的跨国流通，很多产品生产中的重污染过程往往发生在发展中国家，而产品最终为发达国家使用，使得发达国家有效规避了碳排放约束。为此，部分学者坚决主张消费者负责原则，即碳排放减排应由消费者主要负责。而学界对消费者负责原则也产生了质疑，认为会降低生产者减少碳排放的主动性，消费者也由于信息不对称等原因，无法有效选择积极减少碳排放的生产者[22]。为此，业界提出了生产者消费者共担、产业链上下游共担等原则，认为应从产品生产消费链条入手，讲求责任承担主体的共同性，即要从产品生产消费链条入手，从跨国度、跨区域、跨产业角度分析碳排放减排的共同责任[23]。

（2）责任分配原则。部分研究认为鉴于碳排放责任是全区域、全产业的共同一致性责任，为此必须强调不同层面的公平原则[24-25]。其中区域公平层面要系统考虑经济社会发展和碳排放水平，依照空间进行分配；产业公平层面则需要重点依据各个产业现有碳排放的实际情况进行公平同比例减排；人口公平层面则应系统考虑人口收入、GDP 占比等情况以分配碳减排额度；时间公平层面则包含代内公平及代际公平原则，立足于历史及人均累计碳排放反映碳排放的责任分摊。

与公平原则相对应的是效率原则，即在系统考虑现有技术水平和资源存量的基础上，采用一定措施确保各主体利益，并寻求碳减排整体效率的帕累托最优。当前最为主流方法为数据包络法（Data Envelopment Analysis，DEA），该方法原理简单，效率较高，但假设指标效率不变，计算有较大局限。为此，学者们又分别创建了零和 DEA 法、球型 DEA 模型、参数

DEA法等方法，通过非线性规划方程研究决策单元效率的变化性[26-27]。

在此基础上，学界综合考虑效率与公平原则，借鉴零和博弈构建分配思路，通过设计多阶段迭代固定硬性减排指标，创建固定成分DEA模型评估产业碳排放减排潜力，并形成了碳减排责任分配方案[28-29]。

1.2.1.4 碳排放衡量指标研究

选择合适的衡量指标对于科学分析产业碳排放十分重要，当前主流衡量指标总体可以分为传统衡量指标及碳足迹指标。

（1）传统衡量指标。传统衡量指标主要包括碳排放强度、碳排放总量、人均碳排放等[30-32]。一是运用回归方程分析区域产业碳排放强度变化情况；二是选择碳排放总量指标，综合运用情景和清单测算法分析区域产业碳减排潜力；三是从产业与人均碳排放量内在逻辑关系出发，分解相关碳排放影响效应，描绘产业传导发展路径。

（2）碳足迹指标。传统碳排放衡量指标虽然已经从各个方面描述了产业碳减排相关情况，但主要从碳排放机理、经济或能源关系方面切入，存在一定局限性。而碳足迹概念一经提出，逐步成为公认的衡量碳排放的最有效指标。学术界一般认为碳足迹概念起源于生态足迹，并先后形成了碳足迹三种主流的概念内涵[33-34]。第一，欧洲科技计划行动委员会ETAP（2007）、国际碳足迹组织（2008）等认为碳足迹是人类活动过程中使用化石燃料而产生的碳排放量[33]。第二，PAS2050（2008）及ISO14067（2013）中将其定义为衡量产品在原料获取、生产、分销、使用和回收等全生命周期中所排放的二氧化碳，以及氢氟碳化物、甲烷、全氟碳化物、水蒸气、臭氧等其他温室气体的二氧化碳转化量[33]。第三，部分学者认为碳足迹概念的重点在于以直接和间接二氧化碳转化量为标准，计量人类活动对于气候变化的影响程度[34]。

由上可见，碳足迹概念最初由政府及非政府组织等经由灰色文献提出，后经学术界介入讨论日渐规范，但仍在衡量温室气体种类、度量基本单位和界定系统边界等方面存在争议。衡量温室气体种类方面，Pandey（2011）等认为碳足迹应仅考虑二氧化碳排放量[35]，孙丽文（2019）等将碳足迹定义为封存化石燃料燃烧中所排放的二氧化碳的生物能力需求物[36]。还有学者认为应将其他温室气体的排放量都转换为二氧化碳的排放量，但目前此方面定义对于包含何种气体以及气体相对量的转换标准尚有争议[37]。度量基本单位争论主要分成两种观点，一是认为描述碳足迹应以吸收二氧化碳的土地面积作为度量的标准，二是直接选择排放二氧化碳的质量为度量标准，并将之命名为碳重量[38]。界定系统边界涉及两个层次问题，一是是否需要计算间接排放，二是排放的计算范围如何设置。有学者认为由于可能涉及的重复计算问题，仅计算与人类活动相关的直接排放量即可[38]；而出于完整性考虑，也有学者认为应进一步包括间接碳排放[39]。针对排放的计算范围，观点一认为碳足迹范围只要囊括产品活动直接相关环节即可，即只关心人类生产生活中直接使用化石能源排放的二氧化碳（或其他等价物）的消耗量；观点二则认为还应涉及产业生产行为等相关生命周期，如在生产产品时，也需要综合考虑产品供应链全过程中产生的二氧化碳[40]。

由文献述评可知，碳足迹是目前相对最为有效的碳排放衡量指标，且国内外对于碳足迹研究分析框架已基本形成，但仍存在改进及深入研究之处，主要包括以下几个方面。

第一，碳足迹概念内涵研究方面。应进一步明确其内涵及外延。对于碳足迹的衡量范围，本书认为可参照 IPCC 于 2013 年提出的温室气体排放核算机制和京都议定书及后继系列协议书，将二氧化碳排放量定位参考值设置为 1，其他主要温室气体均可以此为标准度量全球变暖潜能值，再根据各地区实际情况和需求，拣选纳入碳足迹计算范畴，编制通用的区域排放因子表。就度量标准而言，虽然以面积和质量为单位均因存在前提假设而不完美，但面积计量是以质量计算为前提，双重运算更易产生不确定性，故仅以二氧化碳排放质量为标准相对合理。界定系统边界是计算碳足迹的关键环节，可采用多层分析法，核心层为由单一产业行为而引起的直接环节的直接碳排放，第二层为产业直接环节产生的间接碳排放，第三层为产业全生命周期的直接碳排放，第四层为全生命周期的直接和间接碳排放，采用此方法可较为明确辨析碳足迹来源。

第二，碳足迹计算方法方面。现有碳足迹分析方法主要为基于过程或投入产出，过程法研究尺度较为准确，但难以避免由系统边界划分产生的截断误差，且不适于研究中宏观主体，而投入产出法则正相反。此外，在现有研究碳足迹评价过程中，绝大多数文献直接忽略了不确定性因素的影响，仅有极少数学者提出了根据引入校正参数降低研究对象生命周期影响，而对于数据源及结果的不确定性分析不足，尚未见系统性综合考虑对产业碳足迹计算的有效研究。

第三，碳足迹研究尺度方面。现有碳足迹尺度研究主要从宏观或微观角度切入。其中宏观研究主要关注国际贸易、产业结构、技术进步等对碳足迹的影响，今后的研究应进一步考虑消费模式、收入水平、碳汇存储等碳足迹隐性影响因素，注重碳足迹及责任区域扩散和联动，加强生态伦理、环境安全等方面与碳足迹的关系研究。微观尺度研究多忽略了碳足迹时间及空间转移过程，且现有模型均只针对某一具体家庭或企业组织，缺乏从整体中观和微观结合角度进行的实质性研究，未见通用型产业碳足迹计算整体模型研究，因此需要从中观角度加强对产业碳足迹的研究。

1.2.1.5 碳排放基本测算体系分析

20世纪80年代以来，各国政府及社会组织经过大量实践研究，逐步形成了两种较为系统的碳排放基本测算体系，具体见表1-1。

表1-1 碳排放基本测算标准体系分类

碳排放基本测算体系	自上而下体系	基于碳平衡原理测算
		基于实际情况测算
	自下而上体系	GHG 测算标准
		ISO 测算标准
		PAS 测算标准
		自愿碳测算标准

由表1-1可见，第一种碳排放基本测算体系是自上而下体系。该体系中运用最广泛的标准是2006年颁布的《IPCC 国家温室气体指南》。该指南将国家或区域的主要碳排放源依据能源性质进行逐层分类，先构建大类而后再分解为子类，通过渐进式分解碳排放源测算碳排放，并提供了两种测算方法。第一种测算方法是根据指南定义的能源类别结构及能源产业部门，通过能源消耗数量和平均二氧化碳排放因子乘积测算碳排放量。该思路在很大程度上避免了由于能源非燃料用途而可能产生的重复计算问题，缺点在于平均二氧化碳排放因子后，无法系统考虑由于空间、技术等环境因素的不同而产生的差异性，从而导致计算结果存在了较大范围的不确定性。第二种测算方法针对不同地区或产业的特点，实际测量计算二氧化碳

排放因子以代替平均二氧化碳排放因子。该方法可以较好地减少不确定性，但实际操作成本较高，且由于实际测量标准不同而导致了额外的不确定性。为此在使用该测算方法时，客观要求将测量数据与能源指南数据进行详细比较和验证。虽然两种测算方法均存在一定瑕疵，但鉴于 IPCC 指南提供了较为科学的测算公式和数据，使得自上而下测算体系拥有了较好的可比性及权威性。

第二种碳排放基本测算体系是自下而上体系。该体系碳排放测算基础是产品或项目，主要关注从微观向中宏观转移碳排放的标准测算。该体系中最具代表性的标准包括四大类：一是由世界可持续发展工商理事会及世界资源研究所联合颁布的 GHG 标准，二是 ISO 系列温室气体标准，囊括了 ISO14064《温室气体核证标准》、ISO 14067《产品碳足迹标准》等，三是由英国标准协会发布的公众可用规范（PAS）标准，四是由其他非政府国际机构设置的自愿碳测算标准，如由世界自然基金会开发的黄金标准和国际气象组织主导的自愿碳减排标准等。

由以上分析可见，综合考虑两种碳排放测算体系的特点，现行对于国家、区域及产业的中宏观碳排放测算一般以自上而下测算体系为主，以自下而上测算体系为辅；对于产品及企业等微观目标测算则以自下而上测算体系为主。

1.2.1.6 碳排放主流测算模型分析

对于现有产业二氧化碳测算模型，按照碳排放测算目标不同，本书运用扎根理论法将其划分为碳排放量及碳排放视角两个大类。其中碳排放量视角测算模型主要包括能源消耗、生命周期和投入产出三个小类，碳排放视角测算模型则包括生产排放视角、消费排放视角和综合碳排放视角三个小类，详见表 1－2。

表 1－2　碳排放主流测算模型分类

<table>
<tr><td rowspan="6">碳排放主流测算模型</td><td rowspan="3">基于碳排放量测算模型</td><td>能源消耗测算</td></tr>
<tr><td>生命周期测算</td></tr>
<tr><td>投入产出测算</td></tr>
<tr><td rowspan="3">基于碳排放视角测算模型</td><td>生产排放视角</td></tr>
<tr><td>消费排放视角</td></tr>
<tr><td>综合碳排放视角</td></tr>
</table>

（1）基于碳排放量的测算模型。碳排放量是测算碳足迹及实施碳减排工作的基础。依照政府间气候变化专门委员会的定义，碳排放量为一个国家、地区、产业、企业等宏中微观对象在单位测算期内所产生的温室气体排放量，最为通用的方法是将其转换为二氧化碳排放量。现有基于碳排放量的测算模型主要包括能源消耗测算模型、生命周期测算模型和投入产出测算模型三大类，下文分别对三类模型进行说明。

第一，能源消耗测算模型。该模型根据能源的消耗量以及二氧化碳的排放系数对二氧化碳排放量进行估算，对数据源要求相对较低，并且能有效防止由于统计口径不同而产生的数据遗漏情况，因而可以针对具体不同问题分别选取合适的数据进行估算[41]。实际操作过程中，由于存在能源消耗量的统计方法和测算尺度不同、排放系数未能及时调整等情况，该模型计算产业二氧化碳排放量时，可能会出现偏差或重复计算等问题。

第二，生命周期测算模型。该模型通过构建生命周期清单分析各结构中能源需求、原料使用、废物排放等各个物质流数据，测算各物质流中产生的二氧化碳排放量[42]。该模型虽然可以细致地描述产业碳排放过程分析，但面对非常复杂的产业活动环节时，容易产生活动环节划分不清、基础数据获取困难、计算工作量过大等问题。

第三，投入产出测算模型。投入产出法由美国经济学家 Wassily Leontief 教授创立，是依据经济均衡理论原理将一定时期内的产业系列部门投入及产出去向编制为投入产出表，再以此建立投入产出模型计算各种消耗系数，对经济部门、生产环节间的数量依存关系进行分析。碳排放量的投入产出测算模型则是基于投入产出法，利用投入产出表中的直接消耗系数及完全消耗系数估算二氧化碳的直接碳排放和间接碳排放。

较能源消耗及生命周期碳排放量测算模型而言，投入产出测算模型有两个明显优点，一是可以系统分析隐性二氧化碳排放量，二是当测算对象涉及多个产业时，可以通过构建直接消耗系数矩阵及完全消耗系数矩阵完成一次性测算，大大减轻了由于产业分类而衍生的工作量[43]。与此同时，该模型也存在一定的缺点，一是投入产出表编制异常复杂，会产生较为明显的数据时滞问题，二是其碳排放量测算往往基于宏观角度，使得测算结果的精准度不如其他两种碳排放量测算模型。

（2）基于碳排放视角的测算模型。第一，生产碳排放视角。该视角模型主要是依据 IPCC 测算体系，基于碳生产视角关注行政边界内部各产业部门的显性二氧化碳排放，主要依据统计资料中的产业部门间的能源消耗量，运用设计的能源消耗测算模型进行测算[44]。该种模型未包含产业生产过程中因使用中间投入而引致的隐含二氧化碳排放，忽略了区域及产业部门间复杂交错的碳转移现象，极易导致碳泄漏和责任分配公平性问题。

第二，消费碳排放视角。该视角模型主要基于产品或产业的消费需求，利用生命周期测算模型和投入产出测算模型测算目标的隐性二氧化碳排放量[45]。该视角研究碳排放虽然可以较好地解决碳泄漏问题，但无法详细描述产业各部门碳的分布状态，且当前相关文献鲜有针对产业关联隐性二氧化碳排放的有效研究。

第三，综合碳排放视角。该类模型主要基于生产及消费碳排放综合视角，综合投入产出测算模型与生命周期测算模型，设计投入产出生命周期评价模型 EIO - LCA（Economic Input Output Life Cycle Assessment）追踪研究目标的碳排放[46]。该方法很好地从中微观角度将碳排放依照生产链网络进行关联性分解，成为研究区域全过程碳排放并合理进行调整的有效手段。

1.2.2 文献评价

基于文献整理，可见现有成果已经对产业层面的碳减排展开了一定研究，但仍存在以下尚待改进之处。

（1）产业关联研究内容尚不够深入。现有研究主要直接考察单个产业部门间的联系及影响，过于强调产业个体关联效应的简单叠加，弱化了多个产业间关联效应的复杂差异性，无法有效地整体对接区域产业间关联流转移。相对忽视了产业关联对产业网络的重要作用，对实证数据缺乏经济学机理的分析，未能凸显分析结果对实际产业经济的参考意义。且当前针对产业碳关联关系的文献极少，并存在以下尚待改进之处。一是现有研究主要采用传统影响力和感应度系数直接考察单个产业与其他产业间的联系及影响，弱化了多个产业间关联效应的复杂差异性；少数学者虽已对传统系数进行了改进，但尚未深入挖掘产业碳关联直接及间接影响。二是多数研究利用平均传播长度模型，无法描述同一层次产业关联程度。三是在基础数据方面，现有研究均基于单一年份投入产出表展开分析，尚未见结合中国新旧常态情况展开的对比研究。

（2）产业关联研究方法不够成熟。经典投入产出模型过分注重产业间普遍性关联研究，对待特定产业或特定关联关系同其他产业或产业间的关联关系区别度不足，未能深入分析产业关联结构特征及多维性效应；且将产业间的非零物质流量等同于关联意义，多维度关联冗余信息过滤性不强。产业图和网络模型相关研究较为独立零散且未充分展开，在一定程度上忽略了产业关联网络的经济意义，部分研究只是将投入产出模型矩阵简单图形化，未有本质提升；绝大多数网络模型引入临界阈值区分关联关系，忽略了阈值主观随机性，模糊了相同数值的关联经济强度；部分研究进一步设计了产业节点连边规则，但内在处理方式过于粗糙（如仅将投入产出关系系数做统计量等），模糊了关系置信水平选择意义，无法有效把握实际关联关系变化规律，尚缺乏利用函数分析产业关键碳排放社团的科学研究。

（3）针对产业关联的显性和隐性碳排放的研究非常薄弱。现有产业二氧化碳排放测算体系及主流模型种类繁多、各有利弊，均具有各自优点和特点。总体而言，若将现有测算体系及模型直接运用于产业碳排放基础数据库的构建研究中，主要存在以下三个方面的问题。

第一，绝大多数已有研究仅选择了单一模型进行估算，并多采用碳直接排放量（显性）衡量产业间碳减排责任，漠视了产业间的隐性碳流。部分学者关注了隐性二氧化碳排放，但主要从能源消费视角核算产业的隐含碳排放，忽略了能源转化、生产服务、贸易中间投入等其他活动环节的隐性碳排放。无法有效同时研究产业的显性及隐性碳排放。综合碳排放视角能在一定程度上从生产及消费碳排放方面，完成产业二氧化碳排放数据库构建工作，但当前研究多以单一产业为分析对象，在多产业联动碳排放量测算层面研究相对薄弱。

第二，利用投入产出模型可以较好地分析产业直接及间接二氧化碳排放，但现有相关研究仍存在三个问题。一是受限于投入产出表编制时滞，使得直接消耗系数矩阵的更新度不足，严重影响了研究结果的时效和精度。二是计算过程对于二氧化碳排放系数对角矩阵的设置过于简单，无法全面计算多产业所有活动环节的碳排放，使得碳排放测量出现一定误差。三是现有研究多只采用编写成型的静态投入产出表，未充分考虑产业关联关系间的时滞动态随机扰动项，缺乏对产业碳关联网络静态特征与动态特性内在关系的综合分析。

第三，现有二氧化碳排放测算模型主要从排放机理、与经济或能源关系等方面直接切入计算二氧化碳排放量，覆盖范围仍不够全面。在当前相关成果中，对于碳足迹的概念、内涵、定义尚待进一步明确，尚未见使用全碳足迹方法（综合考虑产业间显性及隐性碳足迹）针对产业碳排放数据的动态有效研究，且缺乏对产业二氧化碳影响因素的分析。

（4）新旧常态中国产业碳减排责任分解研究亟待深入。一是现有研究对象主要集中于国际、国家及区域层面，关注于产业层面的研究则相对欠缺。二是现有绝大多数辨析产业区别碳减排责任的模型只能实现公平或效率的单一目标，部分学者建立了兼顾两者的模型，但尚未实现灵活的协同多目标导向性分配，缺乏基于多原则的碳减排责任比较分析。现有研究均未能充分考虑中国新旧常态结构因素的影响，且对产业碳减排政策定性研究较多，缺乏定量研究，在政策模拟方面有待进一步加强。三是责任分解主要采用经典 DEA 分配方法进行分析。但该方法存在一些缺陷，首先计算较为复杂繁琐，结果存在一定不确定性，极易导致分解结果的无效性；其实是分解碳减排责任时，投入产出变量要求投入总额不变，无法满足 DEA 法要求变量间完全独立的计算前提。

1.3 研究内容及方法

本书基于新旧常态研究视角述评现有文献，通过创建新旧常态中国产业全碳足迹基础数据库，分析中国产业全碳足迹关联链，构建中国产业全碳足迹关联复杂网络，动静态解析网络关联关系和结构，充分挖掘新常态中国产业全碳足迹关联复杂网络的变化特征和关联效应。继而辨析新旧常态中国产业碳足迹的四个关键影响因素，分别从产业能源结构状况及减排潜力、产业技术进步碳足迹要素偏向性、产业结构调整对碳足迹影响及中国产业环境规制影响进行分析。再结合关键因素设置八种中国产业全碳足迹发展情景模式，预测中国产业全碳足迹排放趋势，分解中国产业碳足迹差别减排责任，提出区别对待、职责明晰、协调有力、长效管用的机制和政策，以求为新常态中国产业协同减排提供科学的理论依据。具体研究内容及技术方法如图 1－1 及表 1－3 所示。

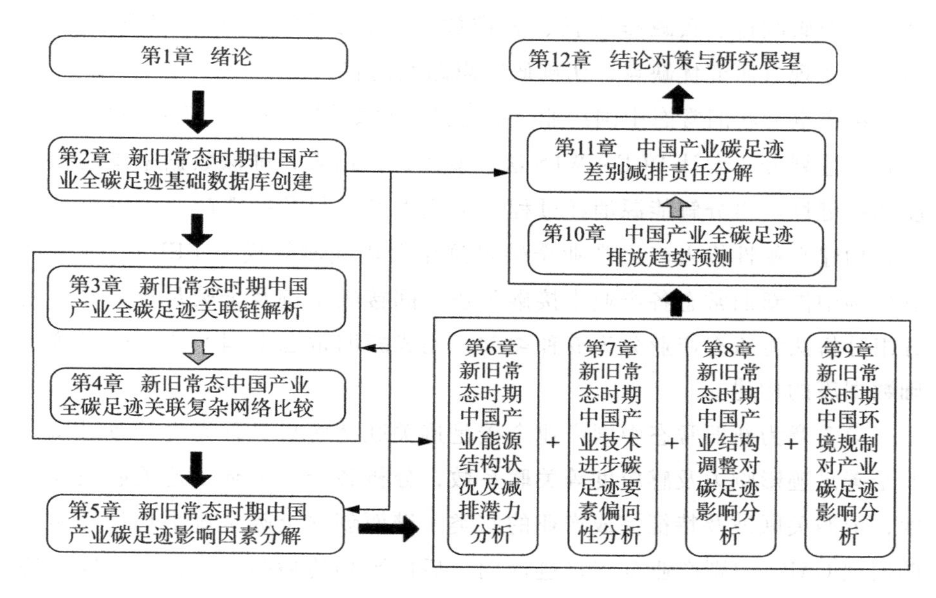

图 1－1 全书研究内容

表 1－3 研究方法

章 节	研究方法
第 1 章	扎根理论法 共词聚类法
第 2 章	数据更新法 投入产出法 生命周期法 综合系数分解法 偏差检测法 分组分析法
第 3 章	距离解析法 归类分析法 对比分析法 实证分析法
第 4 章	动态平衡法 复杂网络法 WT 指数法 对比分析法 实证分析法
第 5 章	因子分解法 结构模型法 对比分析法 实证分析法
第 6 章	路径分析法 马尔科夫法 情景分析法 比较分析法
第 7 章	随机前沿分析法 超越对数函数法 参数分析法 假设检验法 实证分析法
第 8 章	改进灰色关联分析 模拟退火遗传混合算法 比较验证法
第 9 章	分段解析法 机理分析法 分位数回归法 门槛检测法 比较分析法
第 10 章	最小二乘法 共线性检测 岭回归方法 情景分析法 比较验证法
第 11 章	零和博弈数据包络法 辗转迭代法 情景分析法 实证分析法 比较验证法
第 12 章	总结归纳法

其中本书每章主要内容安排如下：

第1章为绪论，首先从全球及中国碳排放角度分析研究背景，剖析研究必要性。而后运用扎根理论法和共词聚类法挖掘相关文献，并从产业关联、产业碳减排、碳减排责任、碳排放衡量指标等四个研究主题进行分析，评述现有研究优缺点，明确研究思路及内容。

第2章为新旧常态中国产业全碳足迹基础数据库创建。确定数据来源、明确产业划分，设计DCE－WLS法编制投入产出表，确保数据来源的精准度和稳健性。再分解能源消耗过程、工业生产过程及特殊产业考虑模型参数，构建平衡性投入产出产业全碳足迹生命周期测算模型BEL－TCF。计算得到中国新旧常态各产业直接碳足迹、间接碳足迹及全碳足迹，并运用分组分析法将所有产业分为五种类型，完成新旧常态中国产业全碳足迹基础数据库的构建。

第3章为新旧常态中国产业全碳足迹关联链解析。首先设计改进型产业全碳足迹影响力及感应度等关联系数，分析各产业全碳足迹关联波及程度，依照关联波及特征完成产业的归类。继而创立全碳足迹平均传播距离链模型CAPC识别产业全碳足迹前向、后向平均传播距离，创建全碳足迹标准尺度链，组合构建产业全碳足迹关联传播距离模型CLDC。利用所设计的模型，整体解析对比新旧常态中国产业全碳足迹关联传播距离链。

第4章为新旧常态中国产业全碳足迹关联复杂网络比较。基于复杂网络机理，依据图论及动态平衡态原理，利用WT指数比较假设分布和实际观察分布，选取接近度最小的近似分布，确定节点间强全碳足迹关联关系，构建产业全碳足迹关联复杂网络基础模型。再分别从整体情况及典型年份入手，比较分析新旧常态中国产业全碳足迹关联复杂网络整体、节点地位、社团结构等基本特征。

第5章为新旧常态中国产业碳足迹影响因素分解。在系统对比主流指数分解模型和结构分解模型各自优缺点的基础上，创建产业碳足迹影响因素分解SDLM模型，分解新旧常态中国单个及整体产业碳足迹影响因素及其影响度。而后对比分析各种关键因素对新旧常态中国各产业碳足迹影响程度。

第6章为新旧常态中国产业能源结构状况及减排潜力分析。选取四种具有代表性的能源为研究对象，对比解析中国产业能源结构消费系数，系统分析影响中国产业能源结构的主要因素，剖析各因素影响机理及影响程度。利用马尔可夫链分析存在及不存在碳足迹约束时，预测中国产业能源结构发展趋势，设计能源生产函数计算中国各个产业能源产出弹性，分析各产业能源结构优化情况及减排潜力。

第7章为新旧常态中国产业技术进步碳足迹要素偏向性分析。对资本、劳动力、能源及碳足迹生产投入性测度要素，运用参数化随机前沿分析法，选择超越对数生产函数，构建产业技术进步偏向测度模型。从整体产业及产业部门两个方面，运用模型测算新旧常态中国产业技术进步碳足迹要素偏向性，探寻技术进步对产业碳强度影响机制，构建技术进步对产业碳强度影响测度模型，测度新旧常态不同来源技术进步对中国产业碳强度的影响。

第8章为新旧常态中国产业结构调整对碳足迹影响分析。在对比新旧常态中国产业结构与碳足迹排放的演变情况基础上，改进灰色关联分析模型描述产业结构与全碳足迹、直接及间接碳足迹排放的关联程度，分析碳足迹排放动态变化的产业量化因素，判断三种碳足迹与不同产业结构因素间的远近关联影响关系。在此基础上，设计改良模拟退火遗传混合算法，模拟中国细分产业结构调整的优化状态，测算四种不同优化方案下全碳足迹减排关联效应。

第9章为新旧常态中国环境规制对产业碳足迹影响分析。设计模型计算新旧常态中国整体及细分产业的环境规制强度，从直接及间接两个渠道，厘清环境规制对于产业碳足迹影响传导机理，动态分析环境规制对中国产业碳足迹的影响效应。利用分位数回归法深入解析环境规制对中国产业碳足迹减排影响的门槛区间，深入解析当前中国产业碳减排制度存在的问题。

第10章为中国产业全碳足迹排放趋势预测。构建开放性STIRPAT模型，基于产业历史数据辨析变量协整关系，验证模型拟合性。继而运用情景分析法设置八种中国产业全碳足迹发展情景模式，结合中国及国际代表性国家发展历程预测变量发展趋势。再基于STIRPAT全碳足迹预测模型及设置情景模式，系统预测中国产业全碳足迹发展趋势及出现的峰值，奠定中国产业碳足迹排放差别责任分析数据基础。

第11章为中国产业碳足迹差别减排责任分解。设计ZSG－DEA效率碳足迹责任分解模型综合分析四种碳足迹减排责任分解原则，利用模型测算新旧常态各个年份碳足迹减排责任分解效率，从纵横向视角对比、分析产业碳足迹减排责任再分解结果。基于测算投入产出指标，依据不同碳足迹责任分解原则，迭代计算实现多重兼顾减排责任分解导向的帕累托最优整理，以求更为科学地描述中国各产业碳足迹减排能力及责任。

第12章为结论对策与研究展望。在归纳总结全书研究内容的基础上，提出相关产业碳足迹减排政策建议，主要包括构建产业碳足迹核算及责任分担体系、积极打造低碳产业链网推进协调减排、着力优化产业能源消费结构的合理性、提升技术进步水平以节约碳资源要素、科学调整产业结构发展战略新兴产业、持续完善中国产业降碳减排环境制度等六个方面，并展望今后的进一步研究方向。

第 2 章　新旧常态中国产业全碳足迹基础数据库创建

本章在明确确立产业全碳足迹测算模型构建的基本思路上，解析数据来源、明确产业划分，设计 DCE－WLS 法编制投入产出表，确保数据来源的精准度和稳健性。通过分解能源消耗过程、工业生产过程及特殊产业考虑模型参数，构建平衡性投入产出产业全碳足迹生命周期测算模型 BEL－TCF。通过计算得到 1987—2021 年中国新旧常态各产业直接碳足迹、间接碳足迹及全碳足迹，运用分组分析法将所有产业分为五种类型，完成新旧常态中国产业全碳足迹基础数据库的构建。

2.1　产业全碳足迹测算模型构建基本思路

结合前章文献综述，本书参照 ISO14067（2013），将碳足迹定义为衡量产业在全生命周期中所排放的二氧化碳以及其他温室气体的二氧化碳转化量。对于碳足迹的衡量范围，依照 IPCC 于 2013 年提出的温室气体排放核算机制和京都及后继系列协议书，将二氧化碳排放量定位参考值设置为 1，其他主要温室气体均以此为标准度量变暖潜能值，再根据各产业实际情况和需求，拣选纳入碳足迹计算范畴，编制通用的区域排放因子表。就度量标准而言，虽然以面积和质量为单位均因存在前提假设而不完美，但面积计量是以质量计算为前提，双重运算更易产生不确定性，故仅以二氧化碳排放质量为标准相对合理，本书即选定以二氧化碳排放质量为标准。

为了更好地构建产业全碳足迹分析模型，将全碳足迹划分为直接和间接两个部分。其中直接碳足迹定义为在本产业边界内产品生产或服务活动中直接产生的碳足迹，间接碳足迹定义为由于本产业产品生产服务活动中使用的中间产品或服务而导致其他产业产生的碳足迹。在此基础上，以划分的产业为研究对象，追踪其全碳足迹流，创建新旧常态中国产业全碳足迹基础数据库。

具体而言，首先明确产业碳足迹数据来源及产业分析，编制可比价的投入产出表，设计 DCE – WLS 函数确保数据来源的准确性和时效性。再构建平衡性投入产出产业全碳足迹生命周期测算模型 BEL – TCF（Balanced Economic Input Output Life Cycle Assessment of Industrial Total Carbon Footprint），进一步考虑能源转换加工损失量、能源出口存货、水泥生产、钢铁生产、合成氨生产、农林牧渔业和其他制造业等七个不同因素，分析不同条件变动情况下产生的测算偏差，寻求结果最为准确的条件，完成新旧常态中国产业全碳足迹基础数据库创建及分析工作。

2.2 数据来源及产业划分

2.2.1 基础数据及产业划分

构建中国产业全碳足迹基础数据库的主要数据来源为历年中国统计年鉴、中国投入产出表、中国能源统计年鉴、中国经济年鉴、World Input – Output Database（WIOD）投入产出表等数据库，并结合国家及各省统计局和国家发展和改革委员会、国际能源署、美国二氧化碳国家实验室网站进行数据收集。其中最基本的数据来自于各年鉴中公布的“分行业能源消费总量和主要能源品种消费量”或“按行业分能源消费量”。产业间的关联数据主要来自于各种投入产出表。中国全国性的投入产出表始创于 1987 年，经过逐步规范化和常态化的发展，形成了逢 2 和 7 年份通过大规模调查编制 5 年一度的投入产出基本表、逢 0 和 5 年份进行系数调整和补充调查编制投入产出延长表的制度。在中国的投入产出表中，产业部门数目也是不断变化的，如 1987 年投入产出表、1990 年投入产出延长表、1992 年投入产出表和 1995 年投入产出延长表主要包含 33 个部门，1997 年投入产出表及 2000 年投入产出延长表拓展为 40 个部门，2002 年投入产出表、2005 年投入产出延长表、2007 年投入产出表包含 42 个部门，2010 年投入产出延长表为 41 个部门，2012 年投入产出表、2015 年投入产出延长表、2017 年投入产出表及 2020 年投入产出延长表为 42 个部门。

由于统计年鉴中与投入产出表中产业分类有一定区别，为了保证数据库在构建过程中的产业一致性，本书以《国民经济行业分类（GB/T 4754－2017)》为基本依据，将产业整合为 27 个类别，详见表 2－1。

表 2－1　　　　产业部门分类

序号	产业部门	序号	产业部门	序号	产业部门
D1	农林牧渔业	D10	造纸印刷及文教体育用品制造业	D19	通信设备计算机及其他电子设备制造业
D2	煤炭开采和洗选业	D11	炼焦煤气及石油加工业	D20	仪器仪表及文化办公机械制造业
D3	石油和天然气开采业	D12	化学工业	D21	其他制造业
D4	金属矿采选业	D13	非金属矿物制品业	D22	电热气生产及供应业
D5	非金属矿和其他矿采选业	D14	金属冶炼及压延加工业	D23	水生产及供应业
D6	食品制造及烟草加工业	D15	金属制品业	D24	建筑业
D7	纺织业	D16	通用专业设备制造业	D25	交通运输仓储和邮电通信业
D8	纺织服装鞋帽皮革羽绒及制品业	D17	交通运输设备制造业	D26	批发及零售贸易餐饮业
D9	木材加工及家具制造业	D18	电气机械及器材制造业	D27	其他服务业

2.2.2　投入产出表编制

2.2.2.1　投入产出表基本原理

投入产出表是根据国民经济各产业产品的使用分配去向及生产要素投入来源，通过设计一张矩阵式的流量平衡表，描述产业间的投入产出关系[47]。按照核算计量单位为标准，投入产出表可以划分为实物型和价值型两种。因为价值型投入产出表具有一致可加的计量单位，能在更大的范围内核算各产业的生产及再生产活动，因此本书采用价值型的投入产出表，形式如表 2 - 2 所示。

表 2 - 2　　基础投入产出表　　（单位：万元）

产出 投入		中间需求	最终需求					总产出
		1,2,…,n 小计	最终消费	资本形成	出口	进口	其他	
中间投入	1,2,…,n 小计	第Ⅰ象限	第Ⅱ象限					
最初投入	劳动者报酬	第Ⅲ象限	第Ⅳ象限					
	生产税净额							
	固定资产折旧							
	营业盈余							
	小计							
总投入								

表 2 - 2 显示，基础投入产出表分为四个象限。其中第Ⅰ象限为中间产品象限，主栏及宾栏均为相关产业，反映了国民经济中各产业相互提供和消耗的中间产品；第Ⅱ象限是按照产业将国内生产总值进行了支出项目划分，主栏为相关产业，宾栏为最终需求；第Ⅲ象限为初始投入象限，按照产业将国内生产总值进行了收入项目划分，主栏是最初投入增加值的各个组成部分，宾栏是各个产业；第Ⅳ象限为反映最初投入的增加值经多次分配过程，形成为各个产业的最终收入。

2.2.2.2　投入产出模型系数分析

建立投入产出模型后，就派生出具有重要经济含义的分析系数。其中直接消耗系数是最基本的产业关联分析系数，记为 a_{ij}，代表了生产经营过程中第 j 个产业单位总产出直接消耗的第 i 个产业提供的产品价值量，显示了产出与直接消耗间共同增减的线性关系。将各产业的直接消耗系数加以组合便形成了直接消耗系数矩阵 A。直接消耗系数矩阵 A 中的列和为 $a_{.j}$，反映了第 i 个产业对所有产业的直接消耗程度；A 中的行和为 $a_{i.}$，展示了所有产业对于第 i 个产业的直接消耗程度。与直接消耗系数对应的是间接消耗系数，反映其他产品借助另一种产品消耗完成的间接生产消耗。投入产出表中通过设置完全消耗系数 b_{ij}，以全面反映第 j 个产业单位总产出直接及间接消耗了第 i 个产业提供的产品价值量总和。借助设置完全消耗矩阵 $B = (I - A)^{-1} - I$，可有效分析产业一维关联关系。直接分配系数是第 i

个产业在生产过程中对第 j 个产业提供直接使用的产品的情况，反映了 i 产业对 j 产业的贡献程度。由于在产业产品的分配中直接联系和间接联系同时存在，投入产出表又定义了完全分配系数，用于反映某产业与前向关联产业的生产技术联系。

对于产业的多维关联关系，可以借助影响力系数和感应度系数加以分析。影响力系数指某产业生产最终产品价值时，引起的对各产业完全需求波及程度，反映了某产业对于国民经济其他各产业的影响力的相对水平。感应度系数则为各产业生产一个单位最终产品时，引起的对某产业完全需求之和以及波及程度，反映了某产业对国民经济各产业的后向感应强度。

2.2.2.3　非竞争可比价投入产出表编制

价值型投入产出表编制主要是基于当年价格来反映产业结构、经济总量、技术变化等因素。在进行时间序列分析时，由于未能扣除价格变动因素，使得基于价值型投入产出表的测算极易产生误差。为了更为准确地描述产业情况，本书首先将历年投入产出表结合统计年鉴转变为可比价投入产出表。从理论上而言，转变方法有两种，一是直接用产品数量乘以基础年份的产品不变价格，二是设置价格指数进行缩减。由于基础年份的产品不变价格获取较为困难，所以本书采用价格指数缩减法。

具体而言，首先将所有的投入产出表格式进行整理，确认 27 个产业。由于时间序列中确定不同的价格基础年份，对于计算的可比价序列会产生不同影响。由于考虑到 2002 年处于研究期跨度中点附近，且该年有成型的投入产出表，因此选定 2002 年为价格基础年份。对于投入产出表横向数据而言，首先确定 2002 年的价格指数，乘以投入产出表中的第 Ⅰ 象限与第 Ⅱ 象限的对应行。对于纵向数据而言，由于第 Ⅲ 象限为增加值，则需要确定产业 2002 年的增加值价格指数，将其缩减为 2002 年的增加值。

在价格指数确定过程中，考虑到产业数据可得性，本书采用分产业生产价格指数法。具体而言，对于第一产业（D1），根据各年《中国统计年鉴》中的农产品生产价格环比指数转为 2002 年定基指数。对于第二产业（D2—D24），由于相关产品出厂价格指数分类不细致，以历年《中国城市生活与价格年鉴》中提供的产业分工业品出厂价格作为价格指数，新合并的产业价格指数参照原有产业的价格指数，按照行业规模以上企业产值加权平均来获得。第三产业（D25—D27）中由于相关产业差距较大，直接采用居民消费价格换算误差较大，为此采用价格平减指数予以代替，即利用 D25—D27 各年产业增加值现价、增加值指数，结合 2002 年产业产值，计算各产业各年可比价增值，而后与各年产业现价增加值进行比率计算，所得的价格平减指数即作为该产业当年价格缩减指数。对于进口产品而言，由于无法有效获取各年海关价格指数，因此直接采用当年国内相同产品价格指数进行调整。在调整过程中，以误差项及其他项占总产出比率为指标，以 2020 年投入产出表为例，发现可比价表编制过程中各产业误差率绝对值均低于 3.68%，27 个产业总体平均误差率为 2.75%（见表 2-3），显示了比较合理的平衡性和可接受的误差率。

表 2-3　可比价表编制误差率

产业序号	误差率	产业序号	误差率	产业序号	误差率
D1	1.85%	D10	2.82%	D19	2.20%
D2	2.98%	D11	3.25%	D20	2.32%
D3	3.35%	D12	2.12%	D21	2.61%
D4	2.87%	D13	2.69%	D22	3.01%
D5	2.99%	D14	2.81%	D23	2.25%
D6	2.18%	D15	2.95%	D24	3.22%
D7	3.61%	D16	1.85%	D25	2.80%
D8	3.70%	D17	1.92%	D26	3.04%
D9	3.20%	D18	2.01%	D27	3.68%

由于中国现有公布的投入产出表均为竞争型，对于进口产品在第Ⅱ象限的最终需求虽然已经列出，却仍未有效区分国内及进口产品的中间及最终需求。传统竞争型投入产出表将部分进口产品以中间品的形式纳入到生产过程中，但当前中国经济日益国际化和开放化，这部分进口产品生产过程的二氧化碳排放发生在国外，从而扩大了以竞争型投入产出表为计算基础的二氧化碳排放量。为了提升计算的精准性，客观要求将竞争型投入产出表转变为非竞争型的投入产出表，当前相关转变方法主要包括调查调整法及比率调整法两种。

调查调整法主要结合海关进口产品目录和投入产出表分类，确定进口产品的归属产业，明确进口产品在中间需求或最终需求过程中的消耗比率，而后进行实际分摊计算，完善进口结构矩阵。调查调整法虽然精度较高，但由于工作量巨大，对原始数据要求很高，所以本书采用比率调整法。比率调整法原理是基于原有竞争型投入产出表，将相关产业的进口产品依照本国产品比率进行缩减，减少进口产品对于本国产业经济的影响度。将直接消耗系数矩阵 A 拆分为各产业对于国内产品的直接消耗系数矩阵 A_{IN} 和对于进口产品的直接消耗系数矩阵 A_{IM} 。中间投入区间也被相应地分解为国内产品和进口产品两个子区间，从而在最大范围消除了中间投入及最终需求中进口产品的影响，为分析产业全碳足迹提供了更为精准的数据基础。

2.2.3　创建 DCE – WLS 数据更新法

投入产出表是宏观调控国民经济、制定科学经济决策的重要基石。但由于投入产出表编制异常复杂困难，因此中国在 1987 年颁布的《关于进行全国投入产出调查的通知》中明确规定，每五年进行一次全国投入产出调查和编表工作，逢零逢五年份修正延长表一次。但由于每张投入产出表及延长表公布时滞长达 2—4 年，无法及时反馈最新内外部环境变化。因此，采用何种方法模型更新非竞争可比价投入产出表，高效率和低成本地提升非编表年份投入产出分析精准度及科学性，变得十分有意义。

2.2.3.1　更新方法综合分析

当前投入产出表更新方法主要包括调查更新和数学更新两大类。调查更新主要采用实际调查及专家访谈方法，所得数据相对真实，但仍面临着工作量大、运行成本高、主观性较强等诸多问题。因此，数学更新逐步成为主流研究方法，其通过设计数学方法，将基准年份投入产出表更新为非编表目标年份的投入产出表。数学更新方法进一步可分为统计更新法及优化更新法两大类。

（1）统计更新法。该方法依照更新过程投入产出表相关系数变化与否，又可以分为系数恒定法及 RAS 类方法两种类型。

第一，系数恒定法。依据产业结构受到技术矩阵直接影响的原理，不更改投入产出矩阵系数，利用情景分析法、诺依曼射线等方法预测经济增长途径。但由于经济发展充满了不确定性，导致产品生产过程中的中间投入与劳动力及资本比例出现浮动，造成该类方法在实际操作过程中容易出现较大误差。

第二，RAS类方法。为了解决系数恒定法中存在的问题，学界引入RAS法，首先假设投入产出表中间投入受到诸多系数的综合影响，借用基准年份投入产出表的直接消耗系数，通过设置代用矩阵 R 和制造矩阵 S 操作修正目标年份投入产出表控制系数，以弥补数据滞后问题，具体如式（2－1）。

$$A^t = RA^bS \quad （式2－1）$$

其中 $A^t = (a_{ij}^t)_{n\times n}$ 及 $A^b = (a_{ij}^b)_{n\times n}$ 分为目标年份及基准年份的直接消耗系数矩阵，u_i^t 及 v_j^t 为目标年份的第 i 及第 j 个产业的中间使用及投入合计，x_j^t 为第 j 个产业的总产出，再采用 k 次迭代计算代用矩阵和制造矩阵，如式（2－2）至式（2－4）。

$$r_{ib}^{(k)} = u_i^t / (\sum_{j=1}^{n} a_{ij}^{t(k-1)} x_j^t) \quad （式2－2）$$

$$s_{jb}^{(k)} = v_j^t / (\sum_{i=1}^{n} a_{ij}^{t(k-1)} x_j^t) \quad （式2－3）$$

$$a_{ij}^{t(k)} = r_{ib}^{(k)} a_{ij}^{t(k-1)} s_{jb}^{(k)} \quad （式2－4）$$

在经过迭代后，各个过程将趋于收敛，得到式（2－5）及式（2－6）。

$$r_{ib} = r_{ib}^{(k)} r_{ib}^{(k-1)} \cdots r_{ib}^{(1)} \quad （式2－5）$$

$$s_{jb} = s_{jb}^{(k)} s_{jb}^{(k-1)} \cdots s_{jb}^{(1)} \quad （式2－6）$$

该方法原理清晰、简单易行，然而学者在利用STPE、MAE等指标进行精度评价后，发现RAS法整体平均误差率仍然偏高[48]。究其原因，源于RAS法存在初始矩阵可靠度存疑、无法处理负值、约束条件不够完善等系列问题，仅能适应目标表行和和列和均为已知的情况，因此国内外学者对其进行了扩展与改进，提出了MRAS、TRAS、GRAS等拓展性方法。MRAS法借助统计年鉴及经济普查，收集部分目标年份投入产出表中特定或聚合单元格数据，再运用这些额外数据提升更新表的精准性。但由于获得的数据往往面临着来源不一、细分困难等情况，极易导致约束条件互斥而造成模型无解。为此，学界进一步提出TRAS法，将 A^t 分解为已知确定信息 A_1^t 及不确定误差 A_2^t 两个部分，见式（2－7）。

$$A^t = A_1^t + RA_2^tS \quad （式2－7）$$

该方法计算原理与RAS法一致，只需对目标矩阵的行列进行调整。但主要问题在于要求 A_2^t 具有一定规模，规模较小则无法实现有效求解。学界又提出了 GRAS 更新法，通过保持更新后矩阵所有元素符号不变，维持 A^t 及 A^b 对应元素的一致性，以有效应对初始矩阵容易出现负值的情况[49]。该方法虽然在一定程度上解决了 RAS 法存在的问题，但当面临较多聚合约束条件时，仍无法有效保障模型求解精度。

（2）优化更新法。该类型方法借助衡量基准值与目标值间的距离整合数据，以求更好地满足投入产出矩阵的附加约束要求。根据距离求解方式不同，优化更新法可以分为绝对值类、交叉熵类和最小二乘类三种方法。

第一，绝对值类方法。该方法最初是以最小差值形式出现的，具体公式如式（2-8）。

$$\min D_{AB} = \sum_{i}^{n} \sum_{j}^{n} |a_{ij}^{b} - a_{ij}^{t}| \quad \text{（式 2-8）}$$

考虑到不同系数对于更新精准度影响不同，对于系数变化又赋予了不同的权重。式（2-9）为标准化绝对差值法，该方法通过对小系数变化加大惩罚，保证了更新焦点集中于大系数的变化。式（2-10）为加权绝对差值法，该方法直接利用基准年份投入产出表系数作为权重，隐含了大系数不存在大变动的假设条件。

$$\min D_{AB} = \sum_{i}^{n} \sum_{j}^{n} |a_{ij}^{b} - a_{ij}^{t}| / a_{ij}^{b} \quad \text{（式 2-9）}$$

$$\min D_{AB} = \sum_{i}^{n} \sum_{j}^{n} a_{ij}^{b} |a_{ij}^{b} - a_{ij}^{t}| \quad \text{（式 2-10）}$$

第二，交叉熵类方法（CE）。该方法借助最小化新值与先验估计概率间距离的交叉熵指标，构建式（2-11）求取最接近基准表的目标表。

$$\min D_{CE} = \sum_{i=1}^{n} \sum_{j=1}^{n} a_{ij}^{t} \ln(a_{ij}^{t} / a_{ij}^{b}) \quad \text{（式 2-11）}$$

该方法可以较好地保持投入产出表系数矩阵的平衡性。但缺点在于对交易流量精度控制度不足，容易导致基准和目标投入产出表存在离差期望小而离差方差大的不均衡状态[50]。

第三，最小二乘类方法（LS）。该方法基于逐次逼近原理将差值平方和引入目标函数完成更新工作，可以较为简便地求得相关数据。但缺点是不能确保可获得全局最优解，为此引入参数 $\gamma_{ij}^{b} \geq 0$，提出了二次最小二乘法（DLS），见式（2-11）。但当前最小二乘类方法由于未充分考虑投入产出表中不同矩阵系数对更新精度的不同影响程度，在一定程度上影响了更新表的数据质量[51]。

$$\min D_{LS} = \sum_{i}^{n} \sum_{j}^{n} (a_{ij}^{b} - y_{ij}^{b} a_{ij}^{b})^{2} \quad (式 2-12)$$

综上所述，当前投入产出表主流更新三类方法存在一定的共性，即均通过设置不同距离最小化基准年份和目标年份投入产出表间的差异，区别仅在于对接近程度距离的定义不同。LS 类方法将最小化基准及目标投入产出表各数值之差的平方和定义为距离；CE 类方法通过最小化基准年份投入产出表的先验估计概率交叉熵计算距离；RAS 类方法则主要通过调整矩阵流量进行更新。在实际运用中，三种方法除了各自存在一定优缺点外，仍面临着一个共性问题，即均主要从技术层面将目标表向基准表机械靠近，一定程度上忽略了部分先验信息，造成无谓损失。

为此，本书在分析主流更新方法原理及优缺点的基础上，综合考虑聚合约束条件，分别改进 CE 类及 LS 类方法，引入信息权重矩阵，组合创立 DCE - WLS 法，以求提升投入产出表更新的精准度和稳健性。

2.2.3.2 DCE - WLS 法构建

（1）DCE 法设计。针对 CE 类方法存在的优缺点，本书提出了一个新的双系数 CE（Double Coefficient CE Method，DCE）方法，首先将距离定义为式（2 - 13）。

$$\min D_{DCE} = \sum_{i=1}^{n} \sum_{j=1}^{n} w_{ij} a_{ij}^{t} (\ln a_{ij}^{t} - \ln a_{ij}^{b})^{2} \quad (式 2-13)$$

而后利用拉格朗日乘数法对上式进行解析，当 $a_{ij}^{b}\exp(-1) \leq a_{ij}^{t}$ 时：

$$a_{ij}^{t} = [w_{ij} a_{ij}^{b} \exp(\sqrt{\lambda_i v_j^{t} + \mu_j + 1})] / [\sum_{i=1}^{n} a_{ij}^{b} \exp(\sqrt{\lambda_i v_j^{t} + \mu_j + 1})]$$

（式 2 - 14）

当 $a_{ij}^{t}\exp(-1) \leq a_{ij}^{b}$ 时：

$$a_{ij}^{t} = [w_{ij} a_{ij}^{b} \exp(-\sqrt{\lambda_i v_j^{t} + \mu_j + 1})] / [\sum_{i=1}^{n} a_{ij}^{b} \exp(-\sqrt{\lambda_i v_j^{t} + \mu_j + 1})]$$

（式 2 - 15）

一般而言，经典 CE 类方法运算主要取决 a_{ij}^{b}、向量列和 v_j^{t} 和单一拉格朗日乘数 λ_i 三个因素，为了提升更新精准度，DCE 法进一步引入了双拉格朗日乘数 λ_i 和 μ_j，以更好地防止各种矩阵系数的剧烈波动。且 DCE 法针对基准值和目标值比较存在的两类情况设置了不同更新公式，更好地厘清了信息熵使用范围、夯实了信息熵使用基础。此外，DCE 法通过引入信息权重矩阵 $W_{n\times n}$（w_{ij} 为其中元素），可摆脱机械式的强制均衡，减少有效信息的损失度。

（2）WLS 法设计。Kopidou 等学者通过实验分析，认为相较 CE 类方法而言，LS 类方法可以更好地提升交易流量精度，但对系数矩阵控制度仍较为欠缺[52]。为了更好地顾及投入产出表中不同系数的精度要求，本书将 LS 类方法拓展为权重 LS（Weight LS Method，WLS）法，具体定义为式（2－16）。

$$\min D_{WLS} = \sum_{i=1}^{n}\sum_{j=1}^{n} w_{ij} a_{ij}^{b}(a_{ij}^{b} - a_{ij}^{t})^{2} \tag{式 2-16}$$

WLS 法依据系数变化情况对其赋予不同权重，针对大值系数的变动特别加大了惩罚力度，从而在确保交易流量精度的同时，更好地维持了系数矩阵的平稳性；同时也引入了信息权重矩阵降低先验信息的损耗。

（3）信息权重矩阵构造。为了提升投入产出表更新精度及效率，进一步设计了信息权重矩阵。首先对基准年份投入产出表进行数据甄别，并将相关数据归纳为三个类型。第一类是确定数据，可以直接无修改引入新表；第二类是数据数值虽不确定，但已经获知更新后数据的合理取值区间；第三类则是未知数据。

针对第一类确定数据，将其在信息权重矩阵中 W 对应的 w_{ij}^{1} 取值为正无穷或一个极大的数值，以保证数据更新过程维持不变。对第二类不确定数据 $a_{ij}^{b_1}$ 而言，假设取值空间为 $[a_{ij}^{b_s}, a_{ij}^{b_e}]$，则令 $w_{ij}^{2} = 1/(a_{ij}^{b_e} - a_{ij}^{b_s})$，使之与 $a_{ij}^{b_1}$ 合理预测取值区间长度成反比，区间长度越小即代表该数据越明确。第三类未知数据对应的 w_{ij}^{3} 则直接设置为 1，对更新过程不产生任何附加影响。

（4）约束条件修正。LS 类方法和 CE 类方法的约束条件为：

$$s.t.\ \sum_{i=1}^{n} a_{ij}^{t} x_{j}^{t} = u_{j}^{t} \tag{式 2-17}$$

$$\sum_{j=1}^{n} a_{ij}^{t} x_{i}^{t} = v_{i}^{t} \tag{式 2-18}$$

$$0 < a_{ij}^{t} < 1 \tag{式 2-19}$$

其中前两个约束条件是为了寻求流量加总平衡，式（2－19）是保障算式意义而设置的非负约束。虽然以上约束已经能基本满足更新工作要求，但从经济学角度来看，由于存在产业结构变化、技术水平提升等诸多具有长期过渡性的复杂影响系数，使得一定时期内投入产出表系数的演化相对稳定而缓慢，直接导致非负约束在实际求解过程中往往将最优解集中趋至非负边界，造成目标投入产出表中存在大量零值无意义堆积情况。为了更好地应对影响系数聚合约束条件的复杂情况，设置零值约束公式，见式（2－20）。

$$\forall a_{ij}^{b} = 0, a_{ij}^{t} = 0 \qquad (式2-20)$$

上式使得当初始系数为零时，更新系数也为零；初始系数非零时，更新系数也非零。从而确保目标投入产出表能够有效继承基准表的零值结构，更好地保证了目标表质量。

（5）DCE－WLS 法加权设置。由上分析可见，DCE 法与 WLS 法各具优点，DCE 法能够更好地控制目标表系数矩阵与基准表的相似度，而 WLS 法则能更好地实现目标表交易流量与基准表的接近精度。在更新工作开始前，若能明确目标表系数矩阵与基准表相似度较高，则可以直接采用 WLS 法，若知道目标表交易流量与基准表比较接近，则使用 DCE 法。但在实际计算中，由于无法确切掌握目标投入产出表的平衡度，使得 DCE 法及 WLS 法的适用度难以直接判断。此外，因为两种方法计算根基均为距离测算，所以使得两者结合成为可能。因此，为了综合利用两种方法的优点，保证更新结果更为精准，本书将目标更新方法定义为 DCE 和 WLS 加权之和，记为 DCE－WLS 法：

$$\min D = \omega \min D_{DCE} + (1-\omega)\min D_{WLS}$$
$$s.t.\ 0 \leqslant \omega \leqslant 1 \qquad (式2-21)$$

其中 ω 为权重，可依据考虑系数矩阵相似度和交易流量精度的偏重进行设置，为了综合确保更新的平衡性，本书令 $\omega=0.5$。

2.2.3.3　实例比较验证

评价更新方法优劣主要是比较所得目标投入产出表的数据质量，第一种比较方法是与调查所得的目标年份真实数值进行对比，第二种方法是与基准年份数值进行比较。为了更好地分析 DCE－WLS 法效果，选择 GRAS、STAD（标准化绝对差值法）、TLS（二次最小二乘法）、MCE（标准交叉熵法）作为比较方法，分别运用 5 种方法完成更新，再拣选统计指标进行精准度及均衡性比较。

（1）统计指标选取。为了更好地衡量更新投入产出表与参照表数值的接近程度，拣选了 7 个具有互补性的统计指标，分析如下。

第一，标准误差百分比（STPE），作用在于衡量更新数值标准化的整体精度。

$$STPE = 100\sum_{ij}|a_{ij}^{f} - a_{ij}^{t}| / \sum_{ij}a_{ij}^{t} \qquad (式 2-22)$$

式中 a_{ij}^{t} 为更新所得的直接消耗系数，a_{ij}^{f} 为实际直接消耗系数。

第二，均方根误差（RMSE），借助此指标可以推算更新数值的离散程度。

$$RMSE = [\sum_{ij}(a_{ij}^{f} - a_{ij}^{t})^{2}/n]^{1/2} \qquad (式 2-23)$$

第三，泰尔 U 值（THeil U），用于衡量流量更新数据与最小真实数据的误差。

$$U = [\sum_{ij}(a_{ij}^{f} - a_{ij}^{t})^{2} / \sum_{ij}(a_{ij}^{t})^{2}]^{1/2} \qquad (式 2-24)$$

第四，平均绝对值误差（MAE），作用在于比较更新数据与真实数据的平均绝对值误差。

$$MAE = \sum_{ij}|a_{ij}^{f} - a_{ij}^{t}|/n^{2} \qquad (式 2-25)$$

第五，加权绝对偏差（WAD），该指标通过权重设置分析更新数据与真实数据偏差。

$$WAD = \sum_{ij}[(a_{ij}^{f} + a_{ij}^{t}) \cdot |a_{ij}^{f} - a_{ij}^{t}|] / \sum_{ij}(a_{ij}^{f} + a_{ij}^{t}) \qquad (式 2-26)$$

第六，伊萨德/罗曼诺夫相似性指数（SIM），用于分析相关系数推算更新数据与真实数据误差。

$$SIM = 1 - \sum_{ij}|a_{ij}^{f} - a_{ij}^{t}| / [(a_{ij}^{f} + a_{ij}^{t}) \cdot I \cdot J] \qquad (式 2-27)$$

第七，信息损失（INO），该指标以基准数据为衡量标准，分析更新表与基准表间的信息损失度，反映计算方法的稳健性。

$$INO = \sum_{ij}|a_{ij}^{f}\ln(a_{ij}^{f}/a_{ij}^{t})| \qquad (式 2-28)$$

（2）比较分析。对于投入产出表的 5 种更新方法，采用 GAMS 软件编写 5 种更新方法，求取各方法的全局最优解。首先采用第一种比较方法分析更新方法的精度，以最新可得的为 2020 年投入产出表为基准表，利用 5 种方法分别推导，得出更新的 2020 年投入产出表，再利用统计指标与真实表进行更新精准度对比得表 2-4。

表 2-4　　更新方法精准度比较

	STPE	RMSE	Theil U	MAE	WAD	SIM	综合得分	排名
GRAS	6.2571	0.0166	0.1405	0.0367	3258.6	0.717	2.83	2
STAD	7.5247	0.0189	0.1438	0.0395	3186.3	0.624	4.33	5
TLS	6.6114	0.0163	0.1391	0.0423	3325.2	0.682	3.50	4
MCE	7.3571	0.0186	0.1364	0.0345	3302.2	0.715	3.33	3
DCE-WLS	5.8582	0.0159	0.1303	0.0310	3021.5	0.758	1.00	1
均值	6.7217	0.0173	0.1380	0.0368	3218.8	0.699		

表 2-4 统计指标数值中，前五项统计指标数值越小越好，SIM 值则以接近 1 为佳；各更新方法的综合得分为每项统计指标分别排名的平均数值，数值越低显示排名越好、精度越高。由上表可见，DCE-WLS 法综合得分最优，STPE、RMSE、Theil U、MAE、WAD5 项指标数值分别为 5 种更新方法均值的 87.15%、91.91%、94.42%、84.24%和 93.87%，且均为最低值；SIM 值则在 5 种方法中离标准值 1 最近，达到了 0.758，为均值 0.699 的 108.44%。由此可见，DCE-WLS 法的更新结果最为精准。

鉴于在实际操作过程中，往往无法获得真实的目标投入产出表，故进一步采用第二种比较方法对更新方法进行稳健性比较。首先设定某一更新方法为基础方法，而后求取基础方法目标函数最小值，以获得的参数为依据，推导其他更新方法的目标函数，并与 INO 指标一起作为更新方法稳健性评价指标。计算结果见表 2-5。

表 2-5　　更新方法稳健性比较　　（单位：10^4）

	GRAS	STAD	TLS	MCE	DCE-WLS	INO	综合得分	排名
GRAS	25.698	50.258	19.368	11.587	13.258	861.241	3.17	3
STAD	37.259	36.362	20.697	16.358	15.251	1000.85	4.33	5
TLS	36.584	52.322	12.254	15.637	11.102	954.761	3.50	4
MCE	33.592	44.578	16.867	10.078	10.571	758.685	2.33	2
DCE-WLS	28.691	40.851	13.525	10.261	8.566	612.257	1.67	1
均值	32.365	44.874	16.542	12.784	11.750	837.559		

表2－5统计指标数值中，所有统计指标数值均是越小越好。DCE－WLS法综合得分排名第一，六项指标数值分别为5种更新方法均值的88.65%、91.03%、81.76%、80.26%、72.90%和73.10%，显示了最优的稳健性。

2.3 BEL－TCF模型构建

在明确数据来源及产业划分的基础上，组合利用能源消耗、生命周期及投入产出测算模型，从综合碳排放视角出发考虑各产业活动环节，按照能源消耗、工业生产两个过程修正直接消耗系数，并深入考虑特殊产业，构建平衡性投入产出产业全碳足迹生命周期测算模型BEL－TCF。由构建BEL－TCF测算模型的基本思路可见，从综合碳排放视角分析产业全碳足迹最为合适。在当前综合碳排放视角的研究模型中，投入产出生命周期评价模型EIO－LCA（Economic Input－Output Life Cycle Assessment）是公认最为有效的，其基本公式见式（2－29）。

$$X = R(I - A)^{-1}y \quad \text{（式2－29）}$$

式中X为各产业产品碳排放量，I为单位矩阵，A为直接消耗系数矩阵，y为产品最终需求。R为二氧化碳排放系数对角矩阵，矩阵中元素为各产业单位产值直接排放的碳量。虽然EIO－LCA模型能较好地分析产业二氧化碳排放量，但仍未摆脱现有产业二氧化碳测算模型存在的三个方面问题。

为此，在原有EIO－LCA模型的基础上，重新设计BEL－TCF模型如式（2－30）。

$$C = M(I - A)^{-1}Y + C_s \quad \text{（式2－30）}$$

其中C为涉及n个产业的全碳足迹矩阵，c_{ij}是C矩阵元素，i代表提供产品或服务的产业序号，j为使用产品或服务的产业序号，C_s为特殊产业全碳足迹补充矩阵。A为直接消耗系数矩阵，包括国内产品的直接消耗系数矩阵A_{IN}和对于进口产品的直接消耗系数矩阵A_{IM} $(I - A)^{-1}$为Leontie逆矩阵，Y进化为投入产出表最终需求对角矩阵。M是碳足迹排放系数对角矩阵；m_i 为其中元素，代表第 i 个产业碳足迹排放系数。为了更好反映产业的全碳足迹，将 m_i 拓展为能源消耗 m_{i1} 及工业生产 m_{i2} 两个过程：

$$m_i = m_{i1} + m_{i2} = [\sum_{j_e=1}^{n_1} r_{j_e} \cdot p_{ij_e}]\frac{e_i}{x_i} + [\sum_{k=1}^{n_2}\sum_{j_k=1}^{n_3} r_{j_k} \cdot a_{ij}]\frac{q_i}{x_i} \quad \text{（式 2－31）}$$

在此基础上，令 c_i 为 C 矩阵第 i 行向量，c_j 为第 j 列向量，c_d 为 C 中各行元素之和，c_a 为各列元素之和。由此，借助 c_d 可以从生产视角解析产业碳足迹分布情况，c_i 反应了第 i 产业生产服务过程中的碳足迹与其他相关产业消费需求的关系。元素 c_{ij} 代表 i 产业为 j 产业提供生产服务中产生的直接碳足迹，c_{ij} 之和为 i 产业的直接碳足迹，对应 c_d 的第 i 行元素。借助 c_a 可以从消费视角解析产业碳足迹分布情况，c_j 描述了第 j 产业消费需求与其他部门直接碳足迹的关系，当 i 不等于 j 时，其元素 c_{ij} 反映了产业 j 的间接碳足迹，c_j 中各元素之和为满足产业 j 消费需求所产生的间接碳足迹，对应 c_a 的第 j 列列元素。下文将依据构建的 BEL－TCF 模型进行实例比较测算，选取 2021 年中国产业全碳足迹作为测算对象，并重点针对能源消耗过程、工业生产过程及特殊产业三个方面展开论述。

2.3.1 能源消耗过程分析

能源消耗是当前产业碳排放的核心产生源，联合国环境规划署 2022 年度报告指出，2000—2021 年全球主要经济体 92.1% 的二氧化碳排放及 76.3% 的温室气体排放来自于能源消耗过程。在《2016 年 IPCC 国家温室气体清单指南》中，明确指出能源消耗最主要来自于化石燃料燃烧，由于不同品种的化石燃料碳含量不同、且不同燃烧技术产生了不同的碳排放系数，使得化石燃料的碳足迹主要取决于能源消耗量及碳排放系数，因此得式（2－32）。

$$m_{i1} = [\sum_{j_e=1}^{n_1}\sum_{k_1=1}^{n_2} r_{j_e} \cdot r_{j_e}^{k_1} \cdot p_{ij_e}]\frac{e_i}{x_i} \quad \text{（式 2－32）}$$

其中 r_{j_e} 为第 j_e 种能源二氧化碳排放系数，$r_{j_e}^{k_1}$ 为提供 j_e 种能源的产业二氧化碳修正系数。对第 i 个产业而言，p_{ij_e} 为其总能源消耗中 j_e 种能源的消费比率，e_i 为产业总能源消耗量，x_i 为产业总产出。

2.3.1.1 能源二氧化碳排放系数计算

参考 IPCC 提供的方法，设计公式如式（2－33）计算能源二氧化碳排

放系数 r_{j_e}。

$$r_{j_e} = NCV_{j_e} \times CEF_{j_e} \times COF_{j_e} \times (44/12) \quad (式 2-33)$$

其中 NCV_{j_e} 为单位质量的能源在燃烧过程中所产生的平均低位发热量。CEF_{j_e} 主要采用 IPCC 提供的碳排放系数，由于 IPCC 未提供直接性的原煤排放系数，所以本书对原煤排放系数进行了估算。具体是基于中国 1987—2021 年原煤不同煤类产量综合统计，发现烟煤产量平均占比为 80.1%，无烟煤占比为 19.9%，因此依照 IPCC 提供的烟煤及无烟煤碳排放系数按产量占比取加权平均作为煤炭的碳排放系数。COF_{j_e} 为碳氧化因子，IPCC 建议取值 100%。鉴于油气燃料设备碳氧化率差异不大，因此依照各能源所需生产设备的不同，对固体能源、油品及气体燃料的 COF_{j_e} 进行三档区分取值。44 和 12 分别为二氧化碳和碳的分子量，即 1 吨碳正常燃烧后可以产生约 44/12 吨二氧化碳。

在能源二氧化碳排放系数计算过程中，由于电力能源来自于火力发电、水力发电、核能发电、风能发电等多种发电方式，其中电力二氧化碳排放量最主要产生于火力发电。由于我国每年电力发电方式占比以及火力发电消耗的能源种类和数量均不同，使得电力二氧化碳排放系数不断浮动，为此单独设计公式如式（2-34）计算电力的二氧化碳排放系数 r_{et}。

$$r_{et} = \sum_{j_e=1}^{n_1}(r_{j_e} \cdot e_{j_e t}) / \sum_{i_e=1}^{n_2} E_{i_e t} \quad (式 2-34)$$

其中 $e_{j_e t}$ 为第 t 年发电过程中第 j_e 种能源的消耗量，$E_{i_e t}$ 为第 t 年发电过程中第 i_e 种发电方式向电网提供的电量。鉴于现有统计数据没有包含火力发电中燃煤、燃油和燃气的技术容量，为此本书首先利用最近一年的可得能源平衡表数据，计算出发电用固体、液体和气体燃料对应的 CO_2 排放量在总排放量中的比重；其次，再将此比重直接转变为权重，以商业化最优效率技术水平对应的排放因子为基础，利用式（2-34）计算出各电网的火电排放因子。

表 2-6 显示，1987—2021 年电力二氧化碳排放系数具有一定的波动，总体而言呈现逐步下降趋势，究其原因在于随着水力发电、核能发电、风能发电等低碳发电方式的不断推广应用，电力供应结构实现了一定程度上的逐步优化。

表 2－6　　中国电力二氧化碳排放系数　　（单位：吨 $CO_2/10^4kWh$）

年份	系数	年份	系数	年份	系数	年份	系数
1987	8.987	1996	8.758	2005	8.354	2014	6.987
1988	8.956	1997	8.789	2006	8.258	2015	6.859
1989	8.998	1998	8.687	2007	7.789	2016	6.925
1990	8.925	1999	8.621	2008	7.932	2017	6.742
1991	8.936	2000	8.356	2009	7.758	2018	6.716
1992	8.845	2001	8.272	2010	7.542	2019	6.707
1993	8.864	2002	8.325	2011	7.536	2020	6.704
1994	8.802	2003	8.658	2012	7.352	2021	6.702
1995	8.828	2004	8.476	2013	7.325		

2.3.1.2　提供能源产业二氧化碳修正系数计算

综合 IPCC 及《中国统计年鉴》解释，能源消耗量主要包括国内产品生产能耗、能源转换加工损失量（如原油加工成汽油、煤炭加工为焦炭等过程）、能源出口及存货三个部分。对于能源消耗量统计，现行国内外体系主要包括能源平衡表、能源消费总量和终端能源消费量三种核算方式。由于《中国统计年鉴》一次能源及含碳类能源终端能源消费量不全，且未包含电力生产过程的能源损失。为此，部分学者利用能源平衡表中提供的终端消费能源占能源消耗量比例估算，或者将二氧化碳排放系数取置信区间下限方式进行直接计算[53]，但此类方法由于缺乏切实数据保障，计算结果存在一定偏差。为了解决以上问题，以《中国统计年鉴》及投入产出表为依据，通过设计公式如式（2－35）计算提供能源产业二氧化碳修正系数 $r_{j_e}^{k_1}$，以求更精准地分析所有产业的能源消耗量。

$$r_{j_e}^{k_1} = (M_{k_1} - M_{k_1}^1 - M_{k_1}^2)/M_{k_1} \quad \text{（式 2－35）}$$

式中 M_{k_1} 为第 k_1 个提供能源产业能源消耗过程中的资金投入总额，$M_{k_1}^1$ 和 $M_{k_1}^2$ 分别为能源转换加工过程、能源出口及存货的资金投入。在所涉及的 27 个产业中，能源产业主要为煤炭开采和洗选业、石油和天然气开采业、炼焦煤气及石油加工业和电热气生产及供应业，计算得出上述四个产业的 $r_{j_e}^{k_1}$ 值依次分别为 0.967、0.972、0.924 及 0.982。

2.3.2　工业生产过程分析

工业生产过程的碳足迹主要指在工业生产过程中除了能源消耗外，在物理及化学过程所产生的碳足迹。结合中国国情，主要考虑工业生产过程中主要涉及的非金属矿物制品业、金属制品业等相关产业在生产水泥、钢铁、合成氨等产品的碳足迹，在此基础上设置该过程 m_{i2}，如式（2 - 36）。

$$m_{i2} = \left[\sum_{k_2=1}^{n_3}\sum_{j_{k_2}=1}^{n_4} r_{j_{k_2}} \cdot a_{ij}\right]\frac{q_i}{x_i} \qquad (式 2-36)$$

其中 $r_{j_{k_2}}$ 代表第 k_2 个工业生产过程中第 j_{k_2} 环节的碳排放系数，q_i 为产业产品产量。a_{ij} 代表第 i 产业产品为第 j 产业产出服务而发生的消耗量，x_i 为产业总产出。当然，m_{i2} 是一个开放计算框架，可以根据实际情况，对生产过程进行调整，下文就三个主要生产过程的碳排放系数进行说明。

第一，水泥 CO_2 排放系数。该系数主要受到工艺排放、电力消耗、能源燃烧、熟料水泥占比等诸多因素影响。当前 IPCC、WRI 和 WBCSD 等机构分别提出了各自的水泥碳排放系数，但目前中国尚未出台统一的水泥碳排放核算标准，因此本书从直接影响因素和间接影响因素两个方面，结合已有标准分析水泥的 CO_2 排放系数。

直接影响因素主要考虑水泥生产工艺中的一次能源及含碳类能源 CO_2 排放系数和碳酸盐 CO_2 排放系数；间接影响因素主要考虑电力 CO_2 排放系数。对于碳酸盐 CO_2 排放系数，就中国实际情况而言，现行水泥生产工艺主要包括水泥立窑和新型干法窑两种[54]，本书取两种生产工艺的平均值，分别为 0.490 吨 CO_2/t 和 0.511 吨 CO_2/t。再结合《中国水泥年鉴》计算两种生产工艺下熟料水泥及水泥产量比，得出碳酸盐 CO_2 排放系数，综合直接和间接影响因数，得出 1987—2021 年中国水泥 CO_2 排放系数为 0.469 吨 CO_2/t。

第二，钢铁 CO_2 排放系数。生产钢铁过程主要包括电弧炉、碱性氧气转炉和平炉转换三种生产工艺。按照《国际钢铁协会二氧化碳排放数据收集指南》估算，电弧炉、碱性氧气转炉和平炉转换三种生产工艺的二氧化碳排放因子分别为 0.081、1.463 和 1.726，2021 年中国三者工艺的钢铁产量占比约为 34.68%、57.96% 和 7.36%，因此根据三种生产工艺排放因子及产量可计算得出相关 CO_2 排放量，而后除以钢铁总产量，计算得出中国钢铁生产 CO_2 排放系数为 1.003 吨 CO_2/t。

第三，合成氨 CO_2 排放系数。合成氨生产主要包括造氮氢气、脱硫、变换等诸多工段。参照《中华人民共和国化工行业标准 HG/T4487》，分析得出合成氨生产过程中入炉天然气中烷烃、一氧化碳、二氧化碳体积占比约为 11.24%、42.17% 和 46.56% 的二氧化碳，结合三者排放系数计算可得合成氨 CO_2 排放系数为 1.452 吨 CO_2/t。

2.3.3 特殊产业分析

部分特殊产业由于自身特点，仍产生了能源消耗过程及工业生产过程之外的碳足迹。为了保障碳足迹计算结果的全面性，对特殊产业碳足迹进行补充计算，主要考虑农林牧渔业以及其他制造业。

2.3.3.1 农林牧渔业

农林牧渔业产生额外碳足迹的主要原因是土地利用变化而引起的碳吸收量变化，具体表现为林业及相关木质生物量储存量的变化。当前对于区域尺度土地利用碳吸收量测算主要采用两种方法。方法一是气象测量法，借助气象手段直接测量大气与林业生物量的二氧化碳通量。由于气象测量法应用条件较高，所以参照 IPCC 提出林木蓄积量测算法，将林木蓄积量换算为生物量，再依照转换关系计算二氧化碳通量 Δc_{ijD_1}。

$$\Delta c_{ijD_1} = A \cdot (GR - CR) \cdot SVD \cdot BEF \cdot r_{ijD_1} \quad \text{(式 2-37)}$$

A 为的现存林业面积，GR 为林木蓄积量生长率，CR 为林木蓄积量损失率，SVD 为基本木材密度加权平均值，BEF 为生物量转换系数加权平均值，r_{ijD_1} 为气候干物质碳排放因子。基本数据来源为历年的《中国森林资源清查报告》和《中国统计年鉴》。以《中国森林资源清查报告》提供的每五年数据为基础，回归拟合得到 1987—2018 年的林木总蓄积量时间序列数据。由于中国总体属于亚热带和温带气候，因此气候干物质碳排放因子选取两种气候的加权平均值，继而计算得到 1987—2021 年中国土地利用二氧化碳吸收量，如表 2-7 所示。

表 2-7 显示，1987—2021 年中国土地利用二氧化碳吸收量呈不断上升趋势，由 1987 年的 85.26 吨 CO_2 增长至 2021 年的 147.16 吨 CO_2，说明随着各界对于土地保护、节能减排意识的不断增强，土地利用的二氧化碳吸收能力得到了一定增强。在计算得到由于土地利用变化所引起的二氧化碳吸收量后，将其在农林牧渔业的直接碳足迹总量中进行减扣，即可得到核算后的该产业净直接碳足迹。

表 2-7　中国土地利用二氧化碳吸收量　（单位：吨 CO_2）

年份	吸收量	年份	吸收量	年份	吸收量	年份	吸收量
1987	85.26	1996	103.54	2005	122.89	2014	140.58
1988	86.41	1997	105.69	2006	125.04	2015	141.87
1989	88.45	1998	107.84	2007	127.19	2016	142.61
1990	90.64	1999	109.97	2008	129.34	2017	144.03
1991	92.79	2000	112.14	2009	131.49	2018	145.82
1992	94.93	2001	114.29	2010	133.64	2019	146.11
1993	97.02	2002	116.44	2011	135.78	2020	146.27
1994	99.23	2003	118.59	2012	136.85	2021	147.16
1995	101.39	2004	120.74	2013	137.52		

2.3.3.2　其他制造业

随着经济发展、人口增长以及城市化进程的不断推进，中国废弃物呈现了飞速增长势头。在废弃物处理过程中，二氧化碳产生源主要包括固体废弃物填埋处理、固体废弃物生物处理、固体废弃物焚烧处理和废水处理与排放四个处理过程，而固体废弃物处理过程中产生的二氧化碳占比高达98.28%，因此本书将工业固体废弃物和城市固体废弃物界定为关键核算对象。

对于固体废弃物处理过程产生的二氧化碳排放量，IPCC 指南中提供了理论一阶衰减动力方法及缺省法。衰减动力方法通过设置一阶衰减模式公式，模拟按随时间变化温室气体的产生量计算二氧化碳排放量，该方法可以较好地反映固体废弃物时间降解过程，但各机构均未提供公式通用参数的推荐值或缺省值，降低了不同区域计算的可行性。缺省法原理为依据不同经济地区特点，设置区别性可降解有机碳方法评估固体废弃物，继而计算固体废弃物所产生的温室气体，需求量较少且容易修改。

因此基于缺省法原理设置质量平衡方程反映固体废弃物碳降解过程，进而计算工业固体废弃物、城市固体废弃物处理过程中产生的二氧化碳总量，如式（2-38）。

$$\Delta c_{ijD_{21}} = \sum_{l_s m_s} (SW_{l_s} \cdot SWR^1_{l_s m_s} \cdot SWR^2_{l_s m_s} \cdot SWC_{l_s m_s} \cdot SWF_{l_s m_s} \cdot 44/12)$$

（式 2-38）

上式中 l_s 为固体废弃物种类，m_s 为不同的处理方式，SW_{l_s} 为固体废弃物量，$SWR^1_{l_s m_s}$ 为不同处理过程中固体废弃物总量占比，$SWR^2_{l_s m_s}$ 为不同处理过程中固体废弃物的处理率，$SWC_{l_s m_s}$ 为固体废弃物碳含量比例，$SWF_{l_s m_s}$ 为固体废弃物中有机碳占碳总量比例。考虑按填埋处理的工业固体废弃物产生的二氧化碳排放量，综合 IPCC 指南缺省参数，可以得出 1987—2021 年中国工业固体废弃物填埋处理率、固体废弃物碳含量比例及有机碳占碳总量比例分别为 35.01%、15.12% 和 5.36%；城市固体废弃物填埋处理总量占比为 96.94%、固体废弃物生物处理总量占比为 1.29%、固体废弃物焚烧处理总量占比为 1.78%，以上三种处理过程的固体废弃物处理率修正值分别为 80%、40% 和 60%；固体废弃物碳含量比例为 50.62%，有机碳占碳总量比例为 6.51%。基于以上参数，利用式（2-31），计算得到中国固体废弃物二氧化碳排放量，如表 2-8 所示。

表 2-8　中国固体废弃物二氧化碳排放量　（单位：吨 CO_2）

年份	排放量	年份	排放量	年份	排放量	年份	排放量
1987	4.43	1996	8.53	2005	11.48	2014	15.18
1988	4.98	1997	8.93	2006	11.88	2015	15.36
1989	5.51	1998	9.27	2007	12.40	2016	15.42
1990	6.03	1999	9.66	2008	12.70	2017	15.66
1991	6.53	2000	9.99	2009	13.14	2018	15.87
1992	6.97	2001	10.30	2010	14.03	2019	15.89
1993	7.38	2002	10.58	2011	14.29	2020	15.91
1994	7.80	2003	10.87	2012	14.62	2021	15.96
1995	8.16	2004	11.12	2013	14.80		

表 2-8 显示随着中国固体废弃物的不断增长，研究期内中国固体废弃物二氧化碳排放量也呈现不断上升趋势，由 1987 年的 4.43 吨 CO_2 增长至 2021 年的 15.96 吨 CO_2，年均增长率达到 4.02%。由于废弃物处理过程属于其他制造业（D21），且是该产业处理其他产业产生的废弃物，因此在求得该过程二氧化碳排放量后，借助 C_s 矩阵直接加入其他制造业的间接碳足迹中。

2.3.4　不同因素对碳足迹测算结果的影响

鉴于产业全碳足迹测算过程复杂、影响因素众多，实际测算过程中往往出现数据缺失情况，客观要求采用因素忽略、数据替代等次优方法。但次优方法极易导致测算偏差，因此测算各影响因素对于结果的测算偏差，成为决定采用何种次优方法的先决条件。由上节分析可见，利用BEL－TCF模型测算产业全碳足迹时，除传统的产业产品生产能耗外，需要进一步考虑能源消耗过程中能源转换加工损失量、能源出口存货两个因素，工业生产过程中的水泥生产、钢铁生产、合成氨生产三个因素，以及特殊产业中的农林牧渔业和其他制造业两个因素，为了方便描述，将以上七个因素分别依次命名为FA1至FA7。为了更好地进行分析，下文基于2020年中国投入产出表及统计年鉴的数据，通过改变测算条件，分析各影响因素对于最终结果的测算偏差，其中每次测算仅忽略一个因素，其他因素均加以考虑。

由表2－9可见，不考虑能源转换加工损失量因素（FA1），会使得所有能源均被认为是投入消耗的能源，忽略了部分能源在转化加工后又会作为新能源消耗的情况，导致该部分能源被重复计算，造成直接碳足迹及全碳足迹出现增加（分别增加0.52%和0.27%）、间接碳足迹出现减少（减少0.17%）的情况。由于部分能源以商品形式出口或者成为库存，忽略能源出口存货因素（FA2），则会使得该部分能源虽在国外消耗或尚未被消耗，但亦被记入国内的直接消耗量，导致直接碳足迹和全碳足迹被高估（分别增加2.24%和1.45%），而间接碳足迹被低估（减少0.04%）。由于水泥生产（FA3）、钢铁生产（FA4）、合成氨生产（FA5）、其他制造业（FA7）四个因素产生的碳足迹均归入间接碳足迹，造成忽略该类因素时，间接碳足迹和全碳足迹有所减少，而对直接碳足迹无影响。当考虑农林牧渔业（FA6）因素时，产生的碳汇会吸收直接碳足迹，不影响间接碳足迹，忽略时则会增加直接碳足迹及全碳足迹。

表2－9 忽略不同影响因素的测算偏差 （单位：万吨 CO_2）

忽略因素	直接碳足迹	间接碳足迹	全碳足迹
FA1	12942.60 (0.52%)	6501.35 (－0.17%)	19440.43 (0.27%)
FA2	13164.06 (2.24%)	6509.82 (－0.04%)	19669.21 (1.45%)
FA3	12887.24 (0.09%)	6210.89 (－4.63%)	19089.50 (－1.54%)

续表

忽略因素	直接碳足迹	间接碳足迹	全碳足迹
FA4	12875.65 (0%)	6188.75 (-4.97%)	19054.61 (-1.72%)
FA5	12875.65 (0%)	6260.39 (-3.87%)	19137.97 (-1.29%)
FA6	13025.01 (1.16%)	6512.42 (0%)	19527.67 (0.72%)
FA7	12875.65 (0%)	6496.79 (-0.24%)	19376.45 (-0.06%)
无	12875.65	6512.42	19388.08

就影响程度而言，结果最为精确的是考虑所有的因素，在因素中对全碳足迹影响最大的为 FA4，忽略偏差达到 -1.72%，其次分别为 FA3、FA2 和 FA5，忽略偏差分别为 -1.54%、1.45% 和 -1.29%，以上四个因素显示了很强的影响程度；FA6、FA1 忽略偏差位居第二层次，分别为 0.72% 和 0.27%；FA7 影响程度最小，忽略偏差为 -0.06%。就影响正负而言，FA2、FA6 被忽略时，会导致全碳足迹的增加，忽略其余 5 个因素则会减少全碳足迹。就影响范围而言，忽略 FA3、FA4、FA5 和 FA7 对于直接碳足迹无影响，但对间接及全碳足迹产生了影响；忽略 FA6 对间接碳足迹无影响，而对直接及全碳足迹产生影响；忽略 FA1、FA2 则对三个碳足迹均产生影响。

基于以上分析，在数据来源不充分或计算精度要求不同时，可以依据各因素的影响范围及影响程度，在偏差允许范围内，结合不同研究目标进行选择性计算。

2.4 新旧常态中国产业全碳足迹数据库

2.4.1 新旧常态中国细分产业碳足迹

利用创建 DCE - WLS 更新各年投入产出表后，基于能源消耗、工业生产和特殊产业各过程参数运算所得值，使用 BEL - TCF 模型最终计算得到 1987—2021 年各产业直接碳足迹、间接碳足迹及全碳足迹。为了更好地分析产业碳足迹基本情况，拣选 2007 年及 2021 年分别作为旧常态及新常态时期的代表年份，对基于生产服务视角的直接碳足迹及基于消费需求视角的间接碳足迹进行分析（见表 2 - 10、表 2 - 11）。

表 2 - 10　　2007 年中国细分产业碳足迹　　（单位：万吨 CO_2）

产业	直接碳足迹	间接碳足迹	全碳足迹	产业	直接碳足迹	间接碳足迹	全碳足迹	产业	直接碳足迹	间接碳足迹	全碳足迹
D1	11460.2	29033.9	40494.1	D10	7122.7	7997.4	15120.1	D19	557.0	2247.6	2804.6
D2	33097.1	2623.8	35720.9	D11	144489.6	50838.9	195328.5	D20	94.1	2793.0	2887.1
D3	5274.3	1516.0	6790.3	D12	45010.5	25410.9	70421.4	D21	964.9	7718.9	8683.8
D4	970.5	1020.7	1991.2	D13	37424.4	17050.5	54474.9	D22	263357.9	19502.3	282860.2
D5	1400.2	517.0	1917.2	D14	130170.9	34761.5	164932.4	D23	78.6	157.1	235.7
D6	6377.1	9580.1	15957.2	D15	964.8	1305.3	2270.1	D24	3167.5	40968.1	44135.6
D7	5074.7	4556.5	9631.2	D16	4051.8	24233.5	28285.3	D25	39216.6	19051.4	58268.0
D8	847.3	4567.9	5415.2	D17	2219.9	35160.0	37379.9	D26	4987.2	10690.9	15678.1
D9	872.5	1073.8	1946.3	D18	599.6	2450.9	3050.5	D27	7316.3	32866.4	40182.7

表 2 - 11　　2021 年中国细分产业碳足迹　　（单位：万吨 CO_2）

产业	直接碳足迹	间接碳足迹	全碳足迹	产业	直接碳足迹	间接碳足迹	全碳足迹	产业	直接碳足迹	间接碳足迹	全碳足迹
D1	11035.5	26078.2	37113.7	D10	8461.7	9681.2	18143.0	D19	701.4	2889.8	3591.3
D2	76137.2	6120.0	82257.2	D11	378229.3	135607.0	513836.3	D20	66.4	2011.2	2077.6
D3	3736.3	1088.9	4825.2	D12	97677.6	56191.1	153868.7	D21	3373.3	28252.8	31626.1
D4	2773.1	2957.2	5730.3	D13	72233.2	33062.5	105295.7	D22	401323.9	30343.6	431667.5
D5	7937.4	2971.6	10909.0	D14	234743.6	63877.3	298620.9	D23	152.3	311.2	463.5
D6	12457.9	18975.9	31433.8	D15	1704.2	2349.4	4053.5	D24	5683.2	75050.1	80733.3
D7	4882.2	4444.8	9327.0	D16	4458.0	27169.5	31627.5	D25	63785.3	31638.1	95423.5
D8	1073.6	5897.9	6971.6	D17	1550.1	25017.8	26567.9	D26	10766.3	23564.3	34330.6
D9	1485.8	1849.5	3335.3	D18	1831.0	7626.5	9457.5	D27	21383.0	98076.5	119459.5

（1）直接碳足迹比较。2007年计算结果显示，该年度在基于生产服务视角的直接碳足迹中，电热气生产及供应业（D22）、炼焦煤气及石油加工业（D11）和金属冶炼及压延加工业（D14）排名前三，三者直接碳足迹累积占比为71.06%，其中排名最前的产业直接碳足迹占比高达34.78%，后两者占比也分别达到了19.08%和17.19%。前8个产业直接碳足迹总量达到了704227.20万吨CO_2，占所有产业总量的93.01%，其余19个部门直接碳足迹之和仅为6.99%，且各自占比均低于1%。2021年计算结果显示，该年度直接碳足迹中与旧常态2007年相同，占比前三位的仍然分别为电热气生产及供应业（D22）、炼焦煤气及石油加工业（D11）和金属冶炼及压延加工业（D14），三者直接碳足迹占比分别为28.07%、26.46%和16.42%，占比总和达到了70.95%，三个产业分别占比及总和较旧常态均有所下降。前8个产业直接碳足迹总量达到了1345513.04万吨CO_2，占所有产业总量的94.12%，直接碳足迹总量及8个产业占比较旧常态均出现了一定程度的增长，其余19个部门直接碳足迹之和为5.88%，且各自占比亦均低于1%。

（2）间接碳足迹比较。2007年计算结果显示，该年间接碳足迹占比第一位和第二位的分别为炼焦煤气及石油加工业（D11）和建筑业（D24），两者占比均超过10%，分别为13.05%和10.51%；排名3—8位的产业间接碳排放量在6%—10%。间接碳足迹排名靠前的8个产业共排放了273273.20万吨CO_2，占比为70.13%，其余19个产业间接碳足迹之和为29.87%，各自占比均小于6%，其中有10个产业占比小于1%。2021年计算结果显示，该年炼焦煤气及石油加工业（D11）排名第一，间接碳足迹达到了378229.3万吨CO_2，占各产业总量比例为18.75%；其后依次为其他服务业（D27）、建筑业（D24）、金属冶炼及压延加工业（D14），占比分别为13.56%、10.38%和8.83%。间接碳足迹排名靠前的8个产业共排放了523846.32万吨CO_2，占比为72.44%，其余19个产业间接碳足迹之和为27.56%，各自占比均小于4%，其中有11个产业占比小于1%。为此，可以针对重点排名靠前的产业最终消费需求制定减排政策，以控制消费需求产生的碳足迹。

（3）全碳足迹比较。从全碳足迹角度来看，2007年中电热气生产及供应业（D22）排名第一，占各产业总量比例为24.66%；其后依次为炼焦煤气及石油加工业（D11）和金属冶炼及压延加工业（D14），占比分别为 17.03% 和 14.38%。全碳足迹排名靠前的 8 个产业共排放了 910915.10 万吨 CO_2，占比为 79.43%，其余 19 个产业全碳足迹之和为 20.57%，各自占比均小于 4%，其中有 12 个产业占比小于 1%。2021 年中炼焦煤气及石油加工业（D11）全碳足迹排名第一，占各产业总量比例为 23.87%，全碳足迹量较旧常态 2007 年明显提升，但占比则有所下降。全碳足迹排名靠前的 8 个产业共排放了 1800429.26 万吨 CO_2，占比为 83.63%，其余 19 个产业全碳足迹之和为 16.37%，各自占比均小于 4%，其中有 12 个产业占比小于 1%，数量较 2007 年未发生变化。

2.4.2　新旧常态中国整体产业碳足迹

在此基础上，进一步分析新旧常态中国整体产业碳足迹总量，详见表 2－12。

表 2－12　旧常态时期中国整体产业碳足迹总量　（单位：万吨 CO_2）

年份	1987	1988	1989	1990	1991	1992	1993
直接碳足迹	219846.0	235234.0	248234.4	255562.7	269388.4	287230.1	309313.6
间接碳足迹	213750.8	225584.9	238176.3	241799.1	251856.8	261736.8	270827.9
全碳足迹	433596.8	460818.9	486410.7	497361.8	521245.2	548966.9	580141.5
年份	1994	1995	1996	1997	1998	1999	2000
直接碳足迹	329697.3	357022.3	373792.0	371731.9	360654.6	362649.9	369325.3
间接碳足迹	280911.4	284433.8	287419.1	261730.5	256199.7	256769.6	249467.2
全碳足迹	610608.7	641456.1	661211.1	633462.4	616854.3	619419.5	618792.5
年份	2001	2002	2003	2004	2005	2006	2007
直接碳足迹	377084.0	407089.1	479024.7	565031.8	630231.4	702588.9	757168.1
间接碳足迹	256968.0	266234.2	289093.0	329851.0	346187.5	373796.0	389694.5
全碳足迹	634052.0	673323.3	768117.7	894882.8	976418.9	1076384.9	1146862.6

由表 2－12 可见，旧常态时期中国整体产业全碳足迹排放量的最大值为 2007 年，其中直接碳足迹和间接碳足迹占比分别为 66.03% 及 33.97%。1987—2007 年旧常态时期直接碳足迹、间接碳足迹和全碳足迹排放量的平

均值分别为 394396.86 万吨 CO_2、280480.63 万吨 CO_2 和 674877.49 万吨 CO_2，直接及间接碳足迹均值占比分别为 58.44% 和 41.56%。旧常态时期整体产业碳足迹一直在不断增长中，全碳足迹年均增幅为 6.43%。逐年增长率并呈现了较为明显的阶段调整情况，1987—1992 年全碳足迹增长幅度相对稳定，逐年增长率都保持在 4.7% 左右，该时段年均增长率为 4.73%。随着邓小平同志南方谈话的开展，中国经济加速发展，使得整体产业全碳足迹较前一个时段有较大规模增长，其中 1993 年较 1992 年同比增长了 5.68%，1993—1996 年产业全碳足迹年均增长为 4.46%。1997—2000 年，受东南亚金融危机、国企改革等诸多因素的影响，产业全碳足迹呈现了负增长情况，其中 1997 年较 1996 年同比下降 4.38%，年均增长率为 -0.78%。进入 2001 年后，随着中国加入 WTO，国内经济进入迅猛增长轨道，产业全碳足迹也相应迅速增长，2007 年全碳足迹为 2000 年的 185.33%，该时段年均增幅达到 10.29%，并产生了较为明显的环境问题。

由表 2-13 可见，新常态时期中国整体产业全碳足迹排放量的最大值为 2021 年，其直接碳足迹和间接碳足迹占比分别为 66.41% 和 33.59%。2008—2021 年新常态时期，中国整体产业直接碳足迹、间接碳足迹和全碳足迹排放量平均值分别为 1145550.46 万吨 CO_2、585151.65 万吨 CO_2 和 1730702.01 万吨 CO_2，分别为旧常态均值的 290.46%、208.62% 和 256.45%，直接及间接碳足迹均值占比分别为 66.19% 及 33.81%，其中直接碳足迹均值占比较旧常态下有所上升。总的看来，新常态时期中国整体产业全碳足迹年均的增长幅度达到 4.06%，年均增长率明显低于旧常态时期。新常态时期增长速度同样呈现阶段式变化，2008—2012 年，全碳足迹年均增长率为 4.54%。2013 年在国家“四万亿计划”的推动下，产业全碳足迹呈现爆发式增长，2013 年产业全碳足迹较 2012 年同比增长了 17.83%，而后 2014 年较 2013 年有所下调。随着国家对于生态文明及节能减排工作的不断深入，2015—2018 年产业全碳足迹保持了低速且稳定增长情况，年均增长率为 1.96%。在近年全球经济及疫情影响的情况下，中国经济发展相对较好，承接了更多的贸易总额，也使得 2019—2021 年产业全碳足迹的年均增长率达到了 7.49%。

表 2-13　　新常态时期中国整体产业碳足迹总量　　(单位：万吨 CO_2)

年份	2008	2009	2010	2011	2012
直接碳足迹	803676.6	845972.5	906097.2	990002.4	1025170.3
间接碳足迹	428750.2	448393.7	478690.9	510226.2	513296.3
全碳足迹	1232426.8	1294366.2	1384788.1	1500228.6	1538466.6
年份	2013	2014	2015	2016	2017
直接碳足迹	1197671.5	1189790.3	1214071.7	1226335.1	1232120.0
间接碳足迹	615104.6	602446.7	615338.5	621954.4	623198.3
全碳足迹	1812776.1	1792237.0	1829410.2	1848289.5	1855318.3
年份	2018	2019	2020	2021	
直接碳足迹	1287565.4	1330026.3	1359563.2	1429643.0	
间接碳足迹	651242.2	672718.7	687658.2	723104.1	
全碳足迹	1938807.6	2002745.0	2047221.4	2152747.1	

由上分析可见，新旧常态中国整体产业全碳足迹排放总量总体呈现不断增长的态势，全时期年均增长率为 4.82%，各时段直接碳足迹和间接碳足迹占比相对较为稳定。新常态时期，产业全碳足迹明显高于旧常态时期，但新常态时期碳足迹年均增长幅度明显低于旧常态时期，仅为旧常态时期的 63.14%，在一定程度上说明传统高能耗高污染的粗放式发展模式得到了一定改善。

2.4.3　基于碳足迹排放强度的中国产业分组

为了更进一步分析产业碳减排责任，将各细分产业全碳足迹与产值之比定义为碳足迹强度，单位为吨 CO_2/万元，选定标准将 27 个产业进行分类。

2.4.3.1　各时期中国产业全碳足迹排放强度计算

旧常态时期整体产业全碳足迹排放强度为 3.0913 吨 CO_2/万元（见表 2-14）。在所有 27 个产业中，共有 8 个产业全碳足迹排放强度高于整体产业值。

新常态时期中国整体产业全碳足迹排放强度为 1.3951 吨 CO_2/万元（见表 2-15）。在所有 27 个产业中，共有 6 个产业全碳足迹排放强度高于整体产业值。

表 2－14　　旧常态时期中国产业全碳足迹排放强度

产业	强度	排名	产业	强度	排名
D1	0. 6983	22	D15	0. 7716	21
D2	9. 9463	4	D16	0. 7930	20
D3	4. 2237	6	D17	0. 9924	16
D4	1. 5897	13	D18	0. 9636	18
D5	3. 1953	7	D19	0. 6861	23
D6	1. 7198	11	D20	0. 9846	17
D7	1. 1165	15	D21	1. 1799	14
D8	0. 4341	26	D22	28. 1822	1
D9	1. 6178	12	D23	0. 5237	25
D10	1. 9949	10	D24	0. 9132	19
D11	15. 7077	2	D25	2. 5942	9
D12	3. 1016	8	D26	0. 4282	27
D13	13. 0184	3	D27	0. 6126	24
D14	6. 0854	5	整体	3. 0913	

表 2－15　　新常态时期中国产业全碳足迹排放强度

产业	强度	排名	产业	强度	排名
D1	0. 2753	24	D15	0. 5719	17
D2	1. 5783	6	D16	0. 5101	20
D3	1. 2480	7	D17	0. 5640	18
D4	0. 9598	9	D18	0. 6758	12
D5	1. 0523	8	D19	0. 2060	26
D6	0. 6316	15	D20	0. 4740	21
D7	0. 6180	16	D21	0. 8639	10
D8	0. 1601	27	D22	6. 2018	1
D9	0. 6407	14	D23	0. 2086	25
D10	0. 5596	19	D24	0. 8429	11
D11	5. 0160	2	D25	0. 6656	13
D12	1. 6859	5	D26	0. 3504	23
D13	1. 7427	4	D27	0. 4429	22
D14	1. 8686	3	整体	1. 3951	

表 2－16 显示，新旧常态中国整体产业全碳足迹排放强度为 1.8613 吨 CO_2/万元。在所有 27 个产业中，共有 9 个产业强度值高于整体产业值。

表 2－16　　新旧常态中国产业全碳足迹排放强度

产业	强度	排名	产业	强度	排名
D1	0.5281	23	D15	0.6634	20
D2	3.1943	5	D16	0.6800	19
D3	2.5390	6	D17	0.7898	16
D4	1.3010	10	D18	0.7333	18
D5	2.2131	7	D19	0.4986	24
D6	0.9676	13	D20	0.6356	21
D7	0.7651	17	D21	1.1601	12
D8	0.3502	27	D22	14.8579	1
D9	1.1700	11	D23	0.3793	26
D10	0.9329	14	D24	0.8818	15
D11	10.0319	2	D25	2.0197	9
D12	2.0528	8	D26	0.3825	25
D13	8.3087	3	D27	0.5477	22
D14	5.1944	4	整体	1.8613	

2.4.3.2　各时期中国产业全碳足迹强度比较

就整体产业比较而言，旧常态、新常态和新旧常态整体产业全碳足迹排放强度分别为 3.0913 吨 CO_2/万元、1.3951 吨 CO_2/万元、1.8613 吨 CO_2/万元，其中旧常态均值最大，而新常态均值最小。新常态产业整体全碳足迹排放强度仅为旧常态时期的 45.13% 和新旧常态整体时期的 74.95%，说明中国产业碳排放工作整体取得了较好成效。

相较旧常态时期，新常态时期产业全碳足迹排放强度排名前 5 位的成员构成发生了少许改变，前两位排名未发生变化，仅煤炭开采和洗选业（D2）由旧常态的前 5 掉到新常态的第 6 名，同时旧常态排名第 8 的化学工业进入新常态时期碳排放强度的前 5；相较旧常态时期，在新常态时期，全碳足迹排放强度最小的五个产业中，成员构成发生改变，排名位次也发生变化，农林牧渔业（D1）原本排名 20，新常态时期则进入排名最小的五个产业行列。相较于旧常态时期，新常态时期煤炭开采和洗选业（D2）、石油和天然气开采业（D3）、非金属矿和其他矿采选业（D5）、木材加工及家具制造业（D9）、造纸印刷及文教体育用品制造业（D10）等产业的全碳足迹排放强度排名有所下降，显示了较好的碳减排效果。而化学工业（D12）、建筑业（D24）、其他制造业（D21）、电气机械及器材制造业（D18）等产业全碳足迹排放强度排名则有所上升，说明这些产业新常态时期减排效果较差。

2.4.3.3 中国产业全碳足迹强度分组

依照中国产业各个时期的全碳足迹强度，将27个细分产业分为三高产业、高高低产业、高低高产业、高等高产业和三低产业五个类型。

第一类为三高产业，定义为新旧常态产业全碳足迹强度高于2吨CO_2/万元、直接及间接碳足迹强度均高于1吨CO_2/万元的产业。第二类为全碳足迹高、直接碳足迹强度高、间接碳足迹较低的产业，简记为高高低类别。划分标准为新旧常态产业全碳足迹强度高于2吨CO_2/万元、直接碳足迹强度高于1吨CO_2/万元、间接碳足迹强度低于1吨CO_2/万元、直接和间接碳足迹强度之差大于0.1吨CO_2/万元。第三类为全碳足迹较高、直接碳足迹强度低、间接碳足迹较高的产业，简记为高低高类别。划分标准为新旧常态产业全碳足迹强度低于2.0吨CO_2/万元而高于0.6吨CO_2/万元、间接碳足迹强度高于0.6吨CO_2/万元、直接碳足迹强度低于0.6吨CO_2/万元、直接和间接碳足迹强度之差大于0.1吨CO_2/万元。第四类为全碳足迹较高、直接和间接碳足迹差距不大的产业，简记为高等高类别。划分标准为新旧常态产业全碳足迹强度低于2.0吨CO_2/万元而高于0.6吨CO_2/万元、间接碳足迹强度高于0.6吨CO_2/万元、直接碳足迹强度低于0.6吨CO_2/万元、直接和间接碳足迹强度之差小于0.1吨CO_2/万元。第五类为三低碳足迹产业，主要指新旧常态产业全碳足迹强度低于0.6吨CO_2/万元的产业。汇总得表2-17。

表2-17　中国产业碳足迹强度分组

类型	产业
三高产业	D3 D11 D12 D14 D22
高高低产业	D2 D5 D13 D25
高低高产业	D6 D9 D15 D16 D17 D18 D20 D21 D24

续表

类型	产业
高等高产业	D4 D7 D10
三低产业	D1 D8D19 D23 D26 D27

三高产业、高高低产业、高低高产业、高等高产业和三低产业五类产业中，旧常态时期累计全碳足迹占比依次为 52.05%、12.81%、19.74%、2.90% 和 12.50%。新常态时期累计全碳足迹占比依次为 62.03%、13.47%、45.27%、2.11% 和 9.22%。新旧常态三高产业全碳足迹占比一直稳居第一位，且新常态时期较旧常态时期增加了 9.98%，高等高产业增长最快，三低产业全碳足迹占比则下降最快，高高低产业占比相对较为稳定。在直接碳足迹方面，旧常态时期五类产业累计直接碳足迹占比依次为 71.44%、16.13%、4.88%、2.46% 和 5.11%。新常态时期累计直接碳足迹占比依次为 75.67%、16.77%、2.57%、1.56% 和 3.43%。新旧常态中，三高产业直接碳足迹占据主导地位，高高低产业排名第二；较旧常态时期而言，五类产业新常态时期占比变化均不大。在间接碳足迹方面，旧常态时期五类产业累计间接碳足迹占比依次为 24.56%、8.09%、40.80%、3.53% 和 23.02%。新常态时期累计间接碳足迹占比依次为 34.93%、11.06%、29.72%、3.18% 和 21.11%。旧常态时期，高高低产业间接碳足迹占比排名第一，三高产业排名第二，新常态时期两类产业占比位次对调，其余三类产业排名未发生变化，且占比相对稳定。

由上分析可见，各细分产业碳足迹差异反映了不同能源、生产服务及物质投入的影响程度。为了更有效地实现节能减排工作，需要根据各产业碳足迹总量及构成进行分类性指导。针对第二类高高低产业，需要着重采用优化能源结构、淘汰落后产能、倡导新型能源等方式，提高能源利用及生产效率。第三类高低高产业主要的碳足迹产生于中间生产资料的投入过程，需要采用替换高碳足迹资料、创新生产技术等方式，着重关注提升中间生产资料的使用率，降低损耗率。对于第一类三高和第四类高等高的产业，则需要同时采用第二、三类产业的碳足迹优化工作。此外，从产业结构调整的角度而言，需要更积极地发展第五类低碳足迹产业，特别是要发挥服务类产业作用，一方面提升服务业占比，直接降低全社会碳足迹；另一方面通过服务业延伸，加强对高碳足迹产业服务的深度及广度，提升其技术创新、管理组织及人力资源水平，减少对自然物质的依赖度和全碳足迹。

2.5 本章小结

为了清晰分析中国产业碳足迹，本章首先明确碳足迹基本内涵，在第1章对现有碳排放测算体系及模型研究不足分析的基础上，将全碳足迹划分为直接及间接碳足迹两个部分，明确产业全碳足迹测算模型构建的基本思路。

依照模型构建思路，明确基础数据来源，将产业整合为27个类别。产业全碳足迹计算最为关键的数据来源为投入产出表，在分析投入产出表基本原理、模型系数的基础上，编制非竞争可比价投入产出表。鉴于传统投入产出表编制的复杂性和时滞性，分析主流更新方法原理和优缺点，综合考虑聚合约束条件，引入信息权重矩阵，组合创立DCE－WLS法。通过实例比较验证，该方法可以有效提升投入产出表更新的精准度和稳健性。

在明确数据来源及产业划分的基础上，组合利用碳排放能源消耗、生命周期及投入产出测算模型，从综合碳排放视角出发考虑各产业活动环节，按照能源消耗、工业生产两个过程修正直接消耗系数，并深入考虑特殊产业，构建平衡性投入产出产业全碳足迹生命周期测算模型BEL－TCF。而后利用创建DCE－WLS更新各年投入产出表，基于能源消耗、工业生产和特殊产业各过程参数运算所得值，使用BEL－TCF模型计算得到1987—2021年各产业直接碳足迹、间接碳足迹及全碳足迹。基于各时段产业碳足迹进行对比分析，将产业分为三高产业、高高低产业、高低高产业、高等高产业及三低产业五个类型，完成新旧常态中国产业全碳足迹基础数据库的构建。

第 3 章　新旧常态中国产业全碳足迹关联链解析

实际经济系统中各产业相互关联、相互影响，单一产业的碳减排工作均会波及其他相关产业。面对如此错综复杂的关系，客观要求结合中国经济新旧常态特征，挖掘各产业深层经济联系，全面分析中国产业全碳足迹关联度，衡量产业全碳足迹关联效应，清晰梳理产业碳足迹关联链条，以求有效提升中国产业协同碳减排效率。为此，本章基于前文中国产业全碳足迹研究，从关联波及程度与关联传播距离两个角度对比分析产业关联效应。首先设计改进型产业全碳足迹关联波及系数，分析产业全碳足迹关联波及程度，基于平均产业链长度模型创建产业全碳足迹平均传播距离模型。再结合直接消耗系数及直接分配系数，构建产业全碳足迹关联传播距离模型，整体解析对比新旧常态中国产业全碳足迹关联传播距离链，以求提升中国产业碳减排工作的精准性和有效性。

3.1　产业全碳足迹关联波及程度解析

在复杂的国民经济系统中，蕴含着多条由各产业构成的有序生产链条，碳足迹即依照这些生产链条进行流动，而产业间关联波及程度决定了上下游产业间的碳足迹联系紧密性。为此，设计相关系数分析产业全碳足迹关联波及效应，并对产业进行归类分析。

3.1.1　产业全碳足迹关联波及系数设计

鉴于产业全碳足迹关联基础是由于产业间技术经济联系而生成的产出

消耗关系，因而将传统投入产出产业关联系数加以改进，并移植应用于分析产业全碳足迹关联波及程度。传统影响力系数 δ_j 和感应度系数 θ_i 的共同运算基础为里昂惕夫逆矩阵 $B = (I - A)^{-1}$，以各产业最终需求计算权数，基础运算公式为式（3-1）及式（3-2）。

$$\delta_j = \sum_i b_{ij} / \frac{1}{n} \sum_i \sum_j b_{ij} \quad (式 3-1)$$

$$\theta_i = \sum_j b_{ij} / \frac{1}{n} \sum_i \sum_j b_{ij} \quad (式 3-2)$$

式中 b_{ij}（$i,j = 1,2,\cdots,n$）为 B 元素，代表 j 产业单位最终产品拉动 i 产业的总产出。为了描述产业环境情况，学界引入碳排放强度系数 η 将 B 矩阵改造为 $B' = \eta' B$，η'_i 为产业单位产值直接碳排放量，此时 B' 中元素 b'_{ij} 进化为 j 产业生产单位最终产品对 i 产业产生的碳排放量[55]。该方法将传统系数延伸至环境碳领域，但仍存在两个明显缺陷，一是仅采用直接碳排放量计算，未纳入间接碳排放量；二是没有考虑最终需求，由于各产业产品价值量往往存在数量级差距，使得该平均值缺乏实际意义。

针对传统计算公式的第一个缺陷，本书将 B 矩阵进一步改造为 $\overline{B} = \overline{\eta} B$。$\overline{\eta}$ 为 n 阶对角矩阵，包含的元素 $\overline{\eta_i}$ 为产业单位产值的全碳足迹，即为全碳足迹排放强度。改造后的 $\overline{B}$ 与 B 矩阵阶数和结构保持一致，此时 $\overline{B}$ 矩阵中的元素 $\overline{b_{ij}}$ 表示为 j 产业单位最终产品对 i 产业产生的全碳足迹量。对于第二个缺陷，摒弃传统对于国民经济各产业的等权重假设，引入最终产品构成系数 r_j^f（产业最终产品占所有产业最终产品总量比例值）进行赋权，最终形成改进型的产业碳影响力系数 $\overline{\delta_j}$ 和碳感应度系数 $\overline{\theta_i}$。

$$\overline{\delta_j} = \sum_i \overline{b}_{ij} / \sum_j (r_j^f \sum_i \overline{b}_{ij}) \quad (式 3-3)$$

$$\overline{\theta_i} = \sum_j \overline{b}_{ij} r_j^f / \frac{1}{n} \sum_i \sum_j (\overline{b}_{ij} r_j^f) \quad (式 3-4)$$

其中 $\overline{\delta_j}$ 分母通过增加 r_j^f，含义演变为当 j 产业增加一个最终产品后，在对其他产业产品产量产生关联变化的同时，导致了整体产业全碳足迹产生量亦发生变化。因此借助 $\overline{\delta_j}$ 能更好地分析产业碳投入相对于全体产业平均推动力数值，某产业 $\overline{\delta_j}$ 数值越大，说明为了满足该产业最终产品需求时所需投入的碳要素越多。$\overline{\delta}_j$大于 1 则显示该产业对其他产业的碳足迹关联波及程度高于平均水平，是值得重点监控的高碳足迹波及产业，小于 1 则定义为低碳足迹波及产业。

$\overline{\theta}_i$ 分子也改进为国民经济生产单位最终产品时对 i 产业的碳足迹需求量，分母代表了生产单位最终产品时所有产业的平均碳足迹需求量。借助 $\overline{\theta}_i$ 可以更好地衡量国民经济对各个产业碳足迹排放量的带动能力。某产业 $\overline{\theta}_i$ 值越大，说明在当前产业结构下，当每个产业增加生产一个单位产品时，某个产业受到的碳足迹关联波及效应越大，并可能产生相对较高的碳减排效率。$\overline{\theta}_i$ 大于 1 说明在该产业推行同等力度节能减排工作时，能取得高于所有产业平均水平的减排效率，小于 1 说明相关产业节能减排效率低于所有产业平均水平。

3.1.2　产业全碳足迹关联波及程度归类

结合产业全碳足迹关联波及系数特性，利用 $\overline{\delta}_j$ 和 $\overline{\theta}_i$ 便可以将所有产业进行归类分析，并有针对性地采取差异性碳减举措，分类矩阵见表 3 – 1。

表 3 – 1　　产业碳足迹关联波及系数分类矩阵

系数	$\overline{\theta}_i \leq 1$	$\overline{\theta}_i > 1$
$\overline{\delta}_j \leq 1$	G_1	G_2
$\overline{\delta}_j > 1$	G_3	G_4

如表 3 – 1 所示，以 1 为数值参照系，按照 $\overline{\delta}_j$ 和 $\overline{\theta}_i$ 可以将所有产业分为 G_1 至 $G_4$4 种类型。就 G_1 型产业而言，$\overline{\delta}_j \leq 1$ 显示该类型产业为低碳足迹波及产业，$\overline{\theta}_i \leq 1$ 说明在该类产业推广节能碳减排技术改造时，减排效率可能相对较低。因此针对 G_1 类型产业的碳减排工作应采用宏观减排产业政策为主、技术优化为辅的策略。G_2 型产业为低碳足迹波及产业，且节能技术改造效率相对较高，应重点通过节能减排技术手段促进发展。G_3 型为高碳足迹波及且节能技术改造效率偏低型产业，应采取措施调整限制其高碳化发展。G_4 型为高碳足迹波及产业，但由于其推行节能技术效率相对较高，因

此应着重采用节能技术促进该型产业改造升级。

需要特别指出的是，产业碳影响力系数 $\overline{\delta_j}$ 基本原理是在产业关联及技术水平稳定的情况下，为产业结构优化调整提供参考；而碳感应度系数 $\overline{\theta_i}$ 则是在产业关联及需求结构稳定的前提下，考虑如何优化技术水平。由此可见，结合两者进行产业分类可能会产生一定矛盾与冲突，但鉴于产业结构和技术水平变化相对长期而缓慢，且可以结合更新的投入产出表进行微调，因此潜在冲突基本可以予以消除。尤其对于两个系数值明显偏离 1 的产业，相关分类是显著有效的。

3.2 产业全碳足迹关联传播距离分析

鉴于产业碳影响力系数和碳感应度系数尚未涉及产业全碳足迹关联传播距离大小，无法深入解析全碳足迹关联影响效应属性。为此基于 APL 模型原理，构造产业全碳足迹平均传播距离链模型 CAPC 夯实计算数据基础，而后进一步升级为产业全碳足迹关联传播距离链模型 CLDC，以求完整解析产业全碳足迹传播距离链条。为了更好分析产业关联特性，将某产业与满足其需求的上游产业间的全碳足迹关系定义为后向碳关联，将该产业与其供给产出的下游产业间的全碳足迹关系定义为前向碳关联。

3.2.1 产业全碳足迹平均传播距离链分析

2001 年，Lahr 等基于生产链概念提出了平均产业链长度（Average Propagation Lengths，APL）模型，该模型利用不同层次测算产业间的经济影响距离，具有较好的理论及实际意义。为此，首先基于 APL 模型原理创立全碳足迹平均传播距离链模型 CAPC（Industrial Full Carbon Footprint Average Propagation Distance Chain），详细解析三个核心概念如下。

3.2.1.1 前向全碳足迹平均传播距离指数

CAPC 模型首先修改静态 Leontief 逆矩阵 L，得到产业需求拉动型全碳足迹逆矩阵 L^c，见式（3－5）。

$$L^c = LQ^c = (I - A)^{-1}Q^c = (I + A + A^2 + \cdots)Q^c \qquad (式3-5)$$

其中 Q^c 为各产业全碳足迹消费强度构成的对角矩阵，q_i^c 为对角矩阵元素。L^c 描述为产业增加一个单位最终产品时对全碳足迹排放强度影响矩阵，其包含的元素 l_{ij}^c 代表了 i 产业生产一个最终产品时，由于对 j 产业提出的服务要求而增加的全碳足迹需求量。

依照 APL 基本原理，产业间全碳足迹前向传播可以借助产业直接及间接影响距离加以描述。具体而言，若某产业对所有产业的全碳足迹前向直接影响为 Q^cA，则第一步前向间接影响为 $2Q^cA^2$，第二步前向间接影响量化为 $3Q^cA^3$，以此类推，可构建前向全碳足迹平均传播距离指数 D^c。

$$D^c = (Q^cA + 2Q^cA^2 + 3Q^cA^3 + \cdots)/(L^c - I) \qquad (式3-6)$$

令 $H^b = Q^cA + 2Q^cA^2 + 3Q^cA^3 + \cdots$，由式（3-5）推导可知，$H^b = L^c(L^c - I)$，令 h_{ij}^b 为其中元素，则可得前向平均传播距离指数 D^c 中元素 d_{ij}^c，如式（3-7）。

$$d_{ij}^c = \begin{cases} h_{ij}^b / l_{ij}^c, i \neq j \\ h_{ij}^b / (l_{ij}^c - q_i^c), i \neq j \\ 0, l_{ij}^c = 0 \vee 1 \end{cases} \qquad (式3-7)$$

3.2.1.2　后向全碳足迹平均传播距离指数

CAPC 模型基于静态 Ghosh 逆矩阵 G，求解产业供给推动型全碳足迹逆矩阵 G^c。

$$G^c = GQ^c = (I - B)^{-1}Q^c = (I + B + B^2 + \cdots)Q^c \qquad (式3-8)$$

其中 B 为直接分配系数矩阵，其元素 b_{ij} 代表了 j 产业生产中消耗的第 i 种产品在总产出的占比。G^c 为最初生产时增加单位投入对产业全碳足迹排放强度影响矩阵，g_{ij}^c 为其中元素，定义为 i 产业最初投入变动一个单位对 j 产业全碳足迹影响。同前向传播原理，G^c 亦可分解为对所有产业的全碳足迹后向直接影响 Q^cB，第一步后向间接影响为 $2Q^cB^2$，第二步后向间接影响量化为 $3Q^cB^3$，$n-1$ 步间接影响为 nQ^cB^n，而后构建后向平均传播距离指数 E^c。

$$E^c = (Q^cB + 2Q^cB^2 + 3Q^cB^3 + \cdots)/(G^c - I) \qquad (式3-9)$$

令 $H^f = Q^cB + 2Q^cB^2 + 3Q^cB^3 + \cdots$，由式（3-8）可得 $H^f = G^c(G^c - I)$，h_{ij}^f 为其中元素。则后向平均传播距离指数 E^c 中元素 e_{ij}^c 可以描

述为式（3－10）。

$$e_{ij}^{c}=\begin{cases}h_{ij}^{f}/g_{ij}^{c},i\neq j\\h_{ij}^{f}/(g_{ij}^{c}-q_{i}^{c}),i\neq j\\0,g_{ij}^{c}=0\vee 1\end{cases}$$ （式3－10）

3.2.1.3 产业全碳足迹平均传播距离链

基于CAPC模型可以深入解析产业全碳足迹平均传播距离链，其中借助前向平均传播距离和后向平均传播距离可以分别辨识某产业的下游及上游产业，且指数值越小说明该产业与相关产业的全碳足迹联系越紧密，关联传播效应愈加明显。

具体而言，在计算得到前向及后向平均传播距离指数后，便可以进一步依照研究需要确定前向阈值 T_1^c 及后向阈值 T_2^c，辨析产业全碳足迹平均传播距离链。对于选择的 j 产业，若前向平均传播距离指数 $d_{ij}^c < T_1^c$，则 i 产业为该产业的下游全碳足迹需求产业；对 i 产业而言，若 $d_{ki}^c < T_1^c$，则 k 产业为 i 产业的上游全碳足迹供给产业，以此类推便可分析出由 j 产业出发的前向全碳足迹平均传播距离链。同理，针对 j 产业，若后向平均传播距离指数 $e_{pj}^c < T_2^c$，则 p 产业为 j 产业的下游全碳足迹需求产业；继而针对 q 产业，若 $e_{pq}^c < T_2^c$，则 q 产业为 p 产业的上游全碳足迹供给产业，以此类推便可分析出由 j 产业出发的后向全碳足迹平均传播距离链。再将 j 产业的前向及后向全碳足迹平均传播距离链加以组合，即可得到 j 产业的全碳足迹平均传播距离链，以此步骤分析所有产业，组合便可得到整体产业全碳足迹平均传播距离链。

3.2.2 产业全碳足迹关联传播距离链分析

CAPC模型借助平均层次数虽然可以有效测算产业全碳足迹平均传播距离链，但由于该模型基于APL原理，无法衡量同一层次的产业关联传播距离大小。为了更好地说明该问题，以金属制品业（D15）为例设计图3－1。

由图3－1可见，金属制品业（D15）在第一层次与金属冶炼及压延加工业（D14）、炼焦煤气及石油加工业（D11）、电热力生产及供应业（D22）全碳足迹传播距离相等。但D15与第一层次的三个产业的直接消耗

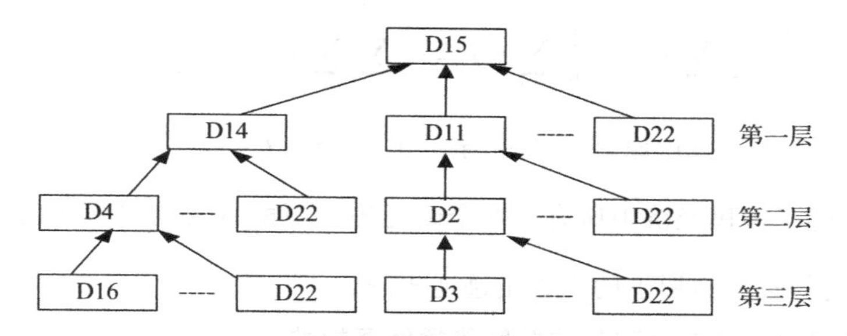

图 3-1　金属制品业层次关联示意图

系数有所差别，使得全碳足迹关联程度也有所不同。同样在第二层和第三层的相关产业也存在传播距离相等，但关联程度不同的情况，仅用 CAPC 模型无法有效解决该类问题。

而根据投入产出理论原理，借助直接消耗系数和直接分配系数可以反映任意两个产业间的直接关联程度，利用两个系数的乘积线性加和也可以判断产业链的完全关联程度。为此，进一步构建产业全碳足迹关联传播距离链模型 CLDC（Industrial Full Carbon Footprint Linkage Propagation Distance Chain）。CLDC 首先借助 CAPC 模型计算产业层次数，再引入直接消耗系数及直接分配系数，创建全碳足迹关联传播距离标准尺度链，分析产业前后向全碳足迹关联传播距离，从而有效剖析产业全碳足迹关联传播距离链。

3.2.2.1　产业全碳足迹关联传播距离标准尺度链

为了有效判断各层次产业间全碳足迹关联传播距离，进一步构建基于直接消耗系数的全碳足迹关联传播距离标准尺度链，以便在平均传播距离链的基础上，与产业间实际情况进行参照比较。

鉴于 j 产业对 i 产业直接消耗系数的定义为 i 产业对 j 产业的中间投入除以 j 产业的总投入。由于产业间中间投入存在两两关联关系，所以 n 个产业的平均投入量为所有产业中间投入之和除以 n^2，产业平均总投入则可定义为所有产业总投入之和除以 n。依照以上论述，构建基于直接消耗标准的全碳足迹关联传播距离标准尺度链 $\bar{S}^c$，该链的矩阵系数形式为 $\bar{S}^c = \bar{Q}^c\bar{A} + 2\bar{Q}^c\bar{A}^2 + 3\bar{Q}^c\bar{A}^3 + \cdots$。其中 $\bar{Q}^c$ 为所有 n 个产业全碳足迹平均消费强度构成的对角矩阵。$\bar{A}$ 为直接消耗系数标准尺度矩阵，阵中元素 $\bar{a}$ 计算公式见式（3-11）。

$$\bar{a} = (\frac{1}{n^2}\sum_{j=1}^{n}\sum_{i=1}^{n}x_{ij})/(\frac{1}{n}\sum_{j=1}^{n}x_j) = (\sum_{j=1}^{n}\sum_{i=1}^{n}x_{ij})/(n\sum_{j=1}^{n}x_j) \quad (式3-11)$$

结合式（3－5）原理可以推导得出 $\bar{S}^c = (I - \bar{A})^{-1}$。从另一个角度而言，$\bar{A}$ 描述了国民经济中所有产业全碳足迹资源配置为均等投入时的情况，$\bar{S}^c$ 则为均等投入情形下的全碳足迹逆矩阵。

3.2.2.2　前向全碳足迹关联传播距离指数

基于标准尺度链计算所得的前向全碳足迹平均传播距离指数 D^c，测算产业前向全碳足迹关联传播距离指数 $\bar{D}^c = D^c / \bar{S}^c$，$\bar{D}^c$ 中元素 $\bar{d}_{ij}^c$ 见式（3－12），其中 $\bar{l}_{ij}^c$ 为 $\bar{L}^c = L^c\bar{Q}^c$ 的元素。

$$\bar{d}_{ij}^c = \begin{cases} h_{ij}^b\,\bar{l}_{ij}^c / \bar{s}_{ij}^c l_{ij}^c, i \neq j \\ h_{ij}^b(\bar{l}_{ij}^c - \bar{q}_i^c) / \bar{s}_{ij}^c(l_{ij}^c - q_i^c), i \neq j \\ 0, l_{ij}^c = 0 \vee 1 \end{cases} \quad (式3-12)$$

通过将 $\bar{D}^c$ 引入全碳足迹关联传播距离标准尺度链，可以确保在分析前向全碳足迹关联传播距离指数时具备统一的比较标准。$\bar{D}^c$ 值越小，说明从产业间全碳足迹需求拉动角度而言，相关产业间关联程度越紧密，且传播距离因为产业间涉及的生产环节数量较少而较短；反之，$\bar{D}^c$ 值越大，说明产业间关联程度越松散，且传播距离由于产业间涉及的生产环节数量较多而相对较长。

3.2.2.3　后向全碳足迹关联传播距离指数

类似于前向距离指数，利用 CAPC 模型计算后向全碳足迹平均传播距离指数 E^c，而后测算产业后向全碳足迹关联传播距离指数 $\bar{E}^c = E^c / \bar{S}^c$，$\bar{E}^c$ 中元素 $\bar{e}_{ij}^c$ 计算公式见式（3－13）。

$$\bar{e}_{ij}^c = \begin{cases} h_{ij}^f\,\bar{g}_{ij}^c / \bar{s}_{ij}^c g_{ij}^c, i \neq j \\ h_{ij}^f(\bar{g}_{ij}^c - \bar{q}_i^c) / \bar{s}_{ij}^c(g_{ij}^c - q_i^c), i \neq j \\ 0, g_{ij}^c = 0 \vee 1 \end{cases} \quad (式3-13)$$

$\bar{E}^c$ 值越小，说明从产业间全碳足迹供给推动角度来看，产业间关联程度越紧密，且传播距离因为产业中间生产环节数量较少而较短；反之，$\bar{E}^c$值越大，说明相关产业间关联程度越松散，且传播距离由于产业间涉及的生产环节数量较多而较长。

3.2.2.4　产业全碳足迹关联传播距离链

基于 CLDC 模型的后向及前向产业全碳足迹关联传播距离指数，便可分别解析某产业的碳足迹关联上下游产业。其中指数值越大说明该产业与相关产业的全碳足迹关联程度越紧密，传播距离越短，关联效应愈加明显。CLDC 模型中前后向全碳足迹关联程度主要取决于直接消耗系数，传播距离则由产业产出及全碳足迹排放强度决定，计算过程也综合考虑了产业结构及生产技术因素。且于 CAPC 分析过程中需要设置相关的阈值进行判断不同（即 T_1^c 和 T_2^c），CLDC 模型涉及的指数因为均为相对值，计算过程中进一步降低了主观性，结果更为客观。

产业全碳足迹关联传播距离链解析过程类似于产业全碳足迹平均传播距离链原理。具体而言，对于 i 产业而言，可以利用该产业与其他产业前后向全碳足迹关联传播距离指数，分别判断出该产业的全碳足迹需求下游 j 产业及供给上游 k 产业，并进一步通过 j 产业及 k 产业的关联传播距离指数，解析两个产业的上下游产业，继而清晰识别产业全碳足迹关联传播距离链。

3.3　新旧常态中国产业全碳足迹关联效应分析

3.3.1　产业碳影响力系数分析

首先利用式（3－3）计算 27 个产业的碳影响力系数，如表 3－2 所示。

表 3－2　　细分产业碳影响力系数

产业	旧常态	新常态	新旧常态
D1	0.4049	0.4948	0.4499
D2	0.8562	0.6987	0.7775

续表

产业	旧常态	新常态	新旧常态
D3	0.6060	0.4915	0.5487
D4	1.0944	0.7261	0.9103
D5	1.0047	0.5848	0.7947
D6	0.5968	0.4327	0.5147
D7	0.7418	0.5164	0.6291
D8	0.7176	0.4221	0.5699
D9	0.8616	0.4801	0.6708
D10	0.8564	0.5734	0.7149
D11	1.7910	1.9219	1.8565
D12	1.1627	1.0961	1.1294
D13	1.1795	0.9049	1.0422
D14	1.3237	1.3364	1.3301
D15	1.1713	0.8597	1.0155
D16	1.0252	0.9853	1.0052
D17	1.0304	0.8226	0.9265
D18	1.0928	0.7612	0.9270
D19	0.9565	0.5797	0.7681
D20	1.2887	0.5680	0.9283
D21	0.8948	1.6308	1.2628
D22	2.2322	2.1477	2.1900
D23	1.1726	0.7685	0.9705
D24	1.1082	0.7955	0.9519
D25	1.4550	1.5477	1.5014
D26	1.3914	0.6890	1.0402
D27	0.6255	1.4537	1.0396

由上文分析可见，产业碳影响力系数 $\bar{\delta}_j$ 数值越大，说明该产业增加生产单位产品时，通过关联效应导致其他产业产生了更多的碳足迹，对整体产业的全碳足迹影响辐射能力越强。表 3 - 2 显示，旧常态时期共有 16 个产业碳影响力系数高于平均水平，其中排名前 3 位的分别为电热力生产及供应业（D22）、炼焦煤气及石油加工业（D11）、交通运输仓储和邮电通

信业（D25）。新常态时期电热力生产及供应业（D22）、其他制造业（D21）等 7 个产业碳影响力系数高于 1；排名后 3 位的分别为纺织服装鞋帽皮革羽绒及制品业（D8）、食品制造及烟草加工业（D6）、农林牧渔业（D1）。新旧常态时期则有电热力生产及供应业（D22）、炼焦煤气及石油加工业（D11）等 11 个产业碳影响力系数高于 1。

相较旧常态时期，新常态时期产业碳影响力系数排名前 5 位的成员组成完全相同，第 1 位及第 2 位排名未发生变化，但后面的产业发生了一定变化，其中批发及零售贸易餐饮业（D26）、非金属矿物制品业（D13）退出前 5 名，而其他制造业（D21）、其他服务业（D27）则进入了前 5 名。新旧常态整体时期，第 1 位和第 2 位排名未发生变化，前 5 位的产业中有 4 个产业与新常态时期构成一致，仅有金属冶炼及压延加工业（D14）有所不同。相较旧常态时期，新常态时期碳影响力系数最小的 5 个产业中，其他服务业（D27）在旧常态时期排名是第 25 位，新常态时期该产业影响力上升至第 5 位，木材加工及家具制造业（D9）则从旧常态时期的第 19 位下降为新常态时期的第 25 位；新旧常态时期，后 5 位产业构成与新常态时期保持一致，仅在位次上发生了小幅变动。

3.3.2　产业碳感应度系数分析

利用公式（3 - 4）计算 27 个细分产业三个时期的碳感应度系数，得表 3 - 3。

表 3 - 3　　细分产业碳感应度系数

产业	旧常态	新常态	新旧常态
D1	1.2294	0.6912	1.0224
D2	0.5065	0.4287	0.4766
D3	0.4378	0.1614	0.3315
D4	0.0305	0.0198	0.0264
D5	0.0211	0.0280	0.0238
D6	0.4192	0.2336	0.3478
D7	0.3399	0.1053	0.2497
D8	0.0300	0.0185	0.0256
D9	0.0203	0.0108	0.0166

续表

产业	旧常态	新常态	新旧常态
D10	0.2150	0.1432	0.1873
D11	2.2048	3.4402	2.6799
D12	4.9219	3.3823	4.3297
D13	0.8967	0.4397	0.7209
D14	4.4407	6.4999	5.2327
D15	0.0632	0.0252	0.0486
D16	1.2440	0.4765	0.9488
D17	0.8024	0.4144	0.6532
D18	0.1104	0.0433	0.0846
D19	0.0624	0.0563	0.0600
D20	0.0509	0.0114	0.0357
D21	0.1444	0.0146	0.0945
D22	4.4710	6.6050	5.2918
D23	0.0252	0.0666	0.0411
D24	0.1824	0.0640	0.1369
D25	0.7559	1.0930	0.8856
D26	0.5385	0.2632	0.4326
D27	2.7304	2.4576	2.6255

由前文可见，产业碳感应度系数数值越大，说明每个产业增加生产一个单位产品时，某产业受到的全碳足迹波及效应越大，并可能产生相对较高的碳减排效率。表3－3显示，旧常态时期共有化学工业（D12）、电热力生产及供应业（D22）等7个产业碳感应度系数大于1，高于平均水平。新常态时期则有电热力生产及供应业（D22）、金属冶炼及压延加工业（D14）等6个产业碳感应度系数高于1。新旧常态时期则有电热力生产及供应业（D22）、金属冶炼及压延加工业（D14）等6个产业碳感应度系数高于1。

旧常态、新常态及新旧常态整体时期，排名前5的产业总体成员构成完全相同，仅在位次方面发生了调整。在碳感应度系数最小的5个产业中，相较旧常态时期，新常态时期水生产及供应业（D23）、非金属矿和其他矿采选业（D5）位次分别被其他制造业（D21）和仪器仪表及文化办公机械制造业（D20）替换，其余三个产业位次及构成未发生变化。相较新旧常态整体时期，新常态时期碳感应度系数后5位产业中其他制造业（D21）及非金属矿和其他矿采选业（D5）互相替换，仪器仪表及文化办公机械制造业（D20）位次上升2位，纺织服装鞋帽皮革羽绒及制品业（D8）、金属矿采选业（D4）位次分别下降了1位，木材加工及家具制造业（D9）位次则一直未变。

3.3.3 产业关联系数分类矩阵分析

在对产业碳足迹关联系数详细计算的基础上，依照关联系数分类矩阵分析方法，绘制新旧常态典型年份产业关联系数分类散点图，如图3-2至图3-4所示。图中横轴为碳影响系数，纵轴为碳感应度系数，并均以数值1为界限将27个产业散点划分 G_1（$0<\overline{\delta_j}\leqslant1$，$0<\overline{\theta_i}\leqslant1$）、$G_2$（$0<\overline{\delta_j}<1$，$\overline{\theta_i}>1$）、$G_3$（$\overline{\delta_j}>1$，$0<\overline{\theta_i}\leqslant1$）和 G_4（$\overline{\delta_j}>1$，$\overline{\theta_i}>1$）四个类型。

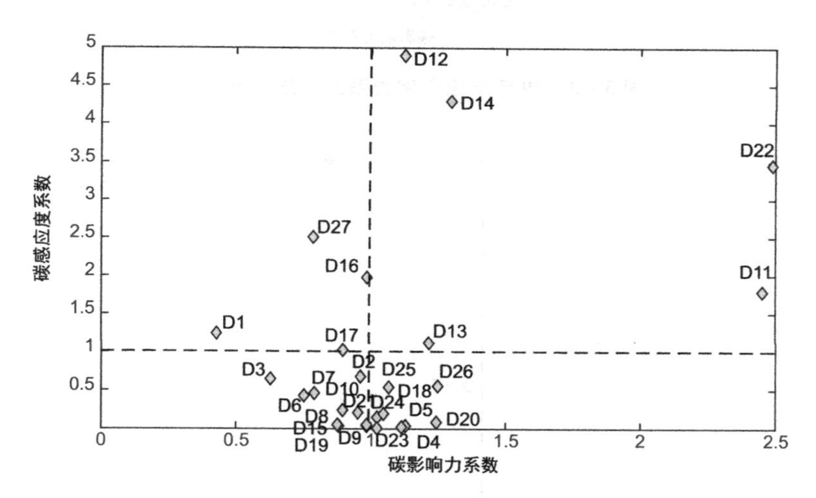

图3-2 1987年碳影响力系数和感应度系数

（1）旧常态产业关联系数分类散点分析。由图3-2至图3-4可见，旧常态时期一直属于 G_1 类型的产业有8个产业，包括D2、D3、D6、D7、D8、D9、D10和D21，以上产业对应的碳足迹关联系数指标均低于所有产业的平均水平，拥有较低的碳影响力系数和相对较高的碳感应度系数。一直属于 G_3 类型产业主要包括D4、D20、D23、D24、D25和D26。这些产业共同特点是自身的直接碳足迹相对不高，但通过中间使用产生了大量间接碳足迹。一直属于 G_4 类型的产业类型主要为典型高能耗产业，包括D11、D12、D14和D22，这些产业的碳影响力系数和碳感应度系数高于其他产业部门，是中国产业碳减排工作的关注重点。

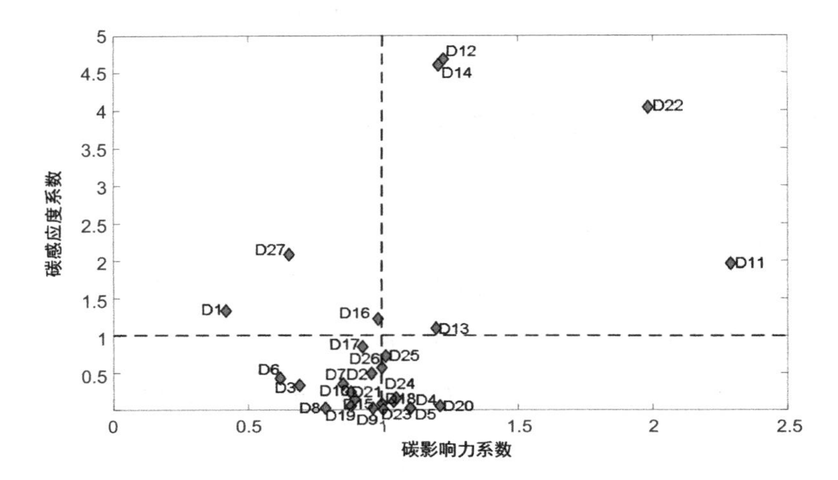

图 3－3　1995 年碳影响力系数和感应度系数

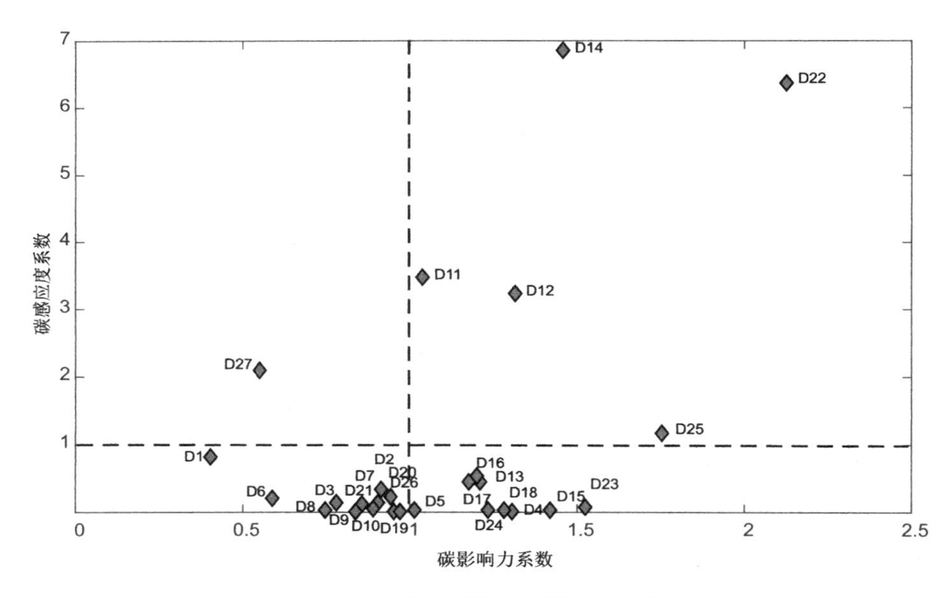

图 3－4　2007 年碳影响力系数和感应度系数

（2）新常态产业关联系数分类散点分析。继续绘制图 3－5 至图 3－7 描述新常态时期典型年份的产业分类散点情况。

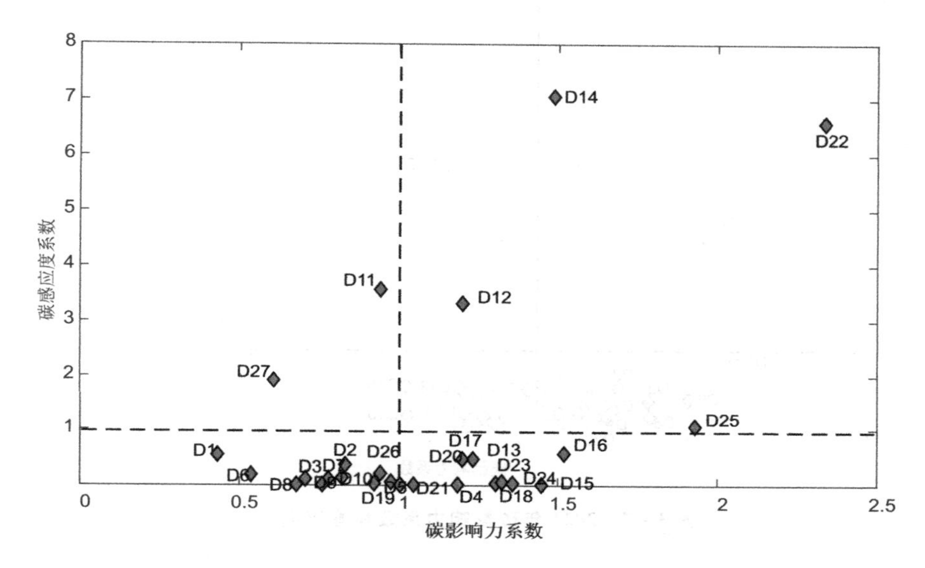

图 3－5　2010 年碳影响力系数和感应度系数

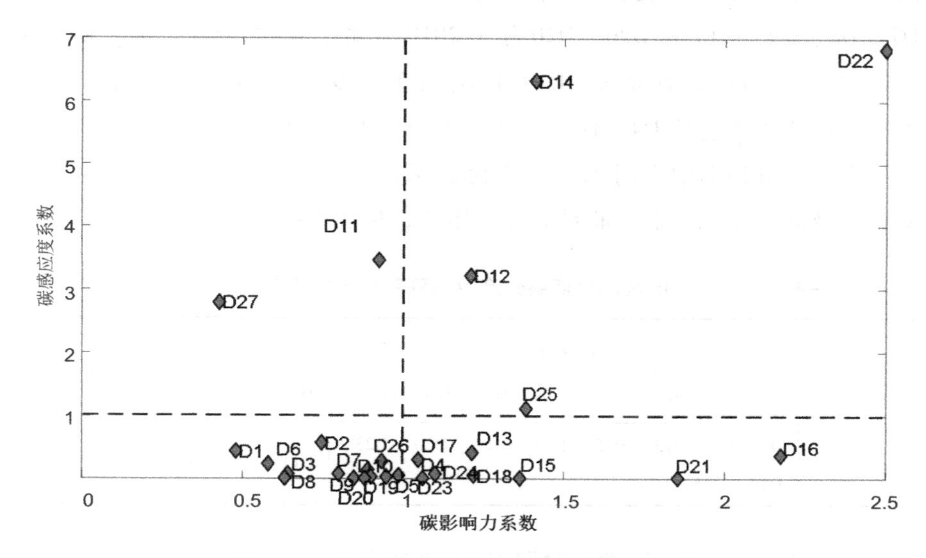

图 3－6　2012 年碳影响力系数和感应度系数

散点图显示，新常态时期，一直处于 G_4 类型产业主要包括 D12、D11、D14、D22 和 D25。与旧常态时期情况类似，仅有 D27 一直属于 G_2

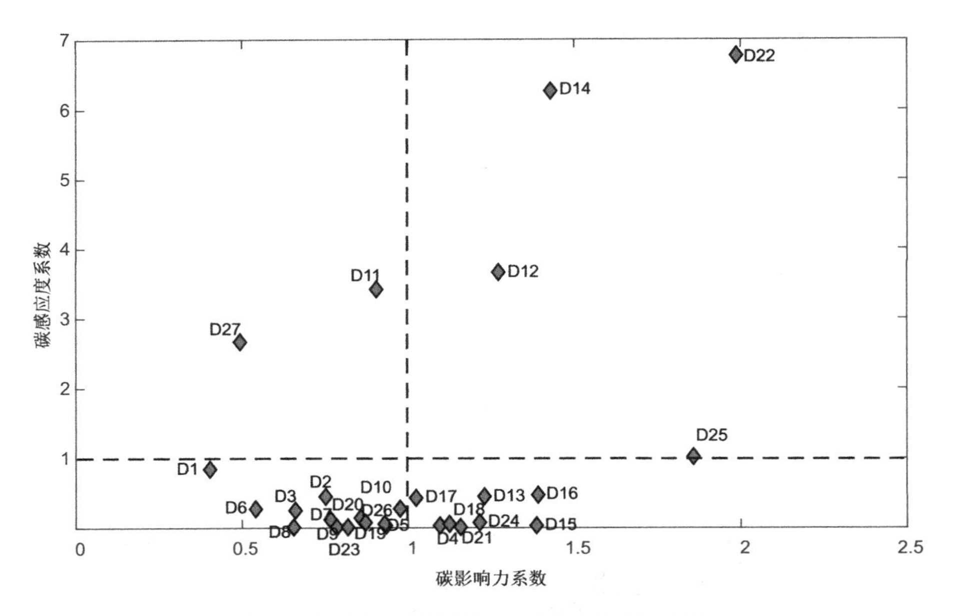

图 3-7　2021 年碳影响力系数和感应度系数

类型。新常态时期一直属于 G_1 类型的产业主要包括 D1、D2、D3、D6、D7、D8、D9、D19 和 D26。D20 除了 2010 年属于 G_3 类型外，也长期归属于 G_1 类型。对比新旧常态，D19 由 G_3 类型转变为 G_1 类型。一直属于 G_3 类型的产业主要包括 D4、D13、D15、D16、D17、D18 和 D24。

在详细分析旧常态时期主要年份碳系数的变化情况后，绘制旧常态、新常态及新旧常态产业关联系数分类矩阵，见表 3-4 至表 3-6。

表 3-4　旧常态时期细分产业关联系数分类矩阵

系数	$\bar{\theta}_i \leq 1$	$\bar{\theta}_i > 1$
$\bar{\delta}_j \leq 1$	D2、D3、D6、D7、D8、D9、D10、D19、D21	D1、D27
$\bar{\delta}_j > 1$	D4、D5、D13、D15、D17、D18、D20、D23、D24、D25、D26	D11、D12、D14、D16、D22

由表 3-4 可见，旧常态时期 G_1 类型产业主要包括煤炭开采和洗选业（D2）、石油和天然气开采业（D3）等 9 个产业，该类型产业主要为能源开采型及制造型产业，这些产业全碳足迹波及效应相对不显著，且技术减排效率相对较低，主要需要通过宏观产业政策进行减排。G_2 类型产业包括

农林牧渔业（D1）和其他服务业（D27），该类型产业属于低碳足迹波及产业，对其他产业碳要素依赖相对较低，且节能技术改造效率相对较高，是值得优先发展的产业。G_3 类型产业包括金属矿采选业（D4）、非金属矿和其他矿采选业（D5）等11个产业，该类型产业对其他产业具有较为显著的碳足迹波及效应，且技术减排效率相对较差，应主要借助产业政策限制该类型产业碳排放。G_4 类型产业主要包括炼焦煤气及石油加工业（D11）、化学工业（D12）、金属冶炼及压延加工业（D14）、通用专业设备制造业（D16）、电热力生产及供应业（D22），其中D11、D22为能源开发型产业部门，其余三个产业为生产过程中即需要大量碳要素投入的产业。G_4 类型产业为双高型产业，对中国产业全碳足迹具有强大推动力及影响力，但其节能技术效率通常相对较高，应将提升技术水平作为该类型产业碳减排的主要着力点。

表3-5 新常态时期细分产业关联系数分类矩阵

系数	$\bar{\theta}_i \leq 1$	$\bar{\theta}_i > 1$
$\bar{\delta}_j \leq 1$	D1、D2、D3、D4、D5、D6、D7、D8、D9、D10、D13、D15、D16、D17、D18、D19、D20、D23、D24、D26	
$\bar{\delta}_j > 1$	D21	D11、D12、D14、D22、D25、D27

表3-5显示，新常态时期 G_1 类型产业主要包括了20个产业。没有任何产业属于 G_2 类型，G_3 类型产业也仅包括其他制造业（D21）。G_4 类型产业则包括6个产业。相较旧常态时期，G_1 类型增加了11个产业，显示随着经济发展，更多产业全碳足迹波及效应有所减弱，且随着节能减排技术的深入应用，依靠技术节能减排的空间不断压缩，技术减排效率相应降低。新常态时期 G_2 及 G_3 类型产业均明显减少，G_4 类型产业数量则较旧常态时期增加了一个。需要特别指出的是，新常态时期，随着中国电子商务等新型经济模式的不断发展，交通运输仓储和邮电通信业（D25）及其他服务业（D27）分别由旧常态时期的 G_3 类型及 G_2 类型转变为 G_4 类型，显示了更强的全碳足迹波。

表3-6显示，就新旧常态时期整体情况而言，G_1 类型主要包括了15个产业，较新常态时期减少了5个产业，比旧常态时期多了6个产业。G_2

表 3-6　　新旧常态细分产业关联系数分类矩阵

系数	$\bar{\theta}_i \leqslant 1$	$\bar{\theta}_i > 1$
$\bar{\delta}_j \leqslant 1$	D2、D3、D4、D5、D6、D7、D8、D9、D10、D17、D18、D19、D20、D23、D24	D1
$\bar{\delta}_j > 1$	D13、D15、D16、D21、D25、D26	D11、D12、D14、D22、D27

类型仅包括农林牧渔业（D1）1 个产业。G_3 类型包括 6 个产业，比新常态时期多了 5 个产业，较旧常态时期减少了 5 个产业。G_4 类型则包括了 5 个产业，成员数量与旧常态时期一致，比新常态时期少 1 个，但成员构成均有所变化。

综合以上可见，旧常态时期各产业主要集中于 G_1、G_3 和 G_4 三种类型，而新常态时期则主要属于 G_1 和 G_4 两种类型。说明进入新常态后，随着节能减排工作的不断深入，技术减排所带来的提升空间相对减少，需要政府更有目的性地出台合理的产业减排政策。

3.4　新旧常态中国产业全碳足迹关联传播距离链解析

为了更好地从动态角度分析产业全碳足迹关联关系，进一步利用产业全碳足迹关联传播距离链模型（CLDC）计算中国新旧常态时期的产业全碳足迹前后向平均传播距离指数，分析各时段全碳足迹关联传播距离链条。

3.4.1　产业全碳足迹关联传播距离指数计算

3.4.1.1　旧常态时期产业全碳足迹关联传播距离指数分析

首先计算旧常态时期产业全碳足迹关联传播距离，其中横行值代表了相关产业的前向全碳足迹关联传播距离，纵列值则为相关产业的后向全碳足迹关联传播距离。计算发现所有产业对角线上的关联传播距离为所有指数的最小值，说明各产业在增加或减少单位最终产品时，对自身产业碳足迹影响是最直接而迅速的。在此基础上，分别设计表 3-7 和表 3-8 描述旧常态时期产业全碳足迹后向及前向关联传播距离。

表 3－7　　旧常态时期产业全碳足迹后向关联传播距离

产业	最小值	最大值	平均值	标准差
D1	1.0013	5.0886	3.5288	1.2565
D2	1.0715	3.3565	2.4244	0.5575
D3	1.1703	9.6794	6.0299	1.6792
D4	1.0984	6.4608	4.5923	1.2552
D5	1.0503	4.2636	3.0999	0.8237
D6	1.0378	7.1688	5.1964	1.4570
D7	1.5249	5.3150	3.9946	1.0702
D8	1.1386	3.9636	2.9205	0.6962
D9	1.3005	4.5598	3.3678	0.8899
D10	0.9765	3.4669	2.4603	0.6023
D11	0.9385	2.3606	1.7217	0.3452
D12	1.0566	4.0127	2.7778	0.5374
D13	1.0438	3.6302	2.5272	0.6474
D14	0.9781	2.6859	1.8373	0.5196
D15	1.3826	6.4170	4.3423	0.9873
D16	1.7510	4.6259	3.5476	0.7489
D17	1.5705	4.9833	3.8618	0.8126
D18	2.0080	7.5771	5.4227	1.2934
D19	1.7209	5.1155	3.9904	1.0064
D20	1.3111	8.1749	5.7968	1.3752
D21	1.1624	7.0995	5.2280	0.9749
D22	0.9968	2.2960	1.7191	0.3499
D23	1.0082	3.9338	2.9418	0.5903
D24	1.0132	4.8788	3.6096	1.0828
D25	0.9296	1.9885	1.5497	0.2492
D26	1.6348	2.5531	2.2024	0.2394
D27	1.2316	4.3924	3.6447	0.5478
均值	1.2262	4.8166	3.4939	0.8369

表3－7显示，27个产业$\bar{E}^c$最小值的均值为1.2262，共有石油和天然气开采业（D3）、食品制造及烟草加工业（D6）等10个产业最小值高于产业均值，农林牧渔业（D1）、煤炭开采和洗选业（D2）等17个产业最小值低于产业均值。27个产业后向关联传播距离最大值的均值为4.8166，共有10个产业最大值高于产业均值，其余17个产业最大值小于产业均值。旧常态时期产业全碳足迹后向平均关联传播距离平均值的均值为3.4939，共有11个产业该项值大于均值，其余16个产业数值低于均值。标准差相对较小的产业主要是炼焦煤气及石油加工业（D11）、交通运输仓储和邮电通信业（D25）、煤炭开采和洗选业（D2）、化学工业（D12）等，说明这些产业与其他产业全碳足迹供给关联程度相对较为均衡。

表3－8　旧常态时期产业全碳足迹前向关联传播距离

产业	最小值	最大值	平均值	标准差
D1	1.0013	7.0097	3.5667	1.5753
D2	1.0715	5.6894	3.1856	1.2544
D3	1.1703	5.8251	3.1045	1.3148
D4	1.0984	5.9300	3.3764	1.3989
D5	1.0503	5.9767	3.3363	1.5027
D6	1.0378	7.4536	3.7164	1.8492
D7	1.5249	7.6634	3.8939	1.9086
D8	1.1386	8.1749	3.8594	1.9290
D9	1.3005	7.5861	3.4911	1.7843
D10	0.9765	6.9582	3.4212	1.6346
D11	0.9385	6.6846	3.5927	1.5714
D12	1.0566	6.8872	3.4903	1.5420
D13	1.0438	6.4126	3.3889	1.6930
D14	0.9781	6.6093	3.7787	1.7327
D15	1.3826	7.1226	3.5894	1.7223
D16	1.7510	7.0789	3.5169	1.4570
D17	1.5705	7.4297	3.5702	1.5120
D18	2.0080	7.0125	3.5014	1.4994
D19	1.7209	8.0074	4.0834	1.6644
D20	1.3111	7.4702	3.4625	1.4112

续表

产业	最小值	最大值	平均值	标准差
D21	1.1624	6.8310	3.0993	1.6032
D22	0.9968	7.0995	3.6576	1.5379
D23	1.0082	9.6794	3.7136	1.9272
D24	1.0132	6.2903	3.2986	1.5986
D25	0.9296	6.5789	3.4169	1.7065
D26	1.6348	7.1801	3.3075	1.5657
D27	1.2316	6.2833	2.9093	1.2628
均值	1.2262	6.9972	3.4937	1.5985

表 3-8 显示，27 个产业前向平均传播距离最小值的均值为 1.2262，共有纺织业（D7）、木材加工及家具制造业（D9）等 10 个产业最小值高于产业均值，农林牧渔业（D1）、煤炭开采和洗选业（D2）等 17 个产业最小值低于产业均值。27 个产业前向平均传播距离最大值的均值为 6.9972，共有 15 个产业最大值高于产业均值，其余 12 个产业最大值小于产业均值。旧常态时期产业全碳足迹前向平均传播距离平均值的均值为 3.4937，12 个产业该项值大于均值，其余 15 个产业数值低于均值。标准差相对较小的产业主要是煤炭开采和洗选业（D2）、石油和天然气开采业（D3）、金属矿采选业（D4）、其他服务业（D27）等，说明这些产业与其他产业全碳足迹需求关联程度相对均衡。

为了更好地描述旧常态时期产业全碳足迹关联传播距离，绘制散点图 3-8 及图 3-9。

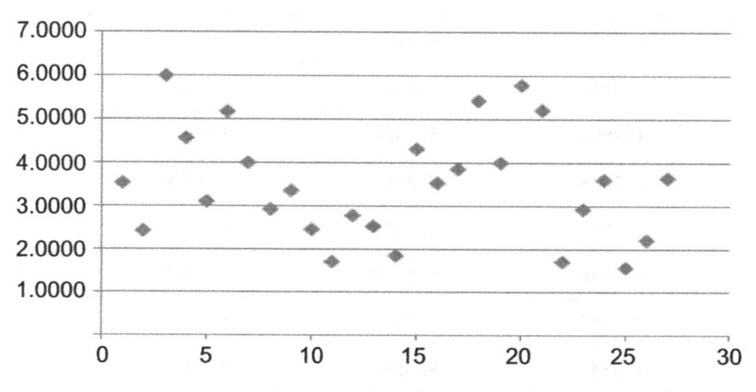

图 3-8 旧常态时期产业全碳足迹后向平均关联传播距离散点图

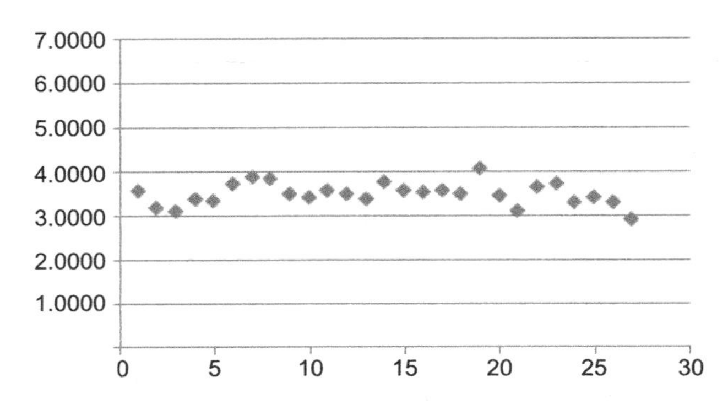

图 3－9　旧常态时期产业全碳足迹前向平均关联传播距离散点图

结合以上两图及标准差可见，旧常态时期中国 27 个产业全碳足迹后向平均关联传播距离较前向平均关联传播距离更为分散。在一定程度上说明该时期中国产业间全碳足迹供给推动效应差异相对较大，而全碳足迹需求拉动效应差距则相对较小。

3.4.1.2　新常态时期产业传播距离指数分析

继而利用 CLDC 模型计算新常态时期产业全碳足迹关联传播距离指数，结果显示新常态时期所有产业对角线上的关联传播距离为所有指数的最小值，说明各产业在增加或减少单位最终产品时，对自身产业碳足迹影响是最直接而迅速的。再分别设计表 3－9 和表 3－10 分析新常态时期产业全碳足迹后向及前向平均关联传播距离。

表 3－9　　新常态时期产业全碳足迹后向关联传播距离

产业	最小值	最大值	平均值	标准差
D1	1.7579	8.2131	4.6003	1.3228
D2	2.0735	5.6624	3.9481	0.9269
D3	1.3894	5.6320	3.9743	0.9439
D4	2.2038	5.5967	4.0678	0.8808
D5	2.3504	6.0604	3.9231	0.9704
D6	2.3586	8.5868	4.7207	1.4269
D7	2.0382	8.7883	5.0473	1.4376
D8	1.5551	8.8583	4.8950	1.5838
D9	1.9448	6.8015	4.4318	1.1987

续表

产业	最小值	最大值	平均值	标准差
D10	1.6879	5.9330	4.2288	1.0232
D11	2.5980	6.9002	4.5076	1.1773
D12	2.6576	6.2213	4.3901	0.9577
D13	1.7722	5.8497	4.0237	1.0612
D14	1.0658	6.3463	4.4839	1.2992
D15	2.0420	6.0989	4.4060	0.9381
D16	2.0121	6.2145	4.2895	0.9498
D17	2.5456	6.7927	4.6224	1.1292
D18	2.8336	6.5251	4.5218	1.0061
D19	2.1583	7.0999	5.1808	1.1678
D20	1.6458	6.4720	4.6132	1.2124
D21	1.6089	5.3305	3.8103	0.9523
D22	2.1843	7.3728	4.5618	1.3631
D23	1.0817	7.5971	4.3885	1.3452
D24	1.8286	6.2053	4.0339	1.0568
D25	2.0841	7.0444	4.1758	1.1823
D26	2.5833	7.6410	4.2317	1.3747
D27	2.0026	7.0978	3.8303	1.1547
均值	2.0024	6.7756	4.3670	1.1497

表 3 -9 显示，新常态时期 27 个产业后向关联传播距离 $\bar{E}^c$ 最小值的均值为 2.0024，共有煤炭开采和洗选业（D2）、金属矿采选业（D4）等 16 个产业最小值高于产业均值，农林牧渔业（D1）、石油和天然气开采业（D3）等 11 个产业最小值低于产业均值。27 个产业后向关联传播距离最大值的均值为 6.7756，为旧常态时期的 96.83%，其中 13 个产业最大值高于产业均值，14 个产业最大值小于产业均值。从新常态时期产业全碳足迹后向平均关联传播距离指数平均值为 4.3670，15 个产业该项值大于均值，其余 12 个产业数值低于均值。标准差相对较小的产业主要是煤炭开采和洗选业（D2）、金属矿采选业（D4）、金属制品业（D15）等，显示这些产业与其他产业维持了较为一致的全碳足迹供给关联关系。

表3-10　　新常态时期产业全碳足迹前向关联传播距离

产业	最小值	最大值	平均值	标准差
D1	1.7579	6.1450	4.4025	1.3897
D2	2.0735	7.0999	4.8238	1.2429
D3	1.3894	6.6334	4.9396	1.1886
D4	2.2038	8.8583	6.1837	1.6910
D5	2.3504	6.0940	4.5660	1.1686
D6	2.3586	6.9372	5.2570	1.2588
D7	2.0382	6.6962	4.9888	1.2943
D8	1.5551	5.6099	3.9063	0.8567
D9	1.9448	6.5809	4.7933	1.2251
D10	1.6879	5.4328	4.1062	0.8797
D11	2.5980	5.7215	4.0530	0.9144
D12	2.6576	6.2647	4.3656	0.7707
D13	1.7722	6.1935	4.2553	1.0789
D14	1.0658	6.9806	4.4715	1.3176
D15	2.0420	6.2180	3.8985	1.1649
D16	2.0121	5.3139	4.1243	0.8074
D17	2.5456	5.3944	4.0020	0.7923
D18	2.8336	6.5797	4.8053	1.1247
D19	2.1583	6.1690	4.7071	1.1465
D20	1.6458	6.3089	4.3703	1.1003
D21	1.6089	5.5557	4.4247	0.9642
D22	2.1843	5.3761	3.8645	0.8489
D23	1.0817	4.2072	3.1138	0.6500
D24	1.8286	5.3242	4.1491	1.0010
D25	2.0841	4.5262	3.4330	0.5082
D26	2.5833	4.5812	3.8321	0.4366
D27	2.0026	4.8261	4.0393	0.6298
均值	2.0024	5.9862	4.3658	1.0167

新常态时期27个产业前向关联传播距离最小值的均值为2.0024，共有煤炭开采和洗选业（D2）、金属矿采选业（D4）等16个产业最小值高于产业均值，农林牧渔业（D1）、石油和天然气开采业（D3）等11个产

业最小值低于产业均值。27个产业前向关联传播距离最大值的均值为5.9862，其中15个产业最大值高于产业均值，12个产业最大值小于产业均值。新常态时期产业全碳足迹前向平均关联传播距离平均值为4.3658，共有12个产业该项值大于均值，其余15个产业数值低于均值。标准差相对较小的产业是水生产及供应业（D23）、交通运输仓储和邮电通信业（D25）、批发及零售贸易餐饮业（D26）、其他服务业（D27）等，说明这些产业与其他产业全碳足迹需求关联程度相对均衡。

为了更好地描述新常态时期产业全碳足迹平均关联传播距离，绘制散点图。见图3－10和图3－11。

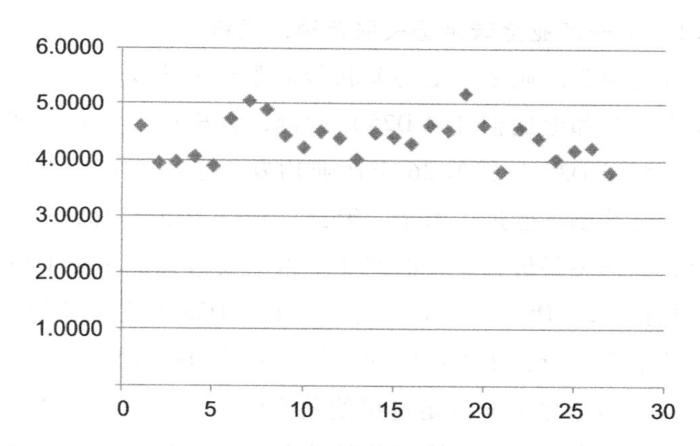

图3－10 新常态时期产业后向全碳足迹平均关联传播距离散点图

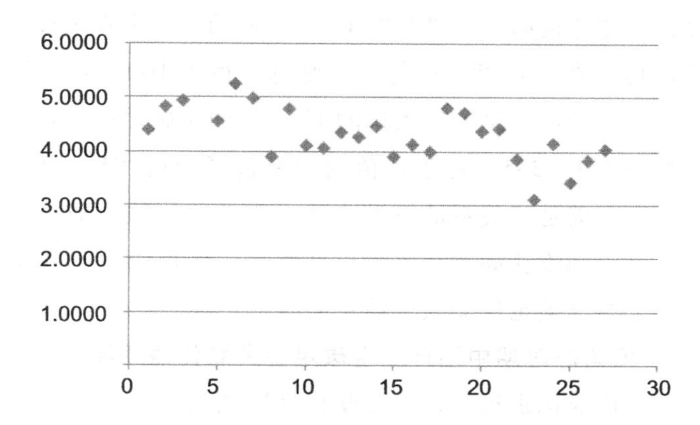

图3－11 新常态时期产业前向全碳足迹平均关联传播距离散点图

由图3－10、图3－11可见，相较旧常态时期，新常态时期单一产业的需求拉动及供给推动效应均发生了一定变化。产业后向全碳足迹平均关联传播距离离散程度有所下降，说明随着经济发展，不同产业间全碳足迹供给推动效应的差别逐步减小。与此同时，相较旧常态而言，前向全碳足迹平均关联传播距离的离散程度明显波动性增大，说明了在以需求拉动经济发展的政策影响下，中国产业需求拉动产生的全碳足迹效应较旧常态时期更为明显。

3.4.2 产业全碳足迹关联传播距离链识别

基于新旧常态时期中国产业全碳足迹关联传播距离指数，利用 CLDC 模型分析新旧常态时期中国产业全碳足迹关联传播距离链。

3.4.2.1 单一产业全碳足迹关联传播距离链

为了更好地说明产业全碳足迹关联传播距离链辨识过程，以旧常态时期交通运输仓储和邮电通信业（D25）为例，分析单一产业的碳足迹关联传播距离链。鉴于 D25 与其他 26 个产业均发生了一定程度上的全碳足迹关联关系，全部绘制可能过于繁杂，因此可根据 D25 的前后向关联传播距离指数均值，拣选关联最为紧密的产业。由前文可知，小于 D25 前向均值的产业主要包括 D2、D8 等 14 个产业，属于与 D25 发生了较为紧密全碳足迹需求关系的下游产业；小于后向均值的主要是 D3、D5 等 12 个产业，属于与 D25 发生了较为紧密全碳足迹供给关系的上游产业。鉴于第一轮识别的关联产业仍显较多，可进行第二轮精确分拣，通过设置入选产业的均值进行优化分析。如拣选第一轮供给的 14 个产业的前向全碳足迹平均关联传播距离，求取其均值 2.1895，进行二次筛选，得到 D11、D17 等 8 个全碳足迹供给密切关联产业。第一轮入选的 12 个后向全碳足迹产业二次平均关联传播距离均值为 1.3335，低于该值的主要包括 D4、D5 及 D24，为 D25 产生了更为紧密全碳足迹关系的下游产业。当然，依照类似的方法，可以进行三次筛选，直到收获满意结果。以此类推，便可以得到各单一产业在各个层次中上下游全碳足迹关联传播距离链。

3.4.2.2 旧常态时期中国产业全碳足迹关联传播距离链

类似于单一产业识别过程，以关联传播距离指数均值为标准识别整体产业的全碳足迹关联传播距离链。首先利用 27 个产业前向全碳足迹碳关联传播距离均值 3.4937，识别出小于该值的 D2、D5、D9、D10、D11 等 13 个产业。第二轮识别则以这 13 个产业的前向距离均值 2.4296 为标准，拣选出 D10、D11、D14、D23、D25、D26 等 6 个产业，为旧常态时期中国产业全碳足迹关联传播距离链中最下游的需求产业。

而后求取旧常态时期 27 个产业后向全碳足迹碳关联传播距离均值为 3.4937，并以此为标准，拣选小于该值的全碳足迹供给型产业，主要包括 D2、D3、D4、D12、D27 等 13 个第一层产业。之后进行第二次识别，此时均值标准为 3.2921，依据这个数值识别出来的第二层产业主要包括 D3、D21、D27 等 3 个产业，为旧常态时期中国产业全碳足迹关联传播距离链中最上游的供给产业。依照此类划分方法，绘制图 3-12。

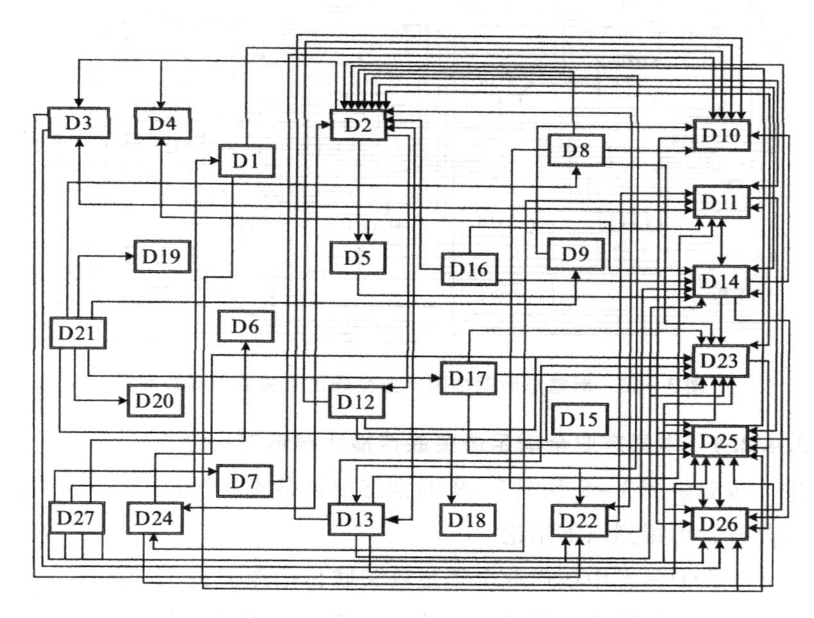

图 3-12 旧常态时期中国产业全碳足迹关联传播距离链

3.4.2.3 新常态时期中国产业全碳足迹关联传播距离链

依前文方法，以关联传播距离指数均值为标准识别整体产业的全碳足迹关联传播距离链。首先求取新常态时期 27 个产业后向全碳足迹碳关联传播距离均值 4.3658，并以此为标准，拣选小于该值的全碳足迹上游供给型产业，主要包括 D2、D16、D26、D27 等 12 个产业。第二轮以第一轮入选产业均值 4.0421 为标准，拣选得到 D2、D3、D4、D13、D21、D24、D27 等 7 个第二层产业，作为最上游的供给产业。而后利用新常态时期 27 个产业前向全碳足迹碳关联传播距离均值 4.3658，识别出小于该值的 D8、

D10、D11、D12、D13 等 14 个产业。第二轮识别则以这 14 个产业的前向距离均值 3.9386 为标准，拣选出 D8、D15、D22、D23、D25、D26 等 6 个产业，作为最下游需求拉动型产业。依照此类划分方法，绘制图 3－13。

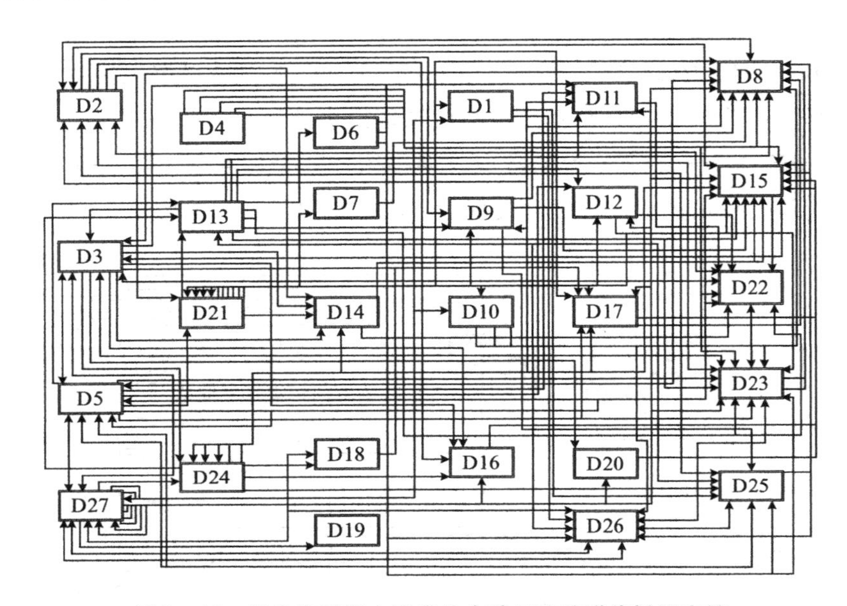

图 3－13　新常态时期中国产业全碳足迹关联传播距离链

3.4.2.4　中国产业全碳足迹关联传播距离链对比分析

进一步分析图 3－8 和图 3－9 旧常态及新常态中国产业全碳足迹关联传播距离链，可得到以下结论。

第一，新旧常态中国产业全碳足迹关联传播距离链上下游产业出现了一定的变化。就两层次选择结果而言，旧常态时期最上游产业主要包括 3 个产业，新常态时期在保留旧常态时期 3 个产业的基础上，新增了 4 个产业调整为 7 个产业。旧常态及新常态时期最下游产业都主要包括 6 个产业，其中水生产及供应业（D23）、交通运输仓储和邮电通信业（D25）、批发及零售贸易餐饮业（D26）一直属于最下游产业，其余三个产业均发生了变化。

第二，旧常态时期所有 27 个产业存在 85 个关联关系，新常态时期则增加为 112 个，增加幅度为 31.76%，说明新常态时期各产业全碳足迹关联关系更为紧密。在纵向后向产业全碳足迹关联传播关系中，旧常态时期数量最多的为煤炭开采和洗选业（D2）产业的 9 个，新常态时期最多的为其他服务业（D27）的 16 个关系。在横向前向产业全碳足迹关联传播关系中，旧常态时期数量最多的为交通运输仓储和邮电通信业（D25）的 11 个，新常态时期为金属制品业（D15）的 16 个关系。与此同时，旧常态时期共存在 8 对双向关联关系，分别为 D2 - D11、D2 - D13、D2 - D14、D2 - D22、D2 - D23、D2 - D24、D3 - D11、D11 - D14。新常态时期双向关联关系数则增加至 36 对，分别为 D2 - D8、D2 - D15、D2 - D22、D2 - D23、D2 - D25、D2 - D26、D2 - D27、D3 - D5、D3 - D8、D3 - D15、D3 - D22、D3 - D23、D3 - D27、D5 - D8、D5 - D15、D5 - D22、D5 - D23、D5 - D26、D5 - D25、D5 - D27、D8 - D13、D8 - D21、D8 - D24、D8 - D26、D13 - D25、D15 - D21、D15 - D24、D21 - D23、D21 - D26、D22 - D23、D23 - D26、D23 - D27、D24 - D25、D25 - D27、D26 - D25、D26 - D27。新常态时期双向关联关系是旧常态时期的 4.5 倍，显示新常态时期产业间全碳足迹的相互转移及吸收情况迅速增加，产业间的关联融合趋势愈加明显。

第三，新旧常态中国各个产业全碳足迹存在着错综复杂的关系。分析单一产业尚能梳理出相对清晰的线性关联传播距离链，而所有产业关联传播距离链组合则更多地呈现出线性链条与复杂网络结构相互融合的情况。客观要求在进行全碳足迹减排整体工作时，需要结合各产业在关联传播距离链中的位置作用，通过与前后向产业的沟通合作，切实有效地推进全碳足迹协同减排。

3.5　本章小结

国民经济系统产业间全碳足迹相互流动相互影响，形成了各种有序的全碳足迹关联链条。分析关联效应不仅可以有效反映各产业间的全碳足迹关系，并可作为产业协同减排的重要决策依据。为此，设计改进型产业全碳足迹影响力及感应度等关联系数，系统分析各产业全碳足迹关联波及程度，并依照关联波及特征将 27 个产业分为 4 类进行归类分析。在此基础上，为了进一步分析产业关联传播距离具体数值，创立全碳足迹平均传播距离链模型 CAPC 识别产业全碳足迹前向、后向平均传播距离，引入直接消耗系数及直接分配系数创建全碳足迹标准尺度链辨析产业全碳足迹关联程度，最终组合构建产业全碳足迹关联传播距离模型 CLDC，分析产业全碳足迹关联传播距离。

继而基于中国产业全碳足迹基础数据，利用设计的系数及模型对比分析新旧常态中国产业全碳足迹关联情况。就关联波及程度而言，研究发现，旧常态时期各产业主要集中于 G_1、G_3 和 G_4 三种类型，而新常态时期则主要集中于 G_1 和 G_4 种类型。显示新常态时期，随着节能减排工作的不断进行，技术减排所带来的提升空间相对减少，需要政府更有目的性地出台合理的产业减排政策。就关联传播距离而言，新常态时期中国产业间全碳足迹需求拉动效应明显增强，产业间供给推动效应差距有所缩小。每一个产业均能形成自身的关联传播距离链，继而组合成为相对复杂的全产业关联传播距离链。新旧常态中国产业全碳足迹关联传播距离链上下游产业发生了一定变化；依照总体关联关系数、前后向关联传播关系数和双向关联关系分析，新常态时期的产业间关联关系较旧常态时期更为紧密。

总体而言，新旧常态中国产业全碳足迹关联关系日趋复杂，并更多地呈现出线性链条和复杂网络结合的情况。为了更好地分析产业全碳足迹间存在的关联波及关系，下章将结合复杂网络方法对新旧常态中国产业全碳足迹作进一步分析。

第4章　新旧常态中国产业全碳足迹关联复杂网络比较

由于经济产业间存在着错综复杂的碳关联关系，且在技术水平和能源消费等方面存在较大差异，导致各产业碳减排能力迥然不同，使得产业碳减排成为一个典型结构相关的非确定性复杂博弈问题。因此，研究如何紧密联系中国新旧常态特征，从深层次产业经济联系出发，基于产业全碳足迹关联链，衡量各产业在生产、分配和交换过程中的全碳足迹流动和转移，构建新旧常态中国产业全碳足迹关联复杂网络；如何通过解析并比较新旧常态关联复杂网络结构局部及全局性关联特征，分析产业波动在碳足迹网络传播扩散机理，考虑单个产业波动对整体经济碳足迹系统间扩散的不同影响，具有重要的理论及现实意义。

为此，本章基于前章中国产业全碳足迹基础数据库及关联链分析，构建产业全碳足迹关联复杂网络分析基础模型。再借助节点度、距离、聚类等关联系数及模块函数，梳理对比新旧常态时期中国产业全碳足迹关联复杂网络结构特征和立体关联关系，多层次辨析中国碳减排工作需重点关注的节点及社团产业，据此提出相关减排对策建议，以求更好地实现中国产业碳足迹减排。

4.1　复杂网络理论基础

根据钱学森的论述，复杂网络指具有自组织、自相似、吸引子、小世界、无标度中部分或全部性质的网络。主要关注对象包括两个方面，一是系统拓扑结构表征情况，二是结构对系统演化和动力行为等方面的影响[56]。产业全碳足迹间存在着动态复杂关联关系，且兼具开放性、自适应性和自组织性特征，适合借助复杂网络进行研究。复杂网络自提出以来，尚未形成统一的定义，但业界公认主要包含两层核心内涵，一是复杂网络的统计特征介于规则网络和随机网络之间，二是可以反映现实世界真实系统的拓扑抽象。结合已有研究，本书主要以图的方式来描述复杂网络，并给出了以下基本概念及定义。

定义 4.1 图 $G(V,L)$ 为二元组，其中为 V 节点集合，L 为边集合，边及节点的总数分别称为图的规模和阶数。V 节点集合中元素代表了实际系统中的个体；L 为集合 $V \times V$ 的子集，表征了实际系统个体间的关系及作用。若 $\{v_1, v_2\} \in L$，则说明图 G 中包含一条由 v_1 射向 v_2 的边，其中 v_1 为边的起点，v_2 为边的终点。

定义 4.2 若在图 G 中，由 v_1 射向 v_2 的边和由 v_2 射向 v_1 的边同时存在，或者同时不存在，即可将两条边合为一条边，此时图 G 为无向图，否则 G 为有向图。

定义 4.3 对于两张图 $G(V,L)$ 及 $G'(V',L')$ 而言，若 $V' \in V$ 且 $L' \in L$，则称 G' 为 G 的子图。

定义 4.4 对于 $G(V,L)$。若任意边 $|l| = 1$，则称 G 为无权图，否则 G 为有向图。

复杂网络中的图通常采用临界矩阵进行表示，数组分别存储节点以及边之间的信息，并产生了基本统计量，具体见定义 4.5 至定义 4.11。

定义 4.5 节点度 K_i 为节点 v_i 拥有相邻节点数目或者与该节点存在关联边的数目。有向图中将以 v_i 为起点的边的数目定义为 v_i 的出度，以 v_i 为终点的边数目定义为 v_i 的入度。

定义 4.6 最短路径为在节点 v_i 和 v_j 存在的所有通路中，经过边数目最少的一条或者几条，并以此来描述复杂网络中任意两个节点间的距离。而复杂网络中任意两个节点间距离的平均值则称为平均路径长度或平均网络距离 $\bar{D}_i$。

定义 4.7 对于节点 v_i 而言，网络中所有最短路径经过节点 v_i 的数量即为节点 v_i 的介数，并以此反映节点在网络中的影响能力。

定义 4.8 度分布采用分布函数予以说明，该函数表示节点度为 K_i 的节点在整个复杂网络节点中所占的比例。

定义4.9 若复杂网络中节点 v_i 有 l_i 条边与其他节点相连，则称 v_i 有 l_i 个邻居节点。节点 v_i 的 l_i 个邻居节点间实际存在的边数数目和总可能存在边数之比为节点 v_i 的聚类系数。整个网络的平均聚类系数 $\bar{C}_i$ 是所有节点聚类系数的平均值，以此可以衡量网络集团化程度。

定义4.10 复杂网络密度 $\bar{N}_i$ 定义为复杂网络中实际拥有关联边数量和最多可能拥有关联边数量的比值，可以较好地描述网络中各节点间联系紧密程度。

定义4.11 实际复杂网络是由若干社团构成的，这些社团内部节点相对比较紧密，而社团之间的连接则相对较为松散，这些群的结构即组成为复杂网络的社团结构。

4.2 产业全碳足迹关联复杂网络模型构建

4.2.1 关联复杂网络基础模型

鉴于产业全碳足迹间存在着复杂关联关系，依据图论及动态平衡态原理，首先构建产业全碳足迹关联复杂网络基础模型 $G_c(V_c, L_c)$。其中 V_c 为点集合，集合中的元素为网络中各个节点，分别对应着各个产业；L_c 为边集，描述了各节点间的全碳足迹关联关系。

当前学界对于节点关联关系存在一定争议，部分学者认为只要两个节点间存在非零流量值，即说明两个节点存在一定关联性；更多学者则认为较小的量值不能有效代表关联，只有超过一定临界值才可以有效反映关联关系及结构的变化，并将超过临界值的关联关系界定为有效关联。部分学者选取节点数目、经验值等为参照物，分别针对产出、投入、技术等系数设置临界值，分析节点的关联关系，但该类方法主观性较强，容易产生误差，而 Weaver－Thomas（WT）指数法则避免了上述方法的缺点，具有较好的客观性和通用性[57]。为此本书采用 WT 指数法，借助比较假设分布和实际观察分布，确定节点间强全碳足迹关联关系。

具体而言，选取产业全碳足迹矩阵 C 元素 c_{ij}，将 c_{1j}，$c_{2j},\cdots,c_{n_5j}$ 按照数值由大到小进行排序，得到新样本序列为 m_{1j}^{w}，$m_{2j}^{w},\cdots,m_{n_5j}^{w}$，并将 C 转变为 G_c 的 WT 矩阵 $M_c^W(m_{ij}^w)$。进而利用式（4－1）计算 M_c^W 各行及各列 WT 临界值。

$$wt_{ij} = \sum_{k_4=1}^{n_5}\left[\sigma_{k_4i} - 100m_{k_4j}^{w}/\sum_{k_4=1}^{n_5}m_{k_4j}^{w}\right]^2 \tag{式 4－1}$$

当 $k_4 \leqslant i$ 时，$\sigma_{k_4i} = 100/i$；反之 $\sigma_{k_4i} = 0$。再利用式（4－2）对比计算第 j 项指标 wt_{ij} 的最小值，得到该指标样本位置数 n_j^w。

$$n_j^w = \{n_j^w \mid wt_{n_j^wj} = \min wt_{ij}\} \tag{式 4－2}$$

对应第 n_j^w 个样本的 wt_{ij} 即被选定为临界值。WT 法通过二分 C 各行列样本，分别搜索获取 M_c^W 横向及纵向维度临界值向量，有效摒除了主观误差和不确定性。此外，向量内各分量唯一且相互独立，表明面对不同性质的直接及间接碳足迹对象时，可有效维护强关联关系水平的标准差异，具有更强的灵活性及针对性。在获取各行列临界值后，进一步构建 G_c 的邻接矩阵 $M_c^E(m_{ij}^e)$，当 C 中元素 c_{ij} 值高于临界值时，节点间联系即被认定为强关联关系，对应 M_c^E 存在一条连边，即 m_{ij}^e 取 1，否则 m_{ij}^e 为 0，对应网络中节点间无连边。

4.2.2 关联复杂网络基本特征

为了更好地分析产业全碳足迹复杂网络基本特征，从网络整体、节点地位、社团结构角度选择系数或函数进行分析判断。

4.2.2.1 网络整体分析

成熟复杂网络应具备无标度性和小世界效应的典型性质[57]，因此首先从这两个方面判别所构建产业全碳足迹关联复杂网络的合理性。其中无标度性主要判定指标为节点度分布，小世界效应则可借助平均最短路径及平均聚集系数加以分析。

第一，无标度性分析。主要利用节点度分布函数 $P(K_{ci})$ 进行判定，其中节点度 K_{ci} 代表了与节点 v_{ci} 直接相连的边数目。分布函数的近似对数幂律形式可以表示为 $\ln P(K_{ci}) = -\varepsilon_{ci}\ln K_{ci}$，$\varepsilon_{ci}$ 为幂律标度指数。当 $\ln P(K_{ci})$ 通过显著性检测、证明其满足线性相关时，说明该复杂网络度分布符合重尾分布，具备无标度分布特性。

第二，小世界效应分析。小世界效应是复杂网络区别于规则或随机网络的重要特性，可借助特征路径长度 D_c 和簇系数 γ_c 进行形式化表征，拥有较小 D_c 和较大 γ_c 的复杂网络展现了明显的小世界效应。其中 D_c 为网络中任意两个节点间距离的平均值，计算公式为 $D_c = \sum_{i \neq j} d_{ij} / \{k_3(k_3 - 1)\}$，$d_{ij}$ 为连接节点 v_{ci} 和 v_{cj} 最短路径上的边数，k_3 为复杂网络节点总数。γ_c 通过计算所有单一节点簇系数 γ_{ci} 的算数平均值衡量复杂网络节点集聚程度，相关公式为 $\gamma_c = \sum \gamma_{ci} / k_3$。其中 γ_{ci} 代表了网络中 v_{ci} 节点直接相邻节点间实际存在的边数与最大可能存在边数的占比，计算公式为 $\gamma_{ci} = 2l_i^a / k_{ci}(k_{ci} - 1)$，$l_i^a$ 为 v_{ci} 节点与其他节点间实际存在的边数。

4.2.2.2 节点地位分析

衡量节点在网络中所处的地位主要借助节点度、节点中心性和介数中心性三个指标。

第一，节点度 K_{ci}。K_{ci} 可进一步描述为节点出度 k_{ci}^1 及入度 k_{ci}^2 之和，k_{ci}^1 为由 v_{ci} 节点指向其他节点的边数目，反映了 v_{ci} 对网络其他节点的外向辐射力；k_{ci}^2 为从其他节点指向 v_{ci} 的边数目，代表了 v_{ci} 对网络其他节点的内向吸收力。

第二，节点中心性 N_{ci}。基于节点度 K_{ci} 可以求得 $N_{ci} = 100K_{ci}/(k_3 - 1)$，用以判断节点在网络中的中心位置，数值越高，显示该节点在当前网络中位置愈重要，拥有最高数值 N_{ci} 的节点即可认为是网络中心节点。

第三，介数中心性 B_{ci}。计算公式为 $B_{ci} = \sum_{j<h} n_{jhi}/n_{jh}$，含义为经过网络中节点 v_{ci} 最短路径的比例，其中 n_{jh} 为节点 v_{cj} 和 v_{ch} 间存在最短路径数，n_{jhi} 为最短路径中经过 v_{ci} 的路径数。借助 B_{ci} 可以判断节点对网络其他节点的控制能力，越大的值代表节点拥有越强的控制能力。

4.2.2.3 社团结构分析

在复杂网络中，可能存在着相互连接紧密而与网络其他部分连接稀疏的节点群社团，为此需要进一步深入挖掘节点社团，以求更好地反映网络结构。社团结构分析的前提是判断复杂网络中是否存在社团，为此本书引入网络可达性 A_c 及网络等级度 H_c 加以解析。A_c 主要描述网络节点间的关联通达性，计算公式为 $A_c = 1 - 2k_v/\{k_3(k_3 - 1)\}$，数值越接近1代表可达性越好，其中 k_v 为复杂网络中不可达节点对数。H_c 则用以描述网络节点非对称可达程度，其值越大，代表该网络拥有越严格的等级结构，计算公式为 $H_c = 1 - k_m/\max(k_m)$，其中 k_m 为复杂网络中对称性可相互达到的节点对数，$\max(k_m)$ 为任意两个节点中可达对数的最大值。

在证明关联复杂网络存在社团后，便可利用相关算法挖掘社团结构。当前网络社团结构挖掘算法主要包括科林算法、谱平分法和层次聚类算法[58]。科林算法首先需明确社区个数，前提条件过于苛刻，且运算速度相对较慢。谱平分法利用拉普拉斯矩阵设置包含各节点的无向图，运算过程中一直要求对网络严格两分化，无法保证适用于所有真实网络。

层次聚类算法主要是依据节点相似度划分社团，又可进一步分为分裂及凝聚两类。其中分裂法最具代表性算法为GN算法，通过不断移除介数中心性最高的边（若存在相同最高度数的边，则随机移除一条），在任意时刻结束算法所得到的节点群即为该时刻社团结构，其基本原理见图4-1。

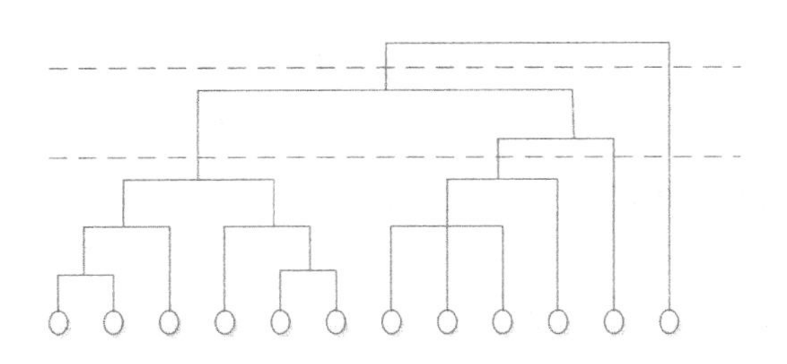

图4-1　GN算法原理图

凝聚算法原理与分裂算法相反，通过不断连接介数中心性最高的边寻找社团，其中Newman算法为最具代表性的算法。层次聚类算法原理简单，运算速度最快，但仅适用于已知结构的网络，无法有效解读未知结构网络，且算法在不同时段结束将产生迥异的社团结果。由于中国产业全碳足迹关联复杂网络基本关联结构相对清晰，但存在的社团个数尚不明确，结合相关算法优缺点，决定采用层次聚类算法。Newman算法虽然比GN算法运算速度快，但精确性相对较差，因此进一步选用GN分裂算法。为了克服传统GN算法结果不一的缺点，本书基于模块化原理，提出一种网络社团模块化评定函数 F_S，定量化衡量不同时段算法划分社团结构的优劣度，具体见式（4-3）。

$$F_S(S_c) = [\sum(M_c^E - k_{ci}k_{cj}/2n_c)]\vartheta(v_{ci}, v_{cj})/2n_c \qquad (式 4-3)$$

上式中 S_c 为社团划分数，n_c 为关联复杂网络中总边数，M_c^E 为 G_c 的邻接矩阵。当 v_{ci} 和 v_{cj} 处于同一社团时，函数 $\vartheta(v_{ci}, v_{cj})$ 取值为1，否则为0。由式（4－3）推导可知，F_S 取值范围为［0，1］，其中0值对应随机网络。F_S 越接近1，则代表该社团划分结果精准度越高，而后依照产生最大 F_S 值的 S_c，运用GN算法挖掘便可得到最优网络社团划分结果。

需要指出的是，利用GN算法硬性聚类划分社团时，常会出现部分节点同时属于多个社团的情况，为此，本书进一步引入模糊均值聚类方法进行处理。基本步骤是标准化处理多隶属的节点，并建立其与相关节点的模糊相容关系，复合计算得到模糊等价关系，参照聚类水平完成最终节点社团归属划分。

4.2.2.4　中心边缘结构分析

为了更好地辨识产业全碳足迹关联复杂网络中产业节点的位置结构及地位，引入中心边缘类分析方法。该方法主要利用离散型或者连续型计算模型，借助产业节点在关联复杂网络中的位置计算节点的核心度，比较、辨识哪些产业节点是处于网络中心位置，哪些产业节点处于边缘位置。其中离散型计算模型主要适合计算二值型数据，连续型计算模型则适用计算已知给定距离数据的网络。

本书涉及的中国产业全碳足迹关联复杂网络中，节点间存在着明确的全碳足迹值，因此适用于连续型计算模型。具体计算过程描述如下：首先基于网络节点关系邻接矩阵 M_c^E，运用模型计算网络节点的核心度，而后依照核心度进行行列变换，划分中心区及边缘区。其中位于中心区元素应尽量为1，即保持中心区内元素1密度最大化，而边缘区元素尽量为0，维持边缘区内元素0的密度最大。

4.3　新旧常态中国产业全碳足迹关联复杂网络构建及比较

本节运用产业全碳足迹关联复杂网络基础模型，构建新旧常态下中国产业全碳足迹关联复杂网络。再分别从整体及典型年份角度，比较分析网络整体、节点地位、社团结构等网络基本特征。

4.3.1 新旧常态中国产业全碳足迹关联复杂网络构建

基于新旧常态中国产业全碳足迹基础数据库，借助构建的产业年度全碳足迹矩阵构建二分矩阵，利用 WT 法计算临界值提取各年份产业间强碳关联关系。表 4－1 显示了 2007 年及 2021 年各产业部门 WT 指标临界值。

表 4－1　　典型年份关联复杂网络 WT 指标临界值　　（10^6 吨 CO_2）

序号	2007 年	2021 年	序号	2007 年	2021 年	序号	2007 年	2021 年
D1	2.845	3.295	D10	10.083	13.641	D19	8.702	8.183
D2	3.016	3.664	D11	0.495	0.525	D20	1.548	2.755
D3	2.326	3.343	D12	1.060	1.190	D21	0.791	1.195
D4	1.052	1.151	D13	2.351	2.777	D22	27.892	31.346
D5	3.873	4.122	D14	4.572	4.573	D23	2.532	2.273
D6	2.014	3.330	D15	1.678	2.040	D24	1.275	1.403
D7	3.255	4.201	D16	2.558	3.174	D25	2.095	2.243
D8	1.151	2.105	D17	1.796	2.059	D26	4.294	4.529
D9	3.451	2.533	D18	1.325	1.626	D27	6.033	5.988

而后借助 Gephi 绘制出 1987—2021 年我国产业部门全碳足迹关联网络图，其中与投入产出表及其延长表相对应的典型年份图见图 4－2、图 4－3。

图中节点面积越大表示拥有的节点度值越大，在产业全碳足迹关联复杂网络中地位越重要；而通过节点边指向可以清晰辨明各产业碳足迹流动方向。综合以上各图可见，各年度中国产业部门全碳足迹关联复杂网络存在典型关联特征，且随着时间的变化呈现出动态变化过程。

4.3.2 新旧常态中国产业全碳足迹关联复杂网络整体特征分析

为了更加科学地分析 1987—2021 年中国产业全碳足迹关联复杂网络性质，结合拓扑图，进一步计算各年份关联复杂网络的网络平均路径长度 $\bar{D}_i$ 、平均聚集系数 $\bar{C}_i$ 和整体网络密度 $\bar{N}_i$ ，分析关联复杂网络整体特征，指标计算结果如表 4－2 和表 4－3 所示。

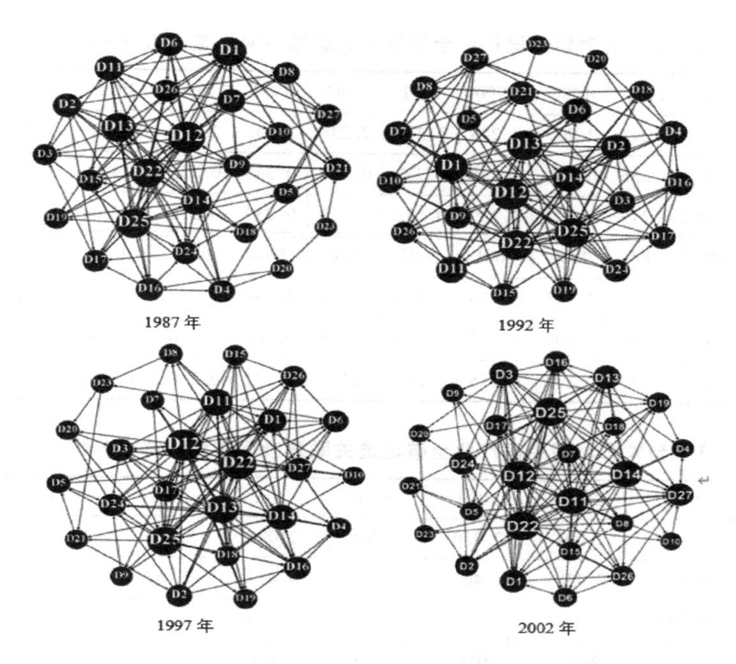

图 4－2　典型年份中国产业全碳足迹关联复杂网络拓扑图（1）

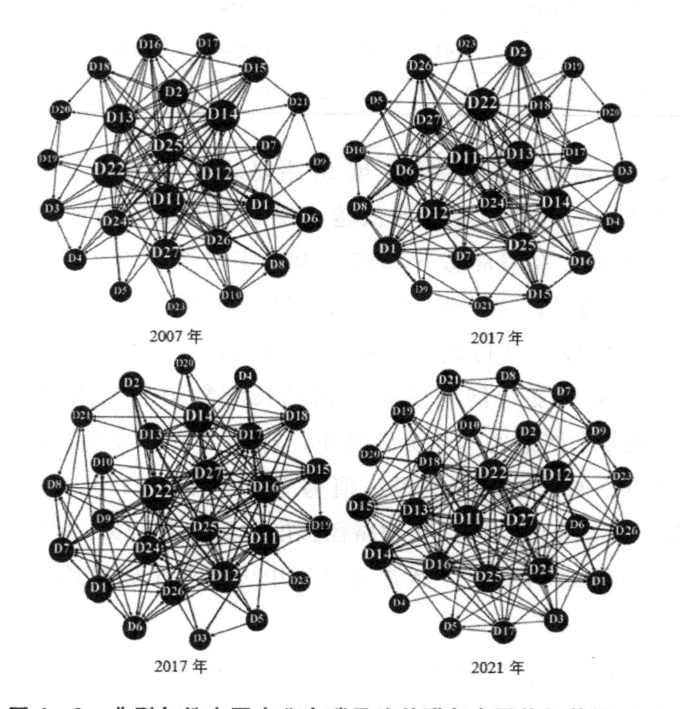

图 4－3　典型年份中国产业全碳足迹关联复杂网络拓扑图（2）

表 4－2　旧常态时期中国产业全碳足迹关联复杂网络整体特征分析

年份	1987	1988	1989	1990	1991	1992	1993	1994	1995	1996	1997
$\bar{D}_i$	2.245	2.248	2.247	2.246	2.241	2.238	2.237	2.236	2.232	2.251	2.457
$\bar{C}_i$	0.334	0.336	0.341	0.335	0.337	0.338	0.340	0.338	0.339	0.362	0.388
$\bar{N}_i$	0.218	0.219	0.222	0.229	0.232	0.236	0.239	0.232	0.251	0.242	0.235
年份	1998	1999	2000	2001	2002	2003	2004	2005	2006	2007	均值
$\bar{D}_i$	2.519	2.564	2.573	2.526	2.443	2.429	2.350	2.292	2.253	2.137	2.332
$\bar{C}_i$	0.387	0.389	0.390	0.412	0.441	0.455	0.462	0.470	0.468	0.455	0.387
$\bar{N}_i$	0.226	0.219	0.212	0.215	0.219	0.228	0.231	0.236	0.240	0.248	0.230

表 4－3　新常态时期中国产业全碳足迹关联复杂网络整体特征分析

年份	2008	2009	2010	2011	2012	2013	2014	2015
$\bar{D}_i$	2.152	2.294	2.330	2.211	2.094	2.166	2.175	2.204
$\bar{C}_i$	0.442	0.438	0.405	0.431	0.437	0.467	0.479	0.494
$\bar{N}_i$	0.250	0.252	0.255	0.261	0.266	0.273	0.275	0.282
年份	2016	2017	2018	2019	2020	2021	均值	
$\bar{D}_i$	2.159	2.047	2.034	2.031	2.028	2.023	2.139	
$\bar{C}_i$	0.455	0.423	0.413	0.411	0.408	0.406	0.436	
$\bar{N}_i$	0.283	0.285	0.289	0.291	0.296	0.299	0.276	

由定义 4.6 可知，平均路径长度 $\bar{D}_i$ 主要显示了全碳足迹在两个产业流动过程中所经历的产业数量，数值越小说明该关联复杂网络的通达性越好。表 4－2 显示，在旧常态下 1987—1995 年网络平均路径长度数值围绕 2.241 上下小幅波动；从 1996 年开始，网络平均路径长度数值开始较大幅度增长，上升趋势一直持续至 2000 年，较前一个时期增长了 12.81%；2001 年开始，关联复杂网络的平均路径长度数值年均下浮程度达到了 2.61%，关联复杂网络通达性明显提升。表 4－3 显示新常态时期网络平均路径长度数值不断波动，其中最高值为 2010 年的 2.330，最小值为 2021 年的 2.023，新常态时期网络平均路径长度均值为 2.139，为旧常态时期均值 91.72%，可见总体而言，新常态时期中国产业全碳足迹网络通达性优于旧常态时期。

由定义 4.9 可知，借助网络平均聚类系数 $\bar{C}_i$ 可以较好地衡量网络集团化程度，即反映网络节点间成团情况。旧常态下的平均聚集系数整体呈现上升趋势，由 1987 年的 0.334 增长至 2007 年的 0.455，年均增长率达到 1.47%。与同时期平均路径长度波动趋势相似，1987—1995 年网络平均聚类系数整体稳定，围绕着 0.338 微幅调整；1996 年开始出现明显增长，至 2005 年达到旧常态最高值 0.470，而后开始逐步下降。新常态时期，网络平均聚类系数呈现先减后增再减的趋势，其中 2008—2010 年为逐年递减趋势，由 2008 年的 0.442 下降至 2010 年的 0.405，自 2011 年迅速提升，至 2015 年达到新常态峰值的 0.494，而后又逐步下降至 2021 年的 0.406。总体而言，新常态时期网络平均聚类系数均值为 0.436，较旧常态时期均值增长了 12.66%，节点成团趋势较旧常态时期明显增强。

由定义 4.10 可知，借助关联复杂网络密度 $\bar{N}_i$ 可以很好地表征网络产业节点间的碳足迹关系，密度数值愈大，说明各产业间关系相对更为紧密。旧常态时期，1987—1993 年，关联复杂网络密度数值大体呈现微幅增长趋势，在 1994 年出现小幅下调后，1995 年达到旧常态时期峰值的 0.251，而后逐渐下降至 2000 年的 0.212，之后逐年小幅上升，2007 年达到 0.248。进入新常态后，关联复杂网络密度数值延续了前期的增长势头，由 2008 年的 0.250 增长至 2021 年的 0.299，年增长幅度达到了 1.53%。新常态时期关联复杂网络密度数值达到了 0.276，是旧常态时期均值的 1.2 倍，显示了新常态整体产业碳足迹关联关系比旧常态时期更为紧密，更利于发挥产业协同减排效应。

4.3.3　新旧常态中国产业全碳足迹关联复杂网络节点特征分析

在分析关联复杂网络整体特征基础上，进一步从两个方面对节点特征进行分析。一方面是利用节点度数中心性分析直接连接数，用于衡量节点网络重要性节；另一方面是借助介数中心性分析最短路径中的连通性，解析节点对外控制力。

4.3.3.1　节点重要性分析

鉴于产业全碳足迹关联复杂网络节点间为有向关系，为此依据节点度及节点中心性两个指标解析节点重要性。其中节点度主要依照节点出度及入度反映节点外向辐射力和内向吸收力，节点中心性则通过计算与节点连接的边数分析节点度数中心性值，拥有越高的数值说明该节点在网络中越重要。首先计算得到新旧常态下的入度 k_{ci}^{2}、出度 k_{ci}^{1} 以及节点中心性 N_{ci}，

表4－4和表4－5显示了典型年份排名前5位的产业数值。

表4－4 旧常态时期典型年份产业全碳足迹网络节点重要性指标

年份	产业	k_{ci}^1	k_{ci}^2	N_{ci}	年份	产业	k_{ci}^1	k_{ci}^2	N_{ci}	年份	产业	k_{ci}^1	k_{ci}^2	N_{ci}
1987	D12	15	11	69.231	1990	D12	15	11	69.231	1992	D12	17	11	73.077
	D25	13	10	65.385		D25	13	10	65.385		D13	17	7	67.548
	D22	16	5	57.692		D22	16	6	61.538		D25	13	11	67.548
	D1	8	13	57.692		D13	15	7	61.538		D22	17	6	65.385
	D13	14	6	53.846		D1	8	12	53.846		D1	5	15	53.846
1995	D12	18	10	73.077	1997	D12	19	9	73.077	2000	D12	20	8	73.077
	D22	19	6	68.126		D22	19	7	69.231		D22	20	7	71.534
	D25	13	11	67.548		D25	13	11	67.548		D13	19	5	67.548
	D13	17	7	67.548		D13	18	6	67.548		D25	13	10	65.385
	D14	13	7	53.846		D11	15	4	51.465		D11	15	4	51.465
2002	D12	18	10	73.077	2005	D22	22	7	77.462	2007	D22	22	7	111.538
	D22	20	7	71.534		D12	18	10	73.077		D12	15	12	103.846
	D25	14	10	67.548		D25	17	10	71.534		D14	18	7	96.154
	D14	15	8	65.385		D11	21	4	68.326		D11	19	5	92.308
	D11	19	3	61.538		D14	15	8	65.385		D25	11	12	88.462

表4－5 新常态时期典型年份产业全碳足迹网络节点重要性指标

年份	产业	k_{ci}^1	k_{ci}^2	N_{ci}	年份	产业	k_{ci}^1	k_{ci}^2	N_{ci}	年份	产业	k_{ci}^1	k_{ci}^2	N_{ci}
2010	D22	20	7	71.534	2012	D22	23	7	80.368	2015	D22	26	4	80.368
	D11	20	5	68.326		D12	18	8	69.231		D12	24	6	80.368
	D12	14	11	68.326		D11	17	8	68.326		D27	9	20	77.462
	D14	17	6	65.385		D14	16	8	67.548		D13	20	9	77.462
	D25	10	12	61.538		D27	6	18	67.548		D16	6	17	65.385
2017	D22	19	10	77.462	2021	D12	20	10	115.385					
	D27	9	18	71.534		D11	24	6	115.385					
	D12	20	6	69.231		D22	24	5	111.538					
	D11	21	5	69.231		D27	9	20	111.538					
	D14	11	11	61.538		D16	6	18	92.308					

表4－4、表4－5显示，新旧常态时期中国产业全碳足迹关联复杂网络节点中心性数值总体处于动态调整过程。鉴于经济变化周期性，相近年

份前5位的产业总体相同，只是排名出现了一定调整。具体而言，旧常态时期节点中心性数值有三个产业始终位于前5名，分别为化学工业（D12）、电热力生产及供应业（D22）和交通运输仓储和邮电通信业（D25）。旧常态初期（1987—1992年），鉴于经济尚处于从计划经济向市场经济转变过程中，农林牧渔业（D1）一直排名在前5位，在整体关联复杂网络中处于相对重要的位置；1995—2007年，随着工业化进程的不断深入，农林牧渔业（D1）地位逐渐下降跌出前5位，而炼焦煤气及石油加工业（D11）和金属冶炼及压延加工业（D14）因其重要性从2002年起进入前5位。非金属矿物制品业（D13）则在2002年之前一直处于影响力前5位，之后位置被金属冶炼及压延加工业（D14）替代。

新常态时期，节点中心性值始终处于前5名的产业为电热力生产及供应业（D22）和化学工业（D12）。炼焦煤气及石油加工业（D11）、非金属矿物制品业（D13）、金属冶炼及压延加工业（D14）、通用专业设备制造业（D16）、交通运输仓储和邮电通信业（D25）等产业则相继出现在前5位。相较旧常态时期化学工业（D12）节点中心度一直排名第一的情况，新常态时期电热力生产及供应业（D22）拥有了网络节点数中心值最高值，一定程度上表明，新常态时期中国生物化工行业整顿及生态文明建设取得了一定成效。与此同时，随着新常态时期第三产业的不断发展，其他服务业（D27）也于2012年进入节点中心度前5位，节点中心性日益凸显。

4.3.3.2 介数中心性分析

通过Ucinet软件，分别计算新旧常态典型年份中国产业全碳足迹网络节点介数中心性 B_{ci}，计算得到表4-6及表4-7。

表4-6 旧常态时期典型年份产业全碳足迹网络节点介数中心性

年份	产业	B_{ci}	年份	产业	B_{ci}	年份	产业	B_{ci}
1987	D12	23.112	1990	D12	22.963	1992	D12	21.928
	D25	20.905		D25	18.092		D25	17.706
	D1	13.048		D16	11.032		D16	10.204
	D16	9.78		D4	8.284		D1	6.441
	D4	5.388		D1	8.052		D17	5.717

续表

年份	产业	B_{ci}	年份	产业	B_{ci}	年份	产业	B_{ci}
1995	D12	19.824	1997	D12	18.264	2000	D3	33.759
	D4	13.614		D4	14.892		D27	21.727
	D14	13.405		D25	13.593		D14	16.321
	D25	11.485		D3	13.001		D12	15.944
	D16	8.116		D14	9.983		D25	13.376
2002	D3	27.293	2005	D3	23.812	2007	D3	15.076
	D12	21.720		D27	15.681		D22	14.860
	D27	16.343		D12	14.460		D12	13.119
	D14	16.117		D14	14.204		D25	9.507
	D25	13.089		D25	11.533		D27	7.947

表 4－7　新常态时期典型年份产业全碳足迹网络节点介数中心性

年份	产业	B_{ci}	年份	产业	B_{ci}	年份	产业	B_{ci}
2010	D3	19.356	2012	D27	19.156	2015	D27	33.855
	D12	16.142		D11	14.296		D12	29.715
	D22	15.513		D12	11.402		D13	13.312
	D20	11.000		D16	10.984		D11	12.656
	D25	9.715		D25	10.356		D25	10.024
2017	D27	25.088	2021	D27	27.711			
	D12	20.283		D12	20.301			
	D14	12.21		D14	12.143			
	D13	9.297		D16	9.847			
	D25	7.279		D13	6.978			

表 4－6、表 4－7 显示，新旧常态典型年份介数中心性排名前 5 位的产业不断在发生变化，仅有化学工业（D12）一个产业稳位居前 5 位；交通运输仓储和邮电通信业（D25）则在旧常态时期一直位居前 5 位，这两个产业在整个旧常态时期对其他产业全碳足迹均展示了较强的中介作用。农林牧渔业（D1）的介数中心性数值则呈现不断减少趋势，相关趋势与该产业节点重要性变化基本相同。通用专业设备制造业（D16）、金属矿采选业（D4）也是在 1995 年之前出现在前 5 位，之后对其他节点控制性不断下降。金属冶炼及压延加工业（D14）则是在 1995 年之后进入前 5 位。随

着经济的发展，国家对石油及天然气需求迅速增长，石油和天然气开采业（D3）度数中心性在1997年上升至第4位后，2000—2007年一直位居第1位，显示该产业在相关时期拥有了最强的全碳足迹网络控制力。

新常态时期，除2010年之外，其他服务业（D27）介数中心性一直排名第1，与相应时期全国服务业比重在产业结果中明显上升趋势相关。石油和天然气开采业（D3）则在2010年之后跌出前5位，化学工业（D12）在整个新常态时期均位居前5位，维持了旧常态时期的强势。非金属矿物制品业（D13）及金属冶炼及压延加工业（D14）则分别在2015年及2017年进入前5位。交通运输仓储和邮电通信业（D25）则除了2021年未进入前5位之外，其他年份均为第5位，显示了一定的控制力。

总体而言，新旧常态中国产业全碳足迹关联复杂网络节点的介数中心性变化较大，受国家经济发展阶段和政策影响较深。旧常态时期化学工业（D12）和石油和天然气开采业（D3），新常态时期其他服务业（D27）和化学工业（D12）对网络其他节点控制力较强。为此，在制定产业碳减排工作时期，要重点考虑处于典型中介地位的产业部门，并结合经济发展趋势预测关键中介产业。

4.3.4　典型年份中国产业全碳足迹关联复杂网络对比分析

选取2007年及2021年分别作为旧常态及新常态代表年份，对比分析新旧常态中国产业全碳足迹基本情况。

4.3.4.1　网络整体特征比较

首先利用Ucinet6.2软件，结合两个关联复杂网络27个产业的全碳足迹流动矩阵 C_1 和 C_2 进行计算，得到节点度数，再借助Eviews9.5软件验证节点度数对数形式的概率分布。一元线性回归后得到2007年和2021年模型的幂律标度指数 ε_{ci} 分别为 -1.191 和 -1.182，参数值均通过显著性检测，表明两个关联复杂网络节点度分布均符合幂律分布形式，具备典型无标度特性。继而计算得两个关联复杂网络的特征路径长度 D_c 分别为2.193及2.001，说明任意两个节点平均仅需要2步即可到达，且2021年网络平均路径相较明显缩短。计算路径得到两个关联复杂网络簇系数 γ_c 分别为0.448和0.498，均显示了较强的节点集聚度。数值相对较小的 D_c 和相对较大的 γ_c 说明两个关联复杂网络均属于小世界网络及成熟关联复杂网络，整体结构合理。

4.3.4.2 网络节点特征比较

在此基础上，计算关联复杂网络节点度 K_{ci} 、节点中心性 N_{ci} 及介数中心性 B_{ci} ，得到表4-8。

表4-8 关联复杂网络节点地位

序号	2007年					2021年				
	k_{ci}^1	k_{ci}^2	K_{ci}	N_{ci}	B_{ci}	k_{ci}^1	k_{ci}^2	K_{ci}	N_{ci}	B_{ci}
D1	10	7	17	65.385	2.616	5	8	13	50.000	2.045
D2	13	3	16	61.538	5.269	12	4	16	61.538	1.100
D3	6	2	8	30.769	4.754	9	2	11	42.308	2.398
D4	3	3	6	23.077	0.183	3	3	6	23.077	0.000
D5	1	2	3	11.538	0.158	4	3	7	26.923	0.060
D6	5	9	14	53.846	0.699	6	6	12	46.154	0.876
D7	3	6	9	34.615	0.546	4	7	11	42.308	1.074
D8	6	4	10	38.462	0.916	4	5	9	34.615	0.233
D9	1	2	3	11.538	0.112	5	6	11	42.308	1.210
D10	6	1	7	26.923	0.000	4	5	9	34.615	1.104
D11	19	5	24	92.308	13.276	24	6	30	115.385	13.493
D12	15	12	27	103.846	14.142	20	10	30	115.385	20.568
D13	15	6	21	80.769	7.523	13	9	22	84.615	7.013
D14	18	7	25	96.154	7.468	12	11	23	88.462	12.102
D15	4	8	12	46.154	1.108	7	10	17	65.385	4.144
D16	3	9	12	46.154	3.654	6	18	24	92.308	8.871
D17	0	7	7	26.923	0.000	2	10	12	46.154	0.103
D18	1	7	8	30.769	1.264	1	10	11	42.308	0.000
D19	1	3	4	15.385	0.395	3	7	10	38.462	2.109
D20	1	3	4	15.385	0.121	3	3	6	23.077	0.231
D21	0	5	5	19.231	0.000	2	10	12	46.154	2.158
D22	22	7	29	111.538	18.142	24	5	29	111.538	11.243
D23	2	1	3	11.538	0.599	3	3	6	23.077	0.095
D24	2	13	15	57.692	1.947	2	15	17	65.385	1.213
D25	11	12	23	88.462	9.422	16	6	22	84.615	10.083
D26	4	10	14	53.846	5.060	7	8	15	57.692	8.158
D27	7	14	21	80.769	7.853	9	20	29	111.538	28.930

表 4－8 显示，2007 年网络节点度 K_{ci} 数值大于 20 的产业有 7 个，这些产业直接控制了网络 71.88% 的全碳足迹流连接；2021 年网络共有 8 个产业节点度值大于 20，控制了网络 79.69% 的全碳足迹流连接，说明这些产业在网络中承担了重要转移功能，且 2018 年这些大数值节点度产业作用不断增加。进一步细分 K_{ci} 可见，2007 年关联复杂网络中节点出度值 k_{ci}^1 大于 10 的产业总共有 8 个。相较 2007 年，2021 年交通运输仓储和邮电通信业（D25）、化学工业（D12）、炼焦煤气及石油加工业（D11）出度值有较明显提升，显示新常态以来这些产业碳足迹对外辐射能力明显增强，而金属冶炼及压延加工业（D14）、农林牧渔业（D1）的出度值则明显减少，外向辐射能力有所减弱。在 2007 年及 2021 年关联复杂网络中，节点入度值 k_{ci}^2 大于 10 的产业分别有 5 个和 9 个，说明这些产业是最主要的全碳足迹流入目标。

节点中心性 N_{ci} 方面，2007 年网络节点 N_{ci} 均值为 49.288，共有 12 个产业节点 N_{ci} 大于均值。2021 年网络 N_{ci} 均值为 59.829，共有 11 个产业节点 N_{ci} 大于均值，较 2007 年显示了更为紧密的中心性。就介数中心性 B_{ci} 而言，2007 年网络 B_{ci} 大于 10 的产业有 3 个，3 个产业 B_{ci} 之和占据了全网节点 B_{ci} 之和的 42.86%。2021 年网络 B_{ci} 大于 10 的产业包括其他服务业（D27）、化学工业（D12）等 6 个产业，6 个产业 B_{ci} 之和占据了全网节点 B_{ci} 之和的 68.57%。需要特别指出的是，电热气生产及供应业（D22）、化学工业（D12）、炼焦煤气及石油加工业（D11）三个产业 K_{ci} 及 N_{ci} 值一直位居前 5 位，在 2007 年及 2021 年网络中分别参与了 40.08% 和 46.69% 的连接，且 B_{ci} 数值一直大于 10，对其他产业节点展现了强大控制力。此外，其他服务业（D27）、交通运输仓储和邮电通信业（D25）及批发及零售贸易餐饮业（D26）三个产业 2021 年 B_{ci} 数值较 2007 年明显增加，客观说明进入新常态后，中国第三产业发展非常迅速，影响力也大幅提升。

4.3.4.3　网络社团结构比较

根据公式计算网络可达性及等级度，发现 2007 年及 2018 年两个关联复杂网络 A_c 值均为 1，显示了网络节点不存在冗余联系，通达性良好；两个网络的 H_c 值分别为 0.862 和 0.897，均大幅超过了 0.5 的临界值，表明网络产业节点全碳足迹流动存在非常显著的梯度传递效应，具有严格的等级制度。由上分析判断可知，在两个关联复杂网络中均蕴含着明显的社团结构。

基于判断结果，利用公式（4－3）得到模块化评定函数 F_S 值随划分社团划分数 S_c 的变化情况。当 S_c 取值为4时，2007年及2021年关联复杂网络 F_S 值均达到最大，分别为0.498和0.487，因此将两个网络划分为4个社团作为最优选择。图4－4和图4－5分别反映了两年网络模块化评定函数值变化情况。

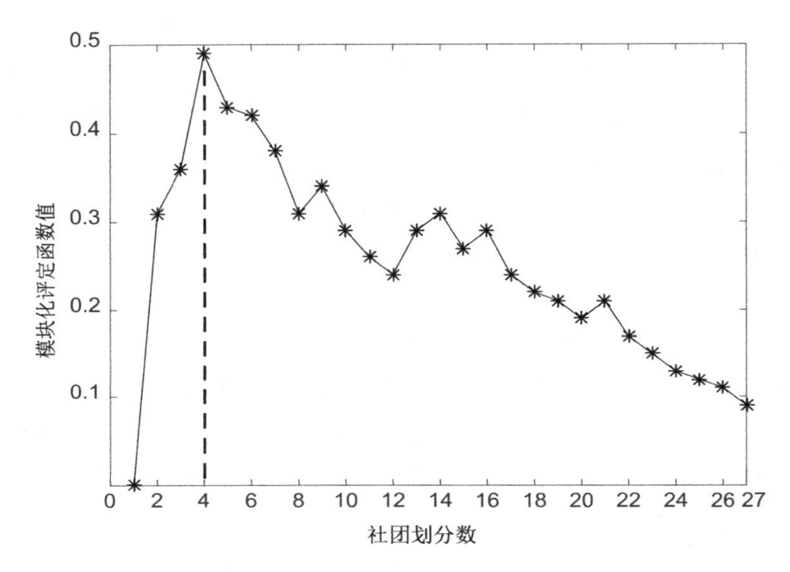

图4－4　2007年网络模块化评定函数值随社团数变化图

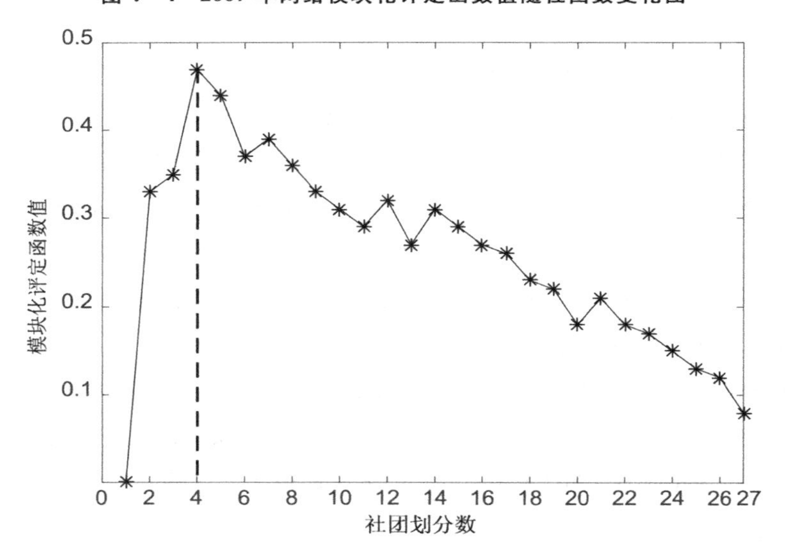

图4－5　2021年网络模块化评定函数值随社团数变化图

继而采用 CONCOR 迭代相关收敛法进行社团划分，首先计算系数矩阵的行列系数，得到二级系数矩阵，再基于二级系数矩阵迭代得到三级系数矩阵，并以此类推，最终获得仅包含 1 及 -1 数值的相关系数矩阵，用以表征结构对等性一种可能测度。而后将 1 及 -1 分类重新排列，依据结果进行分区，按照分区结果整理得到各个社团内外部的全碳足迹关联关系。为了更好地分析社团属性，除考虑社团节点直接的溢出及接受关系数量外，进一步定义内部期望关系指数 IN_i 及实际关系指数 IA_i。其中 $IN_i = (k_{si}-1)/(k_3-1)$，$k_{si}$ 为当前社团内产业节点数目；IA_i 则定义为社团内部接受关系数除以社团溢出关系数之商。当 IA_i 值大于 IN_i 时，说明该社团接受关系大于预期，可归为全碳足迹接受性社团，反之则为全碳足迹溢出性社团。计算结果见表 4-9 及表 4-10。

表 4-9　2007 年关联复杂网络社团内外部全碳足迹关联关系

社团代码	溢出关系		接受关系		IN_i	IA_i	k_{si}
	社团内	社团外	社团内	社团外			
社团 1	6	6	6	49	0.269	0.500	8
社团 2	26	98	19	38	0.346	0.142	10
社团 3	15	20	17	33	0.192	0.486	6
社团 4	1	8	1	3	0.077	0.111	3

表 4-10　2021 年关联复杂网络社团内外部全碳足迹关联关系

社团代码	溢出关系		接受关系		IN_i	IA_i	k_{si}
	社团内	社团外	社团内	社团外			
社团 1	10	9	12	64	0.269	0.632	8
社团 2	27	113	23	38	0.346	0.164	10
社团 3	10	26	12	41	0.154	0.333	5
社团 4	6	8	9	12	0.115	0.643	4

由表 4-9 可见，2007 年中国产业全碳足迹关联复杂网络主要包括 346 个关联关系，其中 4 个社团内部囊括 91 个关联关系，社团外部关联关系为 255 个。社团 1 内部实际关系指数（0.500）大于内部期望关系指数

(0.269)，社团外接受关系达到49个，内外溢出关系总数仅为12个，因此将其定义为接受性社团（A1）。A1型社团节点的外向溢出关系较少，而接受其他社团全碳足迹联系相对较多，说明该社团产业对于其他社团产业拥有较强的全碳足迹吸收拉动能力。社团2内部实际关系指数（0.142）小于内部期望关系指数（0.346），社团外向溢出关系高达98个，达到社团所有的57个接受关系的171.93%，因此将其定义为溢出性社团（A2）。A2型社团成员节点对其他社团节点的外向辐射联系很多而接受较少，对其他产业产生了较强的全碳足迹外向溢出推动作用。社团3内部实际关系指数（0.486）大于内部期望关系指数（0.192），社团溢出关系总数（35个）及接受关系总数（50个）相对较大且差距较小，为此将其定义为双向性社团（A3）。A3型社团成员节点的内外向联系均较多，但外向溢出关系较接受关系为少，说明该社团产业对其他社团产业的全碳足迹吸收拉动作用大于溢出推动作用。社团4内部实际关系指数（0.111）大于内部期望关系指数（0.077），社团内部关系较为松散，而与其他社团关系则较为紧密，说明该社团成员在全碳足迹网络中主要发挥了桥梁中介作用，因此将其定义为中介性社团（A4）。

表4-10显示，2021年中国产业全碳足迹关联复杂网络主要包括420个关联关系，其中4个社团内部包括109个关联关系，社团外部关联关系总数为311个，相较2007年网络均有所增加，产业间展示了更为密切的全碳足迹关联关系。社团1内部实际关系指数（0.632）大于内部期望关系指数（0.269），且社团外接受关系达到64个，远大于溢出关系总数，因此将其归为接受性社团（A1）。社团2内部实际关系指数（0.164）小于内部期望关系指数（0.346），社团外向溢出关系高达113个，为该社团所有接受关系的182.26%，因此将其归为溢出性社团（A2）。社团3内部实际关系指数（0.333）大于内部期望关系指数（0.154），社团溢出关系总数（36个）及接受关系总数（53个）相对较大且差距较小，为此将其归为双向性社团（A3）。社团4内部实际关系指数（0.643）大于内部期望关系指数（0.115），社团内部关系较外部关系相对较少，因此将其归为中介性社团（A4）。

在此基础上，将2007年及2021年中国产业全碳足迹关联复杂网络最优社团结构汇总，得到表4-11。

表4-11 中国产业全碳足迹关联复杂网络最优社团结构

类型	2007年	2021年
A1	D15、D16、D17、D18、D19、D20、D21、D24	D15、D16、D17、D18、D19、D20、D21、D24
A2	D2、D3、D4、D5、D11、D12、D13、D14、D22、D25	D2、D3、D4、D5、D11、D12、D13、D14、D22、D25
A3	D1、D6、D7、D8、D26、D27	D1、D6、D9、D26、D27
A4	D9、D10、D23	D7、D8、D10、D23

为了进一步归纳社团节点特征，本书结合碳足迹强度进行比较分析，其中直接和间接碳足迹高低判别标准为0.5吨CO_2/万元，全碳足迹高于1.5吨CO_2/万元为高强度，1.0吨CO_2/万元至1.5吨CO_2/万元为较高强度，低于1.0吨CO_2/万元为低碳强度。由表4-11可见，A1社团中包括了金属制品业（D15）、通用专业设备制造业（D16）等8个产业，这些产业直接碳足迹强度均低于0.5吨CO_2/万元，而拥有高强度间接碳足迹和较高强度的全碳足迹。2007年及2021年该社团外接受关系占社团总关系数量比重分别达到了73.13%和65.35%，展现了显著的接受性特征，其中2021年比重有所下降，说明此时社团受外部碳足迹影响程度有所降低。A2社团中主要包括电热气生产及供应业（D22）、交通运输仓储和邮电通信业（D25）等10个产业，这些产业均拥有高强度的全碳足迹、直接碳足迹和间接碳足迹。该社团2007年及2018年社团外溢出关系占总关系比重分别为54.14%和57.45%，社团外溢出效应明显。在两个关联复杂网络社团中，纺织业（D7）、纺织服装鞋帽皮革羽绒及制品业（D8）由2007年的A3社团调整至2021年的A4社团；木材加工及家具制造业（D9）变化则正好相反。2021年关联复杂网络的A3社团主要包括农林牧渔业（D1）、批发及零售贸易餐饮业（D26）、其他服务业（D27）等产业，这些产业全碳足迹、直接和间接碳足迹强度均较低，为典型的低碳排放产业。

4.3.4.4 中心边缘结构分析

基于Ucinet6.2采用连续型计算模型分析中国产业全碳足迹关联复杂网络，得到网络各节点的Blocked二值化邻接矩阵。而后计算得到

2007 年及 2021 年两个关联复杂网络的中心区节点及边缘区节点，见表 4－12。

表 4－12　关联复杂网络中心区及边缘区节点

	2007 年	2021 年
中心区节点	D2、D11、D12、D13、D22、D24、D25、D27	D11、D12、D22、D24、D25、D27
边缘区节点	D1、D3、D4、D5、D6、D7、D8、D9、D10、D14、D15、D16、D17、D18、D19、D20、D21、D23、D26	D1、D2、D3、D4、D5、D6、D7、D8、D9、D10、D13、D14、D15、D16、D17、D18、D19、D20、D21、D23、D26

表 4－12 显示，2007 年中心区主要包括煤炭开采和洗选业（D2）、化学工业（D12）等 8 个产业节点，2021 年中心区则包括炼焦煤气及石油加工业（D11）、化学工业（D12）等 6 个产业节点，相较 2007 年，煤炭开采和洗选业（D2）和非金属矿物制品业（D13）两个节点转变为边缘区节点。除以上节点外，2007 年边缘区节点主要包括农林牧渔业（D1）、金属矿采选业（D4）等 19 个产业节点，2021 年则包括了水生产及供应业（D23）、批发及零售贸易餐饮业（D27）等 21 个产业节点。进一步分析 2007 年及 2021 年的密度矩阵，见表 4－13。

表 4－13　中心区及边缘区的密度矩阵

2007 年	中心区	边缘区	2021 年	中心区	边缘区
中心区	0.375	0.094	中心区	0.388	0.076
边缘区	0.040	0.067	边缘区	0.053	0.042

表 4－13 显示，2007 年及 2021 年中心区之间的密度系数分别达到了 0.375 和 0.388，远高于其他密度系数，说明中心区内部节点联系最为紧密。密度排名第二的是中心区对边缘区密度，展示了中心区对边缘区保持了较高的辐射度，其中 2021 年该密度系数为 0.076，较 2007 年的 0.094 下降较为明显，辐射度也有所减弱。边缘区之间以及边缘区对于中心区的密度系数则相对较小，说明边缘区内部产业联系比较松散，边缘区对于中心区的辐射能力也较弱。

4.4　本章小结

经典系统论观点认为“结构关系决定行为准则”，因此清晰了解中国产业碳排放关联复杂网络成为提升产业节能减排效率的关键。本章借助 WI 指数构建新旧常态中国产业全碳足迹关联复杂网络，再从整体、节点及社团三个角度梳理网络关联关系、提炼网络结构特征、解析网络关联效应。通过 2007 年及 2021 年中国产业全碳足迹关联复杂网络全面对比，可以得到以下结论。

第一，网络整体特征方面，新旧常态中国产业全碳足迹关联复杂网络具备显著的无标度和小世界效应特征，网络蕴含的关联关系由 2007 年的 346 个增长至 2021 的 420 个，产业间全碳足迹联系日趋紧密。

第二，节点地位方面，出度值较大的产业由 2007 年的 8 个减少至 2021 年的 7 个，入度值较大的产业则由 5 个增长到 9 个，且包含产业均发生了较大变化；2021 年大数值网络节点度产业数目由 2007 年 7 个微幅增长到 8 个；介数中心性大于 10 的产业由 2007 年的 3 个增长至 2021 年的 6 个，2021 年核心及关键产业展现了更强的控制影响力。就节点中心性均值而言，2021 年网络较 2007 年增长了 21.39%，展示了更为紧密的中心性。

第三，社团结构方面，2007 年及 2021 年最优社团数均为 4 个，按社团内外向关联关系性质分别归为接受性社团、溢出性社团、双向性社团和中介性社团。比较可见，虽然新旧常态中国产业全碳足迹网络最优社团关联关系发生了一定变化，但社团结构总体稳定，未发生根本性改变。此外，各社团所包含的节点产业在直接、间接及全碳足迹强度方面均有一定相似性。

第四，中心边缘结构方面，2007 年中心区节点共有 8 个，2021 年该区节点数降为 6 个，两者相似程度为 75%；相应的边缘区节点数由 2007 年的 19 个增长到 2021 年的 21 个，相似程度达到 90.476%。

总体而言，较旧常态而言，新常态中国产业全碳足迹关联复杂网络节点的联系更为紧密，核心关键产业控制影响力更强，社团结构则总体保持稳定，中心边缘结构出现了微幅调整。基于关联复杂网络视角研究产业全碳足迹，不仅从中观视角解析了产业全碳足迹产生及经济稳定性，从关联结构角度量化了产业间全碳足迹波动相互影响程度，解析了单一产业在全碳足迹关联复杂网络中的作用及地位；还从宏观角度对国家及各省市制定合理的碳减排政策，对减少产业碳足迹、增加产业稳定性，具有重要的实际意义。

第 5 章　新旧常态中国产业碳足迹影响因素分解

本章基于新旧常态中国产业碳足迹关联波及效应及复杂网络分析，进一步辨析影响新旧常态中国产业碳足迹的因素。首先系统对比主流指数分解模型和结构分解模型各自的优缺点，创建产业碳足迹影响因素分解SDLM 模型，再利用该模型分解新旧常态中国单个及整体产业碳足迹影响因素及其影响度。进而对比分析各种关键因素对新旧常态中国各产业碳足迹的影响程度，以求为结合各关键影响因素的减排路径分析夯实研究基础。

5.1　传统碳排放影响因素分解模型研究

分解模型是从中微观角度研究影响产业碳排放因素及其驱动效应的有效工具。该类模型运用比较静态分析原理，依照研究对象碳排放变动情况分解关键影响因素，追溯碳排放变动源泉，分析关键因素影响程度。依照分解技术划分，相关模型一般可以分为指数分解模型（Index Decomposition Aanlysis，IDA）和结构分解模型（Structure Decomposition Aanlysis，SDA）两大类[59]。

5.1.1　IDA 模型

IDA 基本原理利用 t 时间的序列数据，将研究对象 T^t_{IDA} 分解为 n 个影响因素 X^t_{ni} 组合形式，通过分别对每个因素设置偏微分方程，根据设置函数判断因素影响程度及重要性，如式（5－1）。

$$T_{IDA}^{t}=\sum_{i}X_{1i}^{t}X_{2i}^{t}\cdots X_{ni}^{t} \qquad （式 5－1）$$

其中 i 代表产业，而后取对数、求导并进行定积分计算得出式（5－2），w_i 为权重函数。

$$\ln(T_{IDA}^{t}/T_{IDA}^{0})=\int_{0}^{t}\sum_{i}w_{i}(dX_{1i}^{t}/dt+dX_{2i}^{t}/dt\cdots+dX_{ni}^{t}/dt)dt \qquad （式 5－2）$$

IDA 模型包括多种算法，并可进一步分为拉氏分解法和迪氏分解法两种。为了更好地描述算法，首先假设基期到目标期碳排放变化量为 $\Delta C_{IDA}=C_{IDA}^{t}-C_{IDA}^{0}$，并将其分解为 n 个因素 X_{ni}^{t} 影响度数值之和，即 $\Delta C_{IDA}=X_{1i}^{t}+X_{2i}^{t}+\cdots+X_{ni}^{t}+X_{si}^{t}$；基期到目标期碳排放变化率为 $\Delta R_{IDA}=C_{IDA}^{t}/C_{IDA}^{0}$，并可分解为 n 个因素 R_{ni}^{t} 影响比率之积，即 $\Delta R_{IDA}=R_{1i}^{t}R_{2i}^{t}\cdots R_{ni}^{t}R_{si}^{t}$。其中 X_{si}^{t} 及 R_{si}^{t} 分为加法及乘法形式的指数分解余项。在此基础上，下文分别描述拉氏及迪氏 IDA 模型主流模型形式及相关优缺点。

5.1.1.1 拉氏分解法主流模型

拉氏分解法最早形式为基于 Laspeyres 经典统计指数的 LD（Laspeyres Decomposition）算法。就第 k 影响因素而言，设置其加法一般化分解形式为 $\Delta C_{IDA}^{k}=\sum_{i}X_{1i}^{0}\cdots(X_{ki}^{t}-X_{ki}^{0})\cdots X_{ni}^{0}$，乘法分解形式为 $\Delta R_{IDA}^{k}=\sum_{i}X_{1i}^{0}\cdots X_{ki}^{t}\cdots X_{ni}^{t}/\sum_{i}X_{1i}^{0}\cdots X_{ki}^{0}\cdots X_{ni}^{0}$。

该模型原理简单，较好分析单个元素的影响作用。但由于每次仅对一个因素进行分析，忽略了两个或多个因素的协同影响，出现了结余项问题。为了改进 LD 模型，学界设计了 RLD 模型（Restircing Laspeyres Decomposition）[59]，该模型将 LD 中忽略的结余项等额分配至各因素，但无法有效应对较多数量的因素。为此，学者基于成本分配 Shapley 模型，利用各因素贡献加权测算碳排放影响效应[59]，该模型改进了 RLD 模型对结余项的等额分布，但主观性仍较大。为此，学界借助几何平均 Laspeyres 和 Paasche 指数，提出了广义费雪指数模型（Generalized Fisher Index，GFI）[60]，基本乘法估计式见公式（5－3）。

$$\Delta R_{IDA}^{k}=\prod_{X_{ki}\in E}[C_{IDA}(E)/C_{IDA}(E\setminus\{X_{ki}\})]^{(s-1)!(n-1)!/n!} \qquad （式 5－3）$$

5.1.1.2 迪氏分解法主流模型

该模型最早的形式是基于算数平均权重函数的迪氏分解模型（Arithmetic Mean Divisia Index，AMDI）[60]，通过微分积分有效计算了动态分解因素影响效应，但在对数赋值时无法有效处理出现的零值。为此学者设计适应性加权迪氏AMD模型以及LMDIⅡ模型，以求解决对数赋值中存在的零值限制问题[61]，但两个模型仍存在指标不能直接加总的问题。学界引入了加总一致性分析，设计LMDIⅠ（Log Mean Divisia Method I）模型，研究两阶段目标值的变动因素效应，加法及乘法一般化分解公式分见式（5-4）和式（5-5）：

$$\Delta C_{IDA}^{k} = \sum_{i} L(C_{IDA}^{i0}, C_{IDA}^{it}) \ln(X_{ki}^{t}/X_{ki}^{0}) \quad \text{（式5-4）}$$

$$\Delta R_{IDA}^{k} = \exp\{ \sum_{i} [L(C_{IDA}^{i0}, C_{IDA}^{it})/L(C_{IDA}^{0}, C_{IDA}^{t})] \ln(X_{ki}^{t}/X_{ki}^{0}) \} \quad \text{（式5-5）}$$

5.1.1.3　IDA主流模型比较分析

为了更好地选择模型，结合上文描述，设计表5-1对IDA主流模型技术特征进行比较分析。

表5-1　IDA主流模型技术特征

分解模型	分解形式	分解程度	运算复杂度	零值处理	负值处理
LD	加法乘法	非完全	较复杂	有效	有效
RLD	加法	完全	较复杂	有效	有效
Shapley	加法	完全	较复杂	有效	有效
GFI	乘法	完全	较复杂	有效	有效
AMDI	加法乘法	非完全	较简单	无效	无效
AMD	加法	非完全	复杂	无效	无效
LMDIⅡ	加法乘法	完全	较复杂	有效	无效
LMDIⅠ	加法乘法	完全	简单	有效	有效

由表5-1可知，各种算法分解形式均有所不同。LD、AMDI、LMDIⅡ和LMDIⅠ模型同时拥有加法和乘法两种形式，其中后三种模型加法和乘法形式还具备相互转换性。在模型计算过程中，依据分解因素所产生的余项大小可以判断分解程度，LD、AMDI和AMD模型计算过程仍存在余项，而其他五个模型则不存在余项，可达到完全分解程度。在运算复杂度方面，AMD模型计算最为复杂，LD、RLD、Shapley及GFI模型在处理3个以上因素时，分解计算非常复杂；LMDIⅡ较AMDI运算复杂，而LMDIⅠ通过规范化处理权重函数，大大降低了运算复杂度。针对分解过程中存在

的零值，只有 AMDI 及 AMD 模型无法有效进行处理；拉氏分解法四种主流模型及 LMDI Ⅰ 模型均可以有效处理出现的负值。综上所述，鉴于 LMDI Ⅰ 模型在分解因素过程中具有加总一致性，能以灵活多样的形式完全分解余项，计算最为简单，并可通过 AL 法处理零值及负值，是应对碳排放因素分解问题相对最有效的 IDA 模型。

5.1.2 SDA 模型

SDA 模型基于静态比较分析原理，运用两级或加权等分解法比较各变量对研究对象的影响程度[60]。SDA 模型自提出后便成为分析碳排放问题的主要模型之一，主要形式包括 KAYA 恒等式、环境库兹涅茨曲线（EKC）法等。其中 KAYA 恒等式建立了国民经济运行中的碳排放与人口、能源、消费与经济之间的关系。虽然 KAYA 与 EKC 形式在一定程度上能较为清晰地解析研究对象的碳排放影响因素，但仍存在数据基础量相对较小、计算模型相对简单等问题，因此公认相对有效模型为基于投入产出表的 IO - SDA 模型[61]。

为了有效说明 IO - SDA 模型基本原理，本书选择以产业碳排放量为对象展开分析。首先设置 $X_{SDA} = R(I - A)^{-1}y$，X_{SDA} 为产业碳排放量矩阵，设置研究期碳排放变化量表示为公式（5 - 6）。

$$\Delta X_{SDA} = X(t) - X(0) = R^tL^ty^t - R^0L^0y^0 \qquad (式 5-6)$$

5.2 产业碳足迹影响因素分解 SDLM 模型设计

由上分析可见，现有研究运用了多种方法分解产业碳排放影响因素，其中 IDA 模型中最为有效的为 LMDI Ⅰ 模型，该模型拥有交互项分解完全、运算相对简单、零负值处理有效、分解结果唯一等突出优点，但缺点在于其仅能处理产业产品直接需求变化，忽略了中间需求，无法有效描述产业间消耗结构变化对碳排放的影响。而 IO - SDA 模型通过与投入产出法的结合，有效地弥补了 LMDI Ⅰ 模型的缺陷。但运用 IO - SDA 模型研究碳排放影响因素时也存在以下几个缺陷，一是该模型基于矩阵形式运算，在进行多影响因素分析时，极易产生交互项分解不完全、因素权重可比性差等问题，导致针对同一研究对象而分解结果迥异的情况；二是模型运算基础数据为投入产出表，而由于该表编制间歇时间长达2—5年，导致数据时滞问题；三是SDA模型进行的研究多是基于竞争型投入产出表，未在中间投入及最终产出环节考虑进口品的碳排放，使得产业碳排放数据存在偏差。

鉴于LMDI Ⅰ及IO－SDA模型各自存在的优缺点，本书创建SDLM模型分解新旧常态下中国产业全碳足迹影响因素。SDLM模型思路为选择产业碳足迹为分解对象，基于IO－SDA模型投入产出原理，构造SD分模型推导产业碳足迹与影响因素的关系，再基于LMDI Ⅰ原理设计LM分模型步骤分解影响因素，利用第2章中DCE－WLS方法更新投入产出表，根据因素变动情况对比判断对产业碳足迹的影响程度。此外，现有针对碳排放影响因素的研究对于因素分解尚不够完全，尚未见考虑环境规制等方面的研究，且未见结合新旧常态的长时间段的有效研究，这些均是本章拟重点研究之处。

5.2.1 SD分模型

优化产业碳足迹实质是如何解决经济、资源和环境协调发展问题，为此先将传统竞争型投入产出表修正为综合型经济资源碳足迹投入产出表（ERC IOT），再利用DCE－WLS方法将其演化为非竞争型投入产出表，基于IO－SDA原理构建产业碳足迹影响因素分解SD分模型。

首先构建ERC IOT。该表以实物单位计量各产业资源消耗及碳足迹，并将其附加于非竞争型投入产出表下方，以此全面反馈产业经济、资源和碳足迹三个子系统间的内在流量，该表形式见表5－2。

表5－2　ERC投入产出表

投入 ＼ 产出		中间需求	最终需求	总产出
		1,2,...,n		
中间投入	1,2,...,n	X_{ij}	Y_i	X_i
最初投入		N_j		
总投入		X_j		
资源消耗	1,2,...,m	$e_{ij}^{P}S_{ij}'$	$e_i^{Y}\bar{S}_i'$	e_iS_i
碳足迹	1,2,...,k	$R_{ij}^{P}C_j^{1}$	$R_i^{Y}C_j^{2}$	R_iC_j

为了实现各子系统的有机衔接，依照27个产业类型统一应用于经济流量表、资源消耗表及产业碳足迹排放表，此时经济流量表中的总产出项成为其他三个子系统的计算基础。其中 S'_{ij} 为 j 产业在生产过程中消耗的第 i 类资源总量；$\overline{S'}_i$ 为第 i 类资源在最终需求领域发生的消耗量；S_i 为流入经济系统的第 i 类资源消耗总量。C_j^1 为 j 产业在当期生产过程中的碳足迹，C_j^2 为需求领域产生的碳足迹，C_j 为碳足迹总量。依据投入产出表（IOT）中直接消耗系数经济意义，类推得到资源直接消耗系数 $s''_{ij} = S'_{ij}/X_j$。该系数描述了 j 产业单位总产出直接消耗的第 i 类资源量，所有 s''_{ij} 可组合为 $m \times n$ 型资源消耗矩阵 S''。根据IOT行平衡关系原理，设置式（5-7）和式（5-8）。

$$\sum_{j=1}^{n} a_{ij}X_j + Y_i = X_i \qquad （式5-7）$$

$$\sum_{j=1}^{n} s''_{ij}X_j + S'_i = S_i \qquad （式5-8）$$

结合上两式矩阵形式的 $AX + Y = X$ 及 $S''X + \overline{S}'_i = S$，可得公式（5-9）。其中 $S' = S''(I - A)^{-1}Y$，S 为所有产业资源消耗矩阵。

$$S''(I - A)^{-1}Y + \overline{S}'_i = S \qquad （式5-9）$$

继而引入 $\eta = (\eta_1, \eta_2, \cdots, \eta_m)$ 表示各种资源折合标准煤系数，w'_{ij} 为第 i 类资源在第 j 种资源消耗过程中的二氧化碳排放因子，所有 w'_{ij} 组合为 $k \times m$ 型排放因子矩阵 W^c，此时碳足迹可以表示为公式（5-10）。

$$C_j = S'' \times W \times (I - A)^{-1}Y \qquad （式5-10）$$

需要特别说明的是，为了更好地分解影响产业碳足迹的因素，将BEL-TCF模型 C_s 特殊产业碳足迹补充矩阵直接融入计算公式 C_j，而后进一步解析公式（5-10），根据定义可得资源消耗矩阵 S'' 变形样式，如公式（5-11）。

$$S'' = \begin{bmatrix} \dfrac{S'_{11} \times \eta_1}{X_1} & \dfrac{S'_{12} \times \eta_1}{X_2} & \cdots & \dfrac{S'_{1n} \times \eta_1}{X_n} \\ \dfrac{S'_{21} \times \eta_2}{X_1} & \dfrac{e_{22} \times \eta_2}{X_2} & \cdots & \dfrac{e_{2n} \times \eta_2}{X_n} \\ \vdots & \vdots & \vdots & \vdots \\ \dfrac{S'_{m1} \times \eta_m}{X_1} & \dfrac{S'_{m2} \times \eta_m}{X_2} & \cdots & \dfrac{S'_{mn} \times \eta_m}{X_n} \end{bmatrix}$$

$$
=\begin{bmatrix}
\frac{S'_{11}\times\eta_1}{\sum_{i=1}^{m}\eta_i S'_{i1}} & \frac{S'_{12}\times\eta_1}{\sum_{i=1}^{m}\eta_i S'_{i2}} & \cdots & \frac{S'_{1n}\times\eta_1}{\sum_{i=1}^{m}\eta_i S'_{in}} \\
\frac{S'_{21}\times\eta_2}{\sum_{i=1}^{m}\eta_i S'_{i1}} & \frac{S'_{22}\times\eta_2}{\sum_{i=1}^{m}\eta_i S'_{i2}} & \cdots & \frac{S'_{2n}\times\eta_2}{\sum_{i=1}^{m}\eta_i S'_{in}} \\
\vdots & \vdots & \vdots & \vdots \\
\frac{S'_{m1}\times\eta_m}{\sum_{i=1}^{m}\eta_i S'_{i1}} & \frac{S'_{m2}\times\eta_m}{\sum_{i=1}^{m}\eta_i S'_{i2}} & \cdots & \frac{S'_{mn}\times\eta_m}{\sum_{i=1}^{m}\eta_i S'_{in}}
\end{bmatrix}
$$

$$
\times\begin{bmatrix}
\frac{\sum_{i=1}^{m}\eta_i S'_{i1}}{X_1} & 0 & \cdots & 0 \\
0 & \frac{\sum_{i=1}^{m}\eta_i S'_{i2}}{X_2} & \cdots & 0 \\
\vdots & \vdots & \vdots & \vdots \\
0 & 0 & \cdots & \frac{\sum_{i=1}^{m}\eta_i S'_{in}}{X_n}
\end{bmatrix} = E^c \times S^c \qquad \text{（式 5－11）}
$$

上式中 E^c 代表资源结构 $m\times n$ 阶矩阵，e_{ij}^c 代表第 i 类资源占 j 产业中资源消耗总量的比重；$n\times n$ 阶矩阵 S^c 为资源消耗强度矩阵，对角线各项为相关产业的直接资源消耗强度。由以上投入产出表可见，产业总产出 X 受到产业结构及数量影响，因此进一步分解产业总产出。设 G' 为产业增加值列向量，其包含的元素 G_j 为相关产业增加值；$\overline{Z}$ 为增加值率对角矩阵，该矩阵主要用以描述产业增加值占总投入的比例。因此，X 可分解为产业结构的表达式为 $X=G'\overline{Z}^{-1}$，其中 $\overline{Z}^{-1}$ 为 $\overline{Z}$ 的逆矩阵。令 $n\times 1$ 列向量 Z^c 为产业增加值结构比例，可得 $G'=Z^cG$，其中 G 为所有产业增加值 Z'_j 总值，详见公式（5－12）。

$$
X = Z'\overline{Z}^{-1} = Z^c G\overline{Z}^{-1} \qquad \text{（式 5－12）}
$$

为了更好地描述产业碳足迹的影响因素，本书引入环境规制影响变量。设 ep'_{ij} 为第 j 个产业的 i 种污染物实际排放量。鉴于污染物排放量为典型逆向指标，运用公式（5－13）对其进行去量纲化，确保各污染物指标的可度量度。

$$ep_{ij} = 100[\max(ep'_{ij}) - ep'_{ij}]/[\max(ep'_{ij}) - \min(ep'_{ij})] \quad （式5－13）$$

式（5－13）中 $\max(ep'_{ij})$ 及 $\min(ep'_{ij})$ 为所有产业第 i 种污染物的最大值及最小值，ep_{ij} 为去量纲化后的标准值。再利用公式（5－14）设置各产业 i 种污染物调整系数 θ_{ij}。

$$\theta_{ij} = \frac{ep'_{ij}}{\sum ep'_{ij}} / \frac{G_j}{G} = \theta'_{ij} G/G_j \quad （式5－14）$$

式（5－14）中 $\sum ep'_{ij}$ 为所有产业第 i 种污染物的排放量总和，G_i 为第 j 个产业增加值，G 为所有产业增加值之和。再基于标准值及调整系数，设计公式（5－15）计算 j 个产业的环境规制强度 U_j^c。

$$U_j^c = \frac{1}{n_e}\sum_{i=1}^{n_e}(ep_{ij} \cdot \theta_{ij}) = (G/G_j) \cdot \frac{1}{n_e}\sum_{i=1}^{n_e}(ep_{ij} \cdot \theta'_{ij}) \quad （式5－15）$$

式（5－15）中 n_e 为所选择的污染物的种类数量，综合考虑产业特性，选择废水排放量、废气排放量和固体废物排放量三种，令 $\bar{\theta}_j = \frac{1}{3}\sum_{i=1}^{3}(ep_{ij} \cdot \theta'_{ij})$，可知 $\bar{\theta}_j$ 为污染物列向量。综合整理得到公式（5－16）。

$$C_j = W^c E_j^c S_j^c Z_j^c U_j^c \theta'_j \quad （式5－16）$$

其中 W^c 为各能源二氧化碳排放因子矩阵，命名为排放因子因素。E_j^c 为资源结构矩阵，本书主要涉及资源为能源，故命名为能源结构因素，该矩阵反映了各产业消耗的某种能源数量占能源消耗总量中的比重。S_j^c 为能源消耗强度矩阵，反映了各产业直接能源消费占总产出的比重，由于影响能源消耗强度的最主要因素为能源技术，因此将其命名为技术效应因素。Z_j^c 为产业结构比例矩阵，反映了各产业结构对碳足迹的影响，命名为产业结构因素，研究整体产业时将其定义为非三低碳足迹产业产值占全部产业产值的比重。U_j^c 为环境规制矩阵，反映了各产业环境规制强度对产业碳足迹的影响，命名为环境规制因素。$\bar{\theta}'_j = \bar{\theta}_j/G$ 为残差矩阵。

5.2.2　LM 分模型

在利用 SD 分模型分解产业碳足迹影响因素后，进一步利用 LM 分模型梳理产业碳足迹与各影响因素联动的数量关系，解析各因素影响程度。具体而言，首先根据 SD 分模型得到原始形式，再基于 LMDI Ⅰ 原理，得到相关积分形式公式（5－17）。

$$\int dC_j = \int \frac{\partial C_j}{\partial W^c} dW^c + \int \frac{\partial C_j}{\partial E_j^c} dE_j^c + \int \frac{\partial C_j}{\partial S_j^c} dS_j^c + \int \frac{\partial C_j}{\partial Z_j^c} dZ_j^c + \int \frac{\partial C_j}{\partial U_j^c} dU_j^c + \int \frac{\partial C_j}{\partial \bar{\theta}'_j} d\theta'_j \quad (式 5-17)$$

由式（5－17）可见，某产业碳足迹变动可以进一步分析为公式（5－18）。

$$\Delta C_j = C_j^t - C_j^0 = \Delta W^c + \Delta E_j^c + \Delta S_j^c + \Delta Z_j^c + \Delta U_j^c + \Delta \bar{\theta}'_j \quad (式 5-18)$$

其中 ΔC_j 为某产业碳足迹变动量（ C_j 可为产业全碳足迹、直接碳足迹或间接碳足迹），C_j^t 及 C_j^0 分为目标期及起始期的产业碳足迹，ΔW^c、ΔE_j^c、ΔS_j^c、ΔZ_j^c、ΔU_j^c 和 $\Delta \bar{\theta}'_j$ 分别对应着由于碳排放因子、能源结构、技术效应、产业结构、环境规制及残差因素所引起的产业碳足迹变化量。依据矩阵全微分定理，将各影响因素导致变化量分解，继而选取 LMDI Ⅰ 对称性对数权重方程为权重函数，并修正为公式（5－19）。

$$L(w_{LM}^t, w_{LM}^0) = \frac{w_{ij}^{ct} e_{ij}^{ct} s_{ij}^{ct} z_{ij}^{ct} u_{ij}^{ct} \bar{\theta}'^{ct}_{ij} - w_{ij}^{c0} e_{ij}^{c0} s_{ij}^{c0} z_{ij}^{c0} u_{ij}^{c0} \bar{\theta}'^{c0}_{ij}}{\ln(w_{ij}^{ct} e_{ij}^{ct} s_{ij}^{ct} z_{ij}^{ct} u_{ij}^{ct} \bar{\theta}'^{ct}_{ij} / w_{ij}^{c0} e_{ij}^{c0} s_{ij}^{c0} z_{ij}^{c0} u_{ij}^{c0} \bar{\theta}'^{c0}_{ij})} \quad (式 5-19)$$

5.3　新旧常态中国产业碳足迹影响因素分析

本章依照前文将整体产业细分为 27 个产业。其余相关数据来源于《中国统计年鉴》《中国能源统计年鉴》《中国工业经济统计年鉴》等。需要特别指出的是，鉴于《中国能源统计年鉴》包含了 19 种终端能源消费品，其中最主要的为煤炭、焦炭、原油、汽油、煤油、柴油、燃料油、天然气等 8 种能源。为此，本章即挑选这 8 种能源代表能源种类，并根据《中国能源统计年鉴》和 IPPC 标准统一转化为“标准煤”热量单位。

5.3.1　新旧常态中国产业碳足迹所有因素影响度

首先利用 SDLM 模型计算所有影响因素对中国细分产业及整体产业的

全碳足迹贡献率，详见表5-3至表5-6。

表5-3　旧常态时期中国细分产业全碳足迹所有因素影响度

产业	ΔW^c	ΔE_j^c	ΔS_j^c	ΔZ_j^c	ΔU_j^c	$\Delta\bar{\theta}_j'$	总和
D1	0.0000	0.0585	0.5514	0.3229	0.0671	0.0001	1
D2	0.0000	0.0003	1.5676	-0.6498	0.0818	0.0001	1
D3	0.0000	0.1036	0.4773	0.3494	0.0695	0.0002	1
D4	0.0000	-0.0120	0.4869	0.4266	0.0985	0.0000	1
D5	0.0000	0.0063	0.5816	0.3520	0.0598	0.0003	1
D6	0.0000	-0.0022	0.9549	0.0019	0.0452	0.0002	1
D7	0.0000	0.2242	0.7247	-0.0098	0.0607	0.0002	1
D8	0.0000	-0.0270	1.0671	-0.1086	0.0681	0.0004	1
D9	0.0000	-0.0089	0.8258	0.1156	0.0673	0.0002	1
D10	0.0000	-0.0011	0.7969	0.1268	0.0771	0.0003	1
D11	0.0000	0.0238	0.8569	0.0109	0.1084	0.0000	1
D12	0.0000	0.1134	0.7819	0.0296	0.0751	0.0000	1
D13	0.0000	-0.0042	0.4778	0.4849	0.0415	0.0000	1
D14	0.0000	-0.0599	1.9212	-0.9901	0.1287	0.0001	1
D15	0.0000	0.4338	0.7663	-0.2693	0.0689	0.0003	1
D16	0.0000	0.1748	0.9601	-0.2086	0.0732	0.0005	1
D17	0.0000	-0.1008	1.2985	-0.2727	0.0749	0.0001	1
D18	0.0000	0.4689	0.6579	-0.2092	0.0818	0.0006	1
D19	0.0000	0.9853	0.8482	-0.9402	0.1060	0.0007	1
D20	0.0000	0.5942	0.8089	-0.4868	0.0829	0.0008	1
D21	0.0000	0.3136	0.5154	0.1085	0.0622	0.0003	1
D22	0.0000	0.1912	0.8561	-0.1169	0.0692	0.0004	1
D23	0.0000	0.2312	0.7341	-0.0747	0.1091	0.0003	1
D24	0.0000	0.1504	0.6572	0.0992	0.0926	0.0006	1
D25	0.0000	0.0580	1.0095	-0.1844	0.1168	0.0001	1
D26	0.0000	0.5139	0.4861	-0.0919	0.0914	0.0005	1
D27	0.0000	0.3813	0.7846	-0.2363	0.0702	0.0002	1

表5-4 新常态时期中国细分产业全碳足迹所有因素影响度

产业	ΔW^c	ΔE_j^c	ΔS_j^c	ΔZ_j^c	ΔU_j^c	$\Delta\bar{\theta}_j'$	总和
D1	0.0000	-0.1361	0.8448	0.2944	-0.0032	0.0001	1
D2	0.0000	0.0013	0.6945	0.3083	-0.0041	0.0000	1
D3	0.0000	0.3973	0.2531	0.3528	-0.0033	0.0001	1
D4	0.0000	0.0029	1.6411	-0.6472	0.0032	0.0000	1
D5	0.0000	-0.1814	3.4346	-2.2721	0.0182	0.0007	1
D6	0.0000	0.0261	0.1593	0.8248	-0.0101	-0.0001	1
D7	0.0000	1.5833	-0.2812	-0.3447	0.0433	-0.0007	1
D8	0.0000	0.0871	0.3219	0.5931	-0.0029	0.0008	1
D9	0.0000	0.0182	1.3975	-0.3735	-0.0413	-0.0009	1
D10	0.0000	0.0145	1.6027	-0.6195	0.0022	0.0001	1
D11	0.0000	0.0052	-4.5266	5.5789	-0.0575	0.0000	1
D12	0.0000	-0.1581	-0.6792	1.8664	-0.0291	0.0000	1
D13	0.0000	-0.0169	-0.2170	1.2201	0.0138	0.0000	1
D14	0.0000	-0.3911	1.2057	0.1925	-0.0071	0.0000	1
D15	0.0000	0.4958	0.5541	-0.0488	-0.0017	0.0006	1
D16	0.0000	0.3326	0.5721	0.0959	-0.0008	0.0002	1
D17	0.0000	-0.2173	0.8462	0.3769	-0.0058	0.0000	1
D18	0.0000	-0.3303	2.4675	-1.0521	-0.0860	0.0009	1
D19	0.0000	0.4197	-0.1733	0.7561	-0.0029	0.0004	1
D20	0.0000	0.4541	-0.0412	0.5922	-0.0055	0.0004	1
D21	0.0000	0.0524	-0.1098	1.0562	0.0009	0.0003	1
D22	0.0000	0.4695	0.0576	0.4758	-0.0030	0.0001	1
D23	0.0000	0.2425	0.0029	0.7629	-0.0077	-0.0006	1
D24	0.0000	0.6351	1.1735	-0.8029	-0.0059	0.0002	1
D25	0.0000	0.1656	0.7438	0.1406	-0.0500	0.0000	1
D26	0.0000	0.5666	-1.2701	1.6889	0.0147	-0.0001	1
D27	0.0000	0.1009	-0.3172	1.2346	-0.0185	0.0002	1

表5-5 新旧常态中国细分产业全碳足迹所有因素影响度

产业	ΔW^c	ΔE_j^c	ΔS_j^c	ΔZ_j^c	ΔU_j^c	$\Delta\bar{\theta}_j'$	总和
D1	0.0000	-0.0388	0.6981	0.3086	0.0320	0.0001	1
D2	0.0000	0.1056	1.2314	-0.3694	0.0323	0.0001	1

续表

产业	ΔW^c	ΔE_j^c	ΔS_j^c	ΔZ_j^c	ΔU_j^c	$\Delta\bar{\theta}_j'$	总和
D3	0.0000	0.3505	0.2662	0.3511	0.0320	0.0002	1
D4	0.0000	-0.0062	1.1665	-0.2105	0.0502	0.0000	1
D5	0.0000	-0.2675	2.0782	-0.8604	0.0489	0.0008	1
D6	0.0000	0.1122	0.4575	0.4163	0.0139	0.0001	1
D7	0.0000	1.7475	0.0781	-0.8771	0.0518	-0.0003	1
D8	0.0000	0.0302	0.6943	0.2427	0.0321	0.0007	1
D9	0.0000	0.0043	1.1123	-0.1291	0.0131	-0.0006	1
D10	0.0000	0.0068	1.1997	-0.2461	0.0394	0.0002	1
D11	0.0000	0.0141	-1.8348	2.7961	0.0246	0.0000	1
D12	0.0000	-0.0224	0.0512	0.9481	0.0231	0.0000	1
D13	0.0000	-0.0104	0.1301	0.8528	0.0275	0.0000	1
D14	0.0000	-0.2254	1.5633	-0.3987	0.0607	0.0001	1
D15	0.0000	0.4645	0.6601	-0.1593	0.0339	0.0008	1
D16	0.0000	0.2539	0.7657	-0.0562	0.0363	0.0003	1
D17	0.0000	-0.1591	1.0725	0.0523	0.0342	0.0001	1
D18	0.0000	0.0689	1.5612	-0.6278	-0.0032	0.0009	1
D19	0.0000	0.7023	0.3381	-0.0932	0.0521	0.0007	1
D20	0.0000	0.5229	0.3833	0.0532	0.0399	0.0007	1
D21	0.0000	0.1829	0.2026	0.5822	0.0320	0.0003	1
D22	0.0000	0.3300	0.4566	0.1803	0.0328	0.0003	1
D23	0.0000	0.2287	0.3698	0.3449	0.0564	0.0002	1
D24	0.0000	0.3926	0.9158	-0.3523	0.0434	0.0005	1
D25	0.0000	0.1116	0.8767	-0.0218	0.0334	0.0001	1
D26	0.0000	0.5411	-0.3921	0.7981	0.0527	0.0002	1
D27	0.0000	0.2408	0.2341	0.4994	0.0255	0.0002	1

表 5-6　　新旧常态中国整体产业全碳足迹所有因素影响度

时期	ΔW^c	ΔE_j^c	ΔS_j^c	ΔZ_j^c	ΔU_j^c	$\Delta\bar{\theta}_j'$	总和
旧常态	0.0000	0.2991	0.3905	0.3393	-0.0285	-0.0004	1
新常态	0.0000	0.2936	0.4037	0.3328	-0.0304	0.0003	1
新旧常态	0.0000	0.2975	0.3964	0.3349	-0.0292	0.0004	1

表5-3至表5-6显示，碳排放因子（ΔW^c）对于单个产业以及整体产业全碳足迹的影响度一直为0，究其原因在于能源碳排放因子为自然属性，在较长时间内均保持不变。在旧常态时期中国细分产业碳足迹影响中，残差项 $\Delta\overline{\theta}_j'$ 数值均很小，其中16个产业影响度为0；新常态时期该因素影响度处于-0.0007至0.0006间，其中9个产业影响度为0；新旧常态细分产业该值影响度处于-0.0006至0.0007间，9个产业影响度为0。从 $\Delta\overline{\theta}_j'$ 残差项对整体产业的影响度分析可见，在新旧常态该因素影响值均约等于0，同时期 ΔE_j^c、ΔS_j^c、ΔZ_j^c、ΔU_j^c 影响度分别为 $\Delta\overline{\theta}_j'$ 影响度的452.25倍、1512.5倍、447倍和87.25倍。由此可见，残差项对于中国细分及整体产业的全碳足迹影响均可以忽略不计。

结合表5-6从整体产业角度分析可见，ΔS_j^c 在所有因素中对全碳足迹影响度相对最高，其中新常态时期能源结构比值有所上升，显示该时期能源效率调整相对更为重要；ΔE_j^c 整体变化不大，显示能源结构在全时期影响度均较为重要；ΔZ_j^c 在旧常态、新常态及新旧常态数值分别为-0.0916、0.4337和0.1788；ΔU_j^c 在旧常态、新常态及新旧常态数值则分别为0.0815、-0.0104和0.0349。

结合以上论证，为了更好地描述新旧常态相关因素对中国产业碳足迹的影响情况，拣选能源结构、技术效应、产业结构、环境规制四种关键影响因素进行深入解析。

5.3.2 新旧常态中国产业碳足迹关键因素影响度

由上节运算结果可见，碳排放因子及残差因素对于产业碳足迹影响可以忽略不计。为了更好地分析关键因素影响效果，本节进一步针对能源结构、技术效应、产业结构、环境规制四种关键影响要素，运用SDLM模型进行分析。

5.3.2.1 旧常态时期中国产业碳足迹关键因素影响度

结合各产业碳足迹及影响因素数据，利用SDLM模型对旧常态时期四种关键因素对中国细分产业全碳足迹、直接碳足迹及间接碳足迹影响度分别计算并解析。

（1）旧常态时期中国产业全碳足迹关键因素影响度。旧常态时期中国产业全碳足迹关键因素影响度计算结果见表5-7。

表 5-7　关键因素对旧常态时期细分产业全碳足迹影响度

产业	ΔE_j^c	ΔS_j^c	ΔZ_j^c	ΔU_j^c	总和
D1	0.0585	0.5514	0.3231	0.0670	1
D2	0.0002	1.5679	-0.6499	0.0818	1
D3	0.1037	0.4774	0.3494	0.0695	1
D4	-0.0110	0.4867	0.4267	0.0976	1
D5	0.0063	0.5816	0.3522	0.0599	1
D6	-0.0021	0.9550	0.0020	0.0451	1
D7	0.2240	0.7249	-0.0097	0.0608	1
D8	-0.0272	1.0688	-0.1084	0.0668	1
D9	-0.0090	0.8259	0.1168	0.0663	1
D10	-0.0012	0.7968	0.1274	0.0770	1
D11	0.0239	0.8569	0.0110	0.1082	1
D12	0.1130	0.7821	0.0297	0.0752	1
D13	-0.0041	0.4779	0.4849	0.0413	1
D14	-0.0597	1.9211	-0.9902	0.1288	1
D15	0.4334	0.7663	-0.2698	0.0701	1
D16	0.1749	0.9600	-0.2087	0.0738	1
D17	-0.1009	1.2987	-0.2728	0.0750	1
D18	0.4686	0.6575	-0.2088	0.0827	1
D19	0.9851	0.8492	-0.9422	0.1079	1
D20	0.5930	0.8125	-0.4884	0.0829	1
D21	0.3136	0.5153	0.1082	0.0629	1
D22	0.1904	0.8563	-0.1168	0.0701	1
D23	0.2212	0.7459	-0.0757	0.1086	1
D24	0.1504	0.6572	0.0998	0.0926	1
D25	0.0579	1.0093	-0.1844	0.1172	1
D26	0.5140	0.4863	-0.0920	0.0917	1
D27	0.3814	0.7848	-0.2365	0.0703	1
均值	0.1777	0.8324	-0.0897	0.0797	1

由表 5-7 可见，在旧常态时期，对单个产业全碳足迹所有的 108 个影响因素中，共有 23 个产业的全碳足迹影响度为负向，占比为 21.30%，说明这些因素对相关产业全碳足迹在该时期产生了减少作用，其中 ΔE_j^c 因素

对8个产业产生了负向影响、ΔZ_j^c 对15个产业有负面影响。而该时期 ΔS_j^c 和 ΔU_j^c 对各个产业全碳足迹均为正向影响，说明这些因素在旧常态时期在不同程度上增加了产业全碳足迹。

就关键影响因素影响度均值比较来看，ΔE_j^c 均值为0.1777，共有10个产业数值的绝对值大于该值；8个产业的 ΔE_j^c 影响值为负值，显示这些产业通过 ΔE_j^c 对本产业的碳足迹产生了负向影响。ΔS_j^c 均值为0.8324，全部产业的 ΔS_j^c 值皆为正值，体现了该因素该时期对全部产业全碳足迹均产生了不同程度的正向影响。ΔZ_j^c 有12个产业的影响值为正值，表明这些产业通过 ΔZ_j^c 对本产业的全碳足迹产生了正向影响，而其他15个产业的影响值为负值，表明这些产业通过 ΔZ_j^c 对本产业的全碳足迹产生了负向影响；ΔZ_j^c 均值为－0.0897，显示所有27个产业中 ΔZ_j^c 总体平均作用为负向作用。ΔU_j^c 的均值为0.0797，共有11个产业数值的绝对值大于该值，在旧常态时期全部27个产业的 ΔU_j^c 值都为正值，说明了该因素对所有产业的全碳足迹均产生了正向影响。

（2）旧常态时期中国产业直接碳足迹关键因素影响度。为了进一步分析关键因素对单个产业的影响程度，将计算对象由旧常态时期各产业全碳足迹调整为直接碳足迹，计算后得到表5－8。

表5－8　关键因素对旧常态时期细分产业直接碳足迹影响度

产业	ΔE_j^c	ΔS_j^c	ΔZ_j^c	ΔU_j^c	总和
D1	0.2838	0.3698	0.2661	0.0803	1
D2	0.1494	1.5923	－0.7444	0.0027	1
D3	0.2638	0.3539	0.3755	0.0068	1
D4	－0.0381	0.5531	0.4772	0.0078	1
D5	0.2422	0.1762	0.5689	0.0127	1
D6	－0.0039	0.9271	0.0737	0.0031	1
D7	0.3635	0.6537	－0.0192	0.0020	1
D8	0.3182	0.7757	－0.1383	0.0444	1
D9	－0.0344	0.6982	0.2945	0.0417	1
D10	0.1378	0.7023	0.1237	0.0362	1
D11	0.0170	0.9248	0.0510	0.0072	1

续表

产业	ΔE_j^c	ΔS_j^c	ΔZ_j^c	ΔU_j^c	总和
D12	0.1973	0.7507	0.0168	0.0352	1
D13	-0.2482	0.7316	0.4829	0.0337	1
D14	-0.1684	2.1327	-0.9680	0.0038	1
D15	0.3715	0.8552	-0.2288	0.0021	1
D16	0.3953	0.7746	-0.1827	0.0128	1
D17	-0.0333	1.0380	-0.0652	0.0605	1
D18	0.4863	0.6631	-0.1641	0.0147	1
D19	0.6817	0.4344	-0.1283	0.0122	1
D20	0.4709	0.6367	-0.1176	0.0100	1
D21	0.4637	0.4334	0.0949	0.0080	1
D22	0.1971	0.8241	-0.0843	0.0630	1
D23	0.2470	0.7648	-0.0976	0.0858	1
D24	0.2986	0.6173	0.0791	0.0050	1
D25	0.0066	1.0746	-0.1856	0.1044	1
D26	0.2306	0.8298	-0.0680	0.0076	1
D27	0.1920	0.9363	-0.1904	0.0621	1
均值	0.2033	0.7861	-0.0177	0.0284	1

从四种关键影响因素对旧常态时期产业直接碳足迹影响均值分析可见，ΔE_j^c 均值为0.2033，其中共有15个产业数值的绝对值大于该值；6个产业的 ΔE_j^c 影响值为负值，表明了这些产业由 ΔE_j^c 对本产业直接碳足迹产生了一定程度的负向影响。ΔS_j^c 均值为0.7861，所有产业的 ΔS_j^c 影响值都为正值，体现了该因素对各产业直接碳足迹均产生了正向增加作用。ΔZ_j^c 均值为-0.0177，反映了所有产业的影响因素 ΔZ_j^c 平均作用呈现了负向效应，共有26个产业数值的绝对值大于均值，仅有D12产业数值的绝对值小于该值；共有15个产业的 ΔZ_j^c 影响值为负值。ΔU_j^c 的均值为0.0284，全部产业的 ΔU_j^c 影响值均为正值，体现了该因素对所有细分产业的直接碳足迹发生了正向增加影响。

（3）旧常态时期中国产业间接碳足迹关键因素影响度。依据模型，旧常态时期中国产业直接碳足迹关键因素影响度计算结果见表5-9。

表 5-9　关键因素对旧常态时期细分产业间接碳足迹影响度

产业	ΔE_j^c	ΔS_j^c	ΔZ_j^c	ΔU_j^c	总和
D1	0.1458	0.4384	0.4128	0.0030	1
D2	0.1898	1.5464	-0.7390	0.0027	1
D3	0.0300	0.5728	0.3945	0.0028	1
D4	-0.1348	0.5998	0.5333	0.0018	1
D5	0.0617	0.4906	0.4200	0.0277	1
D6	-0.0015	0.9681	0.0292	0.0041	1
D7	0.1172	0.8922	-0.0293	0.0199	1
D8	-0.0462	1.1822	-0.1383	0.0024	1
D9	-0.0830	0.8595	0.1817	0.0417	1
D10	-0.2103	1.0406	0.1667	0.0031	1
D11	0.0636	0.8815	0.0510	0.0038	1
D12	0.0962	0.8124	0.0288	0.0626	1
D13	-0.0518	0.5316	0.4922	0.0280	1
D14	-0.0449	1.9167	-0.9680	0.0962	1
D15	0.1207	1.1101	-0.2329	0.0021	1
D16	0.1541	1.0122	-0.1681	0.0018	1
D17	-0.0662	1.1787	-0.1152	0.0027	1
D18	0.2912	0.8397	-0.1489	0.0179	1
D19	0.5547	0.5589	-0.1148	0.0012	1
D20	0.2597	0.8249	-0.0868	0.0022	1
D21	0.2497	0.6474	0.1009	0.0020	1
D22	0.1789	0.8175	-0.0317	0.0352	1
D23	0.2677	0.8401	-0.1236	0.0158	1
D24	0.0189	0.9652	0.0137	0.0022	1
D25	0.0618	1.0360	-0.1141	0.0163	1
D26	0.2601	0.7892	-0.0740	0.0247	1
D27	0.3416	0.8225	-0.2164	0.0523	1
均值	0.1046	0.8954	-0.0176	0.0176	1

从关键影响因素对旧常态时期产业间接碳足迹影响均值进行分析可见，ΔE_j^c 均值为 0.1046，其中共有 15 个产业的数值的绝对值大于该值；8 个产业的 ΔE_j^c 影响值为负值，表明了旧常态时期 ΔE_j^c 对这些产业间接碳足

迹产生了负向减弱影响。ΔS_j^c 均值为0.8954，全部产业的 ΔS_j^c 影响值皆为正值，体现了 ΔS_j^c 对所有产业的间接碳足迹均发生了正向增加作用。ΔZ_j^c 均值为-0.0176，显示出 ΔZ_j^c 平均作用的负向效应，其中26个产业数值的绝对值大于均值，仅建筑业（D24）的影响值低于绝对值的平均值；共有15个产业的 ΔZ_j^c 影响值为负值。ΔU_j^c 的均值为0.0176，10个产业数值的绝对值大于均值，全部产业的 ΔU_j^c 影响值皆为正值，说明全部产业对间接碳足迹产生了正向影响。

5.3.2.2 关键因素对新常态时期中国产业碳足迹影响度

（1）新常态时期中国产业全碳足迹关键因素影响度。利用SDLM模型对四种关键因素对新常态时期中国产业全碳足迹影响度进行计算，得到表5-10，该表显示新常态时期 ΔE_j^c 均值为0.1311，共有7个产业的 ΔE_j^c 影响值为负值，表明这些产业通过 ΔE_j^c 对本产业的碳足迹产生了负向影响。ΔS_j^c 均值为0.4429，有16个产业的 ΔS_j^c 影响值大于均值。ΔZ_j^c 均值为0.4376，共有17个产业数值的绝对值大于该值。ΔU_j^c 的均值为-0.0118，5个产业的 ΔU_j^c 影响值为正值，对产业全碳足迹产生正向影响，其余皆为负值，对产业全碳足迹产生负向影响。在新常态时期，共有45个产业的全碳足迹影响度为负向，占比为41.67%，说明这些因素对相关产业全碳足迹在该时期产生了负向减少作用。新常态时期产生负向影响的因素相较旧常态大幅增长了195.65%，说明新常态时期更多因素在不同程度上减少了产业全碳足迹。

表5-10　关键因素对新常态时期细分产业全碳足迹影响度

产业	ΔE_j^c	ΔS_j^c	ΔZ_j^c	ΔU_j^c	总和
D1	-0.1362	0.8449	0.2945	-0.0033	1
D2	0.0014	0.6947	0.3081	-0.0042	1
D3	0.3974	0.2532	0.3528	-0.0034	1
D4	0.0028	1.0412	-0.0473	0.0033	1
D5	-0.1817	3.4351	-2.237	-0.0176	1
D6	0.0262	0.1597	0.8248	-0.0106	1
D7	0.9833	0.3188	-0.3447	0.0433	1
D8	0.0872	0.3221	0.5928	-0.0031	1

续表

产业	ΔE_j^c	ΔS_j^c	ΔZ_j^c	ΔU_j^c	总和
D9	0.0183	1.3985	-0.3737	-0.0407	1
D10	0.0147	1.6029	-0.6195	0.0019	1
D11	0.0054	-2.5267	3.5791	-0.0578	1
D12	-0.1584	-0.6800	1.8673	-0.0288	1
D13	-0.0167	-0.2171	1.2477	-0.0139	1
D14	-0.3913	1.2058	0.1924	-0.0070	1
D15	0.4957	0.5540	-0.0489	-0.0013	1
D16	0.3325	0.5720	0.0962	-0.0009	1
D17	-0.2174	0.6462	0.5772	-0.0060	1
D18	-0.3305	2.0654	-0.6533	-0.0880	1
D19	0.4197	-0.1732	0.7560	-0.0030	1
D20	0.4542	-0.0414	0.5924	-0.0056	1
D21	0.0525	-0.1101	1.0564	0.0010	1
D22	0.2701	0.0567	0.6772	-0.0040	1
D23	0.2432	0.0032	0.7619	-0.0076	1
D24	0.4350	1.1745	-0.6039	-0.0058	1
D25	0.1654	0.7439	0.1406	-0.0500	1
D26	0.4667	-1.0703	1.5888	0.0148	1
D27	0.1009	-0.3171	1.2345	-0.0186	1
均值	0.1311	0.4429	0.4376	-0.0118	1

（2）新常态时期中国产业直接碳足迹关键因素影响度。在分析关键影响因素对新常态时期各产业全碳足迹影响度的基础上，进一步分析该时期关键因素对产业直接碳足迹的影响程度，详见表 5-11。

表 5-11　关键因素对新常态时期细分产业直接碳足迹影响度

产业	ΔE_j^c	ΔS_j^c	ΔZ_j^c	ΔU_j^c	总和
D1	-0.0572	0.7562	0.3359	-0.0349	1
D2	0.1124	1.0881	0.6159	-0.8164	1
D3	0.6215	0.0933	0.3865	-0.1013	1
D4	0.0039	1.0605	-0.0950	0.0306	1
D5	-0.0264	2.8667	-1.7512	-0.0891	1

续表

产业	ΔE_j^c	ΔS_j^c	ΔZ_j^c	ΔU_j^c	总和
D6	0.0627	0.1750	0.7938	-0.0315	1
D7	0.9825	0.3072	-0.3040	0.0143	1
D8	0.0235	0.2860	0.7271	-0.0366	1
D9	0.0156	1.4677	-0.2133	-0.2700	1
D10	0.0196	1.5228	-0.5082	-0.0342	1
D11	0.0392	-2.1478	3.1901	-0.0815	1
D12	-0.1347	-0.5219	1.7093	-0.0527	1
D13	-0.0356	-0.2357	1.3207	-0.0494	1
D14	-0.1638	1.1699	0.0638	-0.0699	1
D15	0.4626	0.6341	-0.0471	-0.0496	1
D16	0.5186	0.3640	0.1367	-0.0193	1
D17	-0.2610	0.6684	0.6164	-0.0238	1
D18	-0.2492	2.0413	-0.7564	-0.0357	1
D19	0.6240	-0.1601	0.6517	-0.1156	1
D20	0.4943	-0.0391	0.7814	-0.2366	1
D21	0.0608	-0.0108	0.9428	0.0072	1
D22	0.2387	0.0393	0.7265	-0.0045	1
D23	0.2814	0.0013	0.7192	-0.0019	1
D24	0.4492	1.0020	-0.4133	-0.0379	1
D25	0.1619	0.6962	0.2079	-0.0660	1
D26	0.4324	-0.9114	1.5356	-0.0566	1
D27	0.0655	-0.2172	1.1597	-0.0080	1
均值	0.1756	0.4443	0.4642	-0.0841	1

由表 5-11 可见，该时期 ΔE_j^c 均值为0.1756，其中7个产业的 ΔE_j^c 影响值为负值，体现了 ΔE_j^c 对这些产业的直接碳足迹产生了负向影响。ΔS_j^c 均值为0.4443，共有15个产业的 ΔS_j^c 影响值大于均值。ΔZ_j^c 均值为0.4642，共有17个产业数值的绝对值大于该均值。ΔU_j^c 的均值为-0.0841，说明了所有27个产业的 ΔU_j^c 平均作用为负向效应，其中24个产业影响值为负值，体现了该因素对绝大多数产业直接碳足迹产生了负向影响。

（3）新常态时期中国产业间接碳足迹关键因素影响度。依据 SDLM 模型，旧常态时期中国产业直接碳足迹关键因素影响度计算结果见表 5 - 12。

表 5 - 12　关键因素对新常态时期细分产业间接碳足迹影响度

产业	ΔE_j^c	ΔS_j^c	ΔZ_j^c	ΔU_j^c	总和
D1	-0.0294	0.7481	0.2825	-0.0012	1
D2	0.0074	0.6482	0.3642	-0.0198	1
D3	0.5634	0.0985	0.3474	-0.0093	1
D4	0.0098	1.1175	-0.1825	0.0552	1
D5	-0.0243	3.1369	-2.0598	-0.0528	1
D6	0.0737	0.1611	0.7815	-0.0163	1
D7	0.9565	0.2907	-0.2599	0.0127	1
D8	0.0139	0.3233	0.6907	-0.0279	1
D9	0.0326	1.1323	-0.0784	-0.0865	1
D10	0.0128	1.6002	-0.6395	0.0265	1
D11	0.0187	-2.3687	3.4206	-0.0706	1
D12	-0.1360	-0.3367	1.5392	-0.0665	1
D13	-0.0177	-0.3144	1.3951	-0.0630	1
D14	-0.1353	1.1379	0.0412	-0.0438	1
D15	0.4457	0.6700	-0.0808	-0.0349	1
D16	0.4322	0.5696	0.0147	-0.0165	1
D17	-0.2527	0.7155	0.5569	-0.0197	1
D18	-0.1058	1.7156	-0.5644	-0.0454	1
D19	0.5589	-0.1588	0.6104	-0.0105	1
D20	0.3965	-0.0310	0.6541	-0.0196	1
D21	0.0671	-0.0989	1.0228	0.0091	1
D22	0.2200	0.0174	0.7633	-0.0007	1
D23	0.2215	0.0087	0.7868	-0.0170	1
D24	0.4706	1.2620	-0.6914	-0.0412	1
D25	0.1278	0.7082	0.2062	-0.0422	1
D26	0.4773	-1.0705	1.6099	-0.0167	1
D27	0.0758	-0.2516	1.2089	-0.0331	1
均值	0.1660	0.4234	0.4348	-0.0241	1

从关键影响因素对新常态时期产业间接碳足迹作用均值可见，ΔE_j^c 均值为0.1660，共有11个产业的数值的绝对值大于该值；7个产业的 ΔE_j^c 影响值为负值。ΔS_j^c 均值为0.4234，其中15个产业的数值的绝对值大于该值；8个产业的 ΔS_j^c 影响值则为负值，体现了 ΔS_j^c 对间接碳足迹的负向作用。ΔZ_j^c 均值为0.4348，共有17个产业数值的绝对值大于均值；有8个产业的 ΔZ_j^c 影响值为负值。ΔU_j^c 的均值为-0.0241，说明了在新常态时期，ΔU_j^c 对所有产业间接碳足迹影响均值呈现出负向减弱效应；有23个产业的 ΔU_j^c 影响值为负值，说明 ΔU_j^c 对这些产业间接碳足迹影响度为负向。

5.3.2.3 新旧常态关键因素对中国产业碳足迹影响度

（1）新旧常态中国产业全碳足迹关键因素影响度。结合各产业碳足迹及影响因素数据，利用SDLM模型，分析四种关键影响因素对新旧常态国产业全碳足迹影响度，得到表5-13。

表5-13　关键因素对新旧常态细分产业全碳足迹影响度

产业	ΔE_j^c	ΔS_j^c	ΔZ_j^c	ΔU_j^c	总和
D1	-0.0389	0.6982	0.3088	0.0319	1
D2	0.1058	1.2313	-0.3704	0.0333	1
D3	0.1506	0.3652	0.4521	0.0320	1
D4	-0.0065	1.1664	-0.2103	0.0504	1
D5	-0.1677	1.1783	-0.0602	0.0488	1
D6	0.1121	0.4574	0.4168	0.0138	1
D7	0.4473	0.5782	-0.0773	0.0521	1
D8	0.2300	0.6946	0.0422	0.0319	1
D9	0.0047	1.1122	-0.1291	0.0128	1
D10	0.0068	1.0999	-0.1462	0.0395	1
D11	0.0147	-1.835	2.7951	0.0252	1
D12	-0.0227	0.0511	0.9485	0.0232	1
D13	-0.0104	0.1304	0.8524	0.0276	1
D14	-0.2255	1.5635	-0.3989	0.0609	1
D15	0.2646	0.8602	-0.1594	0.0338	1
D16	0.2537	0.7660	-0.0563	0.0362	1
D17	-0.1592	1.0724	0.0522	0.0345	1

续表

产业	ΔE_j^c	ΔS_j^c	ΔZ_j^c	ΔU_j^c	总和
D18	0.1691	0.8615	-0.0311	-0.0034	1
D19	0.6024	0.4380	-0.0931	0.0510	1
D20	0.5231	0.3833	0.052	0.0378	1
D21	0.1829	0.2026	0.5823	0.0320	1
D22	0.3301	0.4565	0.1802	0.0331	1
D23	0.2272	0.3696	0.3431	0.0505	1
D24	0.3927	0.9159	-0.3524	0.0434	1
D25	0.2117	0.7766	-0.0219	0.0335	1
D26	0.5404	-0.3920	0.7984	0.0531	1
D27	0.2412	0.2339	0.4995	0.0254	1
均值	0.1622	0.5717	0.2303	0.0350	1

就新旧常态时期关键影响因素对产业全碳足迹影响度均值而言，ΔE_j^c 均值为0.1622，其中7个产业的 ΔE_j^c 影响值为负值。ΔS_j^c 均值为0.5717，仅有炼焦煤气及石油加工业（D11）、批发及零售贸易餐饮业（D26）两个产业的 ΔS_j^c 影响值为负值，体现了对碳足迹的负向作用。ΔZ_j^c 均值为0.2303，其中共有13个产业数值的绝对值大于该值。ΔU_j^c 的均值为0.0350，仅电气机械及器材制造业（D18）的 ΔU_j^c 影响值为负值，对产业碳足迹产生负向影响，其余皆为正值，对产业碳足迹产生正向影响。在新旧常态关键因素对单个产业全碳足迹所有的108个影响因素中，共有23个产业的全碳足迹影响度为负向，数量与旧常态时期相同，但负向影响程度有所增加。在其余85个产生正向影响的因素中，对相关产业的全碳足迹正向影响较旧常态时期有所减弱，显示了较为明显的新常态及旧常态的叠加效应。

（2）新旧常态中国产业直接碳足迹关键因素影响度。继而利用SDLM模型，分析关键影响因素对新旧常态时期各产业直接碳足迹影响度，见表5-14。

表5-14　关键影响因素对新旧常态细分产业直接碳足迹影响度

产业	ΔE_j^c	ΔS_j^c	ΔZ_j^c	ΔU_j^c	总和
D1	-0.0446	0.6316	0.3856	0.0274	1
D2	0.0658	1.1651	-0.2845	0.0536	1

续表

产业	ΔE_j^c	ΔS_j^c	ΔZ_j^c	ΔU_j^c	总和
D3	0.1712	0.3418	0.4608	0.0262	1
D4	-0.0032	1.1797	-0.2223	0.0458	1
D5	-0.1162	1.0928	-0.0121	0.0355	1
D6	0.3859	0.3578	0.2187	0.0376	1
D7	0.4697	0.5778	-0.0689	0.0214	1
D8	0.4172	0.4741	0.0769	0.0318	1
D9	0.0054	0.9876	-0.0271	0.0341	1
D10	0.0021	1.0146	-0.0574	0.0406	1
D11	0.2872	-1.2500	1.8923	0.0705	1
D12	-0.0191	0.0586	0.9184	0.0421	1
D13	-0.0226	0.1619	0.8160	0.0448	1
D14	-0.2448	1.2986	-0.1164	0.0626	1
D15	0.2209	0.9959	-0.2442	0.0274	1
D16	0.2821	0.7162	-0.0198	0.0215	1
D17	-0.1826	1.0456	0.1013	0.0357	1
D18	0.1458	0.9421	-0.0814	-0.0065	1
D19	0.5895	0.4391	-0.0425	0.0139	1
D20	0.6021	0.3340	0.0367	0.0273	1
D21	0.2529	0.1949	0.5310	0.0212	1
D22	0.3646	0.3396	0.1443	0.1515	1
D23	0.2645	0.2290	0.4425	0.0640	1
D24	0.3528	0.9938	-0.3805	0.0339	1
D25	0.2375	0.7190	-0.0296	0.0731	1
D26	0.4321	-0.2680	0.7820	0.0539	1
D27	0.2143	0.3356	0.4063	0.0438	1
均值	0.1900	0.5596	0.2084	0.0420	1

就关键影响因素对新旧常态时期产业直接碳足迹影响度均值而言，ΔE_j^c 均值为0.1900，共有7个产业的 ΔE_j^c 影响值为负值，表明了新旧常态时期 ΔE_j^c 对这些产业直接碳足迹产生了负向减少式影响。ΔS_j^c 均值为0.5596，仅批发及零售贸易餐饮业（D26）和炼焦煤气及石油加工业（D11）的 ΔS_j^c 影响值为负值，显示该时期 ΔS_j^c 对多数产业直接碳足迹均起到了正向增加

作用。ΔZ_j^c 均值为0.2084，共有14个产业数值的绝对值大于均值；13个产业的 ΔZ_j^c 影响值为负值。ΔU_j^c 的均值为0.0420，全部产业的 ΔU_j^c 影响值皆为正值，显示出该因素对全部产业的直接碳足迹产生了正向影响。

（3）新旧常态中国产业间接碳足迹关键因素影响度。为了进一步分析关键因素对单个产业的影响程度，将计算对象调整为间接碳足迹，计算后得到表5-15。

表5-15　关键影响因素对新旧常态细分产业间接碳足迹影响度

产业	ΔE_j^c	ΔS_j^c	ΔZ_j^c	ΔU_j^c	总和
D1	-0.0213	0.6700	0.3280	0.0233	1
D2	0.1601	1.0931	-0.2969	0.0437	1
D3	0.1709	0.4349	0.3730	0.0212	1
D4	-0.0273	1.1525	-0.1576	0.0324	1
D5	-0.2024	1.1847	-0.0092	0.0269	1
D6	0.0597	0.7485	0.1639	0.0279	1
D7	0.3162	0.7236	-0.0578	0.0180	1
D8	0.1053	0.8099	0.0600	0.0248	1
D9	0.0369	1.0100	-0.0730	0.0261	1
D10	0.0012	1.0110	-0.0420	0.0298	1
D11	0.0136	-1.7947	2.7323	0.0488	1
D12	-0.0378	0.0714	0.9359	0.0305	1
D13	-0.0102	0.1502	0.8282	0.0318	1
D14	-0.5268	1.7011	-0.2143	0.0400	1
D15	0.2490	0.9250	-0.1960	0.0220	1
D16	0.2117	0.7869	-0.0167	0.0181	1
D17	-0.1611	1.0567	0.0784	0.0260	1
D18	0.1451	0.9423	-0.0635	-0.0239	1
D19	0.5502	0.4753	-0.0378	0.0123	1
D20	0.5442	0.4037	0.0299	0.0222	1
D21	0.1746	0.2664	0.5410	0.0180	1
D22	0.3077	0.4824	0.1651	0.0448	1
D23	0.2363	0.3416	0.3814	0.0407	1
D24	0.3291	1.0069	-0.3622	0.0262	1

续表

产业	ΔE_j^c	ΔS_j^c	ΔZ_j^c	ΔU_j^c	总和
D25	0.1956	0.7782	-0.0179	0.0441	1
D26	0.4943	-0.3716	0.8409	0.0364	1
D27	0.1911	0.3050	0.4724	0.0315	1
均值	0.1298	0.6061	0.2365	0.0275	1

该时期 ΔE_j^c 均值为0.1298，共有7个产业的 ΔE_j^c 影响值为负值。ΔS_j^c 均值为0.6061，仅批发及零售贸易餐饮业（D26）和炼焦煤气及石油加工业（D11）的 ΔS_j^c 影响值为负值，表明了 ΔS_j^c 对直接碳足迹的负向作用。ΔZ_j^c均值为0.2365，共有11个产业数值的绝对值大于均值；13个产业的 ΔZ_j^c 影响值为负值。ΔU_j^c 的均值为0.0275，而除电气机械及器材制造业（D18）外的其他26个产业的 ΔU_j^c 影响值为正值，说明新旧常态下，该因素对绝大多数产业间接碳足迹均产生了正向增长式影响。

5.3.2.4 新旧常态关键因素对中国产业碳足迹影响度综合分析

针对四个关键影响因素，进一步综合分析新旧常态时期对中国产业碳足迹影响度。旧常态时期共有23个因素对各细分产业全碳足迹产生了负向影响，新常态时期产生负向影响的增长到45个因素，新旧常态总时期负向影响因素仍为23个，但负向影响程度有所增加。旧常态时期有21个因素对各细分产业直接碳足迹呈现了负向影响，新常态时期共有47个因素对各细分产业直接碳足迹影响度为负向，新旧常态有22个因素对各细分产业直接碳足迹影响度呈现负向效应。旧常态时期有23个因素对各细分产业间接碳足迹呈现了负向影响，新常态时期共有46个因素对各细分产业间接碳足迹发生了负向减弱影响，新旧常态有23个因素对本产业间接碳足迹影响度为负向。由上分析可见，说明进入新常态后，越来越多的关键影响因素对各细分产业碳足迹起到了负向降低效应。

就四个关键影响因素对整体产业全碳足迹影响度而言，旧常态时期各因素影响度绝对值排名为 $\Delta S_j^c > \Delta E_j^c > \Delta Z_j^c > \Delta U_j^c$，其中 ΔZ_j^c 影响度为负值；新常态时期影响度绝对值排名为 $\Delta Z_j^c > \Delta S_j^c > \Delta E_j^c > \Delta U_j^c$，其中 ΔU_j^c 影响度为负值；新旧常态绝对值排名为 $\Delta S_j^c > \Delta E_j^c > \Delta Z_j^c > \Delta U_j^c$，且均对产业全碳足迹发生了正向增加影响。

就四个关键因素对各细分产业影响度而言，由于所处时期及产业性质不同，显示了较大差别。从影响均值来看，关键因素对旧常态时期各细分产业全碳足迹影响度绝对值排名为 $\Delta S_j^c > \Delta E_j^c > \Delta Z_j^c > \Delta U_j^c$，其中 ΔZ_j^c 为负值；关键因素对新常态时期各细分产业全碳足迹影响度绝对值排名为 $\Delta S_j^c > \Delta Z_j^c > \Delta E_j^c > \Delta U_j^c$，其中 ΔU_j^c 影响度呈现负值情况；关键因素对新旧常态各细分产业全碳足迹影响度绝对值排名为 $\Delta S_j^c > \Delta Z_j^c > \Delta E_j^c > \Delta U_j^c$，且均显示为正向影响情况。综合可见，各时期技术效应 ΔS_j^c 对于各产业全碳足迹影响度相对最大，环境规制 ΔU_j^c 影响度最低；产业结构 ΔZ_j^c 和能源结构 ΔE_j^c 的影响度居中，在不同时期交替变化。

关键因素对旧常态时期各细分产业直接碳足迹影响度均值绝对值排名为 $\Delta S_j^c > \Delta E_j^c > \Delta U_j^c > \Delta Z_j^c$，其中 ΔZ_j^c 影响度为负值；关键因素对新旧常态各细分产业直接碳足迹影响度绝对值排名为 $\Delta Z_j^c > \Delta S_j^c > \Delta E_j^c > \Delta U_j^c$，其中 ΔU_j^c 影响度负值；关键影响因素对新旧常态各细分产业直接碳足迹影响度排名为 $\Delta S_j^c > \Delta Z_j^c > \Delta E_j^c > \Delta U_j^c$，且影响度均为正数。综合可见，对于各产业直接碳足迹四种因素影响绝对值变化相对较大，没有呈现十分明确的位次。

关键因素对旧常态时期各细分产业间接碳足迹影响度均值绝对值排名，为 $\Delta S_j^c > \Delta E_j^c > \Delta U_j^c = \Delta Z_j^c$，其中 ΔZ_j^c 影响度为负值，ΔU_j^c 影响度为正值；关键因素对新常态时期各细分产业间接碳足迹影响度绝对值排名为 $\Delta Z_j^c > \Delta S_j^c > \Delta E_j^c > \Delta U_j^c$，除 ΔU_j^c 影响度外其余三个因素影响度均为正值；关键因素对新旧常态各细分产业间接碳足迹影响度绝对值排名为 $\Delta S_j^c > \Delta Z_j^c > \Delta E_j^c > \Delta U_j^c$，所有关键因素影响度均为正值。综合可见，对于各细分产业间接碳足迹四种因素影响绝对值位次也不确定，其中技术效应 ΔS_j^c 影响度相对较大，环境规制 ΔU_j^c 影响度则相对较小。

5.4　本章小结

辨析影响碳足迹的关键因素，结合中国实际情况，设计合理模型解析各因素对碳排放的驱动影响效应，是有效降低中国产业碳排放强度的前提和基础，具有十分重要的理论及实际意义。为此，本章首先对比分析了传统碳排放影响因素分解模型，创建产业碳足迹影响因素分解 SDLM 模型，将产业碳足迹作为分解对象，依照 IO－SDA 模型投入产出原理，构造 SD 分模型推导产业碳足迹与影响因素的关系，再基于 LMDⅡ原理设计 LM 分模型步骤分解影响因素，利用 DCE－WLS 方法更新投入产出表，根据因素变动情况对比、判断对产业碳足迹的影响程度。

在此基础上，利用 SDLM 模型分析新旧常态下中国产业碳足迹影响因素。首先利用 SD 模型将传统竞争型投入产出表演化为非竞争型投入产出表，根据 IOT 平衡关系创建资源消耗强度矩阵，将碳足迹影响因素分解为碳排放因子因素、能源结构因素、技术效应因素、产业结构因素、环境规制因素以及残差因素。再使用 LM 分模型计算中国各分产业及整理产业旧常态、新常态及新旧常态所有因素对产业全碳足迹、直接碳足迹及间接碳足迹的影响度。计算结果表明，碳排放因子因素在所有时期对分产业及整体产业的影响度均为零，残差因素对分产业及整体产业影响度亦可忽略不计，为此进一步拣选出四个关键影响因素。在全面辨析关键因素对产业碳足迹影响度的基础上，下文将依据中国产业新旧常态情况，单独拣选各关键因素进行重点分析，结合各因素提出更有针对性的、合理的降低产业碳足迹建议。

第 6 章　新旧常态中国产业能源结构状况及减排潜力分析

能源结构是影响产业碳足迹的重要因素。为了更好地分析中国产业能源结构的节能减排潜力，本章选取四种具有代表性的能源为研究对象，分析新旧常态中国产业能源结构，并与国外具有代表性的国家进行对比，解析中国产业能源结构消费系数。而后依照碳足迹约束影响前提，系统分析影响中国产业能源结构的主要因素，剖析各因素影响机理及影响程度。再利用马尔可夫链分析存在及不存在碳足迹约束，预测中国产业能源结构发展趋势，设计能源生产函数计算中国各个产业能源产出弹性，以碳足迹最小化为目标，分析各产业能源结构优化情况及减排潜力，以求有效降低中国产业碳足迹。

6.1　新旧常态中国产业能源结构基本情况及国际比较

6.1.1　新旧常态中国产业能源结构基本情况

鉴于经济生活中涉及的能源多样且复杂，各种能源对产业碳足迹的贡献影响度也迥然不同。为此主要考虑两大类四种能源。第一类为对碳足迹有较大影响的化石能源类，包括煤炭、石油和天然气；第二类为非化石能源，主要包括与碳足迹相关度较低或无相关性的由水电、核能、风能等产生的电力等。结合统计计算结果，发现新旧常态中国产业煤炭消费平均占比为 70.6%，旧常态时期平均占比为 72.8%，新常态时期平均占比为

66.4%。新旧常态中国产业石油消费平均占比为18.3%，旧常态时期平均占比为18.7%。新常态时期平均占比为17.5%。新旧常态中国产业天然气消费平均占比为3.2%，进入新常态后，中国产业天然气消费占比迅速提升，新常态时期平均占比为5.3%，达到了旧常态时期平均比例的252.4%。新旧常态中国产业非化石能源消费平均占比为7.8%。旧常态时期平均占比为6.3%，新常态时期平均占比为10.8%。综上可见，新旧常态中国产业煤炭消费占比年均下降率为0.74%，石油年均增长率为0.21%，天然气年均增长率为4.12%，非化石能源年均增长率为3.51%。总体而言，新旧常态以来中国产业能源结构总体呈现优化趋势。基于能源消耗总量，进一步分析新旧常态中国产业能耗强度（见表6－1）。

表6－1　新旧常态时期中国产业能耗强度　（吨标准煤/万元）

年份	能耗强度	年份	能耗强度	年份	能耗强度
1987	7.496	1999	1.552	2011	0.791
1988	6.311	2000	1.466	2012	0.744
1989	5.642	2001	1.403	2013	0.700
1990	5.230	2002	1.393	2014	0.661
1991	4.716	2003	1.434	2015	0.624
1992	4.014	2004	1.423	2016	0.586
1993	3.252	2005	1.395	2017	0.543
1994	2.524	2006	1.305	2018	0.504
1995	2.139	2007	1.152	2019	0.501
1996	1.883	2008	1.003	2020	0.494
1997	1.705	2009	0.963	2021	0.492
1998	1.598	2010	0.873		

结果显示，新旧常态中国产业能耗强度总体呈现逐年下降趋势，该时期均值为2.094吨标准煤/万元，其中旧常态时期均值为2.811吨标准煤/万元，新常态时期均值为0.726吨标准煤/万元，仅为旧常态时期的34.67%。就单年而言，新旧常态由1987年的7.496吨标准煤/万元下降至2021年的0.492吨标准煤/万元，其中旧常态时期年均降幅为8.54%，新常态时期年均降幅为6.65%。由此可见，中国产业能耗强度也随着能源结构的优化而逐渐降低。

6.1.2　典型国家产业能源结构比较分析

为了更好地辨析中国产业能源结构情况，选择美国、日本、印度及德国四个典型国家与中国进行对比。外国数据来源均来自于 Statistical Review of World Energy，为了保持统一，描述的时候均采用亿吨油当量为单位，对比时间均选取 1987—2021 年。

6.1.2.1　国家产业能源结构比较

首先分析美国产业能源消费的基本结构。在美国产业能源消费结构中，煤炭消费占比排名第三，研究期均值达到了 5.13 亿吨油当量，消费总量呈现先增长再下降而后再增长趋势。在四种能源消费中，石油消费排名第一，研究期均值为 8.38 亿吨油当量，变动趋势与煤炭走势大致相同。美国天然气消费平均为 5.77 亿吨油当量，排名第二位，并呈现波动式上升情况。美国非化石能源消费一直排名最后，历年均值为 2.70 亿吨油当量，年均增长率为 2.07%。

日本产业能源消费中煤炭消费占比排名第二，历年均值为 1.07 亿吨油当量，消费总量总体呈现增长趋势。与美国相同，日本石油消费排名也是第一，考察期年度均值为 2.37 亿吨油当量，变动趋势总体呈现了先增加后减少的走势。日本天然气消费平均为 0.73 亿吨油当量，排名第三位，年均增长为 3.07%。非化石能源消费与天然气总体均值十分相近，为 0.70 亿吨油当量，其值在 1987—2010 年一直呈现增长趋势，而从 2011 年起受到福岛核泄漏事件影响，消费迅速下滑，2021 年才缓慢上升至 0.36 亿吨油当量。

德国产业能源消费结构中煤炭消费占比排名第二位，年度均值为 0.94 亿吨油当量，整个时期年均下降率为 2.11%。德国石油消费在能源结构中排名第一位，年度均值为 1.24 亿吨油当量，总体保持相对稳定，年均下降率为 0.48%。天然气消费平均为 0.70 亿吨油当量，排名第三位。非化石能源消费呈现缓慢增长趋势，年均增长为 2.21%，年度均值为 0.48 亿吨油当量。

煤炭在印度能源消费结构中占比排名第一，全考察期年度均值为 1.93 亿吨油当量，并总体呈现快速增长趋势，年均增长率达到了 4.67%。石油消费排名第二位，全时期均值为 1.15 亿吨油当量，年均增长率为 2.06%。天然气消费和非化石能源消费全时期均值非常接近，分别为 0.33 亿吨油当量和0.34亿吨油当量，并均呈现了缓慢提升趋势。

表6－2分析了各国产业能源消费总体顺序。其中美国、日本及德国三个发达国家石油消费在总体能源消费中均排名第一，印度及中国石油消费排名第二。印度和中国煤炭消费均排名第一位，日本和德国排名第二，美国排名第三。天然气消费总量中美国排名最高，为第二位，中国排名第四，其余三个国家均为第三位。非化石能源排名均较靠后，除了中国是第三位外，其余四个国家都是位居末席。

表6－2　　五个国家产业能源消费总体排序

国家	煤炭	石油	天然气	非化石能源
美国	第三	第一	第二	第四
日本	第二	第一	第三	第四
德国	第二	第一	第三	第四
印度	第一	第二	第三	第四
中国	第一	第二	第四	第三

6.1.2.2　各国产业能源消费结构系数比较

为了更深层次对比中国与其余四个国家的产业能源结构，设计能源消费结构系数（Energy consumption structure coefficient，ECS），计算公式如式（6－1）。

$$ECS = \sum (C^e/C^e, O^e/C^e, G^e/C^e, E^e/C^e) \qquad (式6-1)$$

其中C^e、O^e、G^e、E^e分别代表了产业煤炭、石油、天然气及非化石能源的消费总量。为了更好地实现产业可持续低碳发展，应逐步由化石碳基能源消费向非化石碳基能源转变，所以ECS系数将产业煤炭消费作为基准值，分别对其他三种能源消费状况进行综合评价，并综合分析产业能源消费结构与碳足迹之间的关联性。

为此，将中国、美国、德国、日本及印度五个国家的各种能源消费量代入公式，计算得到1987—2021年各个国家产业能源消费结构系数（见表6－3）。

研究期五个国家能源消费结构系数的平均值，由高到低分别为日本（5.14）、美国（4.37）、德国（3.74）、印度（1.95）、中国（1.49），日美德三个发达国家系数明显高于印度和中国。且三个发达国家的能源消费

表 6－3　　1987—2021 年五国产业能源消费结构系数对比

年份	EECS/亿吨标准煤					年份	EECS/亿吨标准煤				
	中国	美国	德国	日本	印度		中国	美国	德国	日本	印度
1987	1.41	4.02	2.52	5.45	1.82	2005	1.49	4.08	4.00	4.49	2.04
1988	1.41	4.06	2.59	5.31	1.81	2006	1.51	4.05	4.09	4.51	2.03
1989	1.42	4.03	2.62	5.51	1.87	2007	1.52	4.05	4.13	4.20	1.98
1990	1.42	4.12	2.69	5.69	1.92	2008	1.52	4.42	4.25	4.50	1.96
1991	1.42	4.16	3.00	5.62	1.93	2009	1.53	4.61	4.32	4.88	2.01
1992	1.45	4.19	3.25	5.74	1.89	2010	1.53	4.48	4.20	4.96	2.01
1993	1.46	4.05	3.48	5.73	1.85	2011	1.50	4.73	4.11	4.72	1.97
1994	1.46	4.21	3.51	5.76	1.92	2012	1.50	5.06	3.95	5.04	1.91
1995	1.47	4.26	3.63	5.71	1.94	2013	1.53	5.02	4.07	4.99	1.89
1996	1.47	4.18	3.81	5.69	1.94	2014	1.52	4.98	4.09	4.93	1.87
1997	1.48	4.15	3.86	5.67	1.99	2015	1.52	4.94	4.02	4.92	1.85
1998	1.49	4.14	3.91	5.65	2.02	2016	1.53	5.02	3.93	4.96	1.89
1999	1.50	4.13	4.03	5.59	2.07	2017	1.51	5.04	3.92	5.10	1.93
2000	1.50	4.13	3.91	5.27	2.05	2018	1.52	5.12	3.91	5.12	1.95
2001	1.52	4.15	3.98	4.92	2.02	2019	1.51	5.11	3.92	5.13	2.01
2002	1.57	4.16	3.82	4.72	2.01	2020	1.51	5.10	3.88	5.12	1.98
2003	1.53	4.07	3.78	4.59	2.04	2021	1.50	5.13	3.87	5.17	2.01
2004	1.54	4.06	3.94	4.47	2.03						

结构系数走势变化相对较为明显，中国及印度曲线走势则较为僵硬，变化幅度相对极小。显示三个发达国家能源消费结构显著优于中国及印度。中国能源消费结构系数由 1987 年的 1.41 缓慢调整至 2021 年的 1.50，且在五个国家中位居末席。一方面说明当前中国产业能源消费结构仍然以煤炭为主，占比一直非常之高，另一方面显示出产业石油、天然气及非化石能源消费占比较煤炭占比尚有明显差距。相对较高的煤炭消费占比也在产业发展过程中增加了碳足迹的排放量。印度的能源消费结构系数略高于中国，说明印度煤炭消费份额占比相对小于中国，石油和天然气比重则高于中国。三个发达国家中，德国能源消费结构系数数值小于美国及日本，显示德国第二产业占比要高于两国。而日本和美国由于煤炭消费均未占据最主导地位，所以能源结构消费系数总体优于其他三国。

6.2 碳足迹约束对中国产业能源结构影响分析

由上分析可见，新旧常态时期中国产业能源结构总体呈现了优化趋势，但与其他发达国家相比，仍存在较大改进空间，而产业能源结构的形成与演变受到了内外部多种因素的作用，并形成了多重复杂影响路径。为此，本节基于碳足迹约束影响前提，系统分析产业能源结构影响因素，继而通过挖掘影响路径解析各因素关系，辨析影响机理和因素变动规律，探讨碳足迹约束对中国产业能源结构的调整情况。

6.2.1 能源结构影响因素分解

为了更好地预测碳足迹约束对中国产业能源结构的调整，首先在系统整理参考文献的基础上，分解影响能源结构的因素。

第一，碳足迹量。鉴于中国产业碳足迹主要来源为煤炭、石油等化石能源的生产及消费过程，且随着产业节能减排工作的不断深入，优化能源结构也成为当务之急，所以碳足迹是影响能源结构的主要因素。

第二，经济状况。在不同的经济发展阶段，国家对于能源结构的要求也不断发生变化。如经济发展快速时对能源需求就较高，经济放缓时能源需求相应减弱；随着经济发展精细化水平的提升，也要求不断优化产业能源结构。

第三，能源价格。作为产业发展最重要的生产要素，能源种类存在一定的相互替代性。能源市场上波动的价格直接影响各种能源要素的需求，进而改变了能源消费结构。

第四，产业结构。不同产业的能源消费特征及消费弹性迥异，如第二产业是最主要能源消费产业，而第一或第三产业能源消费强度则相对较低。且产业结构会随着经济发展会不断调整，对能源消费结构也有着新的要求。

第五，人口数量。不断增加的人口规模、不断提升的消费模式、耗能产品的使用数量均会加大对能源的需求，进而影响能源消费数量并改变能源消费结构。

第六，技术进步。该因素一方面通过在能源领域的旧技术改造提升能源消费效率，并通过新技术研发推广直接影响产业能源消费结构；另一方面，在其他产业发生的技术创新也会改变经济发展方式，间接影响整体产业能源消费结构。

第七，能源节约。全社会各方共同努力会在不同程度上节约能源，缓解能源刚性增长速度，进而优化产业能源消费结构。

6.2.2　中国产业能源结构影响因素路径解析

为了进一步解析各因素对中国产业能源结构的影响，采用路径分析法分解各变量间的直接及间接效应。路径分析法根据构建的变量理论框架，借助关系或路径系数挖掘变量因果影响路径，剖析原因及结果变量间的影响来源及程度[62]。为此进一步定义各影响因素，经济状况采用当前可比国内生产总值；能源价格采用动力及燃料类价格指数；产业结构使用第二产业产值占总产业产值之比；人口数量为国家年度产业总人口；技术进步采用当年专利申请受理量；能源节约选择为能源消费总量较上年变化量；能源结构依照中国实际情况，选择煤炭与一次能源比重。

而后以能源结构为内生变量，其余变量为外生变量。基于各因素基础数据，运用 Amos24.0 软件计算得到影响因素初始路径计算结果，见图 6－1，其中 e1－e5 为随机干扰残差项。

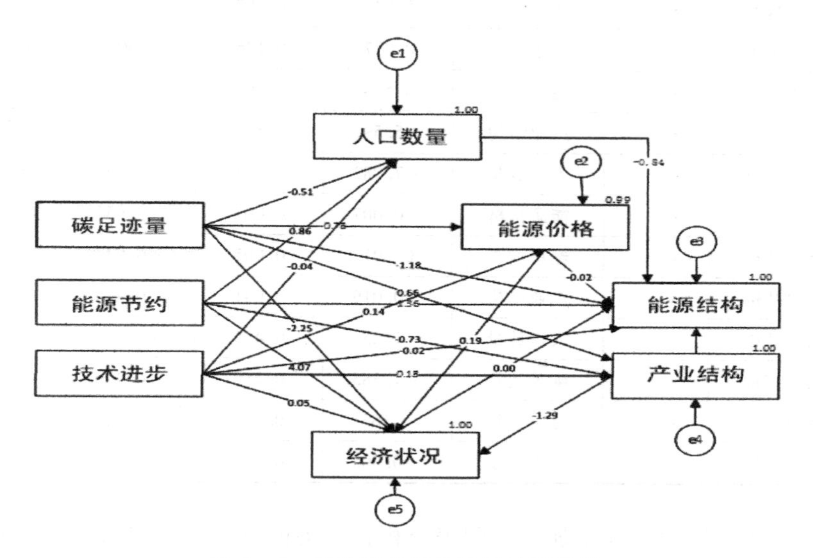

图 6－1　影响因素初始路径计算结果

而后利用极大似然法计算标准化估计值，得到各路径系数值加权回归表（见表6-4）。其中 Estimate 为标准化回归系数，在0.05显著性水平时，该值对应界值的绝对值为2.11，小于该值则说明在显著性0.05时估值不显著；S. E. 为估计阐述的标准误差；C. R. 为检验统计量，若绝对值大于1.96，表示达到0.05显著性水平；p值显示显著性水平，若 $p<0.01$ 则以“***”表示，若大于0.01则显示相关数值。

表6-4　初始路径系数值加权回归表

初始路径			Estimate	S. E.	C. R.	P
人口数量	←	碳足迹量	-2.402	0.091	-4.485	***
能源价格	←	碳足迹量	-0.622	4.668	-0.562	0.574
产业结构	←	碳足迹量	1.386	1.226	1.136	0.255
人口数量	←	能源节约	0.585	0.071	8.351	***
能源价格	←	能源节约	1.703	3.639	0.468	0.642
人口数量	←	技术进步	-0.005	0.001	-3.396	***
能源价格	←	技术进步	0.075	0.075	1.022	0.307
产业结构	←	技术进步	0.064	0.019	3.264	0.001
产业结构	←	能源节约	-1.292	0.951	-1.358	0.174
经济状况	←	碳足迹量	-8.32	8.993	-2.26	0.024
经济状况	←	能源节约	5.939	6.687	3.363	***
经济状况	←	技术进步	0.077	0.126	0.607	0.544
经济状况	←	能源价格	0.504	0.308	1.629	0.103
经济状况	←	产业结构	-5.591	1.546	-3.616	***
经济状况	←	人口数量	-7.982	7.163	-3.468	***
能源结构	←	能源价格	-0.007	0.007	-0.955	0.339
能源结构	←	经济增长	0.001	0.005	-0.033	0.973
能源结构	←	产业结构	-0.019	0.041	-0.475	0.633
能源结构	←	人口数量	-1.238	0.475	-2.606	0.009
能源结构	←	碳足迹量	-1.385	0.216	-6.426	***
能源结构	←	能源节约	1.365	0.277	4.922	***
能源结构	←	技术进步	-0.005	0.003	-1.621	0.105

基于表6-4，利用加权回归表分析在相关的路径中的各标准化回归系数，可得碳足迹量对人口数量及产业结构路径回归系数分为-0.622和

1.386；能源节约对能源价格的路径回归系数为1.703；技术进步对能源价格路径回归系数为0.076；能源节约对产业结构的路径回归系数为-1.292；技术进步对经济状况的路径回归系数为0.077；能源价格对经济增长的路径系数为0.504。以上7条路径系数所对应的C.R.检验统计量数值均小于1.96标准值；且7条路径对应的P值均未通过5%的显著性水平检验。能源价格、经济增长、产业结构、人口数量、碳足迹量、能源节约、技术进步对能源结构的C.R.值、观察显著性P值均未达到显著性水平，可见原有路径方程明显未达到理想精度。基于初始路径计算结果，删除相关无效路径重新构建模型，利用极大似然法得到各路径系数值。

表6-5显示，在10%的显著性水平下，各路径系数值均通过了检验，人口数量、能源结构的决策系数均大于0.9的界值，符合要求；且二次待检模型相比较于初始模型而言，卡方值有了明显提升，较之初始模型具备了更优拟合效果。在此基础上，继续利用残差协方差矩阵中的残差来判断模型的质量，依据矩阵可见残差值判断值为2.56，若残差绝对值高于该值，则说明模型拟合效果未达到预期要求。由表6-6显示的残差标准协方差矩阵可见，相关模型残差绝对值均小于2.56，可以很好地满足预期要求。进一步分析各因素路径间的直接、间接和总影响（见表6-7）。

表6-5　二次路径系数值加权回归表

二次路径			Estimate	S. E.	C. R.	P
人口数量	←	碳足迹量	2.402	0.093	-4.492	***
人口数量	←	能源节约	-3.584	0.074	8.354	***
人口数量	←	技术创新	-4.003	0.026	-3.392	***
能源结构	←	人口数量	-5.971	0.313	-3.194	0.011
能源结构	←	碳足迹量	-3.236	0.195	-6.546	***
能源结构	←	能源节约	2.223	0.226	5.718	***
能源结构	←	技术进步	-2.015	0.024	-1.968	0.078

表6-6　残差标准协方差矩阵

	技术创新	能源节约	碳足迹量	人口数量	能源结构
技术进步	0.000				
能源节约	0.492	0.000			

续表

	技术创新	能源节约	碳足迹量	人口数量	能源结构
碳足迹量	0.423	0.084	0.000		
人口数量	0.129	-0.047	0.043	-0.043	
能源结构	-0.053	-0.072	0.055	-0.064	-0.101

表6-7　中国产业能源结构因素路径影响表

原因变量	结果变量	总体影响	直接影响	间接影响
碳足迹量	人口数量	6.293	6.293	0
碳足迹量	能源结构	-16.678	-10.286	-6.392
能源节约	人口数量	-6.841	-6.841	0
能源节约	能源结构	15.789	9.222	6.567
技术进步	人口数量	0.521	0.521	0
技术进步	能源结构	-0.112	0.316	-0.204
人口数量	能源结构	-1.973	-1.973	0

表6-7显示，新旧常态中国产业碳足迹量对能源结构的直接影响和间接影响分为-10.286及-6.392，总体影响达到了-16.678；能源节约对能源结构的直接及间接影响分别为9.222和6.567，总体影响为15.789；人口数量对能源结构的总体影响为-0.1973，并全部来自于直接影响；而技术进步对能源结构直接及间接影响分为0.316和-0.204，总体影响仅为-0.112，显示当前中国产业能源结构主要受到碳足迹量和能源节约影响，且碳足迹总量控制对能源结构优化具有最为重要的积极影响。

6.2.3　碳足迹约束对中国产业能源结构影响

由上文描述可见，对能源结构影响最大的因素为碳足迹量。为此综合考虑有无碳足迹约束前提，利用马尔科夫链对中国产业能源结构进行比较预测。

6.2.3.1　构建马尔科夫链模型

马尔科夫链是一个典型的无后效性随机过程，相关过程仅与当前时间节点之后的状态相关，与之前的状态无关，可结合形成的马尔科夫链描述状态及时间双离散的马尔科夫过程，并设计可用条件概率加以说明[63]。依照马尔科夫链基本原理，首先设计公式分析条件概率。

$$P\{X_{n+1}=j \mid X_n=i, X_{n-1}=i_{n-1}, \ldots, X_0=i_0\}=P_{ij} \quad (式 6-2)$$

其中 P 为转移概率矩阵，P_{ij} 为经过 n 个步骤从状态 i 向状态 j 的转移概率，进一步构建反映产业能源结构调整的马尔科夫链模型。模型数据基础为各种主要能源消费量占产业总能耗比重，并将其分为移入及转出两类。令 $D_t^e=\{d_1^e(t), d_2^e(t), d_3^e(t), d_4^e(t)\}$ 为第 t 年产业能源结构，$d_1^e(t)$、$d_2^e(t)$、$d_3^e(t)$、$d_4^e(t)$ 分别代表了煤炭、石油、天然气及非化石能源当前消费占比。P_{ij} 描述了由 t 年转变为 $t+1$ 年时能源 i 转移为能源 j 的消费比重，P 为 4×4 型能源准转移概率矩阵。而后经过以下步骤计算转移概率矩阵依据。

步骤 1：计算矩阵主对角线元素值，该值代表了相关时期能源可保留的概率。当由 t 年转变为 $t+1$ 年后，若某能源消费占比 $d_i^e(t)$ 有所增长，则此时该能源以 1 的概率加以保留；反之若概率小于 1，则取两个时间节点的占比之商加以保留，设计公式如下。

$$d_i^e(t+1) \geqslant d_i^e(t) \rightarrow P_{ii}(t+1)=1 \quad (式 6-3)$$

$$d_i^e(t+1) < d_i^e(t) \rightarrow P_{ii}(t+1)=d_i^e(t+1)/d_i^e(t) \quad (式 6-4)$$

步骤 2：解析主对角线为 1 元素所在行其他元素数值。由步骤 1 可见，当 t 年演变至 $t+1$ 年后，主对角线为 1 代表该能源占比未发生变化，即不会出现与其他能源间的交流转移，为此创建下式。

$$P_{ii}(t+1)=1 \rightarrow P_{ij}(t+1)=0 \quad (式 6-5)$$

步骤 3：计算其余元素值。当 $P_{ii}(t+1)<1$ 且 $P_{ij}(t+1) \neq 1$ 时，得到公式（6-6）。

$$P_{ij}(t+1)=\frac{[1-P_{ii}(t+1)][d_i^e(t+1)-d_i^e(t)]}{\sum_{j=1, j \neq i}^{n}[d_j^e(t+1)-d_j^e(t)]} \quad (式 6-6)$$

经过以上步骤计算，便可得到转移概率矩阵。需要特别指出的是，当矩阵元素值为负时，代表着相关能源处于转出过程。

6.2.3.2　碳足迹约束下中国产业能源结构预测分析

基于构建的马尔科夫链模型，利用 Lingo17.0 进行二次回归模型求解 2007—2021 年不同年份间的中国产业能源结构转移概率矩阵，进而计算新常态时期中国产业能源结构平均转移概率矩阵 P_a。而后将预测年份能源结构设置为状态变量，选择新常态时期煤炭、石油、天然气及非化石能源消费结构平均值为初始能源消费结构向量（0.6691、0.1748、0.0508、

0.1054)，对能源结构进行预测。首先测算相关年份无碳足迹约束的中国产业能源结构（见表6－8）。

表6－8　　无碳足迹约束中国整体产业能源结构

年份	占能源消费总量比重（%）			
	煤炭	石油	天然气	非化石能源
2023	57.73	17.41	9.27	15.59
2024	56.87	17.27	9.89	15.97
2025	56.18	17.59	10.17	16.06
2026	55.98	17.07	10.62	16.33
2027	55.45	16.86	11.06	16.63
2028	54.87	16.78	11.49	16.86
2029	54.54	16.47	11.88	17.11
2030	53.91	16.22	12.41	17.46
均值	55.69	16.96	10.85	16.50

再结合国家设置的“碳达峰碳中和”目标，基于2018年及2021年能源结构进行二次计算，得到碳足迹约束下的转移概率矩阵 P'_a。

$$P'_a = \begin{bmatrix} 0.9353 & -0.0028 & 0.0043 & 0.0335 \\ -0.0201 & 0.9701 & 0.0053 & -0.0114 \\ 0 & 0 & 1 & 0 \\ 0.0370 & -0.0227 & 0.0229 & 0.9625 \end{bmatrix}$$

继而计算碳足迹约束下中国产业能源结构，见表6－9。

表6－9　　碳足迹约束下中国产业能源结构

年份	占能源消费总量比重（%）			
	煤炭	石油	天然气	非化石能源
2023	53.51	14.59	13.72	18.18
2024	52.36	13.71	14.94	18.99
2025	51.87	12.57	15.85	19.71
2026	50.63	12.28	16.75	20.34
2027	49.82	11.64	17.65	20.89

续表

年份	占能源消费总量比重（%）			
	煤炭	石油	天然气	非化石能源
2028	49.13	11.03	18.21	21.63
2029	48.21	10.73	18.79	22.27
2030	47.76	10.17	19.51	22.56
均值	50.41	12.09	16.93	20.57

对比表6-8及表6-9，可见，无论是否存在碳足迹约束，中国产业能源结构总体均呈现了煤炭及石油比重逐步下降，天然气和非化石能源占比逐步提升的趋势。但在碳足迹约束下，前两者能源下降趋势更快，后两者能源提升势头更猛。就单年而言，无碳足迹约束时，2030年四种能源占比依次为51.91%、16.22%、12.41%及17.46%，而有碳足迹约束时，则调整为47.76%、10.17%、19.51%和22.56%。就各年均值而言，有碳足迹约束时，四种能源占比结构优于无碳足迹约束，可见存在碳排放约束时，中国产业能源结构变化更符合低碳发展要求。

6.3　能源结构调整对中国产业碳足迹影响分析

为了进一步分析能源结构调整对中国产业碳足迹减排的影响，在对中国能源供给分析的基础上，设计能源生产函数计算各产业的能源产出弹性。继而将产出弹性转换为能源内部替代约束，以碳足迹最小化为目标，分析各产业能源结构优化情况及减排潜力。一般而言，能源供给可以理解为在一定时期内，各能源生产方能够为市场提供的能源数量。充足的能源供给对社会经济及人民生活的有序运转具有极其重要的意义。鉴于中国能源禀赋以煤炭为主，所以煤炭产量占能源总产量的比例一直在70%左右，而中国在能源生产产量不断提升的同时，结构也呈现多元化趋势。因此，为了更为科学地分析能源结构变化对各产业碳足迹的影响，采用碳足迹约束下中国产业能源结构预测分析结果作为中国能源供给结构。

6.3.1 中国产业能源替代性分析

6.3.1.1 替代性模型构建

产业实际生产过程中，受到能源供给、能源价格、技术进步等诸多因素的影响，会出现不同种类能源间的相互替代。为了更好地分析中国产业能源替代性，本节采用能更好地反映能源生产技术关系的超越对数生产函数。该函数基于平方反映面模型，能较好地考虑生产函数中不同投入的相互影响[100]。为此可构建以资本、劳动及能源为投入要素的超越对数生产函数模型。产业当期生产过程中的多种要素由上年经济总量决定，即使用滞后一期经济总量替代劳动资本等解释变量，以提升变量实施科学性。其中能源仍选取煤炭、石油、天然气和非化石能源，分用 C^e 、O^e 、G^e 、E^e 予以表示，单位统一为万吨 CO_2 标准煤。为了进一步提升能源代表性，非化石能源主要考虑电力。产业产出用 Y_t 表示，统一折算为 2008 年不变价，其单位为亿元。而后设计公式如式（6－7）。

$$\begin{aligned}\ln Y_t &= \beta_0 + \beta_1 \ln Y_{t-1} + \beta_C \ln C_t^e + \beta_O \ln O_t^e + \beta_G \ln G_t^e + \beta_E \ln E_t^e \\ &\quad + \beta_{CC}(\ln C_t^e)^2 + \beta_{CO}\ln C_t^e \ln O_t^e + \beta_{CG}\ln C_t^e \ln G_t^e + \beta_{CE}\ln C_t^e \ln E_t^e \\ &\quad + \beta_{OO}(\ln O_t^e)^2 + \beta_{OG}\ln O_t^e \ln G_t^e + \beta_{OE}\ln O_t^e \ln E_t^e + \beta_{GG}(\ln G_t^e)^2 \\ &\quad + \beta_{GE}\ln G_t^e \ln E_t^e + \beta_{EE}(\ln E_t^e)^2 + \mu_t^e \end{aligned} \quad \text{（式 6－7）}$$

进一步将产出弹性定义为在其他投入要素量维持不变情况下，某一种投入要素变动而引起的产出量的变动率。借助产出弹性，则可以有效评价不同能源间的替代性及转化效果。需要指出的是，一般整体产业总体能源的产出弹性应该为正值，说明能源消费与产业增长同向变化，特别是到达环境库兹涅茨曲线拐点之前，总体能源的产出弹性一定保持为正值。但就细分的某一产业某一能源而言，因为存在产业能源结构的优化或者出现技术进步，无法保证相关能源产出弹性一直为正，可能会出现随着该产业产出增长，而相关能源消费减少的情况。此外，同等条件下，某一能源的产出弹性越大，说明相关能源经济效益也相对较高。基于式（6－7），形成具体煤炭、石油、天然气及非化石能源的产出弹性计算公式，分见式（6－8）至式（6－11）。

$$\vartheta_C^e = \beta_C + 2\beta_{CC}\ln C_t^e + \beta_{CO}\ln O_t^e + \beta_{CG}\ln G_t^e + \beta_{CE}\ln E_t^e \quad \text{（式 6－8）}$$

$$\vartheta_O^e = \beta_O + \beta_{CO}\ln C_t^e + 2\beta_{OO}\ln O_t^e + \beta_{OG}\ln G_t^e + \beta_{OE}\ln E_t^e \quad \text{（式 6－9）}$$

$$\vartheta_G^e = \beta_G + \beta_{CG}\ln C_t^e + \beta_{OG}\ln O_t^e + 2\beta_{GG}\ln G_t^e + \beta_{GE}\ln E_t^e \quad \text{(式 6-10)}$$

$$\vartheta_E^e = \beta_E + \beta_{CE}\ln C_t^e + \beta_{OE}\ln O_t^e + \beta_{EG}\ln G_t^e + 2\beta_{EE}\ln E_t^e \quad \text{(式 6-11)}$$

在此基础上，进一步引入边际替代率，用于描述产出变量恒定情况下，某种能源增加与另一种能源减少间的比例。以天然气对煤炭的边际替代率 MRS_{GC} 为例，可设计公式（6－12）进行计算。

$$MRS_{GC} = dG^e/dC^e = (\vartheta_G^e G^e)/(\vartheta_C^e C^e) \quad \text{(式 6-12)}$$

其中 MRS_{GC} 与能源产出弹性比和能源投入量分别呈现正比和反比关系。在产业产出维持不变的前提下，如果增加的天然气投入量小于煤炭减少量，则 MRS_{GC} 小于1，说明此种能源结构的内部替代有助于提升能源使用效率，且 MRS_{GC} 越小，说明此种替代的节能效益越明显。继而以两种能源比例变化率与边际替代率之比为能源替代弹性，用以描述两种能源间替代可能性数值，公式见式（6－13）。

$$\begin{aligned}\delta_{GC} &= \frac{d(G^e/C^e)}{(G^e/C^e)} / \frac{d(MRS_{GC})}{MRS_{GC}} \\ &= d\ln(G^e/C^e)/d\ln MRS_{GC} \\ &= d\ln(G^e/C^e)/[d\ln(\vartheta_C^e/\vartheta_G^e) + d\ln(G^e/C^e)] \\ &= [1 + (d\vartheta_C^e/\vartheta_C^e - d\vartheta_G^e/\vartheta_G^e)/(dG^E/G^E - dC^E/C^E)]^{-1} \quad \text{(式 6-13)}\end{aligned}$$

由上述公式可见，各种能源边际替代率和替代弹性主要受到能源产出弹性和投入比例影响。在现有能源技术水平下，使用产出效率高而单位排放低的能源，对提升能源使用效率、降低产业碳足迹有重大正向帮助。由此可见，鉴于单位热值排放由低到高为非化石能源、天然气、石油、煤炭，四种能源的最优被替代位次依次为煤炭、石油、天然气和非化石能源，即煤炭最应被其他三种能源来替代，石油应被天然气及非化石能源替代，天然气则应被非化石能源替代。

由于公式（6－7）中拥有较多存在多重共线性的变量，为此进一步采用偏最小二乘法（Partial Least Squares Regression，PLS）降低共线性。首先构建自变量和因变量数据表 X_{PLS} 及 Y_{PLS}，分别提取各自线性组合成分 x_{PLS}^1 及 y_{PLS}^1。由于提取的线性组合成分具有极高相关度，并已经最大程度地携带了 X_{PLS} 及 Y_{PLS} 中的变异信息，可以保证对因变量及自变量的代表性和解释能力。为此，在提取 x_{PLS}^1 及 y_{PLS}^1 后，分别实施 X_{PLS} 对 x_{PLS}^1、Y_{PLS} 对 y_{PLS}^1 的回归，若回归满足精度要求则终止算法，否则针对 X_{PLS} 及 Y_{PLS} 被解释后的残余信息进行第二轮成分提取，如此反复直到达到精度要求。

6.3.1.2 中国产业能源产出弹性分析

为了清晰梳理中国产业能源内部替代关系，基于新旧常态中国27个产业能源消费总量，运用偏最小二乘法分析各个产业。结果显示所有产业的PLS模型拟合度均超过了0.9，完全符合要求。为此，进一步计算新旧常态各产业四个能源产出弹性均值。

表6-10显示各个产业煤炭产出弹性均值显示了一定差距。其中农林牧渔业（D1）、食品制造及烟草加工业（D6）等16个产业的煤炭产出弹性为负，显示随着这些产业的增长，煤炭消费投入不断减少；煤炭开采和洗选业（D2）、金属矿采选业（D4）等11个产业煤炭产出弹性为正，说明在这些产业的不断发展过程中，煤炭消费总量也在相应增长。

表6-10 新旧常态各产业煤炭产出弹性均值

产业	产出弹性	产业	产出弹性	产业	产出弹性
D1	-0.0540	D10	-0.3654	D19	-0.5512
D2	0.5883	D11	0.4669	D20	-0.5191
D3	0.5708	D12	-0.6748	D21	-0.5348
D4	0.5986	D13	0.3991	D22	0.1573
D5	0.6410	D14	0.2573	D23	0.1639
D6	-0.2308	D15	0.2617	D24	-0.3277
D7	-0.6975	D16	-0.5484	D25	-0.1919
D8	-0.6930	D17	-0.3913	D26	0.0819
D9	-0.6833	D18	-0.3846	D27	-0.2282

新旧常态各个产业石油的产出弹性均呈现缓慢增长趋势，且各个产业石油产出弹性均值具有一定差距。其中石油和天然气开采业（D3）、纺织业（D7）等17个产业的石油产出弹性为正，造纸印刷及文教体育用品制造业（D10）、交通运输设备制造业（D17）等10个产业石油产出弹性为负（见表6-11）。

较煤炭及石油能源而言，新旧常态中国产业天然气的产出弹性更低。表6-12显示，食品制造及烟草加工业（D6）、水生产及供应业（D23）

表6-11 新旧常态各产业石油产出弹性均值

产业	产出弹性	产业	产出弹性	产业	产出弹性
D1	0.0378	D10	-0.0455	D19	-0.0306
D2	0.1417	D11	-0.0129	D20	-0.0227
D3	0.1462	D12	0.0921	D21	-0.0541
D4	0.1488	D13	0.1695	D22	-0.0786
D5	0.1324	D14	0.5179	D23	-0.0689
D6	0.3112	D15	0.5361	D24	0.5739
D7	0.1532	D16	-0.0128	D25	0.1606
D8	0.1597	D17	-0.0155	D26	-0.0663
D9	0.1410	D18	0.0006	D27	0.0886

等7个产业石油产出弹性为负值，其余20个产业均为正值。通用专业设备制造业（D16）、交通运输设备制造业（D17）等7个产业的石油产出弹性高于0.3，属于相对较高产业，另有9个产业天然气产出弹性均接近0。

表6-12 新旧常态各产业天然气产出弹性均值

产业	产出弹性	产业	产出弹性	产业	产出弹性
D1	0.0200	D10	-0.1949	D19	0.3695
D2	0.1865	D11	0.4394	D20	0.3468
D3	0.1857	D12	0.2196	D21	0.3581
D4	0.1769	D13	0.1241	D22	-0.0923
D5	0.1856	D14	0.1301	D23	-0.0093
D6	-0.0048	D15	0.1253	D24	-0.0032
D7	0.0050	D16	0.3986	D25	0.1249
D8	0.0056	D17	0.4056	D26	-0.0287
D9	0.0059	D18	0.3962	D27	-0.0066

新旧常态各产业的非化石能源产出弹性均为正值且呈逐步上升趋势，显示随着经济的发展，各产业非化石能源消费均一直处于增长过程。各产业的非化石能源产出均值分布相对分散，且高碳足迹产业的非化石能源产出弹性均较高（见表6-13）。

表 6 - 13　　新旧常态各产业非化石能源产出弹性均值

产业	产出弹性	产业	产出弹性	产业	产出弹性
D1	0.2670	D10	0.6504	D19	0.5399
D2	0.7689	D11	0.2143	D20	0.5048
D3	0.7827	D12	0.7686	D21	0.5381
D4	0.7780	D13	0.2525	D22	0.7382
D5	0.7588	D14	0.3113	D23	0.7647
D6	0.5013	D15	0.2732	D24	0.4520
D7	0.5529	D16	0.5532	D25	0.1133
D8	0.5759	D17	0.5855	D26	0.4303
D9	0.5258	D18	0.5689	D27	0.3495

总体而言，新旧常态各产业四种能源的产出弹性整体呈现上升趋势，显示该时期技术进步促进了能源产出弹性的增加。与此同时，各产业能源产出弹性增加速度非常缓慢，甚至某些年份出现波动调整情况，说明该时期技术进步相对较为缓慢，使得各产业能源产出弹性变化幅度不很明显。

6.3.2　多重约束下的中国产业能源结构调整

6.3.2.1　设计多重约束下的产业能源结构调整模型

在实际产业能源结构调整过程中，虽然天然气、非化石能源等更加适合低碳发展，但鉴于相关能源供给源有限，不可能无限制使用。此外，鉴于各产业自身能源结构、产出弹性等综合因素存在明显差异，客观要求必须综合考虑在技术水平下产业各种能源的替代性。为此，针对中国产业能源结构的调整必须进一步综合考虑供给、替代、能源消耗、碳足迹等多重约束因素。

第一，供给约束。首先令 C_i^e、O_i^e、G_i^e、E_i^e 代表 2030 年各产业的煤炭、石油、天然气及非化石能源的消费量。继而设第 i 产业的四种主要能源调整量分别为 LC_i^e、LO_i^e、LG_i^e、LE_i^e，化石能源中用于发电的比例分别为 y_i^c、y_i^o、y_i^g、y_i^e。

在此基础上，设置产业能源结构调整的供给约束条件。将煤炭使用分为两个部分，一是各产业直接使用量，即按照相关产业 2021 年能源结构中能源使用量加总煤炭增加量，二是用于火力发电过程消耗的煤炭量。按照国家规划及本书计算的结果，2030 年中国产业能源消耗总量为 52.10 亿吨标准煤，参照有碳约束情况下 2030 年中国产业能源消费结构，可得煤炭、石油及天然气能源消费量分别为 24.88 亿吨标准煤、5.30 亿吨标准煤和 10.16 亿吨标准煤。为此，得到煤炭、石油和天然气的约束条件，见以下各式。

$$\sum_{i=1}^{27} C_i^e + \sum_{i=1}^{27} LC_i^e + 24.88y_i^c \leq 24.88 \tag{式 6 - 14}$$

$$\sum_{i=1}^{27} O_i^e + \sum_{i=1}^{27} LO_i^e + 5.30y_i^o \leq 5.30 \tag{式 6 - 15}$$

$$\sum_{i=1}^{27} G_i^e + \sum_{i=1}^{27} LG_i^e + 10.16y_i^g \leq 10.16 \tag{式 6 - 16}$$

非化石能源选择电力为代表，鉴于中国每年电力发电方式占比以及火力发电消耗的能源种类和数量均不同，使得电力能源消耗系数不断浮动。为了提升计算科学性，利用第 2 章中国电力二氧化碳排放系数变化趋势，综合计算得到中国新旧常态平均生产 1 度电消耗 0.4012 千克标准煤。结合 2030 年中国产业能源消费结构，可以得到非化石能源消费量为 11.76 亿吨标准煤。基于以上论述，设计以下非化石能源约束公式。

$$\sum_{i=1}^{27} E_i^e + \sum_{i=1}^{27} LE_i^e \leq 0.9397(24.88y_i^c + 5.30y_i^o + 10.16y_i^g + 11.76) \tag{式 6 - 17}$$

第二，替代约束。首先对产业能源生产函数进行求导，得到下式。

$$\frac{dY_t}{Y_t} = \beta_1 \frac{dY_{t-1}}{Y_{t-1}} + \beta_C \frac{dC_t^e}{C_t^e} + \beta_O \frac{dO_t^e}{O_t^e} + \beta_G \frac{dG_t^e}{G_t^e} + \beta_E \frac{dE_t^e}{E_t^e} \tag{式 6 - 18}$$

依照经济学原理，dY_t/Y_t 代表产业产出 Y_t 增长率，并受到上年产出增长率 dY_{t-1}/Y_{t-1} 及四种不同能源增长率的综合影响。在进行能源结构调整过程中，应保障产业增长率 Ψ_t 较上年同比非负，假设两者增长率均相同，推导得出式（6 - 19）。

$$\frac{\beta_C}{C_t^e}dC_t^e + \frac{\beta_O}{O_t^e}dO_t^e + \frac{\beta_G}{G_t^e}dG_t^e + \frac{\beta_E}{E_t^e}dE_t^e = (1 - \beta_1)\Psi_t \geq 0 \tag{式 6 - 19}$$

其中 dC_t^e、dO_t^e、dG_t^e、dE_t^e 分别对应了煤炭、石油、天然气、非化石能源的变化量，且产业产出增长率涉及的能源因素仅与四种能源产出弹性及各自消耗量相关，不同能源间的替代弹性也仅取决于能源产出弹性及两种能源使用比率。由此可见，式（6 - 18）即可以认定为不同能源间的替代约束。

第三，能源消耗约束。在完成能源结构调整后，第 i 个产业的能源消耗应相应减少或保持不变，得式（6－20）。

$$dC_{it}^{e}+dO_{it}^{e}+dG_{it}^{e}+dE_{it}^{e}\leqslant 0 \qquad （式 6－20）$$

第四，碳足迹约束。在满足以上三个约束的基础上，产业能源结构调整的终极目标为实现产业碳足迹的最小化，为此设煤炭、石油、天然气及非化石能源的能源碳排放系数分为 r_{j_c}、r_{j_o}、r_{j_g}、r_{j_e}二氧化碳排放系数，得式（6－21）。

$$\min\left\{\begin{aligned}&r_{j_c}\left[\sum_{i=1}^{27}(C_{it}^{e}+dC_{it}^{e})+24.88y_i^{c}\right]+r_{j_o}\left[\sum_{i=1}^{27}(O_{it}^{e}+dO_{it}^{e})+5.30y_i^{o}\right]\\&+r_{j_g}\left[\sum_{i=1}^{27}(G_{it}^{e}+dG_{it}^{e})+10.16y_i^{g}\right]+r_{j_e}\left[\sum_{i=1}^{27}(E_{it}^{e}+dE_{it}^{e})+11.76\right]\end{aligned}\right\} \qquad （式 6－21）$$

6.3.2.2 多重约束下的中国产业能源结构调整结果

依照北京大学国家发展研究院的2021年度报告，中国经济在2025—2030年经济增速将大致维持在5%—6%。参考此论述，依照不同经济增长率为中国产业能源结构设置5种情景，情景1—情景5分别对应着经济增长率为4%、5%、6%、6.5%和7%。并以5种情景各产业能源消耗为基准，按照2021年能源结构分配给各个产业的煤炭、石油、天然气及非化石能源消耗量。设第 i 产业的四种主要能源调整量分为 LC_i^{e}、LO_i^{e}、LG_i^{e}、LE_i^{e}，化石能源中用于发电的比例 y_i^{c}、y_i^{o}、y_i^{g}、y_i^{e} 为未知变量，求解规划模型得到各产业调整后的能源消耗量及能源结构，见表6－14。

表6－14　不同情形下2030年中国产业调整能源消耗量（单位：亿吨标准煤）

产业	情景1	情景2	情景3	情景4	情景5
D1	0.834	0.987	1.011	1.025	1.038
D2	1.873	1.912	2.071	2.103	2.349
D3	0.403	0.436	0.451	0.475	0.525
D4	0.355	0.376	0.391	0.417	0.438
D5	0.361	0.372	0.398	0.414	0.447
D6	0.757	0.763	0.788	0.801	0.874
D7	0.252	0.281	0.311	0.323	0.364
D8	0.708	0.752	0.814	0.853	0.927
D9	0.508	0.547	0.576	0.594	0.637

续表

产业	情景 1	情景 2	情景 3	情景 4	情景 5
D10	0.616	0.633	0.645	0.658	0.698
D11	5.108	5.341	5.545	5.697	5.817
D12	3.874	4.105	4.554	4.944	5.335
D13	2.147	2.211	2.348	2.498	2.641
D14	4.191	4.305	4.478	4.639	4.884
D15	3.221	3.316	3.565	3.726	3.862
D16	0.712	0.729	0.743	0.762	0.823
D17	0.832	0.855	0.875	0.882	0.928
D18	0.577	0.592	0.611	0.637	0.652
D19	0.477	0.493	0.518	0.532	0.569
D20	0.214	0.232	0.248	0.259	0.269
D21	0.194	0.201	0.213	0.229	0.257
D22	7.876	8.001	8.126	8.237	8.408
D23	0.081	0.092	0.108	0.112	0.149
D24	1.152	1.163	1.176	1.188	1.237
D25	3.009	3.137	3.291	3.461	3.554
D26	0.981	1.036	1.076	1.108	1.144
D27	2.876	3.038	3.453	3.529	3.979
合计	44.189	45.906	48.384	50.103	52.805

根据优化模型的求解结果，便可以得到相关情形下各产业能源结构。在此基础上，将优化模型所得的能源结构与2021年各产业能源结构进行对比，分析变化并得到表6－15。

表 6－15　　调整结果较 2021 年产业能源结构变化

产业	煤炭	石油	天然气	非化石能源
D1	－2.741	－3.041	0.041	5.741
D2	－11.951	－3.512	2.611	12.852
D3	－9.325	－3.251	2.336	10.240
D4	－10.496	－3.445	2.613	11.328
D5	－10.643	－3.782	2.754	11.671
D6	－2.78	1.843	－0.185	1.122

续表

产业	煤炭	石油	天然气	非化石能源
D7	-1.156	2.253	-0.016	-1.081
D8	-1.411	2.716	-0.051	-1.254
D9	-1.927	1.432	-0.746	1.241
D10	-1.851	1.569	-0.703	0.985
D11	3.131	-4.155	2.609	-1.585
D12	-3.515	-1.584	4.247	0.852
D13	-11.051	-2.458	0.965	12.544
D14	-3.738	-0.846	1.125	3.459
D15	-2.046	0.422	0.392	1.232
D16	-0.213	-0.114	0.841	-0.514
D17	-0.176	-0.101	0.709	-0.432
D18	-0.183	-0.092	0.868	-0.593
D19	-0.205	-0.151	0.769	-0.413
D20	-0.202	-0.117	0.832	-0.513
D21	-0.175	-0.097	0.633	-0.361
D22	-3.219	-0.317	0.215	3.321
D23	-1.155	-0.351	0.022	1.484
D24	0.813	-7.953	-0.445	7.585
D25	0.122	-6.151	3.510	2.519
D26	-3.881	6.571	-1.533	-1.157
D27	-3.361	6.147	-1.218	-1.568

表6-15显示，共有24个产业需要降低煤炭使用比例，其中煤炭开采和洗选业（D2）、金属矿采选业（D4）、非金属矿及其他矿采选业（D5）、非金属矿物制品业（D13）需要降低的幅度最高，下降幅度均超过了10%；仅有炼焦煤气及石油加工业（D11）、建筑业（D24）、交通运输及仓储业邮政业（D25）可以适度提升煤炭使用比例。19个产业应降低石油使用比例，但下降幅度相较煤炭普遍较低，其中炼焦煤气及石油加工业（D11）、建筑业（D24）、交通运输及仓储业邮政业（D25）为降幅最大的三个产业；其余8个产业则需要提升石油使用占比，除批发及零售贸易餐饮业（D26）及其他服务业（D27）外，其余6个产业增幅均未超过3%。

鉴于天然气在各产业能源结构中占比一直相对较小，所以各产业需要调整幅度也不明显，其中食品制造及烟草加工业（D6）、纺织业（D7）等 8 个产业需要降低天然气使用比例，且所有产业降低幅度均未超过 2%；其余 19 个产业则需适当提升使用天然气比例。非化石能源方面，11 个产业需要降低使用比例，但降低幅度均未超过 2%，其中有 6 个产业降幅未超过 1%；需要增加非化石能源使用比例的产业有 16 个。

就各产业能源内部替代情况而言，煤炭开采和洗选业（D2）、石油和天然气开采业（D3）等 10 个产业主要需要以非化石能源及天然气替代煤炭及石油；通用专业设备制造业（D16）、交通运输设备制造业（D17）等 6 个产业则需要利用天然气替代其他三种能源；食品制造及烟草加工业（D6）、木材加工及家具制造业（D9）、造纸印刷及文教体育用品制造业（D10）需要以非化石能源及石油替换煤炭及天然气；造纸印刷及文教体育用品制造业（D7）、纺织服装鞋帽皮革羽绒及其制品业（D8）需要利用石油替代其他三种能源，而交通运输及仓储业邮政业（D25）、其他服务业（D27）则要用其他三种能源替代石油；炼焦煤气及石油加工业（D11）需要利用煤炭和天然气替代石油和非化石能源；金属制品业（D15）需要利用石油、天然气及非化石能源替代煤炭；建筑业（D24）需要利用非化石能源和煤炭替代石油和天然气。

6.3.2.3　中国产业能源结构调整的节能减排潜力

以 2021 年各产业能源结构为基准，比较 2030 年能源结构调整前后各产业能源变化情况，分析节能效应，具体见表 6-16。

表 6-16　　调整前后中国产业整体能源消耗对比　（单位：亿吨标准煤）

	情景 1	情景 2	情景 3	情景 4	情景 5
调整前	47.659	49.464	52.100	54.135	56.979
调整后	44.189	45.906	48.384	50.103	52.805
节能贡献率	7.281%	7.193%	7.132%	7.448%	7.326%

表 6-16 显示，情景 1 至情景 5 调整后分别比调整前节省能源 3.470 亿吨标准煤、3.558 亿吨标准煤、3.716 亿吨标准煤、4.032 亿吨标准煤和 4.174 亿吨标准煤，节能贡献率分别达到了 7.388%、7.654%、7.132%、7.781% 和 7.121%。在此基础上，进一步对比分析中速增长条件下 2030

年各单一产业能源消耗情况，结果见表6－17。

表6－17　调整前后各产业整体能源消耗对比　（单位：亿吨标准煤）

产业	调整前	调整后	节能贡献率
D1	1.038	1.011	2.601%
D2	2.349	2.071	11.835%
D3	0.505	0.451	10.693%
D4	0.438	0.391	10.731%
D5	0.427	0.398	6.792%
D6	0.874	0.788	9.840%
D7	0.344	0.311	9.593%
D8	0.907	0.814	10.254%
D9	0.627	0.576	8.134%
D10	0.658	0.645	1.976%
D11	5.667	5.545	2.153%
D12	5.135	4.554	11.315%
D13	2.541	2.348	7.595%
D14	4.784	4.478	6.396%
D15	3.862	3.565	7.690%
D16	0.783	0.743	5.109%
D17	0.998	0.875	12.325%
D18	0.652	0.611	6.288%
D19	0.574	0.518	9.756%
D20	0.269	0.248	7.807%
D21	0.237	0.213	10.127%
D22	8.878	8.126	8.470%
D23	0.119	0.108	9.244%
D24	1.197	1.176	1.754%
D25	3.524	3.291	6.612%
D26	1.104	1.076	2.536%
D27	3.609	3.453	4.323%
合计	52.100	48.384	7.132%

表6－17显示，能源结构调整后所有产业的能耗均有所减少。其中共有9个产业的降幅低于整体产业。煤炭开采和洗选业（D2）、交通运输设备制造业（D17）等7个产业的能耗减少比例则在10%以上，显示了相对更好地节能效应。根据各部门的能源消费结构，可以计算得到按照2018年能源结构和调整后的能源结构发展，在各种情景下的2030年全碳足迹排放总量，继而分析优化效应，得到表6－18。

表6－18　能源结构调整的全碳足迹优化效应　（单位：亿吨二氧化碳）

	情景1	情景2	情景3	情景4	情景5
调整前全碳足迹	208.93	222.25	242.78	256.68	269.15
调整后全碳足迹	213.19	222.62	237.63	243.48	260.29
全碳足迹减少量	22.74	23.63	25.15	27.20	28.86
全碳足迹减排贡献率（%）	9.637	9.597	9.572	10.050	9.981

表6－18显示，处于情景1时，通过能源结构调整可以减少22.74亿吨二氧化碳，全碳足迹减排贡献率为9.637%，在5种情景中排名第三；在情景2时，能源结构调整减少了23.63亿吨二氧化碳，全碳足迹减排贡献率达到9.597%；面对情景3时，能源结构调整减少了25.15亿吨二氧化碳，全碳足迹减排贡献率达到9.572%；处于情景4时，能源结构调整减少了27.20亿吨二氧化碳，全碳足迹减排贡献率达到10.050%，减排贡献率在5种情景中位居第一位；面临情景5时，能源结构调整减少了28.86亿吨二氧化碳，全碳足迹减少量在5种情景中排名第一，并以9.981%的减排贡献率排名第二。五种情景平均全碳足迹减少量为25.516亿吨二氧化碳，平均全碳足迹减排贡献率达到了9.767%，显示了较好的碳减排效果。

6.4　本章小结

能源结构是影响中国产业碳足迹的重要因素。本章在比较中国及国外典型国家能源结构的基础上，解析中国能源结构与产业碳足迹的关联程度。继而利用马尔科夫链分解有无碳足迹约束时的中国产业能源结构调整的总体情况，再逆向解析中国产业能源结构调整对产业节能减排的影响程度，并得到以下结论。

第一，新旧常态中国产业能源结构占比由高到低依次为煤炭、石油、非化石能源及天然气。在四种能源中，中国产业仍以煤炭为第一主导性能源，旧常态、新常态及新旧常态平均占比分别为72.82%、66.41%及70.63%；其次为石油，新旧常态占比为18.32%；非化石能源及天然气占比则相对较小，新旧常态平均占比仅为3.20%及7.85%。相较典型国家而言，在美国、日本及德国的能源消费结构中，煤炭均占据第一的位次，而中国和印度的煤炭消费则一直稳居第一。与之对应的，日本、美国和德国的能源消费结构系数也明显优于中国及印度，而中国表现相对最差。

第二，当前中国产业能源结构主要受到碳足迹量、经济状况、产业结构、人口数量、技术进步、能源节约等相关因素的综合性影响。结合路径分析法进一步分析可见，当前碳足迹量对于中国产业能源结构直接及间接影响综合排名第一，其次是能源节约，其他影响因素则相对影响较弱。

第三，鉴于碳足迹量是中国产业能源结构的第一影响源，利用马尔科夫链对中国产业能源结构进行预测及比较。测算显示，存在碳足迹约束时中国产业能源结构预测效果明显优于无碳足迹约束时的结果。

第四，利用碳足迹约束分析中国能源供给结构发展趋势，设计能源生产函数计算各产业的能源产出弹性，以求更好地研究产业内部各种能源的相互替代性。结合中国实际情况，发现各产业煤炭产出弹性均呈现极慢增长趋势，石油产出弹性增长较为缓慢，天然气产出弹性相对较低，非化石能源产出弹性则呈现逐步上升趋势，显示新旧常态下中国通过技术进步小幅地加大了能源的产出弹性。而四种能源的最优被替代位次依次为煤炭、石油、天然气和非化石能源。

第五，结合碳足迹约束、能源供给约束、由产出弹性转换的能源内部替代约束、能源消耗约束等多重条件，以碳足迹最小化为目标，分析五种情景下各产业能源结构优化情况及减排潜力。研究显示，不同情境下产业能源结构优化节能减排贡献度有所不同，但均显示了正向的节能减排效果。

由上分析可见，新旧常态以来，中国产业能源消费结构呈现了逐步优化趋势。但总体而言，特别是与发达国家相比，能源消费结构仍存在很大改进空间。需要进一步提升产业能源结构的合理性，力争早日将中国能源结构由化石能源为主过渡至低碳多元化，有效降低产业碳足迹排放总量。

第7章　新旧常态中国产业技术进步碳足迹要素偏向性分析

技术进步是影响产业全碳足迹的重要因素，清晰认识新旧常态中国产业技术进步碳资源要素偏向性，对于推动产业节能减排具有重要的理论意义与政策价值。本书将资本、劳动力、能源及碳足迹视为生产投入性测度要素，运用参数化随机前沿分析法，构建产业技术进步偏向测度模型。通过参数效果估计、适用性检验和平稳性检验，证明测度模型是合理有效的。而后从整体产业及产业两个方面，运用模型测算新旧常态中国产业技术进步碳足迹要素偏向性，厘清变化趋势。再确定六种技术进步来源，探寻技术进步对产业碳足迹强度影响机制，构建技术进步对产业碳足迹强度影响测度模型，测度新旧常态不同来源技术进步对中国产业碳足迹强度的影响。

7.1　技术进步偏向综述

长期以来，由于生产要素相对稳定，使得大量主流研究均基于中性技术假设背景分析技术进步对产业减排的作用。然而，并非所有技术进步都具备正向的碳减排效应，原因在于技术进步会产生偏向，并直接影响产业结构变迁及要素产出分配。在新旧常态环境影响下，中国各产业面临着不同的碳减排压力，拥有迥异的技术创新能力，使得转型升级方向也有所差异。而当技术进步偏向于节约碳足迹时，就能对实现引导产业减排和促进经济增长的双重目标有所帮助。因此，充分识别新旧常态时期中国产业技术进步碳资源要素偏向趋势，探索促进产业低碳技术进步的对策是十分必要且紧迫的。

Hicks（1932）最早指出技术进步可能呈现中性或偏向特性，并将依据特性分为资本偏向型及劳动偏向型技术进步[64]。此后伴随着内生经济增长理论的发展，学界先后对技术进步偏向作出了新的表述，认为可以适用于任何两个生产要素间，其中要素增强型定义为技术进步改变生产要素的生产效率，要素偏向型反映了技术进步对两种要素间边际替代率变化情况[65]。在此基础上，众多学者对不同国家及地区的技术进步偏向进行了研究，少数学者或分析了产业结构升级所引致的偏向性技术进步对劳动要素的影响，或分析了技术进步中不同产业要素偏向替代关系[66-67]。近年来部分学者根据技术进步对于产业碳减排的作用，分析了技术进步减排效应与最终需求规模等方面的相互影响效应，并应用动态面板门限等方法分析了不同来源技术的碳减排效应[68-69]。

综上所述，在当前对于技术进步与产业碳排放的研究中，尚存在以下需改进之处。一是绝大多数研究均基于技术进步中性假设，未详细深入探究技术进步偏向对产业碳排放的作用及影响机制。二是少数研究虽然考虑了技术进步偏向与产业碳排放之间的关系，但均局限于资本、劳动、能源要素，未纳入碳足迹要素进行综合多要素偏向性研究。三是尚未见基于新旧常态时期，对中国产业技术进步偏向性进行的有效对比分析。四是多只从静态视角研究单一来源的偏向性技术进步与碳强度的关系，缺乏对不同技术来源的动态性系统研究。

为此，本书将技术进步偏向定义为通过改变生产要素投入比例或投入份额，调整生产要素间的相对边际生产率，对各生产要素产生不同的使用或节约效用。而后基于参数化的随机前沿分析法，构造超越对数生产函数，同时将资本、劳动力、能源及碳足迹作为生产投入要素，创建技术进步偏向研究框架，测算新旧常态时期中国产业技术进步碳足迹要素偏向性，通过对比厘清中国整体产业及各细分产业技术进步碳足迹偏向的变化趋势。进而系统、动态地分析不同来源偏向技术进步对产业碳足迹强度的影响。在此基础上，提出更好地实现中国产业节约碳足迹技术进步的对策和建议。

7.2 技术进步偏向测度模型构建

7.2.1 测度要素确定

测度技术进步偏向，首先需要归纳并确定所涉及的测度要素。为了更好贴近实际，本书将劳动、资本、能源及碳足迹四种要素纳入考察范围。其中劳动、资本要素公认为生产性投入类型；能源要素定义为产业能源消费量，由于能源作为生产过程的中间投入要素，在生产过程中依据市场价格创造了最终产品的部分价值，因此将其归入生产投入要素。

本书将碳资源要素定义为产业全碳足迹排放量。现有研究将碳资源纳入生产过程的处理方式主要有两种。方式一是将其视为非期望产出要素，配合其他期望产出展开研究；方式二是将碳资源作为类似于劳动、资本等的生产性投入要素直接纳入生产函数[68-69]。尽管上述两种处理方法均有一定合理性，但本书决定采用方式二，主要出于以下两个理由。

第一，合理节约碳资源会优化自然环境，使其具备更好的碳吸纳及降解功能，并为产业经济活动提供社会资本服务，当给定其他投入要素时会有效提升产出水平。此外，在缺乏环境管制情况下，单个经济实体通过加大碳排放可能在短期内提升净产出。但过度积累的碳排放则会降低自然环境所能提供的服务质量，最终导致总体社会资本下降，使得所有经济实体外部性为负，为此迫使社会通过制定环境管制等方式节约碳资源，但随之付出的减排及监管成本也会相应增加产业生产期望支出。可见碳资源会直接影响社会经济生态成本。

第二，处理方式一主要利用光滑样条估计、方向距离函数等非参数化的数据包络法（Data Envelopment Analysis，DEA）开展研究。DEA 法通过直接确定生产前沿面测定技术进步效率，有效避免了因采取不正确函数而导致错误结论的情况，相对简单易行。但该方法也存在一定问题，一是由于采用固定前沿面，降低了测量误差及极端值容忍度，极易受到样本数据质量的影响，且将实际产出低于前沿产出的原因全部归咎于技术无效率，忽略了随机因素的产出影响；二是只能测算全要素生产率及分解指标，无法系统描述有效技术单元要素间偏向程度；三是非参数化特征无法有效揭示要素投入对技术进步的影响程度。因此本书将碳资源视为一种特殊的生产性投入要素纳入生产函数，并选用参数化的随机前沿分析法（Stochastic Frontier Analysis，SFA）进行测度。SFA 法前提假设是投入与产出符合某个生产函数形式，函数模型处理对象也由最初的横截面数据发展为时间序列面板数据，标准形式见式（7－1）。其中 i、t 分别代表截面单位和时间趋势变量，y_{it} 为第 i 个截面单位的 t 时间产出，f 用于确定可行松弛前沿面，x_{it}、β 分别定义为要素投入向量和模型参数向量，v_{it}、u_{it} 为随机扰动项，用于反映未纳入模型中的各种随机因素影响。

$$y_{it} = f(x_{it},\beta)\exp(v_{it})\exp(-u_{it}) \quad \text{（式 7－1）}$$

相较 DEA 法，SFA 法借助生产函数构造生产前沿面，利用极大似然法估算各参数数值，以技术无效率项条件期望代表技术效率，结果受特殊或异常点影响程度较小，杜绝了技术效率值相同情况，且该方法借助参数可以更为合理地解释技术进步偏向原因。SFA 法主要的缺点在于当生产函数投入指标具有复杂相关性时，评价结果容易受到影响，并无法有效处理函数多产出情况。而本模型构造的四个投入指标相关性较弱，且只涉及产业产值一个产出，有效规避了相关缺点，为此保障了 SFA 法使用的可靠性。

7.2.2　生产函数设定

利用 SFA 法描述技术进步偏向关键在于选择合适的生产函数。生产函数是在技术条件不变的情况下，解析一定时间内生产要素的投入同最大产出之间的数量关系。当前用于描述技术进步的生产函数主要包括柯布道格拉斯生产函数（C－D 函数）、常数替代弹性生产函数（CES 函数）和超越对数生产函数（Translog 函数），分别解释如下。

第一，C－D 函数。该函数采用边际分析方法，将技术进步引入经济增长模型，基本公式如下。

$$Y_{CD} = A_t K^{\alpha_{CD}} L^{\beta_{CD}} \quad \text{（式 7－2）}$$

$$A_t = A_0 (1 + \lambda_{CD})^t \quad \text{（式 7－3）}$$

其中 A_t 代表一定时期的技术进步水平，λ_{CD} 为技术进步率，α_{CD} 和 β_{CD} 分别为资本及劳动弹性系数。C－D 函数形式简单、参数设定明确，使得数学处理过程较为容易。但将该函数在实际用于分析技术进步中仍存在一些不足，一是假定所有生产要素都以相同速度发生技术进步，认为技术在生产过程均为有效的，忽略了实际技术普遍存在无效的情况；二是将除劳动及资本外的所有增长贡献均归于广义技术进步，无法清晰地描述技术进步偏向的构成及原因，不能提出有效的对策；三是将要素替代弹性设定为1，无法有效地描述要素间的实际扭曲相互作用；四是假定技术进步均为中性，忽略了技术进步偏向。

第二，CES 函数。该函数标准形式见公式（7－4）。其中 A 为一般技术水平的效率参数，$\theta \in (0,1)$ 为两个生产要素的重要性分配函数，B_t^L、B_t^K 分别为劳动及资本的效率水平，ρ 为反映生产要素替代性的替代参数，$\sigma = 1/(1+\rho)$ 为要素替代弹性。CES 函数具有较好的普适性，当 σ 取极大值时，表明生产要素具有完全替代性，CES 函数转变为线性生产函数；当 σ 为零值时，CES 函数退化为固定投入比例生产函数；当 σ 为1时，CES 函数转变为 C－D 函数。

$$Y_{CES} = A\left[\theta\left(B_t^L L\right)^{-\rho} + (1-\theta)\left(B_t^K K\right)^{-\rho}\right]^{-1/\rho} \qquad \text{（式 7－4）}$$

总体而言，CES 函数将技术进步进一步内生化和非中性化，并突破了 C－D 函数替代弹性为1的局限，具有更好的适用性和灵活性。但由于实际经济体可能采用不同生产技术，CES 函数的单一形式会影响分析稳健性，可能无法准确刻画技术进步偏向方向。此外，CES 函数假定各种生产要素替代弹性为固定不变值，忽略了替代弹性的时变特性，

第三，Translog 函数。Berndt（1973）最早利用 Translog 函数测度技术进步。经过学者不断的改进，形成 Translog 对数型基本公式（见公式7－5）。式中 Y_{it} 为 t 时间目标产出，X 为生产要素，$\beta_0 = \ln A$，A 为一般技术水平的效率参数，β_i、β_{ii}、β_{ij} 均为未知参数。

$$\ln Y_{it} = \beta_0 + \sum_i \beta_i \ln X_{it} + \sum_i 0.5\beta_{ii}(\ln X_{it})^2 + 0.5\sum_{i\neq j}\sum_j \beta_{ij}\ln X_{it}\ln X_{jt} \qquad \text{（式 7－5）}$$

相较 C－D 函数及 CES 函数，将 Translog 函数运用于分析技术进步偏向问题时，拥有四个优点。优点一是该函数对产出弹性、替代弹性等特定参数没有任何先验设定，可以完全借助实际数据进行估计检验，为多要素情形下分析技术进步偏向提供更为科学的依据。优点二是该函数结构上属于平方响应面，可以看作为任意微分函数的二次泰勒近似，无须特意规定

生产函数形式，借助基本投入产出数据即可展开线性估计，从而拥有较好的包容性，降低了计算难度。优点三是引入了时间因素，可以更好地辨析不同投入要素间技术进步的差异性，深入揭示经济系统的内在特征。优点四是生产要素的价格因素相对较难以把握，而借助 Translog 函数则可以规避生产要素的价格因素。Translog 函数缺点在于面临数量众多的测度要素时，交叉项数量会相应急剧膨胀，可能在消耗函数自由度的同时，致使要素产生一定共线性。而本书仅涉及四个生产投入要素，避免了上述情况，因此决定选取嵌入时间变量的 Translog 函数为生产函数。

7.2.3　测度模型构建

结合 Translog 函数，综合考虑劳动力 L、资本 K、能源 E、碳足迹 C 四种生产投入要素，将式（7－5）由传统泰勒二阶展开式转变为缩短的三阶展开式，构建产业技术进步偏向测度模型，见公式（7－6）。

$$\begin{aligned}\ln Y_{it} = {} & \beta_0 + \beta_1 t + 0.5\beta_2 t^2 + \beta_3 \ln L_{it} + \beta_4 \ln K_{it} + \beta_5 \ln E_{it} + \beta_6 \ln C_{it} + \beta_7 t\ln L_{it} \\ & + \beta_8 t\ln K_{it} + \beta_9 t\ln E_{it} + \beta_{10} t\ln C_{it} + 0.5\beta_{11}\ln L_{it}\ln K_{it} + 0.5\beta_{12}\ln L_{it}\ln E_{it} \\ & + 0.5\beta_{13}\ln L_{it}\ln C_{it} + 0.5\beta_{14}\ln K_{it}\ln E_{it} + 0.5\beta_{15}\ln K_{it}\ln C_{it} + 0.5\beta_{16}\ln E_{it}\ln C_{it} \\ & + 0.5\beta_{17}(\ln L_{it})^2 + 0.5\beta_{18}(\ln K_{it})^2 + 0.5\beta_{19}(\ln E_{it})^2 + 0.5\beta_{20} \\ & (\ln C_{it})^2 + v_{it} - u_{it}\end{aligned} \tag{式7－6}$$

上式中 i 代表产业，Y_{it} 为 t 时间 i 产业产出。就随机扰动项而言，$v_{it} \sim N(0,\sigma^2_{v_{it}})$，为符合白噪声过程的随机误差项，原始期望值为零，用于描述不可控环境误差及统计误差对前沿产量的影响。u_{it} 为与 v_{it} 相互独立的非负单边误差项，用以衡量随时间变动的生产前沿技术非效率。学界一般认为 u_{it} 的分布函数符合非负结尾正态分布假设，即 $u_{it} \sim N^+(\mu,\sigma^2_u)$。本书亦采用该类型假设形式，并将其改进为 $u_{it} = u_i\exp[-\varphi(t-T)]$，其中 φ 为待估参数。当 φ 参数值大于0时，代表技术无效率随时间减小的情况，等于及小于0则分别代表了技术无效率随着时间不变和增大的情况。利用式（7－6），结合技术偏向定义，设置式（7－7）至式（7－9）测算技术进步偏向。

$$DB_{pq} = (\partial MP_{pt}/\partial t)/MP_{pt} - (\partial MP_{qt}/\partial t)/MP_{qt} \tag{式7－7}$$

$$MP_{pt} = \partial Y_{it}/\partial p \tag{式7－8}$$

$$MP_{qt} = \partial Y_{it}/\partial q \tag{式7－9}$$

上式中 MP_{pt} 、MP_{qt} 分别代表了投入要素 p 和 q 由于技术进步而产生的边际生产率，$\partial MP_{pt}/\partial t$ 及 $\partial MP_{qt}/\partial t$ 分为两种要素边际生产率的增长率，技术偏向指数 DB_{pq} 代表了两种投入要素边际产出增长率占比之差。当 $DB_{pq} < 0$ 时，说明 q 边际产出增长率占比大于 p 的边际产出增长率占比；当 $DB_{pq} > 0$ 时，显示实际生产活动中的技术进步偏向于使用 p 而节约 q 的使用；当 $DB_{pq} = 0$ 时，则表明此时技术进步为 Hicks 中性。在此基础上，可进一步计算各生产投入要素的边际生产率，计算公式如下。

$$MP_{Lt} = \partial Y_{it}/\partial L = (Y_{it}\partial \ln Y_{it})/(L_{it}\partial \ln L_{it}) = (Y_{it}/L_{it})\zeta_L \quad \text{(式 7 - 10)}$$

$$MP_{Kt} = \partial Y_{it}/\partial K = (Y_{it}\partial \ln Y_{it})/(K_{it}\partial \ln K_{it}) = (Y_{it}/K_{it})\zeta_K \quad \text{(式 7 - 11)}$$

$$MP_{Et} = \partial Y_{it}/\partial E = (Y_{it}\partial \ln Y_{it})/(E_{it}\partial \ln E_{it}) = (Y_{it}/E_{it})\zeta_E \quad \text{(式 7 - 12)}$$

$$MP_{Ct} = \partial Y_{it}/\partial C = (Y_{it}\partial \ln Y_{it})/(C_{it}\partial \ln C_{it}) = (Y_{it}/C_{it})\zeta_C \quad \text{(式 7 - 13)}$$

其中 ζ_L 、ζ_K 、ζ_E 、ζ_C 分别为劳动力、资本、能源、碳足迹四种投入要素的产出弹性，反映了当其他要素不变时，本要素变动引起的产出变动情况，借以评价该要素投入的转化效果。继而可以得出两两要素的技术进步偏向指数，见式（7 - 14）至式（7 - 19）。

$$DB_{KC} = \beta_8/\zeta_K - \beta_{10}/\zeta_C \quad \text{(式 7 - 14)}$$

$$DB_{LC} = \beta_7/\zeta_L - \beta_{10}/\zeta_C \quad \text{(式 7 - 15)}$$

$$DB_{EC} = \beta_9/\zeta_E - \beta_{10}/\zeta_C \quad \text{(式 7 - 16)}$$

$$DB_{LE} = \beta_7/\zeta_L - \beta_9/\zeta_E \quad \text{(式 7 - 17)}$$

$$DB_{KL} = \beta_8/\zeta_K - \beta_7/\zeta_L \quad \text{(式 7 - 18)}$$

$$DB_{KE} = \beta_8/\zeta_K - \beta_9/\zeta_E \quad \text{(式 7 - 19)}$$

7.3 测度模型检验

7.3.1 数据来源分析

本章主要数据来源为历年中国统计年鉴、中国能源统计年鉴、中国工业年鉴、中国投入产出表等，涉及价格因素的变量统一平减为 1986 年不变价格序列。在此基础上，收集新旧常态时期中国整体产业及 27 个细分产业的数据。由于模型中能源及碳足迹要素均具有明显的中间投入品性质，因此将公式（7-6）中产业产出 Y_{it} 定义为包含中间投入成本的产业总产值，而非一般研究中使用的产业增加值。劳动力 L 采用各产业年均就业人数，具体取相邻两年产业就业人数的均值。资本 K 的数值采用永续盘存法进行估算，公式为（7-20）。

$$K_{it} = I_{it} + K_{it-1}(1 - r_{it}^{d}) \qquad (式7-20)$$

其中 I_{it} 为 t 年 i 产业的投资，K_{it-1} 为上年资本存量，并将1986年固定资产净值作为基年资本存量。就折旧率 r_{it}^{d} 而言，多数文献均采用固定折旧率[119]。但由于折旧率往往随着技术环境变迁而发生变化，所以尚未见统一公认有效的产业固定折旧率。为此，本书依照历年统计年鉴中各产业固定资产原值 o_{it}^{a} 及净值 o_{it}^{n} 数据，设计公式（7-21）计算折旧率，以确保折旧率可按照历年实际情况及时调整，其中 o_{it-1}^{a}、o_{it-1}^{n} 分为上年相应数据。

$$r_{it}^{d} = [(o_{it}^{a} - o_{it}^{n}) - (o_{it-1}^{a} - o_{it-1}^{n})]/o_{it-1}^{a} \qquad (式7-21)$$

能源 E 采用能源消耗过程中18种能源类型，采用历年各产业能源消费总量，依照《中国能源统计年鉴》和IPPC标准提供的不同能源转换系数统一折算为万吨 CO_2 标准煤。碳足迹 C 综合考虑各产业相关活动环节，直接采集于新旧常态时期中国产业全碳足迹基础数据库。

7.3.2 模型科学性检验

7.3.2.1 参数结果估计

由于本章测度模型违背了扰动项与自变量无相关性等最小二乘法基本假定，所以无法直接采用最小二乘法估计参数值。对于此种情况，部分学者采用两步回归法，但该方法实际操作过程中第一步回归将技术外生变量设定为与技术效率无关，造成了两步回归过程中的内在冲突。为此利用一步极大似然法进行参数估计，首先由总体分布导出样本的联合概率密度函数，而后把样本联合概率密度函数中自变量看成已知常数，得到似然函数；再求取似然函数的最大值点，最后在最大值点的表达式中，用样本值代入即得到参数的极大似然估计值。通过一步极大似然法可以放宽两步回归过程中的无效率同分布假定，提升参数估计的可靠性。选择1987—2021年中国产业相关面板数据为样本，在利用Frontier 4.5软件运算后，得到表7-1。

表 7-1 参数估计结果

待估参数	系数	标准误差	T 值	待估参数	系数	标准误差	T 值
β_0	2.816***	0.712	3.287	β_{13}	0.061**	0.202	1.908
β_1	0.024***	0.011	2.890	β_{14}	0.279***	0.160	2.436
β_2	0.003**	0.002	1.726	β_{15}	-0.411***	0.112	-3.801
β_3	0.562**	0.277	2.521	β_{16}	0.652***	0.289	2.909
β_4	0.872**	0.229	2.983	β_{17}	0.560***	0.132	4.322
β_5	0.120*	0.312	5.872	β_{18}	0.142***	0.058	2.766
β_6	-0.327***	0.380	-0.438	β_{19}	0.231*	0.199	0.114
β_7	0.012***	0.009	2.117	β_{20}	-0.478***	0.106	-3.679
β_8	-0.048***	0.007	-2.785	σ^2_{uv}	0.306***	0.416	7.318
β_9	0.011**	0.004	2.041	λ_{sfa}	0.968***	0.012	98.981
β_{10}	-0.009**	0.003	-1.323	μ	0.926***	0.215	5.612
β_{11}	0.092***	0.052	1.439	φ	0.016***	0.007	2.871
β_{12}	-0.872**	0.271	-3.901				
对数似然函数值				127.542			
单边 *LR* 检验				176.871			

注：***、**、*分别表示系数通过1%、5%和10%水平下的显著性检。

表 7-1 显示所有的 24 个参数估计结果均是显著的，其中 16 个参数通过了 1% 水平的显著性检测，表明本模型变量设置合理。总体方差数值为 0.306，显示生产活动虽然受到技术无效率及随机误差项影响，但这两个随机扰动项波动幅度较小。随机扰动项主要来源为技术无效率项，并通过了 1% 显著性水平检验。整体模型的对数似然函数值为 127.542，单边 *LR* 检验值达到 176.871，符合混合卡方分布，显示模型具有良好的估计效果。

7.3.2.2 适用性检验

为了验证所构建模型的适用性，设定多层递增式假设检验如 H1 至 H5。

H1：采用随机前沿生产模型是无效的。根据极大似然法，令 $\lambda_{sfa} = \sigma^2_{u_{it}}/(\sigma^2_{u_{it}} + \sigma^2_{v_{it}})$，$\lambda_{sfa}$ 取值范围为 [0, 1]，代表了技术无效率在随机扰动项中的占比情况。λ_{sfa} 值越接近 1，表明生产单位实际产出与生产前沿面间的差距主要来源为 u_{it}，技术无效率占比越大，越适合使用随机前沿生产模型；越接近 0，则表明差距主要来源为 v_{it}，使用随机前沿生产模型必要性越小。因此，选择 λ_{sfa} 作为检验随机前沿生产模型是否有效的依据，当 λ_{sfa} 接近 1 时，本假设不成立，则继续进行 H2 假设检验。

H2：适合随机前沿生产模型的生产函数并非 Translog 函数。当 β_{i_β} 之和为 0 时，说明当前生产要素不存在交互情况，技术结构呈线性情况。此时选择单一形式的 C－D 生产函数或 CES 函数较为合理，反之则选择 Translog 函数，并转入 H3 假设检验。

H3：随机前沿生产函数中不存在技术进步情况。技术进步偏向测度模型中以时间变量 t 以及其与生产投入要素交互项描述技术进步，因此，若 β_1、β_2、β_7、β_8、β_9、β_{10} 均为 0，则本假设成立，否则拒绝并转入 H4。

H4：随机前沿生产函数不存在技术进步偏向。根据技术进步偏向的定义，存在偏向时函数中生产投入要素变化及技术进步应相互影响，否则呈现中性技术进步。因此，当 β_7、β_8、β_9、β_{10} 均取值为 0 时，本假设成立。

H5：u_{it} 符合半正态分布。鉴于 u_{it} 分布函数假设存在一定争议，因此对其进行信息检验。若 $\mu = 0$，则 u_{it} 符合半正态分布，否则符合非负结尾正态分布。

基于以上分析，结合中国产业实际数据，对各假设进行检验。结果显示，H1 中 λ_{sfa} 数值为 0.968，并通过了 1% 显著性水平检验，说明误差仅有 3.2% 来源于 v_{it}，影响很小，因此拒绝原假设，证明采用随机前沿生产模型是有效的。鉴于 H2 至 H4 假设检验均呈现分级巢式模型形式，为此采用广义最大似然比检测法。设计统计量为 $LR = -2\ln[L(H_0)/L(H'_0)] \times \chi^2(q_{H_0})$，其中 $L(H_0)$ 及 $L(H'_0)$ 分别为原假设 H_0 和备择假设 H'_0 设定下的模型对数似然函数值，利用 Frontier4.5 中 log likelihood function 进行计算；自由度 q_{H_0} 为原假设中零约束个数，$\chi^2(q_{H_0})$ 为临界值，当 $LR > \chi^2(q_{H_0})$ 时，拒绝原假设，反之拒绝备择假设。计算结果见表 7－2。

表 7－2　模型假设检验结果

原假设	LR	q_{H_0}	$\chi^2_{0.01}$	$\chi^2_{0.05}$	检验结果
H2	216.766	16	36.318	27.982	拒绝
H3	178.981	6	17.624	12.683	拒绝
H4	32.569	4	22.409	9.587	拒绝

表 7－2 显示，LR 值都大于 $\chi^2(q_{H_0})$ 临界值，表明 H2 至 H4 原假设均被

拒绝。此外，计算可得 μ 值为0.926（见表7－1），因此H5亦被拒绝。综上所述，可以得到以下结论，一是适合随机前沿生产模型的生产函数为Translog函数；二是在当前中国产业生产过程中发生了技术进步，且存在偏向情况；三是 u_{it} 符合非负结尾正态分布并具有明显时变性。基于以上结论可见，本章选用基于超越对数生产函数的随机前沿模型进行研究是合适的。

7.3.2.3 平稳性检验

本书模型涉及了较长的时间序列，客观要求数据变量保持平稳，否则将无法满足大样本统计推断的一致性要求，使得本不存在任何因果关系的变量产生较高相关性，进而导致发生“虚假回归”现象。在公式（7－6）中，时间 t 显然是平稳的，而随机扰动项作为白噪声序列，也是平稳的。由于本书模型基础数据为产业宏观经济面板数据，呈现出中等水平且具有一定同质性个体的样本特征，因此利用Eviews9.0软件对其他变量面板数据进行双重检验。检测结果见表7－3。

表7－3　面板数据单位根检测及结论

变量	ADF检验值	LLC统计值	结论
$\ln Y_{it}$	98.721***	－5.672***	平稳
$\ln L_{it}$	112.670***	－4.987***	平稳
$\ln K_{it}$	121.316***	－7.893***	平稳
$\ln E_{it}$	96.465***	－10.424***	平稳
$\ln C_{it}$	102.980***	－9.835***	平稳
$\ln L_{it}\ln K_{it}$	109.356***	－58.045***	平稳
$\ln L_{it}\ln E_{it}$	128.875***	－62.816***	平稳
$\ln L_{it}\ln C_{it}$	135.096***	－77.987***	平稳
$\ln K_{it}\ln E_{it}$	102.902***	－50.413***	平稳
$\ln K_{it}\ln C_{it}$	80.284**	－38.980***	平稳
$\ln E_{it}\ln C_{it}$	91.314***	－41.132***	平稳
$(\ln L_{it})^2$	128.037***	－6.986***	平稳
$(\ln K_{it})^2$	109.564***	－5.802***	平稳
$(\ln E_{it})^2$	90.235***	－4.746***	平稳
$(\ln C_{it})^2$	118.098***	－6.821***	平稳

注：***、**、*分别表示系数通过1%、5%和10%水平下的显著性检测

表7－3显示，各变量面板序列的ADF统计量均小于对应5%水平的临界值，服从一阶单位根检验，LLC统计量均表现显著拒绝原假设，说明验证的变量序列均不存在单位根，无异方差干扰，为标准平稳序列，显示模型变量之间存在协整关系。

7.4 新旧常态中国产业技术进步碳足迹要素偏向性分析

7.4.1 整体产业技术进步碳足迹要素偏向性

在收集数据的基础上，利用模型分析新旧常态中国整体产业技术进步要素偏向性，结果显示中国整体产业技术进步出现了明显的要素偏向。就中国整体产业技术进步在1987—2021年总体变化而言，其间DB_{KC}、DB_{KL}、DB_{KE}三项均值分别为0.061、0.143和0.069，根据技术偏向指数评价标准，可以判定资本偏向度最高。资本作为相对价格高而数量稀缺的生产要素，在价格效应的影响下使得自身边际产出增长率大于其他要素，同时政府也倾向于使用投资提升资本存量、运用市场干预手段刺激经济，客观上使得产业加速资本深化，选择资本偏向性技术进行生产，但当内外部需求不足时，即形成较为严重的产能过剩。同时期中国经济结构虽然由传统城乡二元结构逐步转变为农业部门、乡镇企业部门、城镇正规部门与城镇非正规部门四元经济结构，但仍未形成一体化的劳动力市场，使得技术进步劳动力边际产出总体增长率最低、偏离度最大，客观上不利于提升劳动者收入水平和刺激需求，其中DB_{LC}、DB_{LE}均值分为－0.082和－0.074。碳足迹要素偏向度排名第二，说明由于碳足迹要素作为公共物品，具有典型非排他性和非竞争性，且使用成本相对最低，在市场效应作用下，中国企业倾向于大力使用偏向碳足迹要素的技术以提升生产水平，而同时也造成了严重的环境污染。在整个旧常态时期（1987—2007年），碳足迹总体偏向度整体排名第二位（DB_{KC}、DB_{LC}、DB_{EC}均值分为0.068、－0.057、－0.016），技术进步还是呈现出明显的优先使用资本和碳足迹、节约能源与劳动力的特征；在新常态时期（2008—2018 年），碳足迹总体偏向度排名为第三位，（DB_{KC}、DB_{LC}、DB_{EC}均值分为 0.061、-0.082、0.002），显示技术进步开始呈现节约碳足迹的偏向。

从技术进步偏向时间段来看，碳足迹要素偏向性与政策实施基本一致。为了更加形象予以说明，绘制图 7-1，其中要素偏向次序数值为正代表技术进步偏向于该要素，反之则偏离该要素，数值绝对值代表偏向或偏离程度。

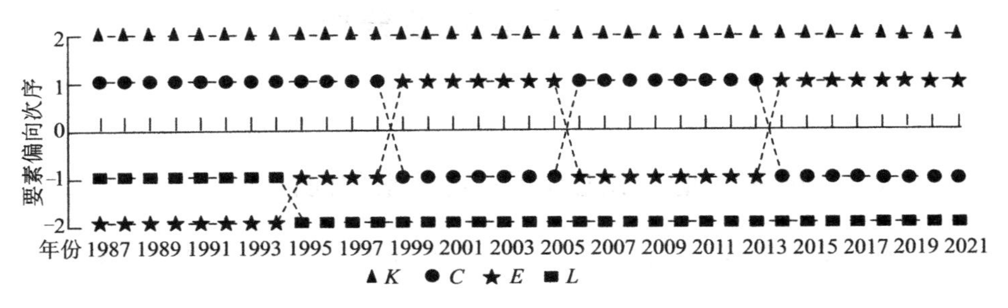

图 7-1　新旧常态中国整体产业技术进步要素偏向次序

由图 7-1 可见，新旧常态中国整体产业技术进步碳足迹偏向性波动主要可以分为四个阶段。1987—1998 年碳足迹要素偏向度一直位于资本之后，排名第二位，显示该时期技术进步偏向节约劳动力和能源而利用碳资源。其中 1987—1994 年劳动力偏向度高于能源（该时期 DB_{LE} 均值为 0.007），主要原因在于当时对工业的投资扩张热潮导致了能源供给瓶颈，促进了产业研发和引进技术的能源节约倾向。1993 年中国开始转变为能源净进口国，1995 年起能源技术偏向度开始超越劳动力（1995—2006 年 DB_{LE} 均值为 -0.016）。随着能源进口的不断提升和世界能源价格的不断走低，中国能源供给能力大幅提升，在市场效应的影响下，1999—2005 年，能源实现了技术进步偏向度对于碳足迹的反超（该时期 DB_{EC} 均值为 0.004）。之后由于第三次全球石油危机等原因，能源价格加速上扬，中国在 2006 年开始正式实施能源强度管控政策，迫使各产业降低生产过程中对能源的技术偏好。但由于当时碳排放监管强度不足，各产业又转向着力提升碳足迹要素偏向性，使得 2006—2013 年碳足迹偏向次序再次上升为第二位（该时期 DB_{EC} 均值为 -0.004），直接表现为虽然该时期中国产业在一定程度上控制了能源投入，却未能有效减少单位能源碳排放，造成产业碳排放量不断加大和环境污染逐步恶化。为此，2009年哥本哈根世界气候会议后，国家开始密集出台各种政策约束碳排放。但实际运行中碳减排政策显示了一定的时滞性，虽然自2010年起能源与碳足迹的偏向指数逐步减小，但直至2014年，碳足迹偏向度才又降为第三位，并在之后几年逐步加快了偏离速度，政策效应逐步显现。

7.4.2　细分产业技术进步碳足迹要素偏向性

为了进一步细致分析各细分产业新旧常态技术进步碳足迹要素偏向情况，计算得到表7－4。

表7－4　　新旧常态细分产业技术进步要素偏向性

产业	1987—2007年	2008—2021年	1987—2021年
D1	$L<E<C<K$	$L<E<C<K$	$L<E<C<K$
D2	$L<E<C<K$	$L<E<C<K$	$L<E<C<K$
D3	$E<C<L<K$	$E<C<L<K$	$E<C<L<K$
D4	$L<K<E<C$	$L<C<E<K$	$L<E<C<K$
D5	$L<K<E<C$	$L<C<E<K$	$L<E<C<K$
D6	$L<E<C<K$	$E<C<L<K$	$L<E<C<K$
D7	$L<E<C<K$	$L<C<E<K$	$L<C<E<K$
D8	$L<E<C<K$	$L<C<E<K$	$L<C<E<K$
D9	$L<E<C<K$	$E<C<L<K$	$L<E<C<K$
D10	$L<E<C<K$	$L<C<E<K$	$L<E<C<K$
D11	$L<K<E<C$	$L<C<E<K$	$L<E<C<K$
D12	$E<C<L<K$	$C<E<L<K$	$E<C<L<K$
D13	$L<K<E<C$	$L<E<C<K$	$L<E<C<K$
D14	$L<K<E<C$	$E<C<L<K$	$E<C<L<K$
D15	$L<E<C<K$	$L<C<E<K$	$L<E<C<K$
D16	$L<K<E<C$	$L<C<E<K$	$L<E<C<K$
D17	$L<E<C<K$	$L<E<C<K$	$L<E<C<K$
D18	$L<E<C<K$	$L<E<C<K$	$L<E<C<K$
D19	$E<C<L<K$	$E<C<L<K$	$E<C<L<K$
D20	$L<E<C<K$	$L<E<C<K$	$L<E<C<K$
D21	$L<E<C<K$	$E<C<L<K$	$L<E<C<K$

续表

产业	1987—2007 年	2008—2021 年	1987—2021 年
D22	$L < E < C < K$	$L < C < E < K$	$L < C < E < K$
D23	$L < E < C < K$	$L < C < E < K$	$L < E < C < K$
D24	$L < E < C < K$	$L < C < E < K$	$L < E < C < K$
D25	$L < E < C < K$	$L < C < E < K$	$L < E < C < K$
D26	$L < E < C < K$	$L < E < C < K$	$L < E < C < K$
D27	$L < E < C < K$	$L < E < C < K$	$L < E < C < K$

表 7－4 显示，1987—2021 年碳足迹偏向度排名第二的产业共有 20 个，7 个产业排名第三，显示该时期中国各细分产业仍未实现低碳清洁技术进步，总体偏向使用资本和碳资源。分时期来看，在 1987—2007 年的旧常态时期，碳足迹偏向度排名第一共有 6 个产业，18 个产业排名第二，3 个部门排名第三；在 2008—2021 年的新常态时期，碳足迹偏向度第二的产业数目降为 8 个，18 个产业排名第三，1 个部门排名第四，各产业总体呈现出逐步节约碳资源的偏向。

就产业性质而言，以全碳足迹 0.6 吨 CO_2/万元及 2 吨 CO_2/万元碳排放强度为分类标准，依据新旧常态时期各产业平均万元碳排放强度，将所有细分产业分为低碳产业（低于 0.6 吨 CO_2/万元）、高碳产业（高于 2 吨 CO_2/万元）及中碳产业。

低碳产业中农林牧渔业（D1）、批发及零售贸易餐饮业（D26）、其他服务业（D27）的技术进步碳足迹偏向度一直为第二位，没有发生改变；水生产及供应业（D23）、纺织服装鞋帽皮革羽绒及制品业（D8）偏向度由旧常态时期第二位下降为新常态时期的第三位，展现了节约碳资源的偏向；D19 则一直是第三位。

中碳产业中，食品制造及烟草加工业（D6）、纺织业（D7）等 7 个产业的技术进步碳足迹偏向度由旧常态时期第二位下降为新常态时期的第三位；金属矿采选业（D4）、通用专业设备制造业（D16）偏向度由第一位下降为第三位；交通运输设备制造业（D17）、电气机械及器材制造业（D18）、仪器仪表及文化办公机械制造业（D20）的偏向度一直维持第二位。

高碳产业中，仅有煤炭开采和洗选业（D2）、石油和天然气开采业（D3）在新旧常态时期碳足迹偏向度一直分别排名第二位及第三位，其余部门均在新常态时期出现了节约碳资源的偏向。其中非金属矿和其他矿采选业（D5）、炼焦煤气及石油加工业（D11）、金属冶炼及压延加工业（D14）碳资偏向度由旧常态时期的第一位下降为新常态的第三位；非金属矿物制品业（D13）由第一位下降为第二位；化学工业（D12）由第三位降为第四位；电热气生产及供应业（D22）、交通运输仓储和邮电通信业（D25）由第二位下降为第三位。需要特别指出的是，石油和天然气开采业（D3）、食品制造及烟草加工业（D6）等7个产业在新常态时期技术进步不再偏向能源及碳足迹，这些部门技术进步偏好程度偏向于使用资本和劳动，而节约能源及碳资源，对于产业实现低碳绿色技术进步具有重要的借鉴和表率作用。

7.4.3　要素产出弹性分析

要素产出弹性代表了生产中产品产量变动对生产要素投入量变动的敏感程度，用以评价资源投入的转化效果，是分析产业增长趋势及可持续发展的重要参数。依据产业技术进步偏向测度模型，可得劳动力、资本、能源、碳足迹（ζ_L、ζ_K、ζ_E、ζ_C）的产出弹性以及新旧常态中国整体产业要素产出弹性，见表7－5。

表7－5　新旧常态中国整体产业要素产出弹性

年份	ζ_L	ζ_K	ζ_E	ζ_C
1987	0.679	0.529	0.082	－0.261
1988	0.681	0.532	0.078	－0.242
1989	0.678	0.585	0.073	－0.258
1990	0.685	0.598	0.069	－0.249
1991	0.677	0.587	0.071	－0.241
1992	0.657	0.612	0.077	－0.238
1993	0.662	0.629	0.075	－0.227
1994	0.679	0.616	0.080	－0.231
1995	0.687	0.627	0.076	－0.220
1996	0.697	0.641	0.082	－0.201
1997	0.712	0.633	0.076	－0.197
1998	0.786	0.637	0.087	－0.192
1999	0.804	0.627	0.083	－0.186
2000	0.801	0.644	0.086	－0.178

续表

年份	ζ_L	ζ_K	ζ_E	ζ_C
2001	0.796	0.652	0.084	-0.169
2002	0.758	0.625	0.089	-0.167
2003	0.817	0.607	0.091	-0.164
2004	0.841	0.551	0.093	-0.157
2005	0.868	0.509	0.088	-0.148
2006	0.922	0.475	0.082	-0.143
2007	0.927	0.412	0.077	-0.132
2008	0.993	0.398	0.070	-0.125
2009	1.025	0.322	0.066	-0.112
2010	1.141	0.306	0.059	-0.106
2011	1.243	0.263	0.056	-0.098
2012	1.294	0.245	0.051	-0.081
2013	1.305	0.209	0.045	-0.123
2014	1.321	0.186	0.037	-0.138
2015	1.336	0.182	0.032	-0.141
2016	1.353	0.178	0.027	-0.156
2017	1.355	0.172	0.025	-0.159
2018	1.359	0.166	0.024	-0.160
2019	1.360	0.165	0.023	-0.161
2020	1.361	0.163	0.022	-0.163
2021	1.364	0.161	0.021	-0.164

表7-5显示，1987—2021年，四种要素产出弹性中，绝对值最大的为资本（均值为0.961），其次是劳动（均值为0.441），而能源和碳足迹的产出弹性相对较小（均值分别为0.064和-0.174）。显示了该时期单位资本增加为中国整体产业产出带来的增长最为显著，客观说明相应时期中国整体产业均偏向于通过投入资本扩大生产规模来提升市场占有率，寻求产出增长。能源产出弹性较低，说明依靠增加能源投入对于产业产出增加效果较小。而碳足迹产出弹性为负值，说明增加碳足迹要素投入会产生负面效应。

从时期角度分析各生产要素的产出弹性的变化轨迹。旧常态时期，资本、劳动力、能源和碳足迹的产出弹性均值分别为0.744、0.596、0.081和-0.203；新常态时期，资本、劳动力、能源和碳足迹的产出弹性均值分别1.370、0.240、0.043和-0.145。其中资本数值明显增加，增长率达到了84.13%。进入新常态后，由于经济发展及适龄劳动力人口数量拐点的到来，工资和劳动力短缺压力越发明显，使得劳动力要素产出弹性较旧常态均值下降了59.73%。新常态时期能源要素产出弹性均值为旧常态时期均值的53.09%，且年均降幅达到了13.56%，显示不断加强能源强度约束政策取得了较好的效果。

就碳足迹要素而言，新旧常态产出弹性产值均为负值，且产生了一定的波动性。1987—2012年，产出弹性的绝对值总体呈现明显的下降趋势，说明该时期产业增加碳足迹要素投入对产出的负面影响不断减少，使得企业自主减排动力降低，也对应着该时期实际经济活动中产业对碳足迹要素有着较强的使用偏好。而随着碳足迹要素管控力度加大，产出弹性绝对值自2013年开始又逐步增大，数值由2012年的-0.081调整到2021年的-0.164，客观显示政策有效地遏制了碳排放。

表7-6进一步显示了新常态时期中国细分产业碳足迹要素产出弹性。在27个产业中，新常态时期共有21个产业碳足迹要素产出弹性为负值。显示在这些产业中碳足迹要素相对减少依然可以增加相对产出，同时实现了二氧化碳排放降低及产业产出增加的双目标，客观说明了当前碳减排政策对这些产业生产方式的低碳绿色转型起到了很大作用。但仍有6个产业的碳足迹要素产出弹性为正，说明这些产业的进步仍然对碳资源有相当的依赖度。其中D4、D22、D23产出弹性数值很高，显示了在新常态时期这三个产业生产过程中高度依赖碳资源要素，需要通过发展低碳技术等方式调整生产方式，调整各种投入要素结构，进一步降低生产过程中的碳排放。

表7-6　新常态时期中国细分产业碳足迹要素产出弹性

产业	产出弹性	产业	产出弹性	产业	产出弹性
D1	-0.011	D10	0.078	D19	-0.164
D2	-0.586	D11	-0.014	D20	-0.147
D3	-0.051	D12	0.022	D21	-0.116
D4	0.309	D13	-0.353	D22	0.312
D5	-0.154	D14	-0.625	D23	0.624
D6	-0.241	D15	-0.031	D24	-0.121
D7	-0.320	D16	-0.576	D25	0.020
D8	-0.386	D17	-0.273	D26	-0.136
D9	-0.054	D18	-0.201	D27	-0.025

7.5 不同来源偏向技术进步对产业碳足迹强度的影响

当前在技术进步与产业碳强度相关研究中，仅有少数研究考虑了不同来源技术进步偏向与产业碳足迹强度关系，但或局限于单一及几种来源，或模糊了技术进步本体及来源，无法有效内生化综合性技术进步影响效应。鉴于此，本节在确定技术进步不同来源的基础上，明确技术进步对产业碳足迹强度影响机制，将资本、劳动力、能源及中间品作为生产投入要素，选择超越对数生产函数，创建技术进步对产业碳足迹强度影响的测度模型，测算新旧常态不同来源技术进步对中国产业碳足迹强度的影响，对比厘清中国整体产业及各部门技术进步影响变化趋势。

7.5.1 技术进步的不同来源

Nelson（1982）归纳了两种创新模式，第一种是“破坏式创新”，即新企业进入市场时带来的创新性技术，挑战并破坏旧有企业的生产状况；第二种是“创造式积累”，认为技术创新可以由企业通过研究及开发（R&D）产生，技术拥有企业则会利用技术存量设置一定壁垒[70]。技术引进主要包括两种方式：一是通过专利购买等方式实现直接式技术引进，二是通过国外直接投资（Foreign Direct Investment，FDI）和国际贸易实现间接式技术溢出。FDI 技术溢出作为技术扩散的外部效应，可以分为两大类，一是产业内的水平溢出，二是产业间的垂直溢出[70]。水平溢出是外资企业通过对投资国企业的示范模仿、人员培训、竞争效应等产生的技术溢出；垂直溢出则是外资企业在产品供应链上下游企业经济交往过程中产生的技术溢出，本书将与上游原材料供应商的技术溢出定义为后向溢出，将与下游销售商等实体的技术溢出定义为前向溢出。国际贸易技术溢出主要借助于进出口贸易完成，一方面进口可以使得本国借助国际 R&D、中间品及设备的技术吸收、承接供应链垂直溢出实现技术进步，另一方面欠发达国家为了增强出口能力，通过学习外国进口商技术提升商品标准，从而实现了出口中学习。鉴于以上论述，本书将技术进步的不同来源分为 R&D、FDI

水平溢出、FDI 前向溢出、FDI 后向溢出、进口溢出和出口溢出六个方面。

7.5.2 不同来源偏向技术进步对产业碳足迹强度影响机制分析

本书将产业碳足迹强度定义为将能源消耗总量乘以碳排放系数所得的全碳足迹再除以产业产值。技术进步对于产业碳足迹强度的影响主要包括两个渠道，一是在要素投入恒定的情况下，技术进步增加了产业产值，二是在偏向技术作用下，要素间边际替代率发生变化，改变了各要素相对投入量。技术进步主要通过节约能源要素优化产业碳足迹强度，节约方式又可以分解为对总成本及能源要素份额的影响。在总成本最小化情况下，技术进步对产业碳足迹强度的影响可以简化为对能源要素投入的节约。且技术进步可以分为中性技术进步及偏向技术进步，其中中性技术进步借助同比例调整所有生产要素投入，实现对产业碳足迹强度的影响，可类比为 Hicks 分解的收入效应；偏向技术进步则是通过改变要素边际生产率引导其他要素替代能源要素，引起其他要素替代以及能源要素份额调整，从而影响产业碳足迹强度，可以类比为替代效应。为了更好地加以描述，构建影响机制（见图 7－2）。

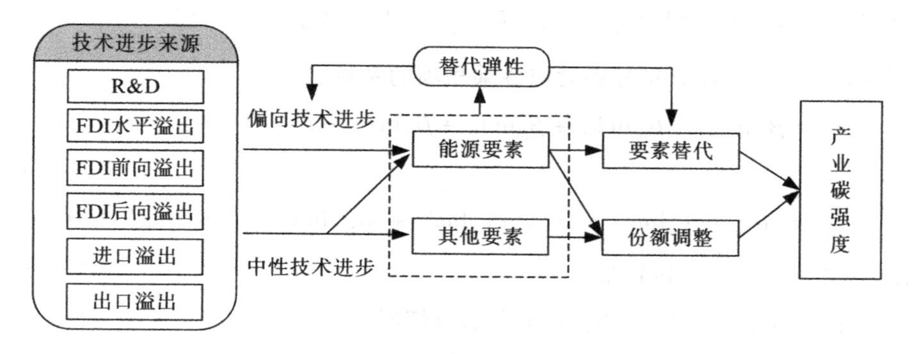

图 7－2　不同来源偏向技术进步对产业碳足迹强度影响机制

基于以上论述，结合图 7－2，可以将不同来源偏向技术进步对产业碳足迹强度影响归纳为公式（7－22）。

$$\partial \ln(C_t^o/Y_t)/\partial \ln A_t = \partial \ln C_t^o/\partial \ln A_t + \partial \ln V_E^s/\partial \ln A_t \quad (式 7-22)$$

上式中 C_t^o 为 t 时间产业总成本，Y_t 为产业产出，A_t 代表技术进步，V_E^s 为能源要素投入在总成本中的价值份额占比。$\partial \ln C_t^o/\partial \ln A_t$ 代表了中性技术进步及偏向技术进步对节约总成本的综合影响，$\partial \ln V_E^s/\partial \ln A_t$ 为偏向技术进步对能源要素份额的影响。

7.5.3 影响模型设定

鉴于Translog函数解决技术进步偏向问题具有的优点，按照不同来源偏向技术进步对产业碳足迹强度影响机制，构造基于Translog函数的影响模型。首先建立成本函数 $C_t^o = C_t^o(p_E^r, p_L^r, p_K^r, p_M^r, Y_t, t, A_t)$，其中 p_E^r、p_L^r、p_K^r、p_M^r 分别对于能源、劳动、资本及中间品四种要素 t 时间的投入价格，A_t 中包括R&D（A_{rd}）、FDI水平溢出（A_{fh}）、FDI前向溢出（A_{ff}）、FDI后向溢出（A_{fb}）、进口溢出（A_{im}）和出口溢出（A_{ex}）六个方面，而后构建Translog成本函数，见式（7－23）。

$$\ln C_t^o = \beta_0' + A_N + \bar{\beta}_P \ln \bar{p}^r + \beta_t t + \beta_Y Y_t + A_B + t\bar{\alpha}_{tP}\ln \bar{p}^r + \bar{\alpha}_{YP}\ln Y \ln \bar{p}^r + 0.5\bar{\alpha}_{PP}\ln p^r \ln \bar{p}^r \quad (式7-23)$$

式中 β 代表不同来源技术进步对数、生产要素价格对数、时间及产出项对数的系数；α 表征了以上相关因素与四种生产要素价格对数的交叉项系数。其中 $\ln \bar{p}^r$、$\bar{\beta}_P$ 对应 $\ln p_E^r$、$\ln p_L^r$、$\ln p_K^r$、$\ln p_M^r$ 的系数。将中性及偏向性技术进步函数分别命名为 A_N 和 A_B，具体描述见式（7－24）及式（7－25），其中各个 $\bar{\alpha}$ 分别对应各乘积项的系数。

$$A_N = \beta_{rd}\ln A_{rd} + \beta_{fh}\ln A_{fh} + \beta_{ff}\ln A_{ff} + \beta_{fb}\ln A_{fb} + \beta_{im}\ln A_{im} + \beta_{ex}\ln A_{ex} \quad (式7-24)$$

$$A_B = \bar{\alpha}_{rdP^r}\ln A_{rd}\ln p^r + \bar{\alpha}_{fhP^r}\ln A_{fh}\ln p^r + \bar{\alpha}_{ffP^r}\ln A_{ff}\ln p^r + \bar{\alpha}_{fbP^r}\ln A_{fb}\ln p^r + \bar{\alpha}_{imP^r}\ln A_{im}\ln p^r + \bar{\alpha}_{exP^r}\ln A_{ex}\,ln p^r \quad (式7-25)$$

依据谢泼德引理，在给定支出函数情况下，对函数元素求偏导既可以得到Hicks需求函数，并依此推导出各投入要素的价值份额，对于要素价格对数求偏导，得公式（7－26）。

$$\begin{aligned} V_{i_v}^s = {} & \beta_{i_v} + \alpha_{rdi_v}\ln(A_{rd}) + \alpha_{fhi_v}\ln(A_{fh}) + \alpha_{ffi_v}\ln(A_{ff}) + \alpha_{fbi_v}\ln(A_{fb}) \\ & + \alpha_{imi_v}\ln(A_{im}) + \alpha_{exi_v}\ln(A_{ex}) + \alpha_{Yi_v}\ln(Y) + \alpha_{ti_v}t + \sum \alpha_{i_v j_v}\ln p_{j_v}^r \\ & i_v, j_v = E, L, K, M \end{aligned} \quad (式7-26)$$

鉴于投入要素的替代及互补是影响技术进步偏向性的重要因素，业界主要借助替代弹性描述投入要素的替代和互补效应。替代弹性定义为在技术水平和投入价格不变的前提条件下，投入比例相对变动与边际技术替代率相对变动之比[128]。常用的替代弹性主要包括常数替代弹性（Constant elasticity of substitution，CES）、交叉价格弹性（Cross - price elasticity，CPE）、Allen 替代弹性（Allen partial elasticity of substitution，AES）、Morishima 替代弹性（Morishimaelasticity of substitution，MES）四种。其中 CES 最为简单且运用较为广泛，但该方法要求要素投入量之间的比例为固定的生产函数，在一定程度上忽视了产出结构异质性，掩盖了各要素间真实净替代弹性。CPE 通过计算某要素价格对其他要素投入量的影响，描述了要素间的绝对替代率，但该弹性只能简单估算单种要素绝对数量需求对价格反应程度，未能反映单位投入中要素比例变化对价格变化的反应程度，无法描述要素间相对替代弹性。AES 也存在一定缺点，一是不能有效借助两种要素相对比例描述等量曲线形状，二是无法借助边际替代率对变量进行有效解释，三是忽略了要素的收入效应，不能充分解释两要素间的经济意义。

MES 弹性模型最早由 Morishima 于 1967 年提出，较其他弹性模型而言，MES 充分描述了要素价格及要素比率间的关联关系，更好地反映了要素价格变化与其他要素需求变化间的替代及收入效应，最接近于传统意义上的 Hicks 要素替代弹性[71]。因此，本书决定采用 MES 替代弹性，并设计公式。

$$MES_{i_v j_v} = \frac{\partial \ln(x_{j_v}/x_{i_v})}{\partial \ln p^r_{i_v}} = \eta_{i_v j_v} - \eta_{i_v i_v} \quad i_v, j_v = E, L, K, M \qquad (式 7-27)$$

$MES_{i_v j_v}$ 反映了当要素 j_v 价格为常数时，要素 i_v 价格变动对要素相对投入的变动影响率。根据要素份额、要素投入、要素价格及总投入等之间的关系，进一步推导要素 i_v 的自弹性价格 $\eta_{i_v i_v} = \alpha_{i_v i_v}/V^s_{iv} + V^s_{iv} - 1$；当 $i_v \neq j_v$ 时，交叉价格弹性 $\eta_{i_v j_v} = \alpha_{i_v j_v}/V^s_{iv} + V^s_{j_v}$。$MES_{i_v j_v}$ 值与生产函数的替代弹性密切关联，当 $MES_{i_v j_v} < 0$ 时，代表技术进步降低了两种要素的投入比，偏向于节约要素 i_v，反之 $MES_{i_v j_v} > 0$ 时，技术进步偏向于节约要素 j_v。继而设计不同来源的技术进步对于产业碳足迹强度的影响公式（7-28）。

$$\begin{aligned} \partial \ln(C^o_t/Y)/\partial \ln A_{i_a} &= \partial \ln C^o_t/\partial \ln A_{i_a} + (1/V^s_E)\partial \ln V^s_E/\partial \ln A_{i_a} \\ &= \beta_{A_{i_a}} + \alpha'_{A_{i_a}} \ln p^r + \alpha_{A_{i_a}E}/V^s_E \\ A_{i_a} &= A_{rd}, A_{fh}, A_{ff}, A_{fb}, A_{im}, A_{ex} \end{aligned} \qquad (式 7-28)$$

其中 $\beta_{A_{i_a}}$ 反映了中性技术进步通过同比例节约所有要素对碳足迹强度产生的成本影响，$\alpha'_{A_{i_a}}\ln p^r$ 显示了偏向技术进步通过不同比例节约要素对碳足迹强度的成本影响，$\alpha_{A_{i_a}E}/V_E^s$ 则反映了偏向技术通过改变能源要素份额对碳足迹强度的影响。

为了进一步保障模型参数的有效估计，将随机干扰项导入成本函数和份额方程，组合建立计量模型。由于本计量模型涉及多个方程，虽然各方程涉及了不同的因变量，但模型中各扰动项中可能存在一定的交织相关性，客观要求运用系数估计方法对模型各个方程模型同时回归，以求最大限度提升模型有效性。现有的系统估计方法主要包括方程组联立法和似不相关回归法两种。其中方程组联立法主要适用于方程组中变量是非独立且存在复杂关联关系的情况，似不相关回归法则适用于相互独立、看似不相关，但随机扰动项可能存在相关性的情况。方程组联立法明显不符合本计量模型实际情况，因此采用似不相关回归法进行系统估计。

7.5.4 模型数据来源

为了有效地进行分析，选择 1987—2021 年中国各产业面板样本数据，主要包括能源、劳动、资本及中间品四种生产投入要素数量价格及六种不同来源偏向技术进步指标等。

第一，要素数据。能源价格采用各个产业实际消耗七种最主要能源（包括原煤、洗精煤、型煤、焦炭、原油、汽油和电力能源），设计 $p_E^r = (\sum N_{i_E}p_{i_E}^r)/N_E$ 进行综合价格加权，其中 N_{i_E}、$p_{i_E}^r$ 和 N_E 分别代表七种能源的各自年度使用数量、年度价格和能源消耗总量，涉及的数量均按照标煤系数折算为万吨 CO_2 标准煤。劳动力价格采用各产业从业人员的平均劳动报酬，并运用消费者价格指数（CPI）进行平减调整。资本价格采用各产业固定资产投资价格指数。中间品价格选取投入产出表中直接消耗系数矩阵与出产品价格指数加权数据。为了加强价格指数数据可比性，选定 1986 年为基期进行折算。

第二，技术进步指标数据。R&D 指标按照永续盘存法处理不同来源的资金支出存量，计算公式设计为：

$$r_{d0} = m_{d0}(1+g_{rd})/(z_{rd}+g_{rd}),\ r_{dt} = m_{dt} + (1-z_{rd})r_{d(t-1)} \quad (式7-29)$$

其中 r_{d0} 和 r_{dt} 分别为基期及 t 期资本存量，m_d 对应着当年度 R&D 资金支出，g_{rd} 为研发支出增长率、z_{rd} 为研发资本折旧率。R&D 支出采用科技统计年鉴中的“分行业大中型企业科技活动经费内部支出”为基础数据，其中技术价格指数内容比例设置为消费者价格指数占 55%、固定资产投资价格指数占 45%。g_{rd} 按照 1987—2021 年全国 R&D 支出年均增长率，取值为 4.56%。z_{rd} 基于科技产品专利保护期进行计算，对发明专利、实用新型和外观专利保护期限设置相同权重，得到近似值 13.33 年来衡量中国研发人力资本的平均寿命 t_{rd}，依据直线折旧法原理，利用 $z_{rd} = 1/t_{rd}$ 计算得到科技折旧率为 7.50%。

FDI 主要考虑中外合资经营、中外合作经营和外商独资经营类型的企业。其中水平溢出指标设置为三资企业固定资产净值占比与三资企业从业人员占比之和的一半。前向溢出和后向溢出分别等于水平溢出指标乘以产业前向溢出系数和后向溢出系数；其中前向溢出系数为依照投入产出表的直接消耗系数推导的某产业向其他产业购买的产品占其他产业产品比重，后向溢出系数则是某产业向其他产业提供的产品占本产业产品比重。进出口技术溢出指标则分别采用各产业进出口总额占本产业增加值的比值。

7.5.5　模型参数估计

基于收集的数据，运用回归模型分析各主要变量，估计结果见表 7－7。

表 7－7　主要变量的统计性描述

变量	均值	标准差	变量	均值	标准差
A_{rd}	5226.6321	6785.1089	p_K^r	0.9587	0.0981
A_{fh}	0.2875	0.1958	p_L^r	2.0302	0.9852
A_{ff}	0.2410	0.1103	p_M^r	1.2014	0.4123
A_{fb}	0.0841	0.1216	V_E^s	0.0601	0.0516
A_{im}	0.6907	0.8092	V_K^s	0.3316	0.1720
A_{ex}	0.7583	0.8215	V_L^s	0.0358	0.0181
p_E^r	1.9524	0.6258	V_M^s	0.5725	0.1982

表 7－7 显示，不同来源技术进步对产业碳足迹强度影响存在较为明显的区别。就价格指数而言，劳动力价格差距最大，其次是能源及中间品价

格，差距最小的为资本价格；在要素份额中，中间品和资本占比稳居第一位和第二位，与第三位的能源和第四位的劳动差距非常明显。为了更好地描述变量，实际运算时运用均值化法对所有变量进行了归一化处理。

此外，由于数据间存在一定相关性，如进口产品往往是出口产品的原材料、R&D 研发资金中也包括 FDI 涉及的三资企业研发资金等，因此通过回归分析对参数进行估计。一是利用最小二乘法将数据进行分组回归，第一组采用出口溢出数据和 R&D 数据对 FDI 三类溢出数据进行回归，第二组采用进口溢出数据对出口溢出数据和 FDI 三类溢出数据进行回归。而后利用回归所得的残差值剔除第一组受 FDI 影响的出口溢出及 R&D 数据变量以及第二组中受出口溢出数据和 FDI 三类溢出数据影响的出口溢出变量。再使用公式（7－23）构造的模型 1 分析 27 个产业新旧常态数据，模型 2 和模型 3 则分别依据旧常态、新常态产业相关数据进行稳健性检测，得到表 7－8及表 7－9。

表 7－8　　模型中性技术进步回归结果

变量	模型 1	模型 2	模型 3
	1987—2021 年	1987—2007 年	2008—2021 年
$\ln A_{rd}$	－0.0072***	－0.0088***	－0.0069***
	(0.0226)	(0.0237)	(0.0201)
$\ln A_{fh}$	－0.0008***	－0.0011***	－0.0006***
	(0.0197)	(0.0214)	(0.0170)
$\ln A_{ff}$	－0.2982***	－0.3091***	－0.2711***
	(0.0623)	(0.0662)	(0.0553)
$\ln A_{fb}$	－0.0732**	－0.0617**	－0.0832**
	(0.0329)	(0.0209)	(0.0387)
$\ln A_{im}$	0.0982***	0.1002***	0.0872***
	(0.0132)	(0.0181)	(0.0115)
$\ln A_{ex}$	0.0467***	0.0309***	0.0529***
	(0.0110)	(0.0097)	(0.0136)
$\ln Y$	0.5821***	0.5104***	0.5907***
	(0.0386)	(0.0330)	(0.0401)
$\ln t$	0.0392***	0.0412***	0.0369***
	(0.0085)	(0.0093)	(0.0082)

注：***、**、*分别表示系数通过 1%、5% 和 10% 水平下的显著性检测。

表 7-9　　模型偏性技术进步回归结果

变量	模型 1	模型 2	模型 3
	1987—2021 年	1987—2007 年	2008—2021 年
$\ln A_{rd}\ln p_E^r$	-0.0091*** (0.0132)	-0.0102*** (0.0149)	-0.0087*** (0.0114)
$\ln A_{rd}\ln p_K^r$	-0.0179* (0.0089)	-0.0198* (0.095)	-0.0166* (0.0076)
$\ln A_{rd}\ln p_L^r$	-0.0078*** (0.0022)	-0.0065*** (0.0019)	-0.0081*** (0.0027)
$\ln A_{rd}\ln p_M^r$	0.0201*** (0.0069)	0.0288*** (0.0077)	0.0192*** (0.0071)
$\ln A_{fh}\ln p_E^r$	-0.0061*** (0.0018)	-0.0068*** (0.0026)	-0.0057*** (0.0017)
$\ln A_{fh}\ln p_K^r$	-0.0112*** (0.0037)	-0.0118*** (0.0041)	-0.0107*** (0.0035)
$\ln A_{fh}\ln p_L^r$	-0.0037*** (0.0006)	-0.0035*** (0.0006)	-0.0041*** (0.0007)
$\ln A_{fh}\ln p_M^r$	0.0120*** (0.0048)	0.0131*** (0.0053)	0.0112*** (0.0042)
$\ln A_{ff}\ln p_E^r$	0.0302*** (0.0041)	0.0357*** (0.0056)	0.0293*** (0.0039)
$\ln A_{ff}\ln p_K^r$	-0.0201* (0.0122)	-0.0228* (0.0127)	-0.0192* (0.0116)
$\ln A_{ff}\ln p_L^r$	0.0085*** (0.0028)	0.0097*** (0.0035)	0.0078*** (0.0022)
$\ln A_{ff}\ln p_M^r$	-0.0081* (0.0144)	-0.0077* (0.0133)	-0.0086* (0.0149)
$\ln A_{fb}\ln p_E^r$	-0.0015* (0.0020)	-0.0023* (0.0022)	-0.0014* (0.0024)
$\ln A_{fb}\ln p_K^r$	-0.0332*** (0.0079)	-0.0348*** (0.0084)	-0.0315*** (0.0081)
$\ln A_{fb}\ln p_L^r$	0.0011* (0.0014)	0.0017* (0.0021)	0.0008* (0.0009)

续表

变量	模型 1	模型 2	模型 3
	1987—2021 年	1987—2007 年	2008—2021 年
$\ln A_{fb}\ln p_M^r$	0.0294 *** (0.0088)	0.0290 *** (0.0083)	0.0331 *** (0.0097)
$\ln A_{im}\ln p_E^r$	−0.0012 * (0.0007)	−0.0019 * (0.0010)	−0.0007 * (0.0005)
$\ln A_{im}\ln p_K^r$	−0.0139 ** (0.0032)	−0.0157 ** (0.0041)	−0.0128 ** (0.0031)
$\ln A_{im}\ln p_L^r$	−0.0007 (0.0003)	−0.0012 (0.0005)	−0.0010 (0.0004)
$\ln A_{im}\ln p_M^r$	0.0178 *** (0.0029)	0.0172 *** (0.0026)	0.0185 *** (0.0033)
$\ln A_{ex}\ln p_E^r$	−0.0032 (0.0071)	−0.0049 (0.0064)	−0.0022 (0.0052)
$\ln A_{ex}\ln p_K^r$	−0.0156 *** (0.0024)	−0.0177 *** (0.0038)	−0.0121 *** (0.0016)
$\ln A_{ex}\ln p_L^r$	−0.0002 (0.0001)	−0.0004 (0.0004)	−0.0001 (0.0003)
$\ln A_{ex}\ln p_M^r$	0.0168 *** (0.0039)	0.0152 *** (0.0045)	0.0174 *** (0.0038)
$\ln Y\ln p_E^r$	−0.0229 *** (0.0041)	−0.0252 *** (0.0059)	−0.0201 *** (0.0036)
$\ln Y\ln p_K^r$	−0.0873 *** (0.0068)	−0.0981 *** (0.0083)	−0.0826 ** (0.0060)
$\ln Y\ln p_L^r$	0.0452 *** (0.0053)	0.0528 *** (0.0101)	0.0403 *** (0.0047)
$\ln Y\ln p_M^r$	0.0930 *** (0.0087)	0.0982 *** (0.0091)	0.0923 *** (0.0081)
$\ln t\ln p_E^r$	−0.0042 ** (0.0023)	−0.0065 ** (0.0031)	−0.0039 ** (0.0019)
$\ln t\ln p_K^r$	0.0032 *** (0.0020)	0.0036 *** (0.0031)	0.0028 *** (0.0014)

续表

变量	模型 1	模型 2	模型 3
	1987—2021 年	1987—2007 年	2008—2021 年
$\ln t \ln p_L^r$	-0.0028**	-0.0031**	-0.0022**
	(0.0016)	(0.0018)	(0.0019)
$\ln t \ln p_M^r$	-0.0042**	-0.0048**	-0.0036**
	(0.0028)	(0.0033)	(0.0027)
R^2	0.993	0.993	0.993
$B-P$ test	398.594***	253.687***	216.69***

注：***、**、* 分别表示系数通过 1%、5% 和 10% 水平下的显著性检测。

综合表 7-8、表 7-9 可见，三个模型中分别有共有 84 个、12 个、18 个变量在 1%、5% 和 10% 以上水平显著，占变量总数比重为 95%。系数拟合的总成本均为正值（分别为 0.5821、0.5104 和 0.5907），表明模型拟合成本函数性质优良。三个模型的 R^2 值为 0.993，显示回归方程整体拟合优度较好；$B-P$ test检验值显示三个模型均通过了 1% 水平下的显著性检测，说明模型各扰动项之间存在一定的跨方程相关性。其中各表中括号中数值为 T 值，代表了回归参数显著性检验值。此外，三个模型间的变量系数差异度较小，展现了稳健的回归结果。

7.5.6　新旧常态不同来源技术进步对中国产业碳足迹强度影响效应

不同来源技术进步对产业碳足迹强度主要通过偏向及中性技术进步两种方式产生影响，依照影响机制从整体产业及 27 个产业两个方面，基于回归结果计算新旧常态时期不同来源技术进步对中国产业碳足迹强度影响效应。

7.5.6.1　中国整体产业碳足迹强度影响效应

首先计算新旧常态不同来源技术进步对中国整体产业碳足迹强度的影响效应，结果见表 7-10 及表 7-11。

表 7-10、表 7-11 中数据均为各种来源技术进步对于产业碳足迹强度的影响弹性系数。数据显示，A_{rd}、A_{fh}、A_{ff}三种来源的技术进步会降低中国整体产业的碳足迹强度（弹性系数值为负值），A_{fb}、A_{im}、A_{ex}三种来源的

表 7－10 新旧常态不同来源技术进步对中国整体产业碳足迹强度影响（单位：%）

技术进步来源	研究时期	偏向技术进步			中性技术进步	总体技术影响
		要素替代	份额调整	总体影响		
A_{rd}	1987—2007 年	－0.0966	－0.1037	－0.2003	－0.0169	－0.2172
	2008—2021 年	－0.0941	－0.1136	－0.2077	－0.0184	－0.2261
	1987—2021 年	－0.0947	－0.1068	－0.2015	－0.0172	－0.2187
A_{fh}	1987—2007 年	－0.0493	－0.1020	－0.1513	－0.0038	－0.1551
	2008—2021 年	－0.0454	－0.1077	－0.1531	－0.0049	－0.1580
	1987—2021 年	－0.0465	－0.1059	－0.1524	－0.0043	－0.1567
A_{ff}	1987—2007 年	0.0533	0.1069	0.1602	－0.2654	－0.1052
	2008—2021 年	0.0467	0.1080	0.1547	－0.2791	－0.1244
	1987—2021 年	0.0511	0.1061	0.1572	－0.2725	－0.1153
A_{fb}	1987—2007 年	0.0230	0.0359	0.0589	0.0695	0.1284
	2008—2021 年	0.0197	0.0354	0.0551	0.0662	0.1213
	1987—2021 年	0.0211	0.0356	0.0567	0.0680	0.1247
A_{im}	1987—2007 年	0.0051	0.0339	0.0490	0.0578	0.0968
	2008—2021 年	0.0045	0.0270	0.0415	0.0526	0.0841
	1987—2021 年	0.0049	0.0317	0.0466	0.0551	0.0917
A_{ex}	1987—2007 年	0.0170	0.0225	0.0395	0.0448	0.0843
	2008—2021 年	0.0162	0.0200	0.0362	0.0421	0.0783
	1987—2021 年	0.0169	0.0218	0.0387	0.0435	0.0822

表 7－11 新旧常态偏向技术进步对中国整体产业碳足迹强度内部占比表

技术进步来源	研究时期	偏向技术进步		技术进步来源	研究时期	偏向技术进步	
		要素替代（%）	份额调整（%）			要素替代（%）	份额调整（%）
A_{rd}	1987—2007 年	48.21	51.79	A_{fb}	1987—2007 年	39.11	60.89
	2008—2021 年	45.31	54.69		2008—2021 年	35.67	64.33
	1987—2021 年	47.02	52.98		1987—2021 年	37.29	62.71
A_{fh}	1987—2007 年	32.58	67.42	A_{im}	1987—2007 年	13.01	86.99
	2008—2021 年	29.66	70.34		2008—2021 年	14.21	85.79
	1987—2021 年	30.49	69.51		1987—2021 年	13.82	86.18
A_{ff}	1987—2007 年	33.26	66.74	A_{ex}	1987—2007 年	42.97	57.03
	2008—2021 年	30.19	69.81		2008—2021 年	44.62	55.38
	1987—2021 年	32.49	67.51		1987—2021 年	43.56	56.44

技术进步则会增加碳足迹强度（弹性系数值为正值）。较旧常态时期而言，所有六种技术来源弹性系数数值均有不同程度的减少，显示了新常态时期所有来源的技术进步对产业碳足迹强度影响效应均出现了正面调整。对比技术进步的弹性系数绝对值，总体技术影响方面，旧常态时期及新旧常态对整体产业碳足迹影响效应由高到低分别为 $A_{rd} > A_{fh} > A_{fb} > A_{ff} > A_{im} > A_{ex}$；新常态时期则调整为 $A_{rd} > A_{fh} > A_{ff} > A_{fb} > A_{im} > A_{ex}$。

就偏向技术进步而言，A_{rd}、A_{fh}、A_{ex}降低了产业碳足迹强度，A_{ff}、A_{fb}、A_{im}增加了产业碳足迹强度；旧常态及新旧常态六种来源影响效应排序为 $A_{rd} > A_{ff} > A_{fh} > A_{fb} > A_{im} > A_{ex}$，新常态时期为 $A_{rd} > A_{ff} > A_{fh} > A_{fb} > A_{im} > A_{ex}$。中性技术进步方面，通过 A_{rd}、A_{fh}、A_{ff}可降低产业碳足迹强度，A_{fb}、A_{im}、A_{ex}则会提升产业碳足迹强度，影响度三个时期排名均为 $A_{ff} > A_{fb} > A_{im} > A_{ex} > A_{rd} > A_{fh}$。对比偏向及中性技术进步弹性系数绝对值，$A_{rd}$和 A_{fh}两种来源的偏向技术进步影响效应大于中性技术进步，而其他四种来源的中性技术进步则拥有相对较大的影响效应。偏向技术进步中，所有六种来源的偏向技术进步要素替代影响效应均小于能源份额调整影响效应，其中旧常态下六种来源要素替代影响效应占比均值为 34.86%，份额调整占比均值为 65.14%，新常态时期要素替代影响效应占比均值下降为 33.28%，份额调整占比均值则上调了 1.58%，新旧常态要素替代影响效应占比均值为 34.11%，仅为相应时期份额调整占比均值的 51.77%。

具体到各技术进步来源，A_{rd} 在旧常态每增加 1% 可使得整体产业碳足迹强度下降 0.2172%，其中中性技术进步下降贡献度为 0.0169%，偏向技术进步通过要素替代使得碳足迹强度下降 0.0966%，借助能源份额调整下降 0.1037%，总体影响度为 0.2003%。新常态时期，A_{rd} 的偏向技术进步要素替代、份额调整、中性技术进步和总体技术对产业碳足迹强度下降的影响分别为 0.0941%、0.1136%、0.0184% 和 0.2261%，就新旧常态总体而言，以上系数则调整为 0.0947%、0.1068%、0.2015%、0.0172% 和 0.2187%。

A_{fh} 每增加 1%，产业碳足迹强度在旧常态、新常态、新旧常态分别下降了 0.1551%、0.1580% 和 0.1567%。A_{fh} 旧常态中性技术进步贡献度为 0.0038%，偏向技术进步通过要素替代使得碳足迹强度下降 0.0493%，借助能源份额调整下降 0.1020%，总体影响度为 0.1513%。A_{rd} 在新常态时期，偏向技术进步要素替代、份额调整、中性技术进步和总体技术影响分别为0.0941%、0.1136%、0.0184%和0.2261%，新旧常态系数则分别调整为0.0947%、0.1068%、0.2015%、0.0172%和0.2187%。

A_{ff}在旧常态、新常态及新旧常态，每增加1%使得整体产业碳足迹强度分别下降0.1052%、0.1244%和0.1153%，其中中性技术进步使得碳足迹强度分别下降了0.2654%、0.2791%和0.2725%；偏向技术进步使得碳足迹强度分别上升了0.1602%、0.1547%和0.1572%，其中要素替代上升贡献度分别为0.0533%、0.0467%和0.0511%，能源份额调整上升贡献度分别为0.1069%、0.1080%和0.1061%。

A_{fb}在旧常态、新常态及新旧常态，每增加1%使得整体产业碳足迹强度分别上升了0.1284%、0.1213%和0.1247%，中性技术进步使得碳足迹强度分别上升了0.0695%、0.0662%和0.0680%；偏向技术进步使得碳足迹强度分别上升了0.0589%、0.0551%和0.0567%，其中要素替代上升贡献度分别为0.0230%、0.0197%和0.0211%，能源份额调整上升贡献度分别为0.0359%、0.0354%和0.0356%。

A_{im}在旧常态、新常态及新旧常态，每增加1%使得整体产业碳足迹强度分别上升了0.0968%、0.0841%和0.0917%，中性技术进步使得碳足迹强度分别上升了0.0578%、0.0526%和0.0551%；偏向技术进步使得碳足迹强度分别上升了0.0390%、0.0315%和0.0366%，其中要素替代上升贡献度分别为0.0051%、0.0045%和0.0049%，能源份额调整上升贡献度分别为0.0339%、0.0270%和0.0317%。

A_{ex}在旧常态、新常态及新旧常态，每增加1%使得整体产业碳足迹强度分别上升了0.0843%、0.0783%和0.0822%，中性技术进步使得碳足迹强度分别上升了0.0448%、0.0421%和0.0435%；偏向技术进步使得碳足迹强度分别上升了0.0395%、0.0362%和0.0387%，其中要素替代下降贡献度分别为0.0170%、0.0162%和0.0169%，能源份额调整下降共享度分别为0.0225%、0.0200%和0.0218%。

从时间纵向比较，较旧常态时期而言，所有六种技术来源在新常态时期对产业碳足迹强度影响效应均出现了正面调整。在总体技术影响效应方面，A_{rd}、A_{fh}、A_{ff}新常态相对旧常态对碳足迹强度下降影响效应分别增加了0.0089%、0.0029%和0.0192%；A_{fb}、A_{im}、A_{ex}对碳足迹强度的增加程度分别下降了0.0071%、0.0127%和0.0060%。偏向技术进步总体影响效应方面，相较旧常态时期，A_{rd}、A_{fh}、A_{ex}在新常态时期，对碳足迹强度下降影响效应分别增加了 0.0074%、0.0018%和 0.0033%；A_{ff}、A_{fb}、A_{im}对碳足迹强度的增加程度分别下降了 0.0055%、0.0038%和 0.0075%。中性技术进步影响效应方面，相较旧常态时期，A_{rd}、A_{fh}、A_{ff}新常态时期对碳足迹强度下降影响效应分别增加了 0.0015%、0.0011%和 0.0137%；A_{fb}、A_{im}、A_{ex}对碳足迹强度的增加程度分别下降了 0.0033%、0.0052%和 0.0027%。

7.5.6.2 新旧常态不同来源偏向技术进步对细分产业碳足迹强度影响

在计算新旧常态技术进步对中国整体产业碳足迹强度影响效应的基础上，将 27 个产业能源要素份额代入模型，分析出新旧常态不同来源偏向技术进步对产业碳足迹强度影响效应，结果见表 7-12 至表 7-14。

表 7-12　旧常态时期不同来源偏向技术对产业碳足迹强度影响　（单位：%）

产业	A_{rd}	A_{fh}	A_{ff}	A_{fb}	A_{im}	A_{ex}
D1	-0.0321	-0.0412	0.0082	0.0782	0.0126	0.0043
D2	-0.1056	-0.0768	0.0687	0.0750	0.0533	0.0346
D3	-0.0981	-0.1983	0.3101	0.0474	0.0448	0.0424
D4	-0.1187	-0.0867	0.0693	0.0736	0.0527	0.0351
D5	-0.0812	-0.0659	0.1022	0.0768	0.0538	0.0335
D6	-0.3521	-0.3206	0.6560	0.0139	0.0301	0.0510
D7	-0.2758	-0.2003	0.3231	0.0412	0.0427	0.1584
D8	-0.6325	-0.5226	1.3271	-0.0326	0.0183	0.0612
D9	-0.4597	-0.3621	0.7236	-0.0069	0.0290	0.0516
D10	-0.4588	-0.3528	0.7769	0.0087	0.0302	0.0502
D11	-0.0982	-0.0792	-0.0302	0.0906	0.0577	0.0409
D12	-0.1204	-0.0886	-0.0281	0.0741	0.0524	0.0362
D13	-0.0923	-0.0628	-0.1035	0.0769	0.0533	0.0335
D14	-0.0995	-0.0825	-0.0758	0.0788	0.0539	0.0356
D15	-0.2386	-0.1644	0.2360	0.0517	0.0450	0.0406
D16	-0.4925	-0.3625	0.8624	0.0040	0.0287	0.0523
D17	-0.6429	-0.4750	1.1562	-0.0229	0.0206	0.0579
D18	-0.7827	-0.6035	1.5658	-0.0503	0.0117	0.0675
D19	-0.9384	-0.8204	2.1491	-0.0811	0.0066	0.0770
D20	-0.7350	-0.5539	1.3954	-0.0436	0.0139	0.0621

续表

产业	A_{rd}	A_{fh}	A_{ff}	A_{fb}	A_{im}	A_{ex}
D21	-0.3026	-0.2005	0.3327	0.0404	0.0419	0.0708
D22	-0.1082	-0.0904	-0.1025	0.0812	0.0545	0.0372
D23	-0.2025	-0.1420	0.1654	0.0552	0.0463	0.0386
D24	-0.0723	-0.0624	0.0688	0.0458	0.0101	0.0212
D25	-0.0528	-0.0448	0.0455	0.0126	0.0160	0.0127
D26	-0.0128	-0.0325	0.0368	0.0082	0.0056	0.0042
D27	-0.0214	-0.0382	0.0405	0.0097	0.0069	0.0058
平均值	-0.2825	-0.2271	0.4474	0.0299	0.0331	0.0451

表7-13　新常态时期不同来源偏向技术对产业碳足迹强度影响效应（单位:%）

产业	A_{rd}	A_{fh}	A_{ff}	A_{fb}	A_{im}	A_{ex}
D1	-0.0331	-0.0424	0.0076	0.0751	0.0113	0.0040
D2	-0.1077	-0.0792	0.0639	0.0726	0.0518	0.0322
D3	-0.1026	-0.2017	0.3021	0.0412	0.0401	0.0395
D4	-0.1254	-0.0890	0.0661	0.0712	0.0518	0.0343
D5	-0.0867	-0.0688	0.0945	0.0722	0.0506	0.0320
D6	-0.3589	-0.3291	0.6635	0.0126	0.0287	0.0492
D7	-0.2791	-0.2055	0.3287	0.0385	0.0403	0.1491
D8	-0.6402	-0.5302	1.3361	-0.0358	0.0174	0.0593
D9	-0.4638	-0.3716	0.7284	-0.0086	0.0225	0.0528
D10	-0.4572	-0.3492	0.7772	0.0091	0.0281	0.0473
D11	-0.0986	-0.0823	-0.0325	0.0837	0.0511	0.0381
D12	-0.1182	-0.0870	-0.0274	0.0730	0.0495	0.0339
D13	-0.0992	-0.0665	-0.1121	0.0712	0.0520	0.0302
D14	-0.1052	-0.0897	-0.0769	0.0729	0.0505	0.0348
D15	-0.2402	-0.1682	0.2347	0.0489	0.0421	0.0389
D16	-0.5061	-0.3701	0.8211	0.0035	0.0220	0.0502
D17	-0.6488	-0.4767	1.1497	-0.0264	0.0194	0.0570
D18	-0.7892	-0.6101	1.5584	-0.0584	0.0125	0.0622
D19	-0.9423	-0.8281	2.1325	-0.0887	0.0059	0.0735
D20	-0.7391	-0.5612	1.3901	-0.0442	0.0131	0.0602
D21	-0.3102	-0.2126	0.3201	0.0387	0.0394	0.0689

续表

产业	A_{rd}	A_{fh}	A_{ff}	A_{fb}	A_{im}	A_{ex}
D22	-0.1065	-0.0821	-0.0982	0.0817	0.0598	0.0355
D23	-0.1982	-0.1401	0.1642	0.0540	0.0451	0.0363
D24	-0.0702	-0.0611	0.0697	0.0402	0.0085	0.0204
D25	-0.0502	-0.0430	0.0421	0.0138	0.0182	0.0112
D26	-0.0139	-0.0364	0.0362	0.0077	0.0049	0.0038
D27	-0.0250	-0.0413	0.0384	0.0086	0.0058	0.0054
平均值	-0.2858	-0.2305	0.4436	0.0270	0.0312	0.0430

表7-14　新旧常态不同来源偏向技术对产业碳足迹强度影响效应

（单位:%）

产业	A_{rd}	A_{fh}	A_{ff}	A_{fb}	A_{im}	A_{ex}
D1	-0.0328	-0.0419	0.0080	0.0774	0.0119	0.0042
D2	-0.1064	-0.0775	0.0654	0.0745	0.0527	0.0339
D3	-0.0998	-0.1999	0.3055	0.0446	0.0424	0.0416
D4	-0.1206	-0.0882	0.0675	0.0722	0.0521	0.0349
D5	-0.0854	-0.0662	0.0981	0.0731	0.0520	0.0327
D6	-0.3543	-0.3259	0.6584	0.0131	0.0295	0.0498
D7	-0.2769	-0.2027	0.3268	0.0401	0.0411	0.1552
D8	-0.6382	-0.5281	1.3302	-0.0339	0.0179	0.0606
D9	-0.4609	-0.3688	0.7242	-0.0078	0.0264	0.0519
D10	-0.4586	-0.3507	0.7770	0.0088	0.0294	0.0486
D11	-0.0985	-0.0810	-0.0314	0.0882	0.0538	0.0395
D12	-0.1190	-0.0877	-0.0277	0.0735	0.0505	0.0344
D13	-0.0979	-0.0636	-0.1086	0.0737	0.0528	0.0319
D14	-0.1037	-0.0860	-0.0760	0.0754	0.0516	0.0351
D15	-0.2393	-0.1669	0.2355	0.0497	0.0437	0.0397
D16	-0.4977	-0.3679	0.8582	0.0038	0.0245	0.0511
D17	-0.6463	-0.4754	1.1532	-0.0252	0.0202	0.0576
D18	-0.7865	-0.6082	1.5613	-0.0562	0.0121	0.0647
D19	-0.9397	-0.8263	2.1427	-0.0870	0.0062	0.0749
D20	-0.7364	-0.5574	1.3932	-0.0439	0.0134	0.0615
D21	-0.3085	-0.2087	0.3285	0.0391	0.0405	0.0697

续表

产业	A_{rd}	A_{fh}	A_{ff}	A_{fb}	A_{im}	A_{ex}
D22	-0.1070	-0.0882	-0.1003	0.0815	0.0552	0.0361
D23	-0.2002	-0.1408	0.1650	0.0549	0.0460	0.0374
D24	-0.0711	-0.0612	0.0691	0.0421	0.0096	0.0208
D25	-0.0513	-0.0436	0.0436	0.0132	0.0179	0.0121
D26	-0.0131	-0.0353	0.0364	0.0079	0.0054	0.0040
D27	-0.0236	-0.0397	0.0391	0.0089	0.0062	0.0055
平均值	-0.2842	-0.2292	0.4460	0.0282	0.0320	0.0441

表7-12至表7-14显示，三个时期所有产业的A_{rd}和A_{fh}影响效应均为负值，说明加强这两个来源的技术进步可有效降低产业碳足迹强度。A_{im} A_{ex}所有产业的影响效应均为正值，说明这两个来源的技术进步会提升各个产业碳足迹强度。A_{ff}中除D11、D12、D13、D14、D22影响效应为负值外，对其余产业的影响均为正值；A_{fb}中D8、D9、D17、D18、D19、D20影响效应为负值，其余产业影响效应为正值。

A_{rd}中共有D19、D18、D20等10个产业的影响效应低于平均值，说明在所有产业中，A_{rd}对这10个产业碳足迹强度能产生相对较大的降低效应。A_{fh}中共有D19、D18、D20等9个产业影响效应低于平均值，说明在所有产业中，A_{fh}对这9个产业碳足迹强度能产生相对较好的降低效应。A_{ff}中D19、D18、D20等9个产业效应值大于平均值；A_{fb}中共有D11、D22、D14等15个产业影响值大于平均值；A_{im}中共有D11、D22、D14等13个产业影响值大于平均值；A_{ex}中共有D7、D19、D21等11个产业影响值大于平均值；说明就这些产业而言，A_{ff}、A_{fb}、A_{im}、A_{ex}来源偏向技术进步会更大幅度地增加产业碳足迹强度。

7.6 本章小结

面对新常态时期排放骤增、污染加剧、能源紧张、产能过剩等多重压力，节约碳资源的技术进步方式对于中国产业健康可持续发展十分重要。

然而，文献回顾尚未见基于新旧常态对中国产业技术进步碳足迹要素偏向性的对比分析。为此，本书基于超越对数生产函数的随机前沿分析法，以资本、劳动力、能源及碳足迹作为生产投入要素，测算新旧常态中国产业及各个部门的技术进步偏向性，并得出以下结论。

第一，从旧常态到新常态时期，中国产业技术进步碳足迹要素的偏向度不断波动。但总体来看，进入新常态后整体产业逐步呈现出节约碳资源的特征，且分别有 50% 的低碳部门、63.6% 的中碳部门和 80% 的高碳部门实现了不同程度的技术进步碳足迹偏向优化，没有任何产业碳足迹偏向度排序出现上升情况，显示各种低碳政策措施对引导产业节约碳资源技术进步发挥了一定积极作用。

第二，由于当前中国产业技术进步总体仍然偏向资本，无法有效提升劳动收入和降低能源及碳资源消耗；且从 1987 到 2018 年，整体产业碳足迹及能源偏向度分列第二位及第三位，对于碳资源及能源的过分依赖也是造成环境污染及能源供给瓶颈的主要原因。因此，结合中国具体国情及发达国家发展经验，可以明确中国产业最优化技术进步偏向度排序，由高到低应为劳动、资本、能源及碳足迹。此种类型的技术进步路径既可以提升劳动者收入水平，刺激内需，也可以适当降低投资速度，消化过剩产能，减少能源消耗，最终降低碳排放水平。

第三，通过对新旧常态不同来源技术进步对中国产业碳足迹强度影响效应研究发现，各种来源的技术进步对产业碳足迹强度影响迥异，虽然所有来源技术进步对产业碳足迹强度影响在新常态时期出现了一定的正面变化，但仍有半数来源的技术进步会增加产业碳足迹强度。需要特别指出的是，技术进步对高碳足迹强度及产业碳足迹强度的正面影响明显差于所有产业的平均表现。

第8章　新旧常态中国产业结构调整对碳足迹影响分析

新旧常态时期，中国产业碳足迹排放是一个涉及诸多影响要素的复杂灰色系统，与产业结构具有明显关联性。按照三大产业、五类产业及27个产业三种划分方式，分析新旧常态时期中国产业结构占比及碳足迹排放演变情况，夯实数据基础。改进灰色关联分析模型，依照三种产业分类方法分别描述产业结构与全碳足迹、直接碳足迹及间接碳足迹排放的关联程度，分析引起新旧常态、旧常态及新常态时期中国产业碳足迹排放动态变化的产业量化因素，进而判断三种碳足迹与不同产业结构因素间的远近关联影响关系。在此基础上，设计改良模拟退火遗传混合算法，模拟中国细分产业结构调整的优化状态，测算四种不同优化方案下全碳足迹减排关联效应。

8.1　新旧常态中国产业结构及碳足迹排放演变

首先依据经典三次产业分类法，第一产业主要是农林牧渔业，第二产业主要是工业及建筑业，其余产业组成了第三产业。在收集整理相关数据的基础上，计算1987—2021年中国三大产业增加值占GDP的比重。其中中国三大产业旧常态时期占比均值分别为18.48%、40.14%和42.77%；新常态占比均值为9.34%、36.74%和53.92%；新旧常态均值为15.15%、38.55%和46.16%。第一产业及第二产业占比分别由1987年的26.55%和37.96%下降至2021年的7.97%和31.09%，年均下降率为3.92%及

0.69%，第三产业占比则由 35.49% 上升至 60.94%，年均增长率为 1.76%。三大产业年均增长率依次为 -4.55%、0.43%和 1.53%。新常态时期第一产业和第二产业占比分别下降了 2.58%和 10.14%，第三产业则增长了 12.71%，三大产业新常态时期年均增长率分别达到了 -2.56%、-2.79%及 2.37%。综合分析可见，第一产业占比在新旧常态时期一直处于逐步下降趋势，第二产业占比在旧常态时期总体呈现增长趋势，而在新常态时期则开始下降，第三产业占比则总体呈现不断增长趋势，其中新常态时期增长尤为迅速。

在此基础上，根据新旧常态中国产业全碳足迹基础数据库，描述新旧常态时期中国三大产业全碳足迹占比。旧常态时期中国三大产业全碳足迹排放占比均值分别为 4.21%、79.75%和 16.05%；新常态时期占比均值为 2.11%、82.61%和 15.28%；新旧常态时期均值为 3.48%、80.73%和 15.78%。相对于旧常态时期，第二产业在新常态时期 GDP 占比有所下降的情况下，全碳足迹排放占比均值却上升了 2.86%，第三产业则在 GDP 占比上升情况下，全碳足迹排放占比下降了 0.77%，说明从节能减排角度而言，第三产业仍是今后优先发展对象。从年度占比来看，第一产业及第三产业全碳足迹排放占比分别由 1987 年的 4.94%和 17.52%下降至 2021 年的 1.95%和 15.67%，年均下降率为 2.91%及 0.35%，第二产业占比则由 77.55%上升至 83.37%，年均增长率为 0.23%。旧常态时期第一产业和第三产业全碳足迹排放占比分别下降了 1.41%及 3.72%，第二产业占比则增长了 5.12%，年均增长率分别为 -1.62%、0.32%和 -1.21%；新常态时期第一产业和第二产业占比分别下降了 0.47%和 0.68%，第三产业则增长了 1.14%，新常态时期年均增长率分别达到了 -1.90%、-0.09%及 0.70%。由上分析可见，第一产业全碳足迹排放占比在新旧常态时期一直处于逐步下降趋势，第二产业占比在旧常态时期总体呈现增长趋势，而在新常态时期则开始有所下降，第三产业占比则在旧常态时期有所下降，新常态时期全碳足迹占比则开始增长。

在此基础上，依照第 2 章新旧常态时期全碳足迹强度划分的中国五类产业，进一步分析其产值占比基本情况。旧常态时期中国五类产业增加值占 GDP 比重均值分别为 10.41%、5.71%、10.57%、2.26%和 36.54%；新常态占比均值为 13.77%、7.95%、17.82%、3.11%和 57.36%；新旧常态时期均值为 10. 41%、8. 44%、16. 70%、3. 33% 和 56. 25%。总体而言，旧常态、新常态及新旧常态时期增加值占 GDP 比重由高到低依次为三低产业、高低高产业、三高产业、高高低产业及高等高产业。其中旧常态时期三高产业、高高低产业、高低高产业占比分别由 1987 年的 16. 43%、7. 54% 和 15. 02% 增长至 2007 年的 16. 59%、8. 94% 和 18. 08%，分别增加了 0. 15%、1. 40% 和 3. 06%；而同时期高等高产业、三低产业占比则有所下降，分别由 1987 年的 3. 34%、57. 67% 下降至 2007 年的 2. 97% 和 53. 43%，下降幅度分别为 0. 37% 及 4. 24%。新常态时期三高产业、高高低产业、高低高产业占比分别则由 2008 年的 16. 35%、8. 71% 和 18. 43% 下降至 2021 年的 10. 81%、7. 57% 和 16. 92%，分别下降了 5. 54%、1. 14% 和 1. 51%；而同时期高等高产业、三低产业占比则有所上升，分别由 2008 年的 3. 01% 及 53. 50% 增长至 2021 年的 3. 23% 和 61. 47%，增长幅度分别为 0. 22% 及 7. 97%。就新旧常态时期而言，三高产业占比总体呈现小幅下降趋势，高高低产业、高等高产业及高低高产业总体平稳，三低产业则总体呈现上升趋势，一定程度上显示该时期（特别是新常态时期）中国产业节能减排工作取得了一定效果。进一步解析新旧常态时期五类产业全碳足迹排放占比情况，其中五类产业占比旧常态时期均值分别为 50. 41%、12. 80%、18. 46%、2. 74% 和 15. 59%；新常态占比均值为 62. 23%、14. 79%、10. 30%、1. 89% 和 10. 79%；新旧常态时期均值为 54. 47%、13. 48%、15. 66%、2. 44% 和 13. 94%。总体而言，旧常态及新旧常态时期占比由高到低依次为三高产业、高低高产业、三低产业、高高低产业及高等高产业；新常态时期高高低产业、高低高产业、高等高产业及三低产业占比分别由 1987 年的 13. 61%、25. 60%、3. 39% 和 17. 40% 下降至 2007 年的 13. 11%、11. 31%、2. 16% 和 10. 43%，分别下降了 0. 50%、14. 29%、1. 23% 和 6. 96%；而同时期三高产业占比则大幅增加，由 1987 年的 40. 00% 快速增长至 2007 年的 62. 98%，上升幅度为 20. 98%，年均增长率为 2. 17%。新常态时期三高产业、高高低产业、三低产业占比分别则由 2008 年的 61. 22%、14. 31% 和 10. 61% 上升至 2021 年的 62. 42%、15. 39% 和 11. 15%，分别上升了 1. 20%、1. 08% 和 0. 54%；而同时期高低高产业、高等高产业占比则有所下降，分别由 2008 年的 11. 63% 及 2. 23% 下降至 2021 年的 9. 30% 和 1. 74%，下降幅度分别为

2.33% 及 0.49%。就新旧常态时期而言，三高产业占比总体呈现不断大幅上涨趋势，但上涨趋势在新常态时期明显下降，高高低产业占比则缓慢上涨，高低高产业、高等高产业及三低产业有所下降。

在描述产业划分情况基础上，进一步设计表 8-1 为新旧常态时期各个产业增加值占 GDP 比重情况。

表 8-1　　新旧常态时期中国细分产业增加值占 GDP 比重　　（单位：%）

产业	旧常态	新常态	新旧常态	产业	旧常态	新常态	新旧常态
D1	18.19%	9.34%	15.15%	D15	0.86%	1.10%	0.94%
D2	0.90%	1.50%	1.11%	D16	2.17%	3.25%	2.54%
D3	4.03%	2.10%	3.36%	D17	2.10%	1.97%	2.05%
D4	1.03%	0.73%	0.93%	D18	1.60%	1.81%	1.67%
D5	0.54%	0.61%	0.57%	D19	2.27%	2.59%	2.38%
D6	4.20%	2.85%	3.73%	D20	0.61%	0.27%	0.49%
D7	1.71%	1.54%	1.65%	D21	0.46%	0.41%	0.44%
D8	1.42%	0.99%	1.27%	D22	2.22%	2.08%	2.17%
D9	0.92%	0.86%	0.90%	D23	0.53%	0.34%	0.46%
D10	1.73%	1.58%	1.68%	D24	5.52%	6.06%	5.71%
D11	1.11%	0.47%	0.89%	D25	5.63%	4.55%	5.26%
D12	5.00%	3.56%	4.50%	D26	8.10%	9.18%	8.47%
D13	1.63%	1.29%	1.51%	D27	22.85%	34.13%	26.73%
D14	2.49%	4.83%	3.29%				

表 8-1 显示，产业增加值占 GDP 比重较旧常态时期而言，新常态时期增加的产业主要包括煤炭开采和洗选业（D2）、非金属矿和其他矿采选业（D5）、金属冶炼及压延加工业（D14）等 10 个产业，包括农林牧渔业（D1）、石油和天然气开采业（D3）、金属矿采选业（D4）在内的 17 个产业占比则有所下降。占比上升最多的为其他服务业（D27）的 11.28%，下降最快的为农林牧渔业（D1）的 -8.85%。旧常态时期占比最高的五个产业分别为其他服务业（D27）、农林牧渔业（D1）、批发及零售贸易餐饮业（D26）、交通运输仓储和邮电通信业（D25）和建筑业（D24），占比分别为 22.85%、18.19%、8.10%、5.63% 及 5.52%；新常态时期占比最高的五个产业分别为其他服务业（D27）、农林牧渔业（D1）、批发及零售

贸易餐饮业（D26）、建筑业（D24）和金属冶炼及压延加工业（D14），占比分别为 34.13%、9.34%、9.18%、6.06% 及 4.83%；新旧常态时期占比最高的五个产业分别为其他服务业（D27）、农林牧渔业（D1）、批发及零售贸易餐饮业（D26）、建筑业（D24）和交通运输仓储和邮电通信业（D25），占比分别为 26.73%、15.15%、5.71%、6.06% 及 5.26%。继而设计表 8－2 分析新旧常态中国细分产业全碳足迹排放占比。

表 8－2　新旧常态中国细分产业全碳足迹排放占比　（单位：%）

产业	旧常态	新常态	新旧常态	产业	旧常态	新常态	新旧常态
D1	4.21	2.11	3.48	D15	0.45	0.21	0.37
D2	2.96	3.94	3.30	D16	4.23	2.03	3.47
D3	1.56	0.39	1.16	D17	5.18	2.70	4.32
D4	0.29	0.24	0.27	D18	0.69	0.42	0.59
D5	0.22	0.21	0.21	D19	0.33	0.18	0.28
D6	2.76	1.62	2.36	D20	0.66	0.23	0.51
D7	1.34	4.36	1.09	D21	2.23	0.82	1.74
D8	0.67	0.39	0.57	D22	17.50	22.39	19.18
D9	0.27	0.18	0.24	D23	0.03	0.02	0.03
D10	1.39	1.28	1.35	D24	4.68	3.69	4.34
D11	12.54	17.68	14.31	D25	3.67	5.09	4.16
D12	7.98	6.81	7.58	D26	1.47	1.43	1.45
D13	5.94	5.55	5.81	D27	6.22	5.07	5.83
D14	10.53	14.71	11.97				

由表 8－2 可见，较旧常态时期而言，新常态时期产业全碳足迹排放占比增加的产业主要包括煤炭开采和洗选业（D2）、纺织业（D7）、炼焦煤气及石油加工业（D11）等 6 个产业，包括农林牧渔业（D1）、石油和天然气开采业（D3）、金属矿采选业（D4）在内的 21 个产业占比则有所下降。其中占比上升最多的为炼焦煤气及石油加工业（D11）的 5.14%，下降最快的为交通运输设备制造业（D17）的－2.47%。旧常态时期占比最高的五个产业分别为电热力生产及供应业（D22）、炼焦煤气及石油加工业（D11）、金属冶炼及压延加工业（D14）、化学工业（D12）和其他服务业（D27），占比分别为 17.50%、12.54%、10.53%、7.98% 及 6.22%；新

常态时期占比最高的五个产业分别为电热力生产及供应业（D22）、炼焦煤气及石油加工业（D11）、金属冶炼及压延加工业（D14）、化学工业（D12）和非金属矿物制品业（D13），占比分别为 22.39%、17.68%、14.71%、6.81%及 5.55%；新旧常态时期占比最高的五个产业分别与新常态时期一致，占比分别为 19.18%、14.31%、11.97%、7.58%及 5.81%。

8.2　新旧常态中国产业结构与碳足迹排放关联分析

为了更好地判断新旧常态时期中国产业结构与碳足迹排放关联程度，本章采用灰色关联分析法进行解析。灰色关联分析法主要是通过挖掘已知局部信息价值，构建因素行为曲线及系统特征序列曲线，借助几何相似程度判读不同系数要素间的关联性，实现系统行为运行及演化趋势的正确描述。较传统回归分析、方差分析等统计方法而言，该方法克服了基础数据必须服从典型分布规律等强假设的弱点，有效避免了伪回归、定性定量不符、样本量不足等情况[72]。

新旧常态时期中国产业碳足迹排放本身就是一个复杂灰色系统，经第 5 章证明，碳足迹排放与产业结构具有明显关联性。为此，可以借助灰色关联分析法描述产业结构与碳足迹排放关联程度，分析引起新旧常态中国产业碳足迹排放动态变化的产业量化因素，进而判断碳足迹与不同产业结构因素间的远近关联关系。

8.2.1　灰色关联分析模型构建

根据灰色关联分析原理，首先确定关联分析序列，选取原始数据。基于新旧常态中国产业碳足迹基础数据库，得到各个产业相关时期的碳足迹排放量，以此为系统特征指标值，构建系统特征序列 $X_0(t)=[x_0(1),x_0(2),\cdots,x_0(n)]$，其中 t 代表时间序列。而后将产业结构定义为各类产业增加值占 GDP 比重设置为相关因素指标值，构建相关因素行为序列 $X_i(t)=[x_i(1),x_i(2),\cdots,x_i(n)]$，其中 i 代表产业种类。对于关联程度的描述，当前学界设计了邓式关联度、绝对关联度、相对关联度、斜率关联度等多种计算指标反映关联程度，虽然每种关联度均在一定程度上反映了序列关联性，但往往存在指标较为单一、计算相对片面等问题[72]。为了吸收相关指标优点，规避缺点，本书改进绝对及相对关联度数值，加权平均后创立综合灰色关联度指标，以求既能显示数值序列间的相似程度，又能表征相较于起始点变化率的接近程度，进而全面反映序列间关联紧密程度。

首先计算绝对关联度，用于反映原始特征序列 X_0 与比较序列 X_i 间的相似度，两者越相似则绝对关联度数值越高。为了保证比较一致性，先要对各个序列变量进行无量纲化处理，计算可得到各个序列的始点零化像值 X_0^0 及 X_i^0，再设计式（8－1）至式（8－4），得到绝对关联度 $\overline{\varepsilon}_{oi}$。

$$|s_0| = \left|\sum_{i=2}^{n-1} x_0^0(t) + \frac{1}{2}x_0^0(n)\right| \quad （式 8－1）$$

$$|s_i| = \left|\sum_{i=2}^{n-1} x_i^0(t) + \frac{1}{2}x_i^0(n)\right| \quad （式 8－2）$$

$$|s_i - s_0| = \left|\sum_{i=2}^{n-1} [x_i^0(t) - x_0^0(t)] + \frac{1}{2}[x_i^0(n) - x_0^0(n)]\right| \quad （式 8－3）$$

$$\overline{\varepsilon}_{oi} = \frac{1 + |s_0| + |s_i|}{1 + |s_0| + |s_i| + |s_0 - s_i|} \quad （式 8－4）$$

为了更好地反映序列变量中有向面积及初始点距离变化情况，设计公式（8－5）计算改进的绝对关联度 ε_{oi}，以提升计算接近性、偶对称性及规范性。

$$\varepsilon_{oi} = 0.5 * \left[\overline{\varepsilon}_{oi} + \sum_{i=1}^{n} |x_i^0(t) - x_i^0(t)|\right] \quad （式 8－5）$$

与绝对关联度不同的是，相对关联度主要用于表征反映原始特征序列与比较序列间相对起始点的变化速率联系，两者变化速率越接近则相对关联度数值越高。在原始数据初始化处理后，设计式（8－6）及式（8－7），计算得到初始零化像值 $X_0'^0$ 及 $X_i'^0$。

$$X_0'^0 = [x_0'(1) - x_0'(1), x_0'(2) - x_0'(1), \cdots, x_0'(n) - x_0'(1)] \quad （式 8－6）$$

$$X_i'^0 = [x_i'(1) - x_i'(1), x_i'(2) - x_i'(1), \cdots, x_i'(n) - x_i'(1)] \quad （式 8－7）$$

而后借助公式（8－8）至式（8－12），计算得到传统的相对关联度 $\overline{\gamma_{0i}}$ 及改进的相关关联度 γ_{0i}。

$$|s_0'| = \left|\sum_{i=2}^{n-1} x_0'^0(t) + \frac{1}{2}x_0'^0(n)\right| \quad （式 8－8）$$

$$|s_i'| = |\sum_{i=2}^{n-1} x_i'^0(t) + \frac{1}{2} x_i'^0(n)| \tag{式 8-9}$$

$$|s_i' - s_0'| = |\sum_{i=2}^{n-1} [x_i'^0(t) - x_0'^0(t)] + \frac{1}{2}[x_i'^0(n) - x_0'^0(n)]| \tag{式 8-10}$$

$$\overline{\gamma_{0i}} = \frac{1 + |s_0'| + |s_i'|}{1 + |s_0'| + |s_i'| + |s_i' - s_0'|} \tag{式 8-11}$$

$$\gamma_{0i} = 0.5 * \left[\overline{\gamma_{0i}} + \sum_{i=1}^{n} |x_i'^0(t) - x_0'^0(t)|\right] \tag{式 8-12}$$

继而设计公式（8－13）计算综合关联度 ρ_{0i}，以求全面表征产业结果与碳足迹序列间的关联紧密度。综合管理度数值越大显示关联度越紧密，反之则越松散。根据 ρ_{0i} 值便可得到产业对碳足迹排放影响的综合关联序列，由此判断产业结构对于碳足迹排放的影响程度。需要说明的是，公式中 θ 为权重，可以根据关联度绝对值或者变化速率等不同考虑角度进行选取，为了更好地保持均衡，本书设定其值为 0.5。

$$\rho_{0i} = \theta\varepsilon_{0i} + (1 - \theta)\gamma_{0i} \tag{式 8-13}$$

8.2.2　中国产业灰色关联度分析

依照构建的灰色关联分析模型，选取系统特征序列及因素行为序列，分析新旧常态产业结构与碳足迹的各种关联度，测算各产业产值所占工业总产值比重与碳足迹排放的改进综合关联度。

8.2.2.1　三大产业灰色关联度

分析三大产业灰色关联度主要从三个方面与产业结构的关系进行，一是新旧常态时期产业全碳足迹，二是旧常态及新常态时期全碳足迹，三是新旧常态时期直接和间接碳足迹等方面，分见表 8－3 至表 8－7。

表 8－3　　新旧常态时期中国三大产业全碳足迹灰色关联度

	绝对关联度	相对关联度	综合关联度
第一产业	0.6822	0.6714	0.6768
第二产业	0.9195	0.6226	0.7710
第三产业	0.8206	0.5928	0.7067

表8－3显示，新旧常态时期三大产业绝对、相对及综合关联度均大于0.5，显示对全碳足迹排放均有较为明显的影响，但关联性有一定的区别。就综合关联度而言，新旧常态时期综合关联度由高到低分别为第二产业、第三产业及第一产业，较好地反映了新旧常态时期三个产业结构调整对全碳足迹的影响程度。

表8－4　旧常态时期中国三大产业全碳足迹灰色关联度

	绝对关联度	相对关联度	综合关联度
第一产业	0.7477	0.6088	0.6783
第二产业	0.8495	0.7014	0.7755
第三产业	0.7545	0.6249	0.6897

表8－5　新常态时期中国三大产业全碳足迹灰色关联度

	绝对关联度	相对关联度	综合关联度
第一产业	0.7148	0.5161	0.6155
第二产业	0.8913	0.6234	0.7573
第三产业	0.7820	0.6399	0.7110

由表8－4、表8－5可见，旧常态时期及新常态时期三大产业绝对、相对及综合关联度均大于0.5，与新旧常态时期整体情况一致。就综合关联度而言，旧常态及新常态时期综合关联度由高到低分别为第二产业、第三产业及第一产业。就单个类型产业比较而言，与旧常态时期相比，新常态时期第一产业及第二产业的综合关联度均有所下降，分别下降了0.0628、－0.0182、幅度分别为－9.26%、－2.35%；而新常态时期第三产业综合关联度则上升了0.0213，上涨幅度为3.09%，说明进入新常态后，随着第三产业的迅速发展，其与全碳足迹的关联度也在不断上升。

表8－6　新旧常态时期中国三大产业直接碳足迹灰色关联度

	绝对关联度	相对关联度	综合关联度
第一产业	0.7034	0.5614	0.6324
第二产业	0.9401	0.7416	0.8409
第三产业	0.7548	0.5946	0.6747

表 8－7　　新旧常态时期中国三大产业间接碳足迹灰色关联度

	绝对关联度	相对关联度	综合关联度
第一产业	0.6089	0.5037	0.5563
第二产业	0.8382	0.5925	0.7153
第三产业	0.9079	0.5518	0.7298

新旧常态时期三大产业的直接及间接碳足迹绝对、相对及综合关联度均大于0.5，与新旧常态时期整体情况一致。就直接碳足迹综合关联度而言，由高到低分别为第二产业、第三产业及第一产业，说明新旧常态时期第二产业对直接碳足迹的影响最大。三大产业间接碳足迹综合关联度由高到低排序分别为第三产业、第二产业及第一产业，显示新旧常态时期第三产业对间接碳足迹影响最为显著。

8.2.2.2　三大产业灰色关联度

结合五类产业具体数据，利用灰色关联分析模型计算灰色关联度，得到表 8－8 至表 8－12。

表 8－8　　新旧常态时期中国五类产业全碳足迹灰色关联度

	绝对关联度	相对关联度	综合关联度
三高产业	0.7639	0.5037	0.6338
高高低产业	0.8598	0.6287	0.7443
高低高产业	0.9999	0.7932	0.8965
高等高产业	0.5367	0.5020	0.5194
三低产业	0.7435	0.5303	0.6369

表 8－8 显示，新旧常态时期五类产业绝对、相对及综合关联度均大于0.5，产业结构调整与全碳足迹均有较为明显关联性。三种关联度由高到低排名分别为高低高产业、高高低产业、三高产业、三低产业及高等高产业，综合关联度数值分别为 0.8965、0.7443、0.6369、0.6338 及 0.5194，显示高高低产业结构调整对全碳足迹的影响程度最大，高等高产业影响程度相对最低。

表 8-9　旧常态时期中国五类产业全碳足迹灰色关联度

	绝对关联度	相对关联度	综合关联度
三高产业	0.8827	0.5042	0.6934
高高低产业	0.8924	0.6031	0.7478
高低高产业	0.8829	0.5428	0.7129
高等高产业	0.6550	0.5512	0.6031
三低产业	0.8314	0.5354	0.6834

表 8-10　新常态时期中国五类产业全碳足迹灰色关联度

	绝对关联度	相对关联度	综合关联度
三高产业	0.8637	0.5117	0.6877
高高低产业	0.9282	0.7002	0.8142
高低高产业	0.7917	0.7248	0.7582
高等高产业	0.7836	0.5433	0.6634
三低产业	0.9214	0.5937	0.7576

旧常态时期中国五类产业全碳足迹灰色综合关联度由高到低分别为高高低产业、高低高产业、三高产业、三低产业和高等高产业，数值依次为0.7478、0.7129、0.6934、0.6834及0.6031。绝对关联度由高到低排序为高高低产业、高低高产业、三高产业、三低产业及高等高产业；相对关联度对应排序则为高高低产业、高等高产业、高低高产业、三低产业及三高产业，后三位排名与绝对关联度有所变化。

新常态时期中国五类产业全碳足迹灰色综合关联度由高到低排序为高高低产业、高低高产业、三低产业、三高产业及高等高产业，数值分别为0.8142、0.7582、0.7576、0.6877和0.6634。绝对关联度由高到低排序为高高低产业、三低产业、三高产业、高低高产业及高等高产业；相对关联度相对应的排序则为高高低产业、高低高产业、三低产业、高等高产业及三高产业。相较旧常态时期而言，高高低产业、高低高产业、三低产业、高等高产业四类产业的综合关联度有所上升，幅度分别为0.0664、0.0453、0.0603和0.0742，其中三低产业上升幅度最大，显示了新常态时期与全碳足迹关联度不断上升。而仅有三高产业综合关联度有所下降，降幅为0.0057，客观说明新常态时期对于三高产业的节能减排工作取得了一定效果。

表8-11　新旧常态时期中国五类产业直接碳足迹灰色关联度

	绝对关联度	相对关联度	综合关联度
三高产业	0.7617	0.5302	0.6459
高高低产业	0.8562	0.8174	0.7368
高低高产业	0.8859	0.9544	0.9201
高等高产业	0.5375	0.5028	0.5202
三低产业	0.7610	0.5038	0.6324

表8-12　新旧常态时期中国五类产业间接碳足迹灰色关联度

	绝对关联度	相对关联度	综合关联度
三高产业	0.7382	0.5303	0.6342
高高低产业	0.7771	0.5035	0.6403
高低高产业	0.8710	0.6625	0.7668
高等高产业	0.5361	0.5013	0.5187
三低产业	0.9874	0.7713	0.8793

表8-11、表8-12显示，新旧常态时期五类产业的直接及间接碳足迹绝对、相对及综合关联度均大于0.5，与新旧常态时期整体情况一致。就直接及间接碳足迹的综合关联度而言，由高到低分别为高低高产业、高高低产业、三高产业、三低产业及高等高产业，数值分别为0.9201、0.7368、0.6459、0.6324及0.5202，显示新旧常态时期高低高产业对直接碳足迹的关联影响最大，高等高产业影响最小。新旧常态时期，五类产业间接碳足迹的综合关联度由高到低分别为三低产业、高低高产业、高高低产业、三高产业及高等高产业，数值分别为0.8793、0.7668、0.6403、0.6342及0.5187，说明新旧常态时期三低产业对间接碳足迹影响最为显著，其次为高低高产业。

8.2.2.3　细分产业灰色关联度

（1）新旧常态中国细分产业全碳足迹灰色关联度。依照模型计算得到新旧常态中国27个细分产业全碳足迹与产业结构灰色关联度，见表8-13。

表 8 – 13　　新旧常态中国细分产业全碳足迹灰色关联度

产业	绝对关联度	相对关联度	综合关联度
D1	0. 5072	0. 5007	0. 5039
D2	0. 8988	0. 6598	0. 7793
D3	0. 8468	0. 9747	0. 9107
D4	0. 5086	0. 5000	0. 5043
D5	0. 5119	0. 5004	0. 5061
D6	0. 5274	0. 5051	0. 5163
D7	0. 5131	0. 5023	0. 5077
D8	0. 9038	0. 8023	0. 8530
D9	0. 5209	0. 5065	0. 5137
D10	0. 5668	0. 5026	0. 5347
D11	0. 5126	0. 5004	0. 5065
D12	0. 5138	0. 5003	0. 5070
D13	0. 5110	0. 5011	0. 5060
D14	0. 9793	0. 9654	0. 9723
D15	0. 6015	0. 5206	0. 5610
D16	0. 8950	0. 7311	0. 8130
D17	0. 5104	0. 5038	0. 5071
D18	0. 8946	0. 8570	0. 8758
D19	0. 9735	0. 9837	0. 9786
D20	0. 9202	0. 8594	0. 8898
D21	0. 5115	0. 5033	0. 5074
D22	0. 9387	0. 6376	0. 7882
D23	0. 9957	0. 8782	0. 9370
D24	0. 5463	0. 5022	0. 5242
D25	0. 7677	0. 5484	0. 6580
D26	0. 5169	0. 5005	0. 5087
D27	0. 9973	0. 5282	0. 7627

表 8 – 13 显示，三个时期中国 27 个细分产业的综合关联度均大于 0. 5，显示产业结构调整对全碳足迹有较大的影响。在新旧常态时期，包括通信设备计算机及其他电子设备制造业（D19）、金属冶炼及压延加工业（D14）、水生产及供应业（D23）、石油和天然气开采业（D3）在内的 4

个产业综合关联度均超过了0.9，对全碳足迹的关联影响度最为明显。结合其全碳足迹排放强度及碳足迹排放占比，可见此类型中最值得重点关注的为D14，需要采用理性限制发展规模或有效减慢扩张速度等方式控制其发展，以求提升全碳足迹减排成效。

综合关联度处于0.9到0.8之间的产业包括仪器仪表及文化办公机械制造业（D20）、电气机械及器材制造业（D18）、纺织服装鞋帽皮革羽绒及制品业（D8）和通用专业设备制造业（D16）。其中除了D8以外，均为机械设备制造行业，说明相关时期中国机械设备制造行业快速发展，规模不断扩大。鉴于4个产业全碳足迹排放强度均相对较低，结合产业全碳足迹排放占比，可见该类型产业需重点关注如何在低碳发展模式下，寻求产业的合理适度扩张。

综合关联度在0.8到0.7之间的产业主要是电热力生产及供应业（D22）、煤炭开采和洗选业（D2）和其他服务业（D27），显示这些产业结构调整与新旧常态时期全碳足迹排放具有较大的影响力。其中D22全碳足迹排放占比在旧常态、新常态及新旧时期一直位居所有产业第一位，且全碳足迹排放强度也一直排名第一；D2全碳足迹排放占比及全碳足迹排放强度也相对较高。可见D2、D22具有明显的高碳发展特征，需进一步降低碳足迹排放强度。此外，就通常意义而言，这两个产业结构调整应该与碳足迹有着更为紧密的关联性，未构建更紧密联系的原因在于伴随新能源技术的逐步应用，两个产业全碳足迹强度不断减少，且随着经济发展，其产值占比也在不断减低。新旧常态时期D27产值占比高达26.73%，仅产生了5.83%的全碳足迹，是值得大力扩张的低碳产业。

只有交通运输仓储和邮电通信业（D25）综合关联度在0.8到0.7之间。新旧常态时期，该产业全足迹排放占比逐步上升，由旧常态时期的3.67%上升至新常态时期的5.09%，而产值占比则由旧常态时期的5.63%下降至新常态时期的4.55%，显示该产业需要进一步积极推广新能源、新技术的绿色交通工具，提升产业降碳潜能。此外，包括煤炭开采和洗选业（D2）、其他服务业（D27）等在内的9个产业综合关联影响度高于0.65，显示了较强的全碳足迹关联影响度。农林牧渔业（D1）、金属矿采选业（D4）等14个产业关联影响度为围绕在0.5左右，说明产业结构调整对全碳足迹关联影响度相对一般。但也要重点关注炼焦煤气及石油加工业

（D11）、化学工业（D12）等碳足迹排放占比大且全碳足迹强度较高的产业，积极推进新设备新技术应用，缓解其对碳排放的压力。

（2）旧常态及新常态时期细分产业全碳足迹综合关联度。表8－14显示了旧常态及新常态时期细分产业全碳足迹与产业结构间的灰色综合关联度。

表8－14　旧常态及新常态时期细分产业全碳足迹综合关联度

产业	旧常态	新常态	变化幅度
D1	0.5065	0.5142	0.0077
D2	0.8125	0.5145	－0.2980
D3	0.9137	0.8900	－0.0237
D4	0.5082	0.8215	0.3133
D5	0.5093	0.7701	0.2608
D6	0.8556	0.5126	－0.3430
D7	0.5150	0.7221	0.2071
D8	0.6714	0.5310	－0.1404
D9	0.5884	0.8496	0.2612
D10	0.5873	0.7278	0.1405
D11	0.7235	0.5125	－0.2110
D12	0.5150	0.5137	－0.0013
D13	0.5081	0.5143	0.0062
D14	0.8791	0.5205	－0.3586
D15	0.5300	0.7448	0.2148
D16	0.8772	0.6176	－0.2596
D17	0.5119	0.8131	0.3012
D18	0.7980	0.5095	－0.2885
D19	0.9501	0.8731	－0.0770
D20	0.8214	0.8539	0.0325
D21	0.5140	0.8745	0.3605
D22	0.8196	0.5136	－0.3060
D23	0.7774	0.7853	0.0079
D24	0.5229	0.5342	0.0113
D25	0.8336	0.5095	－0.3241
D26	0.5117	0.8572	0.3455
D27	0.6893	0.7264	0.0371

较旧常态时期而言，新常态时期共有12个产业综合关联度有所下降。其中金属冶炼及压延加工业（D14）、食品制造及烟草加工业（D6）、交通运输仓储和邮电通信业（D25）下降幅度位列前三位，变化幅度分别为-0.3586、-0.3430和-0.3241。值得关注的是，关联度下降的产业多为高碳足迹排放产业，显示随着新常态时期各方对于节能减排工作的重视和实施，产业结构不断优化，高碳足迹排放产业综合关联度有所下降。与之对应的是，新常态时期共有15个产业综合关联度有所上升，其中位列前三位的依次为其他制造业（D21）、批发及零售贸易餐饮业（D26）、金属矿采选业（D4），且这些产业多是在新常态时期得到快速发展的。此外，农林牧渔业（D1）、化学工业（D12）、通信设备计算机及其他电子设备制造业（D19）、水生产及供应业（D23）这4个产业旧常态与新常态时期数值几乎没有发生明显变化，说明这些产业结构与全碳足迹的关联关系相对较为稳定。

（3）新旧常态细分产业直接及间接碳足迹综合关联度。结合细分产业直接碳足迹及间接碳足迹，运用灰色关联分析模型计算得到新旧常态细分产业直接及间接碳足迹与产业结构的综合关联度，见表8-15。

表8-15 新旧常态细分产业直接及间接碳足迹综合关联度

产业	直接碳足迹	间接碳足迹	差距幅度
D1	0.5064	0.5059	-0.0005
D2	0.7446	0.7063	-0.0383
D3	0.9045	0.9235	0.0186
D4	0.5084	0.5023	-0.0061
D5	0.5270	0.5010	-0.0260
D6	0.5159	0.5170	0.0011
D7	0.5031	0.5089	0.0058
D8	0.8483	0.8544	0.0061
D9	0.5129	0.5166	0.0037
D10	0.5333	0.5379	0.0046
D11	0.5038	0.5072	0.0034
D12	0.5067	0.5079	0.0012

续表

产业	直接碳足迹	间接碳足迹	差距幅度
D13	0.5265	0.5014	-0.0251
D14	0.9827	0.9641	-0.0186
D15	0.5116	0.5720	0.0604
D16	0.8080	0.8353	0.0273
D17	0.5051	0.5262	0.0669
D18	0.8298	0.8995	0.0697
D19	0.9639	0.9893	0.0254
D20	0.8659	0.9069	0.0410
D21	0.5531	0.5326	-0.0215
D22	0.7785	0.7986	0.0201
D23	0.9246	0.9548	0.0302
D24	0.5166	0.5335	0.0169
D25	0.6843	0.6239	-0.0604
D26	0.5064	0.5092	0.0028
D27	0.7618	0.7662	0.0044

表8-15显示，新旧常态时期间接碳足迹综合关联度高于直接碳足迹综合关联度的产业共有19个。其中差距相对较大，数值高于0.01的产业共有10个，位列前三位的分别为电气机械及器材制造业（D18）、交通运输设备制造业（D17）、金属制品业（D15），说明这些产业间接碳足迹与产业结构关联度更高，通过调整这些产业结构在间接碳足迹减排方面成效优于直接碳足迹。在细分的27个产业中，共有8个产业新旧常态时期间接碳足迹综合关联度低于直接碳足迹综合关联度，其中差距最大的前三位分别为交通运输仓储和邮电通信业（D25）、煤炭开采和洗选业（D2）、非金属矿和其他矿采选业（D5），差距幅度分别为-0.0604、-0.0383和-0.0260。显示这些产业直接碳足迹与产业结构关联度更高，在优化产业结构过程中，会在直接碳足迹方面取得相对较高的减排效果。此外，还有农林牧渔业（D1）、食品制造及烟草加工业（D6）等11个产业差距幅度低于0.01，直接及间接碳足迹综合关联度差距极小，通过优化产业结构在直接及间接碳足迹取得的减排效果基本无明显差距。

8.3　中国产业结构调整碳足迹减排效应优化

上文通过构建灰色关联分析模型，结合产业增加值占 GDP 比重的因素行为序列，实证分析了新旧常态时期中国产业结构调整对碳足迹排放的影响程度，重点着眼于分析"实际情况如何"的问题。在此基础上，本节着重分析产业结构如何优化才能实现最优状态，且该种优化能产生何种碳足迹减排效应，即重点分析"理想状况如何"的问题。为了更好地分析重点分析产业结构变化对碳足迹减排的影响，本节系统考虑产业结构调整及碳足迹排放的整体关联性及系统性，摒弃多元回归或因素分解法，通过构建基于投入产出模型，设计改良模拟退火遗传混合算法，设计四种优化方案，模拟中国产业结构调整的优化状态，测算产生的碳足迹减排关联效应。

8.3.1　模型问题描述

现实产业结构调整过程中，必须综合考虑国民经济、就业人口及生态环境之间的复杂关联关系，即在通过节能减排优化生态环境过程中，系统分析经济增长、增加就业和降低碳足迹三者的综合均衡。为此将模型问题描述为在维持产业投入产出均衡、有效控制生产投入、实现碳减排目标和保证稳定就业的条件下，通过产业结构的优化调整，实现经济增长最大化、就业水平最高化和碳足迹排放最小化三大目标的综合平衡。

8.3.2　测度模型建立

基于描述的模型问题，设置目标决策模型包括 3 个目标函数，并设计以下构建步骤。

步骤一，界定模型前提。模型前提主要包括三个方面：一是将国民总体产业细分为 27 个产业；二是考虑的碳排放量为每个产业当年产生的全碳足迹；三是基于修正的投入产出表明确相关年份的总投入或总产出，产业结构的优化即在综合考虑目标的基础上，寻求各产业投入或产出量占整体产业比重的最优合理配置。

步骤二，构建目标函数。依照模型问题，从经济总量、就业人口及碳足迹排放三个角度设置评价优化结果的目标函数。

一是经济总量增长目标函数。以寻求国民经济总量 G_m 最大化来构建此函数，见式（8－14）。其中 Y_m 为产业投入产出表中最终消费支出及净出口和构成的列向量，e 为 n 阶单位列向量。

$$\max G_m = \sum_{i=1}^{n} e^H Y_m \quad （式 8－14）$$

二是产业吸纳就业人口水平。就业是维持社会稳定的压舱石，为此设置式（8－15）寻求各个产业吸纳就业人口总数 P_m 最大化。式中 β_p 为产业劳动力系数行向量，计算方式为目标年份产业就业人数与当年产业总产出之商。$X_m = [X_1, X_2, \cdots, X_n]^H$ 为 n 个产业投入产出表中总产出构成的列向量。

$$\max P_m = \sum_{i=1}^{n} \beta_p X_m \quad （式 8－15）$$

三是碳足迹排放最小化。产业结构调整的重要目标是控制产业碳足迹排放，该目标函数基于产业终端全碳足迹排放量综合最小化进行设置，见式（8－16），其中 C_p 为产业全碳足迹排放强度。

$$\min C_m = \sum_{i=1}^{n} C_p X_m \quad （式 8－16）$$

此外，为了与碳足迹排放最小化维持一致，设置式（8－17）及式（8－18）将经济总量最大化及就业人口最大化均转变为目标最小化问题。

$$\min G_m = -\sum_{i=1}^{n} e^H Y_m \quad （式 8－17）$$

$$\min P_m = -\sum_{i=1}^{n} \beta_p X_m \quad （式 8－18）$$

步骤三，设置约束条件。鉴于模型中设置的经济变量存在关联联系，为此设置 5 个约束条件限定模型结构及可选方案的选择边界。

约束条件 1：投入产出均衡约束。为了维持经济有序发展，依照产业间生产消费关联关系，确保各产业投入产出的动态均衡，设置式（8－19），其中 A 为对应的投入产出表中直接消耗系数矩阵。

$$\begin{aligned} X_m(t-1) = {} & A_m(t-1)X_m(t-1) + B_m(t-1)[X_m(t-1) - X_m(t-1)] \\ & + Y_m(t-1) - S^+(t-1) + S^-(t-1) \end{aligned} \quad （式 8－19）$$

式（8－19）中 t 为相关年份，B_m 为目标年份的投资系数矩阵。$S^+(t)$ 及 $S^-(t)$ 分别描述了第 t 时期相关产业动态投入产出均衡方程的正负偏差列向量，两个变量分别设置为 $[S_1^+(t),S_2^+(t),\cdots,S_n^+(t)]^H$ 及 $[S_1^-(t),S_2^-(t),\cdots,S_n^-(t)]^H$。依照公式（8－23）便可得到相关时期各细分产业动态投入产出均衡方程，$S_i^+(t)$ 及 $S_i^-(t)$ 两者之和则可以用于度量第 t 时期产业 i 的投入产出均衡程度，并赋予公式更好的计算弹性。

约束条件 2：产业生产投入约束。依照投入产出表，各个细分产业的投入应与整体产业总投入 X_M 保持一致，表述为式（8－20）。

$$e^H X_m = X_M \tag{式 8－20}$$

约束条件 3：碳足迹排放约束。要实现产业全碳足迹排放目标，需要在第 t 时期所有产业全碳足迹排放量不高于相关时期排放量最大值 $C_{\max}^t$，见式（8－21）。

$$\frac{C_p(t)X_m(t)}{e^H[X_m(t)-A_m(t)X_m(t)]} \leqslant C_{\max}^t \tag{式 8－21}$$

约束条件 4：产业就业人口约束。为保障产业吸纳就业人口总体稳定，设置公式（8－22）保证产业吸纳就业人口数不少于就业人口数下限 $P_{\min}$。

$$\beta_p X_m \geqslant P_{\min} \tag{式 8－22}$$

约束条件 5：非负约束，即将 $X_m(t)$、$Y_m(t)$、$S^+(t)$、$S^-(t)$ 设置为内生变量，并要求四个变量所有数值均为非负值，以避免变量主观性，能更好地符合产业实际运行过程。

8.3.3　混合算法设计

测度产业结构调整碳足迹减排效应测度是一个典型的多约束非线性混合规划模型，用一般方法求解较为困难。为此，本书设计一种改良模拟退火遗传混合算法 ISAGA（Improved Simulated Annealing Genetic Algorithm），通过全局性概率搜索求解该模型。首先在介绍遗传及模拟退火算法的基础上，阐述改进的算法。

8.3.3.1　遗传算法概述

标准遗传算法 SGA（Standard Genetic Algorithm）将所有优化目标设置为众多个体组成的种群，再利用随机化技术高效搜索编码空间以提升个体适应度，以解决多目标多约束问题[73]。

（1）遗传算法基本步骤。

步骤一，参数编码。遗传算法不能直接处理空间解数据，所以需要结合先验知识通过参数编码。一般利用一定长度的二进制、实数、字母等符号集描述个体基因值，将解数据整理为染色体编码串，产生初始群。该步骤需要特别注意控制初始群规模，规模过大会浪费计算资源，过小则会压缩搜索空间，致使早熟收敛。一般而言，当待解函数为单峰或单目标时，最优种群规模为 20 至 40，为多峰或多目标时，最优规模为 100 左右[73]。

步骤二，函数设计。标准遗传算法主要通过构建适应度函数评价个体基因环境适应能力，为了保证概率的非负性，需要转换目标函数 $f(x)$ 与适应度函数 $F(f(x))$（简记为 F）。主要初始设计方法有以下三种，见式（8－23）至式（8－28）。

第一，直接转换。

当目标函数求极大值时：$F=f(x)$ （式 8－23）

当目标函数求极小值时：$F=-f(x)$ （式 8－24）

第二，减法转换。

目标函数求极大值 C_{max} 时：$F=C_{max}-f(x)$ （式 8－25）

目标函数求极小值 C_{min} 时，$F=f(x)-C_{min}$ （式 8－26）

第三，除法转换。

目标函数求极大值时：$F=1/[1+c+f(x)]$ （式 8－27）

目标函数求极小值时：$F=1/[1+c-f(x)]$ （式 8－28）

c 为非负的界限估计值。

总体而言，第一种方法直观简单，但无法绝对保证概率非负，且面对函数分布域过大的目标函数时，不能得到合适的平均适应度。第二和第三种方法均能保障适应度的非负性，但主要问题在于对于目标函数界限值依赖度过大，界限值精确度会极大影响适应度函数。

步骤三，个体选择。利用适应度函数得出各个体基因适应度后，算法通过各种选择机制，复制适应度高的个体并遗传。常用的选择机制主要包括适应度排序机制、竞争选择机制及综合式选择机制等[74]。

第一，适应度排序机制。运用线性或非线性方法，按照个体适应度由高到低排序分配个体遗传概率排列顺序，选择概率高的个体，主要选择方法包括轮盘赌法、期望值选择法、线性邻集法等。此机制可以有效提升种群平均适应度，但在进化后期，随着个体适应度靠近群平均适应度，容易导致过早收敛。

第二，竞争选择机制。该机制不进行个体适应度排序，而是借助竞争方法选择个体，主要竞争方法包括随机遍历抽样法、锦标赛选择法、精英保留法等。该机制无须计算个体适应度，速度相对较快，但面对区域解分布集中情况时，无法保障包揽全部优异个体。

第三，其他机制。针对前两类机制各自的优缺点，学者先后设计了启发式最优解法、轮盘赌精英保留法等综合式选择机制，在一定程度上提高了选择效率及精度。但面对动态缓坡多峰函数时，上述方法仍无法有效解决最优值集中区域中的问题。为此，学界分别设计了基于信息熵和欧氏距离的个体浓度，将其纳入适应度判断标准，较好地克服了原有机制的缺点[134]。但信息熵浓度需要计算空间亲和度，在优化大动态间断函数时运算复杂度过大；欧氏浓度则存在染色体相似度区分度不足的问题。

步骤四，重组配对。该步骤借助个体选择确定配对池，按照一定概率全局搜索配对重组双亲，通过染色体重组交换双亲遗传信息创建新的个体。重组配对按照个体编码方式可分为二进制重组、实数重组和字母重组等；按照重组点可以分为单点重组、双点重组、多点重组及均匀重组等[135]。重组配对运算一方面可以增强群体的多样性及竞争性，但另一方面也可能破坏双亲优良基因削弱算法，因此一般采用设置重组概率的方式加以控制，即对于适应度低于群体平均适应度的个体，设置较高的重组概率，反之设置较低的概率。此外，标准遗传算法中新个体产生速度及搜索范围均与重组概率成正比，但过大重组概率容易破坏优良基因、加大算法随机性、降低收敛速度，过小重组概率又会导致算法迟滞，因此需要谨慎设置重组概率值。

步骤五，变异操作。遗传进化中基因会由于偶然因素发生偏差变异，因此需要通过设置变异算子局部搜索变异点，利用等位基因进行替换，协助重组运算防止算法局部收敛。按照个体编码方式，传统变异操作可分为二进制变异、实数变异和序号变异等，但由于传统变异操作主要采用基本位取反变异方法，不能十分有效地辨识优良基因，可靠性相对较差。为此，学界利用 Bundary 变异、Cauchy 变异、Gaussian 变异等方法加强基因辨别能力，并引入变异概率防止盲目变异[75]。

（2）遗传算法优缺点。作为优化复杂系统的算法，标准遗传算法具有明显的优点。首先，该算法对搜索空间、优化辅助、求解数值等方面没有任何特殊要求，具有很好的通用性。其次，遗传算法依据概率转移规则，同时搜索遗传全局空间中的众多个体，摆脱了解空间变量及线性寻优的束缚，具有良好的全局性和并行性。而且算法通过选择重组变异等步骤剔除劣质个体，具有极强的容错性。标准遗传算法最主要缺点在于优化过程中局部收缩能力不够强，容易导致进化过程中群体单一性快速增长，降低了个体竞争力和群体进化力，致使算法早熟，无法有效收敛至全局最优解，且存在靠近最优解附近时收敛减速等缺陷。

8.3.3.2 模拟退火算法概述

标准模拟退火算法 SA（Simulated Annealing）通过温度参数调低较高的初始温度，利用概率突跳随机寻找解空间中的函数全局最优解[76]。

（1）模拟退火算法基本步骤。标准模拟退火算法主要包括产生候选解、计算函数差、判别接受度和迭代函数解四个步骤，具体描述如下。

步骤一，产生候选解。为了提升时效，算法通过设计状态产生函数确定初始解产生方式和概率分布，再设置足够高的初始温度保证解的接受概率。运用元素置换方式将目标函数的当前解转换为候选解，进而改变解领域结构，保障候选解产生的正确性和空间遍布性，影响冷却进度表。

步骤二，计算函数差。采用增量比较等方式，利用设置算法循环计数器记录次数，选定邻域函数计算当前最优解，再通过元素置换产生的候选解，进而比较对应目标函数前后解的差值。

步骤三，判别接受度。依据 Metropolis 等内循环终止准则设置状态接受函数，抽样候选解并判别可接受与否，不接受则舍弃该候选解并重新计算。

步骤四，迭代函数解。当候选解被判别可接受后，使用候选解代替当前解，修正目标函数，实现一次迭代，并设置温度更新函数衰减控制参数，利用外循环终止准则判断算法结束与否。

（2）模拟退火算法优缺点。首先，标准模拟退火算法可随机选择初始解及候选解序列，相较于其他近似启发式算法具有理想的时效性。其次，该算法的候选解有效摆脱了初始解、随机数序列及组合优化应用范围的束缚，鲁棒性较好。而且模拟退火算法适用于多种类目标优化问题，可通过调整冷却进度表求解不同环境和解质，具有很好的通用性和灵活性。标准模拟退火算法主要问题在于需要采用串行结构进行计算，导致面对大规模问题求解高质量候选解时，容易导致算法停滞收敛，而且冷却进度表中各种参数设置尚无统一、明晰的标准。

8.3.3.3 设计改良模拟退火遗传混合算法

由上两节分析可见，遗传算法及模拟退火算法作为解决多参数多约束复杂模型的经典算法，各具优缺点。但两种算法在求解不确定复杂模型时，随着参数变量数及约束条件的增加，解空间会随着染色体长度的增加而急剧扩大，在种群规模不变情况下，减少了种群多样性，极易导致早熟收敛等问题。为此，本书综合进化两种算法，提出一种改良模拟退火遗传混合算法（ISAGA），首先利用改进的遗传算法全局搜索确定最优解区域，再改进模拟退火算法区域搜索寻优解，以提升多周期、多参数、多产品供应链碳足迹优化模型求解的效率与精度。

国内外已有相关研究将遗传算法和模拟退火算法加以结合，其中最为经典的为模拟退火遗传算法 SAGA（Simulated Annealing Genetic Algorithm），主要利用遗传算法演化全局，而后设计模拟退火算法处理局部候选解，但该算法仍需对整个种群进行退火处理，无法有效解决巨大规模种群问题[77]。为了更好地实现优化目标，本书设计一种改良模拟退火遗传混合算法（ISAGA），流程见图 8-1。

结合算法流程图，详细分析算法结构见以下步骤。

步骤一，参数初始化。设置参数初始值，包括种群规模 p_s 、遗传算法最大容忍停滞代数 G_1 ，模拟退火操作 Markov 链长度 L_M 等，并令当前代数 g_e 等各计数器的初始值为 0。

步骤二，初始化种群创建。在复杂非线性多约束优化模型中，存在由 a 个 0-1 变量及 b 个其他类型决策变量共存的情况。为此采用多参数重组染色体编码机制，运用二进制编码方法处理 0-1 变量，运用实数编码方法处理其他变量。

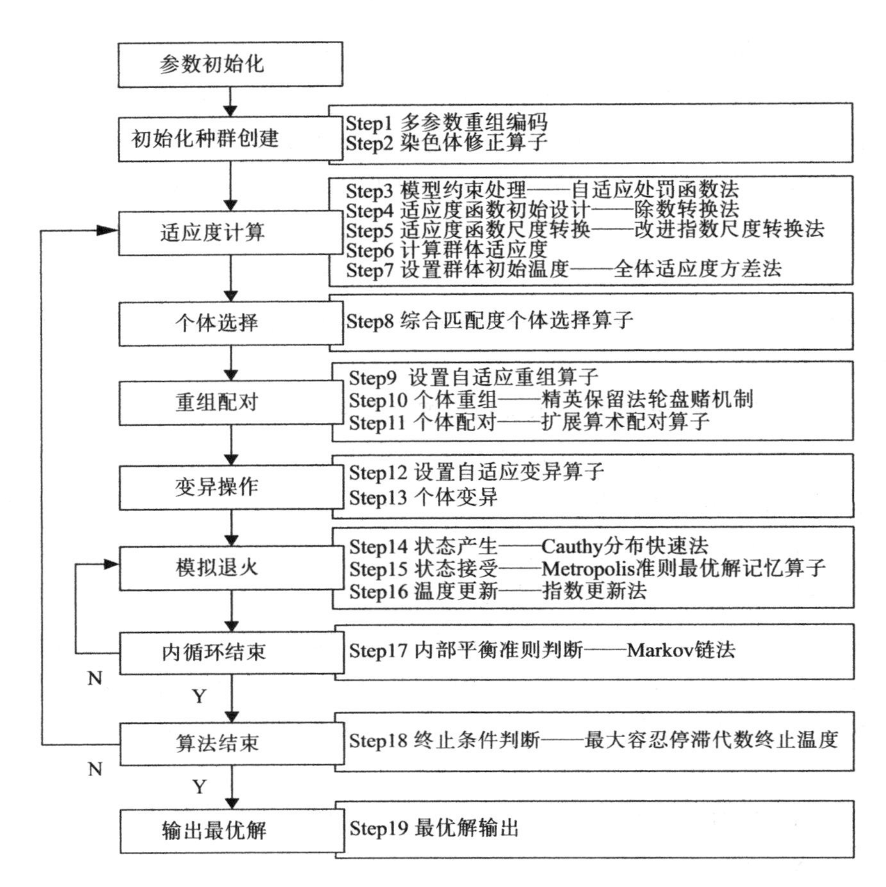

图 8-1 ISAGA 算法流程

设计算训练矢量集为 $X = \{x_i\}, i = 1,2,\cdots,a+b$，当 $i = 1,2,3,\cdots,a$ 时，x_i 对应染色体中 0-1 变量值；当 $i = a+1, a+2,\cdots,a+b$ 时，x_i 对应其他决策变量值，再将决策变量 x_i 映射为每条染色体基因。对于 0-1 变量，随机产生 $\xi_i \in U(0,1)$。对于其他类型变量 $V_a \in U[B_l, B_u]$，设置下限 B_l 及上限 B_u，随机产生处于 $[0,1]$ 的参数 C_o，进而设计式（8-29）。

$$x_i = B_l + C_o(B_u - B_l) \quad \text{（式 8-29）}$$

若产生矢量不满足相关约束条件时，设计式（8-24）进行迭代修正。其中 τ 为初始步长因子。若操作后矢量仍不合格，以对原步长开方形式进行收缩再计算，通过控制步长合理度保障算法效率和修复结果。该步骤采用多参数重组编码方法理顺变量逻辑关系，设置染色体修正算子，引入迭代修正公式，可有效保障基因质量，降低非法染色体产生概率，提升种群生成效率。并借助将模型中所有潜在解与染色体位串相互映射，以保证编码的完备性和健全性。

$$x_{i+1} = x_i + \tau(x_{i+1} - x_i) \quad (式 8-30)$$

步骤 3，适应度计算。适应度是算法拣选因子的主要依据。由于遗传算法主要解决无约束问题，对于模型的约束条件处理方法主要包括抛弃法、修复法及罚函数法。其中前两种方法是直接删除或修改个体，虽简单但会降低群体多样性，且处理高度多约束问题时会导致进化死锁。罚函数法不考虑剔除不可行解，当个体无法在解空间寻找到对应可行解时，借助罚函数将其转换为无约束问题重新求解，具有很好的通用性。为了增加算法使用通用性，提出一种自适应外部惩罚函数以优化适应函数约束条件，导入外部惩罚函数后，得到式（8-31）。

$$F_D = F_O + \mu_f \cdot \mu_{ci}\left\{\sum_{i=1}^{n_1}[\max(0,h_i)]^2 + \sum_{i=n_1+1}^{n_2}|b_i|^2\right\} \quad (式 8-31)$$

其中 μ_f 为引导决策函数，当个体不满足要求时取 1，符合要求时为 0。μ_{ci} 为惩罚因子，是影响惩罚效果的主要因素，力度过小无法修正群体，使得新旧目标函数最优解不一致；过大则使部分局部最优解远离可行域。由于惩罚因子指数规律变化优于线性动态变化，故基于模拟退火算法原理改良惩罚因子为式（8-32）。该方法惩罚因子随着算法进化代数增加而逐步递增，确保算法在运行初期利用较低的惩罚力度维持个体多样性，后期提高惩罚力度加快删除不合格个体。

$$\mu_{ci} = 1/2e^{\sqrt{g_e}/p_s} \quad (式 8-32)$$

为了满足遗传算法目标函数以最大值形式且函数值非负的要求，首先要对适应度函数进行初始设计，现主要包括直接转换、减法转换和除法转换三种方式[141]。其中直接转换法对求最小值的原目标函数 F_D 直接加负号，此方法可能导致部分函数值分布相差过大，影响算法。减法转换通过预估目标函数极大值，再与 F_D 相减方式实现，但无法准确预估极大值而影响适应度、灵敏度。为此修改除法转换法，原目标函数求最大值时不变，当求最小值时转换为式（8-33）。

$$F_S = 1/(1 + F_D) \quad (式 8-33)$$

在完成适应度函数初始设计后，若直接投入遗传进化计算，则可能无法控制适应度大小。进化初期可能会产生竞争力超常的染色体，控制选择过程导致早熟收敛；进化后期可能出现个体最佳适应度接近群体平均适应度情况，从而减弱个体竞争力，导致算法陷入无目标漫游状态。为此，学界在标准遗传算法的基础上提出了适应度函数尺度变换，主要包括线性、幂函数及指数三种尺度变换方法[71-72]。

线性尺度变换法主要形式见式（8-34）。其中 ϑ_1 为依据种群规模大小所设置的小于2的正数，F_{max}、F_{avg} 分为种群中最优及平均适应度值。该方法计算简单，但当部分个体适应度远低于群体平均适应度时，可能导致变换后适应度为负。

$$F = \frac{(\vartheta_1 - 1)F_{avg}}{F_{max} - F_{avg}}F_S + \frac{(F_{max} - \vartheta_1 F_{avg})F_{avg}}{F_{max} - F_{avg}} \quad \text{（式 8-34）}$$

幂函数尺度变换法主要形式见式（8-35）。该方法能快速明显改变适应度，调整个体分布均匀度。但此方法正常数 ϑ_2 需要按照不同模型调整，通用性及时效性较差；且拉升适应度差距容易过大，导致部分个体适应度过高，提升其遗传概率，降低群体多样性。

$$F = F_S^{\vartheta_2} \quad \text{（式 8-35）}$$

指数尺度变化法主要形式见公式（8-36）。该方法中正数系数 ϑ_3 决定了个体复制的强度。算法运行初期，个体分布相对分散，ϑ_3 取较小值以控制超级个体过分遗传，保持群体多样性；算法运行后期，群体中个体适应度均趋同于最佳适应度，此时 ϑ_3 可取较大值适度拉伸适应度差距，防止遗传概率趋同。为此，本书基于模拟退火算法原理，改进指数尺度变化法的 ϑ_3 为式（8-37）。

$$F = e^{-\vartheta_3 F_S} \quad \text{（式 8-36）}$$

$$\vartheta_3 = \sqrt[[\lg(G_1)+1]]{g_e}/F_{avg} \quad \text{（式 8-37）}$$

由式（8-37）可见，随着算法的运行，进化代数 g 线性增长，F_{avg} 逐步减小，使得 ϑ_3 动态递增。运用改进指数法进行函数尺度变换，可通过维持各染色体适应度适度差距，抑制超级染色体，满足算法不同运行阶段的要求，进而保障算法全过程竞争力。

步骤4，初始温度设置。模拟退火算法为了保障算法足够大的搜索空间，需要设置很大的初始温度值 t_0。现有主要包括设置经验公式方法、均匀抽取样本法和随机变换函数增量三种方法[72]。其中经验公式法和随机变化函数增量法主观性太强；且所有方法均需事先利用个体抽样方法确定极值或方差，样本代表性欠缺，且增加了算法的额外计算量。为此，本书将初始温度设置挪至初始种群适应度计算后，若是算法首次进化则进行一次性赋值。此方法不必事先抽取样本计算，而直接利用初始种群全体适应度进行计算，提升了算法效率和样本代表性。原有方法均追求尽量高的初始温度值以保证退火算法能进行全局性搜索，但太高的初始温度值会导致算法运行低效，由于本算法全局搜索借助遗传算法，模拟退火算法只针对局部搜索，可以适当控制初始温度，故改进均匀抽取样本法，采用全体适应度方差法以保证初始温度值的合理性和实用性，设计公式（8－38）。

$$t_0 = \mathrm{Var}(F) \quad \text{（式 8－38）}$$

步骤 5，个体选择。在利用设置好的适应度函数计算各染色体的适应度后，便进入个体选择阶段，针对已有选择机制的优缺点，改进人工免疫算法中的欧氏距离，提出一种综合匹配度的个体选择算子。

设 $X_i = \{x_{i1}, x_{i2}, \cdots, x_{in}\}$、$X_j = \{x_{j1}, x_{j2}, \cdots, x_{jn}\}$ 为种群中任意两个染色体，适应度分别为 $F(X_i)$ 和 $F(X_j)$，则定义基因匹配度 M_g、适应度匹配度 M_f 为式（8－39）及式（8－40）。

$$1 - \zeta_1 \leqslant M_g(X_i, X_j) = \frac{1}{k}\sum_{k=1}^{n}\frac{x_{ik}}{x_{jk}} \leqslant 1 + \zeta_1 \quad \text{（式 8－39）}$$

$$1 - \zeta_2 \leqslant M_f(X_i, X_j) = \frac{F(X_i)}{F(X_j)} \leqslant 1 + \zeta_2 \quad \text{（式 8－40）}$$

$$s.t.\ \zeta_1 \in [0,1], \zeta_2 \in [0,1]$$

可以通过定义 ζ_1 和 ζ_2 控制基因及适应度的匹配度，继而运用匹配度计算群体中与 X_i 相似的染色体个数 n_{X_i}，得出染色体匹配度选择概率 M_{X_i}，见公式（8－41）。

$$M_{X_i} = F(X_i) / n_{X_i}\sum_{j=1}^{P_s} F(X_j) \quad \text{（式 8－41）}$$

该机制通过计算匹配度概率选择个体，摆脱了对个体适应度的唯一依赖，维持了解群体的多样性，跳出了局部循环寻优陷阱，提升了全局解选择精度；借助定义易算的匹配度，保持算法搜索多向性，提升了个体选择过程效率。

步骤 6，重组配对。基于自适应原理改进原有重组概率算子，依照选择概率将所有个体进行排序，并选择概率最优个体直接复制遗传，借助轮盘赌机制原理比较产生随机数与重组概率。其中设置公式（8－42）将高适应度个体赋予较高重组概率，以遗传更多高质量基因，F_b 为重组两个体中较大的适应度。

$$P_c = \begin{cases} \dfrac{k_1(F_{max} - F_b)}{F_{max} - F_{avg}}, & F_b \geq F_{avg} \\ k_2, & F_b < F_{avg} \end{cases}$$

$s.t.\ k_1 \in (0,1], k_2 \in (0,1]$ （式 8-42）

该方法满足了 P_c 随着适应度动态变化的要求，但算子将低适应度个体赋予恒定高重组概率，对高适应度个体予以高度保护，当 F_b 趋同于 F_{avg} 时，P_c 值趋近于零，在群体进化初期会导致优质个体停滞，导致陷入局部最优陷阱。为此，本书基于自适应原理，改进原有重组概率算子，设置公式（8-43）将高适应度个体赋予较高重组概率，以遗传更多高质量基因。

$$P_c = \begin{cases} \varpi_1 & ,F_b \geq F_{avg} \\ \varpi_1 - \dfrac{(\varpi_1 - \varpi_2)(F_b - F_{avg})}{F_{max} - F_{avg}} & ,F_b < F_{avg} \end{cases}$$

$s.t.\ \varpi_1 \in (0,\ 1],\ \varpi_2 \in (0,\ 1],\ \varpi_2 < \varpi_1$ （式 8-43）

该重组算子通过将高值变异概率动态赋予低适应度个体，促使其发生变异，有效地保护了优异个体。在与变异概率比较后，拣选 n 对个体，利用扩展算术配对算子遗传形成子代新个体。

$$\begin{cases} x_i^{a+1} = (1-\beta_1)x_i^a + \beta_1 x_j^a \\ x_j^{a+1} = (1-\beta_2)x_i^a + \beta_2 x_j^a \end{cases}$$

$s.t.\ i \in [0,\ n-1],\ j \in [0,\ n-1]$ （式 8-44）

其中 x_i^a、x_j^a 为父代个体对，x_i^{a+1}、x_j^{a+1} 为重组后子代个体对，β_1、β_2 为在（0，1）内独立生成的均匀性随机数。此算子虽然具有重组速度快精度高的特点，但 β_1、β_2 取值范围使得各子代个体受限于初始种群设定的最大数据矩体，且个体间距离逐步减小，易导致早熟收敛情况。为此，本书将 β_1、β_2 取值范围改变为 $[-\theta,\ 1+\theta]$，$\theta>0$，这样子代基因可以突破父体定义范围，拓宽了搜索范围。为了防止子代基因超界，再利用约束修正算子检验每个新个体合格度，直到达到种群规模。继而比较父子两代的最优个体匹配度，拣选所有同代中大于较差最优匹配度的个体，替换子代中相同数量的最差个体，完成重组配对工作。

步骤 7，变异操作。此步骤主要为了纠正由于偶然因素遗传出错的基因，首先需要借助变异概率 P_m 确定需要变异操作的染色体个数，而后产生随机数与 P_m 进行比较，若小于 P_m，则进行变异操作。标准遗传算法赋予 P_m 一个固定值，而随着遗传代数的增加，种群平均适应度与个体最优适应度的不断靠近，过小的 P_m 不利于形成变异新个体，过大的 P_m 会减弱进化速度，导致局部收敛。为此设计公式（8－45），将需变异个体赋予更大变异概率，明显区别正常个体以提升群体变异效果。

$$P_c = \begin{cases} \dfrac{k_3(F_{\max} - F)}{F_{\max} - F_{avg}}, & F \geq F_{avg} \\ k_4, & F < F_{avg} \end{cases}$$

$$s.t.\ k_3 \in (0,1], k_4 \in (0,1] \qquad (式 8-45)$$

该方法赋予了 P_m 动态变化值，却没有显著区分变异个体适应度。为此，本书设计公式（8－46），将需变异个体赋予更大变异概率，明显区别正常个体以提升群体变异效果。

$$P_m = \begin{cases} \varpi_3 - \dfrac{(\varpi_3 - \varpi_4)(F_{\max} - F)}{F_{\max} - F_{avg}} & F \geq F_{avg} \\ \varpi_3 & F < F_{avg} \end{cases}$$

$$s.t.\ \varpi_3 \in (0, 1], \varpi_4 \in (0, 1], \varpi_4 < \varpi_3 \qquad (式 8-46)$$

确定 P_m 后，利用自适应步长控制策略改进 Gaussian 变异算子处理变异个体 X_i^a，见公式（8－47）。

$$X_i^{a+1} = X_i^a + Y,\ i = 1, 2, \cdots, n \qquad (式 8-47)$$

其中 $Y = (y_1, y_2, \cdots, y_n)$ 符合 Gaussian 分布的随机变量，具体描述为公式（8－48）。

$$Y = \sigma(N_1(0,1), N_2(0,1), \cdots, N_n(0,1))$$

$$y_i \sim N_i(0,\sigma) \qquad (式 8-48)$$

$N_i(0,\sigma)$ 的概率密度函数 f_{pdf} 为公式（8－49）。

$$f_{pdf}(Y) = \frac{1}{\sqrt{2\pi}\sigma}\exp\left(-\frac{Y^2}{2\sigma^2}\right) \qquad (式 8-49)$$

该算子中自适应步长 σ 可以按照内在或外在参数形式，通过控制变异增量聚合程度调整变异方向，并可与变异基因同步进化，提升了变异操作的精度与鲁棒性。

步骤 8，模拟退火。在遗传算法完成全局搜索之后，利用模拟退火算法进行局部检索较优解，完成染色体代际传承。除了初始温度值，模拟退火算法性能还主要取决于状态产生函数、状态接受函数和温度更新三个函数以及内部平衡准则。

第一，状态产生函数。交叉变异对个体配置具有很大影响，所以要借助状态产生函数通过改变个体流量获得新的状态。标准模拟退火算法状态函数是通过 Gaussian 分布随机扰动方式产生初始解，但此方法温度敏感性较差，效率偏低。本书参考非常快速算法[79]，借助拟 Cauchy 分布建立状态产生函数（8－50）。

$$F_i' = F_i + \left\{ t_w \cdot \mathrm{sgn}(\zeta_3 - 0.5)\left[(1 + 1/t_w)^{|2\zeta_3 - 1|} - 1\right] \right\}(F_{max} - F_{min})$$

（式 8－50）

其中 F_i 为目标群中降温迭代初始个体适应度，t_w 为当前温度，ζ_3 为处于［0，1］的随机数，sgn 为符号逻辑函数。该函数可随着温度的升降而及时增大或缩小搜索范围，且 Cauchy 分布特点也有效地预防了算法的局部收敛。

第二，状态接受函数。该函数主要以概率方式呈现，保证在温度固定及下降时，有效提高能降低目标函数值的个体接受概率。由于该函数具体形式对算法性能无显著影响，故采用广泛应用的 Metropolis 准则[79]。在产生新解后，计算 $\Delta F_i = F_i' - F_i$，若 $\Delta F_i < 0$，则保存 F_i' 剔除 F_i；若 $\Delta F_i > 0$，产生处于［0，1］的随机数 ζ_4 与 $\exp(-\Delta F/t_w)$ 进行比较，若前者大，则保存 F_i' 剔除 F_i，反之则保存 F_i 剔除 F_i'。标准模拟退火算法主要借助上一次搜索解信息获得降温迭代初始个体，而随机扰动方式使得算法最终解不一定是最优解，甚至可能差于搜索过程产生后被遗弃的中间解。为此，本书在状态接受函数中增加了最优解记忆算子，通过设置记忆解参数 F_m 记录算法过程中产生的中间新解，与每次迭代产生的中间新解进行比较，择优更新 F_m 并将其输出为下次迭代的初始解。该算子通过建立初始解和中间新解的双向互动关系，精准确定最优解，提升了算法效率。

第三，温度更新函数。常用的温度更新函数主要包括对数更新、快速更新、直线下降和指数更新四种方法，其中公认较好的为指数更新方法，见公式（8－51）。

$$t_{w+1} = \varpi_5 t_w$$

（式 8－51）

ϖ_5为处于（0，1）区间的常数。该函数控制参数随着算法的进行而逐步衰减，从而控制参数值递减速度，较好地保持了算法稳定性。且由于 t_w 时种群已经达到准平衡状态，所以 t_{w+1} 时可以选取相对较小的ϖ_5，以减少算法迭代次数和耗时。

步骤9，内部平衡准则。通过设置合理 Markov 链长度 L_M 作为内部平衡判断准则，以保证温度的每项取值均能恢复准平衡。现有众多研究证明将 L_M 直接赋值为问题种群规模度能很好地解决绝大多数优化问题[80]。因此本书也采用该种方法，当 $L_m > L_M$ 时，内部循环终止，其中 L_m 为算法第 m 个 Markov 链迭代时状态变化数。

步骤10，算法终止条件。设定算法终止条件主要有三类方法。第一类是达到目标函数最优值即终止算法，第二类是设置进化终止控制参数，如最大进化代数或终止温度等，第三类是设置迭代最大容忍停滞代数，即当达到该代数时，最优解仍没有改进，算法终止迭代。但由于求解模型复杂，往往无法预判最优值，后两类方法均无法保证精确设置终止控制参数和最大容忍停滞代数，过小值则不能保证算法完成收敛，过大值则降低算法效率。为此，结合算法实际，设置一个较大最大容忍停滞代数和较小的终止温度，首先判断最大容忍代数，再和终止温度进行比较，综合精度及效率完善算法终止条件。

8.3.3.4　改良模拟退火遗传混合算法评测

与传统算法相比，改良模拟退火遗传混合算法主要拥有以下四个特点。

（1）在搜索结构方面，混合算法采用双层并行搜索结构。在空间层次上，利用遗传算法的并行搜索进行全局性群体优化；在进化层次上，借助模拟退火算法温度的变化进行串行式局部搜索，利用遗传算法设置模拟退火算法的初始温度，将模拟退火算法的输出解作为全局最优解。通过综合两种算法的搜索方式，提升了算法进化能力和解搜索效率。

（2）在搜索性能方面，混合算法中遗传算法通过个体选择、重组配对、变异操作去除解空间冗余信息，在此基础上，利用模拟退火算法的状态产生和接受等函数优化搜索范围，借助温度更新函数控制算法突跳能力的强弱和升降，合理配置各温度下算法搜索能力。通过混合式搜索操作，有效防止了搜索过程中的早熟收敛和随机寻优情况，提高了算法的鲁棒性。

（3）在算法判断准则方面，混合算法采用内部平衡准则和算法终止条件的双重算法判读准则，通过内部平衡准则保持不同温度的算法的搜索性能，借助算法终止条件掌握群体进化趋势，平衡计算精度及效率，保证了算法优化进度的合理性。

（4）在算法改良方面，混合算法在已有研究的基础上，借鉴自适应理论、人工免疫算法等原理，改进或新设自适应处罚函数法、最优解记忆算子等，削弱参数选择等约束；通过修改群体初始温度设置等步骤理顺算法步骤，有效地提升了算法优化效率。

为了进一步验证 ISAGA 算法性能，本书选取了 Sphere（f_{t1}）、Rosenbrock（f_{t2}）、Generalized Schwefel（f_{t3}）、Ackley（f_{t4}）、Generalized Rastrigin（f_{t5}）、Griewank（f_{t6}）、Schaffer2（f_{t7}）和 Camel back（f_{t8}）8 个经典基准测试函数，与标准遗传算法（SGA）、改进遗传算法（ISGA）、典型模拟退火遗传混合算法（SAGA）进行算例仿真比较。基准测试函数依次为式（8-52）至式（8-59）。

Sphere function:

$$f_{t1} = \sum_{i=1}^{n} x_i^2 \quad s.t. \ |x_i| \leq 1000 \qquad (式 8-52)$$

Rosenbrock function:

$$f_{t2} = \sum_{i=1}^{n-1} [100(x_i^2 - x_{i+1})^2 + (1 - x_i)^2] \quad s.t. \ |x_i| \leq 30 \qquad (式 8-53)$$

Generalized Schwefel function:

$$f_{t3} = 418.929n - \sum_{i=1}^{n} x_i \sin(\sqrt{|x_i|}) \quad s.t. \ |x_i| \leq 500 \qquad (式 8-54)$$

Ackley function:

$$f_{t4} = -20\exp\left[-0.2\sqrt{\frac{1}{n}\sum_{i=1}^{n} x_i^2}\right] - \exp\left[\frac{1}{n}\sum_{i=1}^{n} \cos 2\pi x_i\right] + 20 + e$$

$$s.t. \ |x_i| \leq 32 \qquad (式 8-55)$$

Generalized Rastrigin function:

$$f_{t5} = \sum_{i=1}^{n} (x_i^2 - 10\cos(2\pi x_i) + 10) \quad s.t. \ |x_i| \leq 10 \qquad (式 8-56)$$

Griewank function:

$$f_{t6} = \frac{1}{4000}\sum_{i=1}^{n} x_i^2 - \prod_{i=1}^{n} \cos(\frac{x_i}{\sqrt{i}}) + 1 \quad s.t. \ |x_i| \leqslant 600 \qquad (式 8-57)$$

Schaffer2 function:

$$f_{t7} = 0.5 - \frac{(\sin \sqrt[2]{x_i^2 + x_j^2}) - 0.5}{[1 + 0.001(x_i^2 + x_j^2)]^2} \quad s.t. \ |x_i| \leqslant 100, |x_j| \leqslant 100$$

(式 8-58)

Camel back function:

$$f_{t8} = x_i^2(4 - 2.1x_i^2 + 0.33x_i^4) + x_i x_j + x_j^2(-4 + 4x_j^2)$$

$$s.t. \ |x_i| \leqslant 3, |x_j| \leqslant 2 \qquad (式 8-59)$$

以上函数形态各异，依次分别为线性对称单峰函数、非对称病态单峰函数、对称复杂多峰函数、连续性多峰函数、非连续非凹多峰函数、广域搜索多峰函数、陡峭高纬多峰函数和非对称高纬多峰函数，可很好地从算法效率、收敛特性、种群多样性、全局搜索能力、鲁棒性和适应性等方面系统考察算法性能。

综合各测试函数运行要求，种群规模统一设为 150，函数维度为 60，满足最大容忍停滞代数为 50，ISAGA 中基础数据初始步长因子 $\tau = 1.5$，个体选择 $\zeta_1 = \zeta_2 = 0.5$，重组配对中 $\varpi_1 = 0.8$，$\varpi_2 = 0.6$，$\theta = 0.25$；变异操作中 $\varpi_3 = 0.05$，$\varpi_4 = 0.01$；模拟退火中 $\zeta_3 = 0.75$，$\zeta_4 = 0.65$，$\varpi_5 = 0.5$，$L_M = 150$。其余算法基础数据均取自对应文献。而后运用各算法针对各函数分别计算 50 次，取最佳优化值、最差优化值、平均优化值以及运行平均秒数为比较指标，结果见表 8-16。

表 8-16　算法仿真性能比较

测试函数	算法	最佳优化值	最差优化值	平均优化值	运行平均秒数
f_{t1}	SGA	4.781×10^{-6}	4.924×10^{-6}	4.839×10^{-6}	12.401
	ISGA	1.230×10^{-8}	8.187×10^{-7}	5.486×10^{-8}	6.871
	SAGA	3.622×10^{-10}	5.291×10^{-10}	4.243×10^{-10}	3.909
	ISAGA	2.135×10^{-12}	2.912×10^{-12}	2.650×10^{-12}	2.286
f_{t2}	SGA	1.642×10^{-3}	3.793×10^{-3}	1.982×10^{-3}	6.852
	ISGA	2.431×10^{-5}	4.720×10^{-5}	4.109×10^{-5}	5.612
	SAGA	6.132×10^{-9}	1.021×10^{-8}	8.932×10^{-9}	4.638
	ISAGA	0	2.138×10^{-9}	7.376×10^{-12}	2.460

续表

测试函数	算法	最佳优化值	最差优化值	平均优化值	运行平均秒数
f_{t3}	SGA	2.318×10^{-4}	7.367×10^{-4}	5.116×10^{-4}	13.552
	ISGA	3.193×10^{-7}	5.764×10^{-7}	3.887×10^{-7}	11.672
	SAGA	5.512×10^{-12}	9.126×10^{-12}	7.621×10^{-12}	9.806
	ISAGA	2.347×10^{-14}	4.362×10^{-14}	3.683×10^{-14}	7.903
f_{t4}	SGA	4.713×10^{-4}	7.541×10^{-3}	2.787×10^{-3}	4.447
	ISGA	5.287×10^{-6}	7.765×10^{-6}	6.128×10^{-6}	3.824
	SAGA	8.760×10^{-10}	2.179×10^{-9}	1.261×10^{-9}	2.492
	ISAGA	2.211×10^{-11}	8.769×10^{-11}	6.137×10^{-11}	2.050
f_{t5}	SGA	2.371×10^{-3}	4.132×10^{-3}	3.679×10^{-3}	6.836
	ISGA	3.124×10^{-9}	6.547×10^{-9}	4.872×10^{-9}	5.963
	SAGA	0	8.871×10^{-10}	6.920×10^{-13}	5.014
	ISAGA	0	3.347×10^{-12}	2.871×10^{-14}	4.529
f_{t6}	SGA	4.116×10^{-3}	8.212×10^{-3}	6.135×10^{-3}	9.807
	ISGA	1.456×10^{-7}	2.358×10^{-7}	2.016×10^{-7}	8.275
	SAGA	6.528×10^{-11}	1.761×10^{-10}	9.124×10^{-11}	7.547
	ISAGA	0	5.713×10^{-12}	4.232×10^{-15}	6.883
f_{t7}	SGA	3.654×10^{-3}	5.351×10^{-3}	4.659×10^{-3}	6.493
	ISGA	3.456×10^{-8}	7.764×10^{-8}	6.058×10^{-8}	5.871
	SAGA	0	7.542×10^{-10}	5.543×10^{-12}	4.797
	ISAGA	0	2.170×10^{-12}	1.891×10^{-14}	3.021
f_{t8}	SGA	3.167×10^{-3}	4.178×10^{-3}	3.479×10^{-3}	7.412
	ISGA	5.761×10^{-7}	9.453×10^{-7}	6.124×10^{-7}	6.771
	SAGA	6.149×10^{-11}	1.231×10^{-10}	8.246×10^{-11}	5.899
	ISAGA	1.925×10^{-12}	3.861×10^{-12}	2.347×10^{-12}	5.296

表8-16显示，所有测试函数中最佳优化值、最差优化值精度由低到高依次为SGA、SAGA和ISAGA，其中ISAGA均收敛到函数理论最佳优化值或近似最优解。ISAGA最佳优化值较SGA、ISGA和SAGA分别最少领先6个、4个和1个数量级；最差优化值比SGA领先6到9个数量级，较ISGA领先3到7个数量级，比SAGA领先2到3个数量级；平均优化值较SGA领先6到12个数量级，比ISGA领先4到8个数量级，较SAGA领先1到4个数量级，展示了更好的搜索精度和适应性。在运行平均秒数方面，

ISAGA仅为SGA的18.43%—71.45%，用时比例均值为51.64%；是ISGA的33.27%—83.18%，比例均值为60.91%；是SAGA的53.04%—91.21%，比例均值为76.08%，显示了更高的求解效率。在所有测试中，ISAGA均未陷入局部收敛陷阱，展现了很强的鲁棒性。由此可见，ISAGA算法在各方面较原有算法均有明显改善，具有良好的实用性。

8.3.4　优化方案比较

利用设计的ISAGA算法，对经济总量、就业人口及碳足迹排放目标函数进行优化计算。首先采用去量纲化方法处理基础数据，消除量纲及数量级对目标值的影响。为了结合多种目标，更好地分析各个目标函数的最优方案，进一步为相关目标设置权重，设计以下公式。

$$M'_m = \sigma_1 G'_m + \sigma_2 P'_m + \sigma_3 C'_m \qquad (式8-60)$$

$$\sigma_1 + \sigma_2 + \sigma_3 = 1 \qquad (式8-61)$$

其中G'_m、P'_m、C'_m分别对应着经济总量、就业人口及碳足迹排放目标函数值，σ_1、σ_2、σ_3为三个目标函数值的权重，M'_m为综合函数值。为了考察针对不同目标产业结构调整对碳足迹排放效应的影响，基于式（8-60）设置四种优化方案。方案一为经济增长方案，重点着眼于促进经济总量增长，将σ_1设置为1，σ_2和σ_3均为0。方案二为充分就业方案，重点关注产业吸纳就业人口能力，将σ_2设置为1，σ_1和σ_3均为0。方案三为碳足迹减排方案，以有效减少碳足迹排放为主要目标，将σ_3设置为1，σ_1和σ_2均为0。方案四为综合均衡方案，寻求经济总量增长、产业就业人口吸纳及碳足迹减排三大目标的均衡发展，此时σ_1、σ_2和σ_3均设置为1/3。在此基础上，利用ISAGA算法计算得到细分产业的四种优化方案结果，并与2021年实际数据进行对比，详见表8-17。

表8-17　实际数据与优化方案结果　（单位：%）

	实际数据	经济增长	充分就业	碳足迹减排	综合均衡
D1	7.97	7.76	8.18	8.23	8.10
D2	1.30	1.31	1.09	1.08	1.22
D3	1.52	1.49	1.31	1.28	1.37
D4	0.85	0.83	0.82	0.78	0.81

续表

	实际数据	经济增长	充分就业	碳足迹减排	综合均衡
D5	0.84	0.85	0.80	0.75	0.78
D6	1.95	1.91	1.93	2.06	2.01
D7	1.26	1.21	1.20	1.19	1.16
D8	0.68	0.66	0.73	0.72	0.69
D9	0.97	0.99	1.01	1.07	1.02
D10	1.98	2.01	2.05	2.07	2.03
D11	0.12	0.11	0.10	0.09	0.11
D12	2.58	2.48	2.09	2.01	2.12
D13	0.92	0.89	0.81	0.77	0.84
D14	4.46	4.38	4.03	4.02	4.20
D15	1.05	1.04	1.03	1.01	1.02
D16	3.27	3.31	3.21	3.12	3.34
D17	1.61	1.51	1.32	1.31	1.43
D18	1.45	1.42	1.27	1.23	1.35
D19	1.98	1.90	1.68	1.62	1.88
D20	0.15	0.14	0.09	0.17	0.11
D21	0.45	0.46	0.49	0.41	0.47
D22	1.27	1.26	1.23	1.22	1.25
D23	0.42	0.43	0.41	0.47	0.46
D24	6.52	6.75	6.96	6.95	6.87
D25	4.52	4.67	4.68	4.66	4.58
D26	9.65	9.75	9.86	9.82	9.71
D27	40.25	40.53	41.62	41.89	41.07
碳足迹（万吨 CO_2）	1938807.6	1936816.5	1936345.3	1932909.4	1934030.0
产业产值（亿元）	900309.7	936122.1	918766.0	911013.4	926769.1
产业人口（万人）	77586	78014	78031	78006	78022

结合表8-12，分别从单个产业方案、各个优化方案及整体产业情况等三个方面进行纵横向、全方位的比较分析。

（1）单个产业方案比较。首先分别从单个产业角度横向解析四种优化方案结果。与2018年实际数据比较而言，D1在充分就业、碳足迹减排及综合均衡三种优化方案产业占比均有所上升，经济增长方案中产业占比则下降了0.21%。D2调整结果与D1正好相反，除经济增长方案产业占比小幅上升0.01%外，其他三个方案占比则分别下降了0.21%、0.22%和0.08%。D5在充分就业、碳足迹减排及综合均衡方案占比变动幅度为-0.04%、-0.09%和-0.06%，经济增长方案小幅上升。D6在经济增长及充分就业方案中占比下降，在碳足迹减排和综合均衡方案中则分别上升。D8仅在经济增长方案中下降了0.02%，其他三个方案占比均有所上升。D16的经济增长和综合均衡方案分别增长了0.14%和0.07%，而充分就业及碳足迹减排方案则分别降低了0.06%及0.15%。D20除了碳足迹减排方案占比增加0.02%外，经济增长、充分就业及综合均衡方案均有所降低。D21在经济增长、充分就业及综合均衡方案分别增加了0.01%、0.04%及0.02%，而碳足迹减排方案则减少了0.04%。D23在充分就业方案中降低了0.01%，但在经济增长、碳足迹减排和综合均衡方案中则小幅增长。D9、D10、D24、D25、D26及D27在四种方案中占比全部增长。D3、D4、D7、D11、D12、D13、D14、D15、D17、D18、D19、D22在四个方案产业占比全部下降。

（2）各个优化方案变化比较。主要从纵向角度将每种优化方案与原始数据进行纵向对比。就经济增长方案而言，共有11个产业占比呈现增长，其中增长前三位分为D27的0.28%、D24的0.23%和D25的0.15%；其余的16个产业占比则出现了下降，幅度最大的三个产业依次为D1的-0.21%、D17的-0.10%和D14的-0.08%。在所有产业中，包括D2、D5等在内的11个产业上下变动幅度低于0.02%，变化相对不大。

就充分就业方案而言，共有9个产业占比较原始数据出现增长，其中增长前三位分为D27的1.37%、D24的0.44%、D26和D1的0.21%；17个产业占比出现了下降，幅度最大的三个产业依次为D12的-0.49%、D14的-0.43%和D17的-0.29%。仅有D6、D15和D23上下变动幅度低于0.02%，变动基本稳定。

在碳足迹减排方案中，共有11个产业占比较原始数据呈现增长趋势，其中前三位分为D27、D24和D1；16个产业占比出现了下降，幅度最大的三个产业依次为D12的-0.57%、D14的-0.44%和D19的-0.36%。

在综合均衡方案中，共有12个产业占比较原始数据有所增长，前三位依次为D27的1.64%、D24的0.35%和D1的0.13%；15个产业占比出现了下降，幅度最大的三个产业依次为D12的-0.46%、D14的-0.26%和D17的-0.18%。在所有产业中，D8、D11、D22上下变动幅度低于0.02%，变化幅度不明显。

综合以上方案可见，四种优化方案中增长幅度处于排名前列的包括D27、D24、D26等；而下降相对较多的为D12及D14；D22、D23等经济基础性产业变化在四种优化方案中变化均不大，在一定程度上说明各种优化方案与未来经济发展趋势走向判断相同，具有良好的实际指导意义。

（3）整体产业情况比较。主要从整体产业优化调整结果分析四种优化方案。经济增长、充分就业、碳足迹减排及综合均衡四种方案的全碳足迹较原始数据的1938807.6万吨CO_2而言，均有所下降，变化幅度分别为-1991.1万吨CO_2、-2462.3万吨CO_2、-5898.2万吨CO_2和-4777.6万吨CO_2，减排效应由高到低分别为碳足迹减排方案、综合均衡方案、充分就业方案和经济增长方案，变化百分比依次为-0.30%、-0.25%、-0.13%和-0.10%。产业产值四种方案则均有所增长，相较原始数值的900309.7亿元，分别增长了35812.4亿元、18456.3亿元、10703.7亿元和26459.4亿元；增长幅度由高到低依次为经济增长、综合均衡、充分就业及碳足迹减排方案，百分比分别为3.98%、2.94%、2.05%和1.19%。产业吸纳的就业人口亦呈现全面增长情况，四种方案优化后的就业人口较77586万人的原始数据而言，分别增加了428万人、445万人、420万人和436万人，增长幅度由高到低依次为充分就业、综合均衡、经济增长及碳足迹减排方案，分别增长了0.55%、0.57%、0.54%和0.56%。

综合以上分析可见，与实际数据相比，四种方案的优化结果都能满足降低碳足迹、保持经济增长和促进就业稳定的要求，但鉴于方案建立时不同的着力点，各个方案目标实现程度有所不同。如经济增长方案最好地实现了促进经济增长的目标，但在碳足迹减排方面，四种方案中都是相对弱的；碳足迹减排方案最大程度地实现了减排目标，使得碳足迹降低了5898.2万吨CO_2，而产业产值增长力度则是最小的。需要特别指出的是，四种方案均促进了就业，但是每种方案对于产业就业人口的促进力度差别不大，增加幅度最大的充分就业方案仅比增幅最小的碳足迹减排多 0.03%。

此外，优化结果显示经济增长、充分就业及碳足迹减排三个目标相互依存、相互制约。具体而言，促进经济增长在一定程度上需要提升部分高碳产业发展水平并加大能源使用，而在产业技术水平没有明显提升的情况下，碳足迹减排要求压缩高碳产业占比减少能源消耗，在一定程度上又拖累了经济增长，使得经济增长和碳足迹减排则存在一定的矛盾。需要特别指出的是，鉴于优化结果中四种方案产业就业人口差距较小，显示经济增长和促进就业、碳足迹减排和促进就业冲突均不明显。在四种方案中，综合均衡方案表现在各个指标中均排名第二，总体表现最优，可见在维持经济增长和稳定就业的前提下，通过产业结构调整可以实现较好的降低碳足迹效果。在现实生活中，可以结合具体情况和发展要求，选择不同方案或设置不同权重，通过优化产业结构寻求碳足迹减排效应最优化及均衡化。

8.4　本章小结

正确把握和判读影响新旧常态时期中国碳足迹的产业结构影响，有助于制定合理的产业减排政策。不同于当前主流研究仅将产业粗分为三大产业，本章分别基于三大产业、五类产业及 27 个产业三个结构角度，分类细化产业结构变量，以求更加细致灵敏地反映产业结构调整对碳足迹的影响。首先以年度为时间刻度纵向探讨新旧常态时期中国产业结构与碳足迹排放的演变情况，完成模型原始数据的分析。

鉴于灰色关联分析法可以很好地借助分析不同系数要素间的关联关系，描述运行演变趋势，为此将产业结构及碳足迹排放量设置为因素行为序列及系统特征序列，改进灰色关联分析法。进而分别计算三大产业、五类产业及 27 个细分产业新旧常态时期产业结构与碳足迹排放的绝对、相对及综合关联度。结果显示，新旧常态时期各类产业绝对、相对及综合关联度均大于 0.5，对全碳足迹、直接碳足迹及间接碳足迹排放均有较为明显的影响。但各类产业在不同时期、不同指标数值均有一定的区别，显示了其产业结构与碳足迹排放均有不同的影响程度。

在利用改进灰色关联分析模型，评估新旧常态时期中国产业结构的碳足迹排放实际影响效应之后，重点分析产业结构变化对碳足迹减排影响的理想状况。系统考虑产业结构调整及碳足迹排放的整体关联性及系统性，摒弃多元回归或因素分解法，设计改良模拟退火遗传混合算法，经过与其他算法比较验证，改进算法在搜索精度、适应性、效率性、鲁棒性等方面均有明显改善，具有良好的实用性。而后基于投入产出模型，利用设计改良算法，对经济总量、就业人口及碳足迹排放目标函数进行优化计算，模拟经济增长、充分就业、碳足迹减排及综合均衡四种方案优化状态，测算中国产业结构调整产生的碳足迹减排关联效应，并分别从单个产业方案、各个优化方案及整体产业方案等三个方面，完成纵横向、全方位比较分析。

总体而言，产业结构与碳足迹排放具有强关联性，通过优化产业结构可以有效降低碳足迹排放，分析产业结构调整对碳足迹影响效应具有显著的理论及现实意义。但鉴于新旧常态时期中国产业结构与碳足迹排放综合关联度存在较大差异性，产业结构调整方向和方式都是建立于差异性之上的，客观要求结合经济发展情况及产业特征共同调整，制定科学的产业政策，构建合理的产业结构，寻求经济增长与碳足迹排放的最佳平衡点，才能真正发挥产业结构调整的碳足迹减排效应。

第9章　新旧常态中国环境规制对产业碳足迹影响分析

鉴于产业碳排放具有明显的排放主体非自觉性和负向外部性，使得减排工作必须依靠政府有力的环境规制。本章在分析现有环境规制与产业碳减排研究现状的基础上，系统梳理新中国碳减排制度变迁与发展。设计模型计算新旧常态中国产业环境规制强度，从直接及间接两个渠道，厘清环境规制对于产业碳足迹影响传导机理，构建竞争均衡影响渠道模型，动态分析环境规制对中国产业的影响效应。鉴于影响效应非单纯线性作用，进一步设计门槛检测模型，深入分析环境规制对中国产业碳足迹减排影响的门槛区间，结合碳足迹排放强度将产业综合分类解析，在此基础上深入分析当前中国产业碳减排制度存在的问题。

9.1　环境规制与产业碳减排研究现状分析

党的十九大报告指出，建立健全绿色低碳循环发展的经济体系，践行新发展理念，可见产业碳减排不仅是环境问题，更是发展问题。依照马克思的论述，该类问题的实质是自然与人类的关系。从这个角度出发，当前中国产业碳减排主要受到资源禀赋、能源结构、产业结构和技术水平等诸多物质性因素影响和制约，而鉴于碳排放的公共物品属性、环境问题的负向外部性以及能源的稀缺性，使得仅仅依靠市场手段难以有效实现节能减排的目标，如何构建合理的环境规制则成为弥补市场失灵的核心要素。

在美国哥伦比亚大学和耶鲁大学联合发布的环境管理绩效排名中，

2010 年、2012 年、2014 年、2016 年和 2020 年，中国在 178 个国家和地区中排名分别为第 94 位、第 109 位、第 118 位、第 120 位和第 121 位，表明当前中国环境制管控在全球相对较弱且环境显现了一定恶化趋势。当前国内外研究环境规制效应多集中于其对于产业调整、FDI 及技术创新等方面的影响，而对于环境规制与碳减排的研究相对较少，或从能源效率角度关注环境规制的减排辅助效应[81-82]、或从完善碳交易市场等政策论范畴展开论述[83-84]。鉴于各个产业单位产值碳排放迥异，且处于不同的发展阶段，因此环境规制强度也存在明显异质性。现有研究根据不同度量指标对环境规制进行了定量化描述，并可以分为单一指标和综合指标两大类。单一指标主要包括环境规制法律法规数目、政府环保支出、各产业排污费用、治污成本占总产值或单个污染物排放量等[83]；综合指标通过多种指标加权进行分析，主要可分为环境规制投入指标、强度指标以及不同污染物排放密度指标等[84]。

结合以上分析可见，当前研究主要存在以下几个问题。第一，现有文献对环境规制与产业碳减排影响的研究呈现明显边缘化，少数涉及的研究又多停留于环境规制能源效率或节能绩效层面，而鉴于环境规制对产业碳足迹的影响既体现于源头的能耗，又体现于末端的碳减排效应，仅仅将能耗或绩效作为单一解释变量无法完全体现相关影响效应，特别无法有效反映碳足迹量化因素。第二，已有研究对于环境规制指标界定有着较为明显的差异，且多选择单一代理指标或单一标准来代表环境规制整体水平，全面性及科学性相对缺乏。第三，现有研究多考虑环境规制与区域整体产业或三类产业的碳减排关系研究，尚未见综合考虑整体及细分产业主体差异而进行的区分式研究。且多考虑短时间面板的研究，缺乏基于长期时间的纵向比较研究，尚未见针对新中国碳减排历史及新旧常态时期中国产业环境规制影响的全面有效分析。第四，现有相关研究多聚集于环境规制对产业碳排放的正向或负向影响，鉴于环境规制和产业碳排放存在明显非线性关系，仅考虑正负线性影响关系明显不足，无法动态反映不同环境规制水平影响效应。

为此，本章依循诺斯制度经济学分析框架，首先将碳减排制度解析为由政府主导、市场调控、企业实施和公众参与，在低碳技术、生产流通、消费回收等方面设置的碳减排规制。而后在系统分析新中国碳减排制度发展的基础上，构建模型计算中国产业环境规制强度，从直接和间接两个角度分析中国产业环境规制对碳减排的影响效应，再设计门槛面板模型分析中国产业环境规制对碳足迹排放的门槛，并进行分类解析。最后深入分析当前中国碳减排制度存在的问题，以求完善具有中国特色的碳减排制度。

9.2 新中国碳减排制度变迁

中华人民共和国明确的碳减排概念晚于环境保护产生，而环境保护（特别是节能工作）优化了能源消费，客观上减少了碳排放，国际上均将其视为碳减排制度的相关环节[81-84]。为此，本书将考察中国碳减排制度逻辑起点设置为环境规制的历史起点，再根据新中国不同时期特点，将碳减排制度发展分为萌芽发展期（1949—1977年）、初步形成期（1978—1989年）、快速发展期（1990—2001年）、专注发展期（2002—2011年）和综合治理期（2012年至今）这五个阶段。

第一，萌芽发展期。中华人民共和国成立初期，由于过于追求经济发展速度，自然环境受到了较为严重的破坏。为了应对出现的各种环境问题，国家先后颁布了《中华人民共和国矿业暂行条例》（1951年）、《矿产资源保护试行条例》（1956年）、《工厂安全卫生规程》（1956年）、《中华人民共和国水土保持暂行纲要》（1957年）、《森林保护条例》（1963年）、《关于保护和改善环境的若干规定（试行草案）》（1973年）等法规，并提出了“工厂建设和三废利用工程要同时设计、同时施工、同时投产”等要求。但总体而言，该时期相关法规零散而杂乱，无法有效关联环境保护和污染防治，且由于经济困难，缺乏环境保护资金和监管，处于制度萌芽发展期。

第二，初步形成期。1978年，中华人民共和国第三部宪法首次对环境保护作出明确规定，为今后各项环境规制提供了法律依据。1979年国家颁布了《中华人民共和国环境保护法》，这是新中国第一部综合性环境保护基本法，确定了环境保护的基本方针政策。随后国务院陆续发布了《关于提高我国能源利用效率的几个问题的通知》（1979年）、《关于加强节约能源工作的报告》（1980年）、《关于逐步建立综合能耗考核制度的通知》（1980年），制定了“开发与节约并重，近期把节约放在优先地位”的指导方针。在这一指导方针下，国家及地方先后出台了《对工矿企业和城市节约能源的若干具体要求》（1981年）、《国务院关于节约工业锅炉用煤的指令》（1982年）等节能管理办法。

为了提升管理水平，国家陆续颁布了《水土保持工作管理条例》（1982年）、《节约能源管理暂行条例》（1986年）、《企业节约能源管理升级（定级）暂行规定》（1987年），使得环境保护管理逐步向有法可依过渡。此外，国家还加强了技术标准制度的建设，出台了《造纸工业水污染物排放标准》（1983年）、《节能技术政策大纲》（1984年）、《民用建筑节能设计标准》（1987年）、《水污染防治法细则》（1989年）等，并推动北京、哈尔滨等地开展了建筑环保节能试点等工程。此时期经过企业放权让利等改革实践，国家逐步意识到需要提升企业对环境保护的积极性，于是相继出台了部分经济刺激政策，如《征收排污费暂行办法》（1982年）、《节能基建拨改贷实施办法》（1983年）、《超定额耗用燃料加价收费实施办法》（1987年）等。此时期国家制度虽然涉及了碳排放，但尚未明确意识到碳减排工作的重要性。碳减排制度建设处于初步形成期。

第三，快速发展期。进入20世纪90年代，可持续发展受到了极大关注。该时期，中国在环境规制的内容和形式均有所突破。中国在1990年设立了国家气候变化协调小组，中共十四大明确提出增强全民环境意识，合理利用自然资源，改善生态环境。在1992年发布的《环境与发展战略十大对策》中，确定了履行气候公约、节约使用能源、控制碳排放、减轻空气污染的总方针。而后相继出台了《煤炭生产许可证管理办法》（1994年）、《中华人民共和国电力法》（1995年）、《中华人民共和国煤炭法》（1996年）、《中华人民共和国固体废物污染环境防治法》（1996年）。1997年，国家颁布了《中华人民共和国节约能源法》，这是我国第一部规范能源科学开发利用的法律。继而制定了系列配套法规政策，如《关于固定资产投资工程项目可行性研究报告“节能篇（章）”编制及评估的规定》（1998年）、《煤炭经营管理办法》（1999年）、《节约用电管理办法》（2000年）等，并于2000年出台了《中华人民共和国大气污染防治法》，开始要求各级政府对本辖区大气环境质量全权负责。

第四，专注发展期。2001年中国加入世界贸易组织后，经济发展驶入快车道，与此同时，碳排放也开始迅猛增长。为了减少碳排放，该时期国家开始针对碳排放制定专项制度。2003年中共中央在《关于完善社会主义市场经济体制若干问题的决议》中首次强调同步推进环境保护和经济增长；2009年11月，国务院第一次将国内生产总值碳减排目标作为约束性指标纳入国民经济和社会发展中长期规划。该时期国家先后出台了《中华人民共和国清洁生产促进法》（2002年），《关于加强燃煤电厂二氧化硫污染防治工作的通知》（2003年）、《中华人民共和国可再生能源法》（2005年）、《节能减排综合性工作方案》（2007年）、《中华人民共和国循环经济促进法》（2008年）、《中央财政清洁生产专项资金管理暂行办法》（2009年）、《关于开展碳排放权交易试点工作的通知》（2011年）等86项专项碳减排规制，环境规制稳步前进。中国也在该时期开始正式签定相关国际条约，标志性事件是2002年核定了《京都议定书》。

第五，综合治理期。2012年，进入新时代后，党的十八大、十九大均将加强生态文明建设纳入中国特色社会主义道路的基本内涵，标志着中国碳减排进入了综合治理期，并具有以下几个方面特点。一是在国际舞台上，中国担负了更多的碳减排任务，如先后于2014年和2016年发布和签署了《中美气候变化联合声明》和《巴黎协定》。二是国内碳减排制度制定更为完善，先后密集出台了《中国节能产品认证管理办法》（2012年）、《能源效率标识管理办法》（2013年）、《国家应对气候变化规划方案》（2014年）、《节能低碳产品认证管理办法》（2015年）、《温室气体管理国家标准》（2016年）等110项碳减排相关规制。三是该时期碳减排制度覆盖领域也从重点关注的生产领域向生活消费、从国内商品向出口商品扩展，如出台了《建设项目环境影响评价资质管理办法》（2015年）、《轻型汽车污染物排放限值及测量方法》（2016年）等系列文件。四是该时期制度对于执行效果的考核也已经由原先单一定性化逐步转变为定性定量相结合，如在国家“十三五”规划中，明确规定了单位GDP能耗降低标准，并设置指标体系进行考核。此外，国家发展和改革委员会先后在2014年、2017年和2019年公布了《碳排放权交易管理暂行办法》《全国碳排放权交易市场建设方案》及《碳排放权交易制度（征求意见稿）》，标志着中国通过市场机制控制减少碳排放进入了新阶段。2018年5月，习近平总书记在全国生态环境保护大会上再次强调，要加快构建以产业生态化和生态产业化为主体的低碳经济体系，显示该时期中国碳减排工作从认识到实践发生了转折性和全局性变化。

由上可见，经过多年发展，新中国碳减排制度的内容经历了从无到有、由简到复、由节能向节能减排的发展过程；制度管控手段也从主要依靠单一行政命令逐步向综合利用法律、行政、经济和技术等手段转变，更加注重遵循经济规律和自然规律，初步形成了具有自身特色的环境制度。

9.3 中国产业环境规制强度测算

9.3.1 环境规制强度测算模型

鉴于本章研究对象为长时间段各个产业的环境规制强度，所以在选择环境规制强度指标时，应综合考虑指标的四种标准。一是时变性，即指标能随着时间发生变化，而非一成不变；二是通用性，指标选取能兼顾各个产业不同性质和各污染物不同的排放强度；三是客观性，所选指标应能尽量避免主观判断误差，保证数据来源的真实可靠；四是全面性，即能较为全面反映环境规制的强度。基于以上标准，在综合已有各种指标的基础上，决定构建典型污染物综合指数，具体描述见式（9－1）至式（9－3）。其中 ep'_{ij} 为第 j 个产业的 i 种污染物实际排放量，ep_{ij} 为去量纲化后的标准值。在各个产业间以及单一产业内，不同污染物的排放量迥然不同，因此利用公式（9－1）设置各产业 i 种污染物调整系数 θ_{ij} 。

$$\theta_{ij} = \frac{ep'_{ij}}{\sum ep'_{ij}} / \frac{G_j}{G} = \theta'_{ij} G/G_j \qquad \text{（式 9－1）}$$

上式中 $\sum ep'_{ij}$ 为所有产业第 i 种污染物的排放量总和，G_i 为第 j 个产业的增加值。而后设计公式（9－2）计算 j 个产业的环境规制强度 U_j^c 。

$$U_j^c = \frac{1}{n_e}\sum_{i=1}^{n_e}(ep_{ij} \cdot \theta_{ij}) = (G/G_j) \cdot \frac{1}{n_e}\sum_{i=1}^{n_e}(ep_{ij} \cdot \theta'_{ij}) \qquad \text{（式 9－2）}$$

其中 n_e 为所选择的污染物的种类数量，U_j^c 值越大，说明环境规制强度愈强。综合考虑各产业特性，本书中污染物选择固体废物排放量、废水排放量和废气排放量三种。

9.3.2 中国产业环境规制强度

根据环境规制强度测算模型，计算新旧常态中国整体产业及27个细分产业的环境规制强度，见表9-1。

表9-1 新旧常态中国整体产业环境规制强度

年份	1987	1988	1989	1990	1991
数值	0.018	0.021	0.033	0.038	0.059
年份	1992	1993	1994	1995	1996
数值	0.091	0.146	0.223	0.309	0.361
年份	1997	1998	1999	2000	2001
数值	0.387	0.428	0.439	0.482	0.521
年份	2002	2003	2004	2005	2006
数值	0.573	0.681	0.822	0.986	1.207
年份	2007	2008	2009	2010	2011
数值	1.423	1.693	1.751	2.052	2.585
年份	2012	2013	2014	2015	2016
数值	2.689	2.842	3.074	3.186	3.317
年份	2017	2018	2019	2020	2021
数值	3.530	3.619	3.711	3.745	3.826

表9-1显示，中国整体产业环境规制强度总体呈现不断增长趋势，整个新旧常态年均增长率为18.31%。旧常态时期由1987年的0.018增长至2007年的1.423，年均增长率为23.11%；新常态时期由2008年的1.693增长至2021年的3.826，年均增长率为7.36%。

在此基础上，进一步计算新旧常态中国27个细分产业的环境规制强度。发现新旧常态中国整体产业及27个细分产业环境规制强度整体均呈现不断增长趋势，且各产业数值整体迥异。鉴于各产业旧常态初期环境规制强度数值较小，使得旧常态时期年均增长率均高于新常态时期，而就环境规制强度绝对数值而言，新常态时期明显大幅增长，并选择2018年与2007年环境规制强度进行对比。

表9－2　中国细分产业2021年较2007年环境规制强度比值

产业	比值（%）	产业	比值（%）
D1	321.43	D15	320.54
D2	283.11	D16	97.43
D3	194.03	D17	238.96
D4	695.36	D18	229.03
D5	255.16	D19	205.84
D6	299.60	D20	113.92
D7	337.48	D21	209.34
D8	239.92	D22	167.24
D9	226.88	D23	840.41
D10	307.47	D24	385.00
D11	243.34	D25	65.20
D12	309.46	D26	586.65
D13	283.95	D27	578.72
D14	352.91	整体	254.22

表9－2显示，所有产业2021年环境规制数值均比2007年有所提升，其中增长相对最大的为水生产及供应业（D23）的840.41%和金属矿采选业（D4）的695.36%，增长率排名靠后的为交通运输仓储和邮电通信业（D25）的65.20%和通用专业设备制造业（D16）的97.43%，整体产业比值为254.22%。以上数据也客观显示了新常态时期中国各细分产业及整体产业的环境规制强度均有了较大幅度的增长，说明新常态时期中国对于产业环境规制的建设程度的关注及建设力度均明显增强。

为了更好比较各细分产业环境规制强度，表9－3至表9－5分别显示了27个产业各时期产业环境规制强度均值。

表9－3显示，旧常态时期整体产业环境规制强度均值为0.437901。在所有细分产业中，该时期共有7个产业环境规制强度高于整体产业数值，其中煤炭开采和洗选业（D2）、石油和天然气开采业（D3）、炼焦煤气及石油加工业（D11）分别排名前三位；其余20个产业环境规制强度低于整体产业，其他服务业（D27）、交通运输仓储和邮电通信业（D25）、批发及零售贸易餐饮业（D26）分列最后三位，数值分为0.003161、0.019697和0.022473。

表9-3　旧常态时期细分产业环境规制强度均值

产业	均值	产业	均值
D1	0.031353	D15	0.177152
D2	1.444128	D16	0.089702
D3	1.350801	D17	0.118117
D4	0.185106	D18	0.116601
D5	0.247578	D19	0.127477
D6	0.321630	D20	0.275253
D7	0.207099	D21	0.727867
D8	0.290549	D22	0.954242
D9	0.663631	D23	0.079803
D10	0.382992	D24	0.078077
D11	1.104490	D25	0.019697
D12	0.345656	D26	0.022473
D13	0.904747	D27	0.003161
D14	0.117334	整体	0.437901

表9-4　新常态时期细分产业环境规制强度均值

产业	均值	产业	均值
D1	0.239706	D15	1.387648
D2	12.002140	D16	0.261598
D3	7.743783	D17	0.795578
D4	1.353867	D18	0.808840
D5	1.899023	D19	0.843111
D6	2.520250	D20	0.891133
D7	1.499598	D21	4.229304
D8	1.830613	D22	4.540320
D9	2.842054	D23	0.555807
D10	3.181308	D24	0.618989
D11	8.382378	D25	0.023416
D12	2.024066	D26	0.214034
D13	6.239028	D27	0.028118
D14	0.771222	整体	2.802404

表9－4显示，新常态时期整体产业环境规制强度均值为2.802404。在所有细分产业中，该时期共有8个产业环境规制强度高于整体产业数值，其中煤炭开采和洗选业（D2）、炼焦煤气及石油加工业（D11）、石油和天然气开采业（D3）分别以12.00214、8.382378和7.743783的数值名列前三位；其余19个产业环境规制强度低于整体产业，交通运输仓储和邮电通信业（D25）、其他服务业（D27）、批发及零售贸易餐饮业（D26）分列最后三位。

表9－5　新旧常态时期各产业环境规制强度均值

产业	均值	产业	均值
D1	0.102975	D15	0.593260
D2	5.073445	D16	0.148791
D3	3.548389	D17	0.350994
D4	0.586867	D18	0.354558
D5	0.815262	D19	0.373476
D6	1.077405	D20	0.486962
D7	0.651396	D21	2.027936
D8	0.819946	D22	2.279031
D9	1.412464	D23	0.243429
D10	1.344913	D24	0.285783
D11	3.606264	D25	0.020975
D12	0.922610	D26	0.088322
D13	2.738406	D27	0.011740
D14	0.342108	整体	1.237372

表9－5显示，新旧常态时期整体产业环境规制强度均值为1.237372。在所有细分产业中，该时期共有8个产业环境规制强度高于整体产业数值，其中煤炭开采和洗选业（D2）、炼焦煤气及石油加工业（D11）、石油和天然气开采业（D3）分别列前三位；其余19个产业环境规制强度低于整体产业，其他服务业（D27）、交通运输仓储和邮电通信业（D25）、批发及零售贸易餐饮业（D26）分列最后三位，数值分为0.011740、0.020975和0.088322。

进一步比较表9－3至表9－5可见，旧常态时期、新常态时期及新旧常态时期27个产业环境规制强度标准差分别为0.413355、2.903928和1.266017。由于新常态时期对于产业环境规制有所增强，特别对高碳足迹产业尤为关注，使得新常态时期各产业环境规制数值差距相对旧常态时期有较为明显的加大。且各个时期均有多数产业环境规制强度低于整体产业环境规制强度，说明其余几个产业环境规制强度数值总体较大，直接拉升了整体产业环境规制强度。

9.4 环境规制对中国产业碳足迹影响效应分析

9.4.1 环境规制对产业碳足迹减排影响机理分析

主流观点认为鉴于碳排放是典型的生产消费过程的外部性行为，环境规制是市场机制的有效补充；而部分学者认为环境规制对产业碳减排的有效性值得商榷，并提出了环境规制悖论[82-84]。该理论认为一方面随着自然社会资源的不断减少，碳排放会自动降低，另一方面认为在环境规制日趋严格的判断下，会在一定程度上刺激能源开采及消费，反而增加了短期碳排放。为此，本节通过分析环境规制对产业碳足迹减排的直接及间接影响渠道，厘清环境规制对于产业碳足迹影响传导机理。

9.4.1.1 直接影响渠道解析

由上文分析可见，当前环境规制主要通过直接管控、市场管控及自主管控三种类型对产业碳足迹排放产生影响。具体可采用设置市场准入退出规制、规定碳排放标准、征收碳排放税、清洁能源补贴等方式，增加高碳排放产业的生产成本，减少化石能源消费需求，提升清洁能源使用比例，进而降低产业碳足迹排放量。然而，正如环境规制悖论所担心的那样[85]，愈加严格的环境规制也会引起能源供给产业的动态反应，促使该类型产业整体提前能源开采计划并加大开采数量，从而导致短期内化石能源价格下降，刺激能源消费，反而增加了产业碳足迹排放量。基于以上论述，绘制图9-1反映环境规制对产业碳足迹的直接影响渠道机理，并设置动态计量面板模型分析环境规制对产业碳足迹的直接影响，详见公式（9-3）。

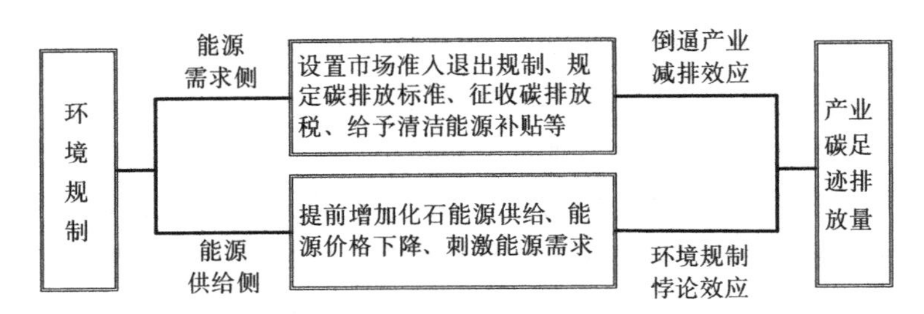

图 9-1 直接影响渠道

$$C_{it} = \beta_0 + \beta_1 C_{i(t-1)} + \beta_2 U_{it} + \beta_3 U_{it}^2 + \beta_4 U_{it}^3 + \beta_5 X_{it} + \alpha_i + \varepsilon_{it} \quad (式 9-3)$$

式（9-3）中 i 、t 分别代表了产业种类及考察年份，β_0 为常数项。考虑到环境规制对产业碳足迹的影响有滞后性，为此引入前期产业碳足迹 $C_{i(t-1)}$ 显示对当期产业碳足迹 C_{it} 的影响，设置 β_1 为滞后乘数。鉴于直接影响存在着潜在的非线性关系，为此引入环境规制的 U_{it} 的二次方及三次方项进行综合考量。X_{it} 为其他直接影响的控制变量，主要包括产业结构 Z_{it} 、能源结构 E_{it} 和技术水平 S_{it} ；α_i 为产业的非观测效应，用于表示产业间存在的差异性；ε_{it} 为假设服从正态分布的特定异质效应。其中 Z_{it} 定义为非三低碳足迹产业的产业占比与整体产业产值之比重，E_{it} 定义为各产业消耗的煤炭数量占能源消耗总量中的比重，S_{it} 定义为产业能源消耗强度。

9.4.1.2 间接影响渠道解析

环境规制主要是依照成本效应对产业碳足迹发生直接影响，并通过对产业结构、能源结构及技术水平等间接影响产业碳足迹，详细分析如下。

（1）产业结构的间接影响。环境规制通过产业结构间接影响碳足迹主要包括两个路径。路径一是严格的环境规制将使得高碳足迹产业环境治污成本显著增长，遏制资本流入，提升该类型产业的生存门槛，促使其进行技术改造降低碳足迹或者转移至环境规制较为宽松的地区，从而抑制本区域高碳足迹产业发展。路径二主要包括两个方面，一是环境规制对于农林牧渔业、其他服务业等低碳足迹产业影响相对较小，甚至通过绿色补贴获益，对于该类型产业发展有利；二是通过采用类似为产品加增碳标签等环境规制，能进一步提升消费者的绿色消费意识，使其展现更强烈的绿色消费意愿。从而从市场需求角度促使产品由高碳型向生态型的转变，推动低碳生产企业的发展，鞭策产业结构的低碳化调整。

（2）能源结构的间接影响。环境规制可能会从两个方面通过能源结构间接影响产业碳足迹。一方面，严格的环境规制会增加企业使用化石能源等成本，促使企业提升清洁能源使用率，降低高碳足迹能源需求，进而优化产业能源结构。另一方面，在高碳足迹能源受到环境规制影响不断增强的预期下，相关能源开采将会加快，进而使得市场该类能源价格降低，一定程度上又在短期内促进了高碳足迹能源的使用，发生了能源结构恶化的背反效应。

（3）技术因素的间接影响。环境规制对于技术因素间接影响也分为正反两个方面。正向影响方面即为波特假说效应，适当的环境规制可以促使企业加大研发投入，提升低碳技术水平，提升企业低碳生产力，可有效冲抵因为环保而增加的成本，提升产业能源使用效率。负向影响方面则可总结为遵循成本效应，即企业为了应对更为严格的环境规制，发生了如污染治理、能源转变等遵循成本，增加了企业的生产运营费用，进而挤压了低碳技术研发资金和人才培养，无益于企业碳减排和绿色生产改革。

基于以上论述，绘制图 9－2 反映环境规制对产业碳足迹的间接影响效应机理。并设置动态计量面板模型分析环境规制对产业碳足迹的间接影响，详见公式（9－4）。

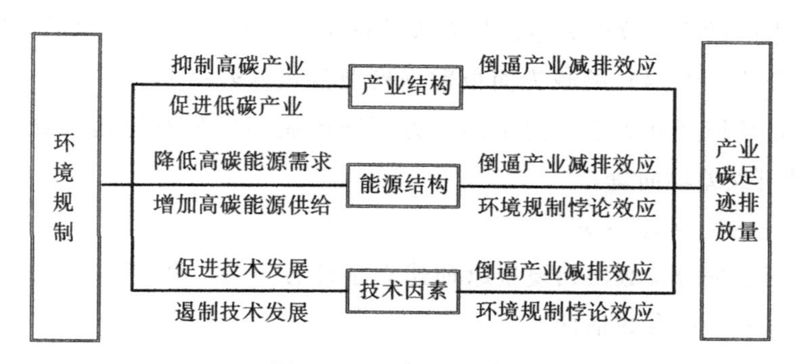

图 9－2　间接影响渠道

$$C_{it} = \delta_0 + \delta_1 C_{i(t-1)} + \delta_2 U_{it} \times Z_{it} + \delta_3 U_{it} \times E_{it} + \delta_4 U_{it} \times S_{it} + \alpha'_i + \varepsilon'_{it}$$

（式 9－4）

式（9－4）中 δ_0 及 δ_1 分为常数项和滞后乘数。$U_{it} \times Z_{it}$、$U_{it} \times E_{it}$、$U_{it} \times S_{it}$ 依次为第 i 产业第 t 年环境规制与产业结构、能源结构、技术水平的交叉项，反映了环境规制通过三个因素对产业碳足迹的间接影响效应。α'_i、ε'_{it} 分别为间接影响渠道下的产业非观测效应及特定异质效应。

9.4.2 环境规制对中国产业碳足迹影响效应分析

基于环境规制对产业碳足迹的直接和间接影响渠道动态分析模型，通过分位数回归模型整理面板数据，解析环境规制对新旧常态时期中国产业碳足迹的影响效应。

9.4.2.1 分位数回归模型设计

鉴于环境规制直接及间接影响效应动态计量模型中涉及众多变量，为了更为精确地描述因变量变化范围及条件分布对自变量的影响，本章引入改进的分位数回归模型分析变量的面板数据。经典的分位数回归源于最小绝对残差估计法，与传统最小二乘法相比，拥有以下几个明显的优点。一是该方法运用加权残差绝对值之和方法估计参数，减少了动态模型中随机误差项及残差的限制，加大了异常数据容忍度，提升参数估计稳健性；二是借助测度不同分位数水平下回归变量的参数估计值，更为有效地梳理局部数据关系，全面刻画整体数据分布特征。经典分位数回归法虽然已经有明显优点，但对于标准误差的估计仍不够全面。本书基于对象为中宏观产业的考虑，为了保留不同产业不同时间的相关性，将经典分位数随机混合抽取样本的做法，改变为通过与面板数据结合进行自抽样。为了更好地说明，将公式（9－4）缩减为面板数据模型公式（9－5）。式（9－5）中 β 解释变量环境规制的系数向量，α''_i 为不同产业不可观察的随机效应向量，ε''_{it} 为随机误差项向量。

$$C_{it} = \beta U_{it} + \alpha''_i + \varepsilon''_{it} \qquad (式9-5)$$

而后依据分位数回归模型原理建立条件分位数方程（9－6），完成对面板数据模型的参数估计。

$$q[\vartheta \mid U_{it}, \beta(\vartheta)] = U_{it}\beta(\vartheta) + \alpha''_i \qquad (式9-6)$$

其中 $U_{it} = (U_{i1}, U_{i2}, \cdots, U_{in})$ 为解释变量向量，$\beta(\vartheta_j) = (\beta_1, \beta_2, \cdots, \beta_k)$ 为 ϑ 分位数下的系数变量。当 ϑ 取值范围为 (0,1) 时，即可通过公式（9－7）求取最小化加权残差值 β'，其中 ϖ_{ϑ_j} 为分位数对应的权重。

$$\beta' = \arg\min_{\alpha'',\beta} \sum_{i=1}^{m} \sum_{t=1}^{n} \sum_{j=1}^{k} \varpi_{\vartheta_j}[C_{it} - U_{it}\beta(\vartheta_j) - \alpha''_i] \qquad (式9-7)$$

根据以上步骤运用迭代求解，便可求取因变量在不同分位点上的参数估计量。运用该模型可有效识别度量面板数据中包含的时间序列及横截数据间的隐含因素，更好地在控制不同产业异质性的基础上，反馈因变量在特定分位数对自变量影响的边际效果。

9.4.2.2 环境规制对中国产业全碳足迹影响效应分析

（1）全碳足迹直接影响效应分析。首先计算环境规制对于新旧常态中国产业全碳足迹的直接影响。为了更好地加以分析，依次引入环境规制一次方、二次方及三次方，分为三个模型进行计算，见表9-6至表9-8。表中各回归系数中的括号值代表稳健标准误差。$AR(1)$ 及 $AR(2)$ 分别为 Arellano-Bond 一阶和二阶差分残差序列自相关检验，三个模型的 $AR(1)$ 检验数值均小于0.05，显示存在一阶自相关，$AR(2)$ 数值都大于0.05，不存在二阶自相关，均达到合理效果。三个模型的 Sargan 检测数值均处于23至25之间，证明符合所选工具变量有效的假设，显示数值估计具有良好有效性。R^2 数值也均处于0.8至0.9之间，说明因变量全部变异被自变量解释的回归拟合效果比例较高，具有很好的拟合优度。

表9-6　环境规制一次方模型对中国产业全碳足迹直接影响

变量	10%	25%	50%	75%	90%
δ_0 常数	-8.0118*** (1.1438)	-9.7231*** (1.7349)	-10.4852*** (2.0122)	-10.2357** (1.9236)	-9.3346*** (1.2106)
$\ln C_{i(t-1)}$ 碳	0.3723** (0.0635)	0.3529*** (0.0618)	0.3680*** (0.0559)	0.3874** (0.0538)	0.3421*** (0.0512)
$\ln U_{it}$ 环规	-0.1113*** (0.0212)	-0.1146*** (0.0387)	-0.1298*** (0.0475)	-0.1291*** (0.0535)	-0.1312*** (0.0406)
$\ln Z_{it}$ 产业	0.1354* (0.0201)	0.1451** (0.0485)	0.1695** (0.0734)	0.1826** (0.0819)	0.1718** (0.0864)
$\ln E_{it}$ 能源	0.2171** (0.0215)	0.2233*** (0.0330)	0.2358*** (0.0418)	0.2537*** (0.0428)	0.2764*** (0.0426)
$\ln S_{it}$ 技术	-0.2113 (0.0112)	-0.2121** (0.0134)	0.2129 (0.0143)	0.2141** (0.0157)	0.2189*** (0.0223)
$AR(1)$	-2.1255 (0.0413)	-2.3472 (0.0467)	-2.0873 (0.0394)	-2.1539 (0.0401)	-2.4281 (0.0494)
$AR(2)$	0.4731 (0.3276)	0.5014 (0.3398)	0.4892 (0.4771)	0.5218 (0.4415)	0.5120 (0.5410)

续表

变量	10%	25%	50%	75%	90%
Sargan 检测	23.5571 (0.5821)	24.1563 (0.6231)	23.9843 (0.4853)	24.3192 (0.5083)	23.4697 (0.5233)
R^2	0.8523	0.8382	0.8851	0.8221	0.8701

注：***、**、*分别表示系数通过1%、5%和10%水平下的显著性检测。

表9-7　环境规制二次方模型对中国产业全碳足迹直接影响

变量	10%	25%	50%	75%	90%
δ_0 常数	-10.5307*** (1.9823)	-12.3879*** (2.4505)	-10.7828*** (2.1374)	-10.9672*** (2.2091)	-8.3469*** (2.0842)
$\ln C_{i(t-1)}$ 碳	0.2846*** (0.0545)	0.3075*** (0.0603)	0.3181*** (0.0642)	0.3301*** (0.0688)	0.3235*** (0.0659)
$\ln U_{it}$ 环规	0.0956 (0.0124)	0.0942 (0.0215)	0.0877 (0.0197)	0.0815 (0.0165)	0.0808 (0.0158)
$\ln U_{it}^2$ 环规	-0.1206*** (0.0103)	-0.1252*** (0.0162)	-0.1328*** (0.0186)	-0.1564*** (0.0205)	-0.1682*** (0.0217)
$\ln Z_{it}$ 产业	0.1443** (0.0321)	0.1429** (0.0477)	0.1564*** (0.0469)	0.1573** (0.0498)	0.1595** (0.0586)
$\ln E_{it}$ 能源	0.2736*** (0.0386)	0.2866*** (0.0372)	0.2871*** (0.0425)	0.2927*** (0.0437)	0.2987*** (0.0481)
$\ln S_{it}$ 技术	0.2166 (0.0136)	0.2173** (0.0213)	0.2208 (0.0329)	0.2229*** (0.0288)	0.2237** (0.0316)
$AR(1)$	-1.8263 (0.0683)	-1.9887 (0.0701)	-1.7653 (0.0676)	-1.8425 (0.0723)	-1.8752 (0.0752)
$AR(2)$	0.7423 (0.6234)	0.6890 (0.6123)	0.7532 (0.5328)	0.6853 (0.5965)	0.7023 (0.6021)
Sargan 检测	24.2387 (0.5451)	24.5465 (0.5355)	24.8974 (0.5823)	23.9461 (0.4972)	24.0423 (0.4892)
R^2	0.8487	0.7867	0.7831	0.8287	0.8326

注：***、**、*分别表示系数通过1%、5%和10%水平下的显著性检测。

表9-8　　环境规制三次方模型对中国产业全碳足迹直接影响

变量	10%	25%	50%	75%	90%
δ_0 常数	-7.5301*** (1.2340)	-9.2396*** (2.4597)	-8.0407*** (2.3493)	-10.3733*** (2.6825)	-9.3082*** (2.7656)
$\ln C_{i(t-1)}$ 碳	0.2023*** (0.0641)	0.2841*** (0.0754)	0.3012*** (0.0781)	0.3142*** (0.0874)	0.3289*** (0.0687)
$\ln U_{it}$ 环规	0.0966 (0.0327)	0.0943 (0.0323)	0.0924 (0.0493)	0.0841 (0.0488)	0.0827 (0.516)
$\ln U_{it}^2$ 环规	-0.0214 (0.0235)	-0.0267 (0.0246)	-0.0297 (0.0282)	-0.0353 (0.0371)	-0.0376 (0.0391)
$\ln U_{it}^3$ 环规	0.0000 (0.0000)	0.0000 (0.0000)	0.0000 (0.0000)	0.0000 (0.0000)	0.0000 (0.0000)
$AR(1)$	-2.0845 (0.0652)	-1.9721 (0.0584)	-2.0346 (0.0576)	-1.6789 (0.0602)	-1.7659 (0.0685)
$AR(2)$	0.6092 (0.5457)	0.6191 (0.5974)	0.6324 (0.6295)	0.5975 (0.5328)	0.5812 (0.5498)
Sargan 检测	27.8237 (0.5792)	26.2348 (0.5902)	27.6734 (0.6093)	28.2087 (0.5328)	25.1923 (0.5546)
R^2	0.8236	0.8529	0.8784	0.8671	0.8747

注：***、**、*分别表示系数通过1%、5%和10%水平下的显著性检测。

表9-6显示，环境规制的一次方项的系数 $\ln U_{it}$ 在10%、25%、50%、75%及90%五个分位点数值均显著为负，并展现了逐步递增趋势，说明新旧常态时期环境规制对中国产业全碳足迹有一定遏制作用，尚未出现环境规制悖论效应。在表9-9中，环境规制的一次方项的系数 $\ln U_{it}$ 在五个分位点数值均为正值，而二次方项的系数 $\ln U_{it}^2$ 则显著为负，说明环境规制与中国产业全碳足迹明显的倒“U”形库兹涅兹曲线。即显示环境规制对全碳足迹直接影响存在某个拐点阈值，当环境规制强度低于该值时，随着环境规制强度的增加产业全碳足迹也会增长，而高于该值时，环境规制将会有效抑制产业全碳足迹。根据表9-7推算，可知五个分位点倒“U”形曲线拐点数值分为0.293921、0.291241、0.287934、0.281234和0.2768123，而三个时期中国产业环境规制强度分为0.437901、2.802404和1.237372，

均已经超过相关拐点数值，显示相关时期环境规制可以有效地抑制产业全碳足迹。表9－8通过引入环境规制三次方数据项，用于检测环境规制对于产业碳足迹是否存在N型反复性影响，结果显示五个分位点环境规制一次方项的系数 $\ln U_{it}$ 为正值，二次方项的系数 $\ln U_{it}^2$ 均为负值，三次方项的系数 $\ln U_{it}^3$ 均为零值，三个系数数值均不显著，说明环境规制和中国产业全碳足迹间的倒“U”形关系具有良好的稳健性。

其他变量中，三个模型中 $\ln C_{i(t-1)}$ 均为显著正相关，显示前期碳足迹对当期碳足迹存在正向推动作用，产业碳足迹呈现明显的动态累积过程。产业结构系数 $\ln Z_{it}$ 均为正值，说明非三低碳足迹产业产值占比上升会明显增加产业全碳足迹。能源结构 $\ln E_{it}$ 在所有分位点上则均呈现显著的正相关，显示当前中国以煤炭为主的能源消费结构长期羁绊碳足迹减排目标的实现。各个模型的技术水平 $\ln S_{it}$ 在各分位点上亦呈现显著正值，说明当前中国产业技术研发未能直接降低产业能源消耗强度，可能原因在于相关时期中国产业技术研发主要关注于提升资本和劳动效率，产业绿色节能知识积累及技术创新明显不足，未能有效降低产业碳足迹。

（2）全碳足迹间接影响效应分析。继而计算环境规制对于中国产业全碳足迹的间接影响，得到表9－9。其中 $AR(1)$ 均小于0.05、$AR(2)$ 均大于0.05、Sargan检测值均处于23至25间，R^2 值均为大于0.8，所有检测值都符合相关标准，显示间接影响变量设置合理，模型计算结果值得信赖。

表9－9　环境规制对中国产业全碳足迹间接影响

变量	10%	25%	50%	75%	90%
δ_0	－9.9824***	－9.5624***	－10.0812***	－8.7651***	－8.8621***
	(2.2367)	(2.0856)	(2.5207)	(2.6741)	(2.0118)
$C_{i(t-1)}$	0.4019***	0.3987***	0.3711***	0.4101***	0.3858***
	(0.0378)	(0.0491)	(0.0408)	(0.0512)	(0.0447)
$U_{it}\times Z_{it}$	－0.0177***	－0.0181***	－0.0184***	－0.0185***	－0.0189***
	(0.0011)	(0.0023)	(0.0017)	(0.0033)	(0.0029)
$U_{it}\times E_{it}$	0.0068***	0.0062***	0.0058***	0.0054***	0.0051***
	(0.0007)	(0.0007)	(0.0006)	(0.0006)	(0.0006)

续表

变量	10%	25%	50%	75%	90%
$U_{it} \times S_{it}$	-0.0024 (0.0002)	-0.0026 (0.0002)	-0.0031 (0.0003)	-0.0036 (0.0003)	-0.0037 (0.0003)
$AR(1)$	-2.3274 (0.0551)	-2.2139 (0.0642)	-2.3861 (0.0671)	-2.3478 (0.0602)	-2.5003 (0.0718)
$AR(2)$	0.8509 (0.5579)	0.9258 (0.6655)	1.0852 (0.6741)	1.1298 (0.7612)	0.9384 (0.5634)
Sargan 检测	24.6311 (0.6024)	23.7543 (0.6143)	23.8765 (0.5763)	24.0942 (0.5986)	23.9826 (0.5659)
R^2	0.8536	0.8676	0.8461	0.8253	0.8397

表9-9显示，产业结构交叉项 $U_{it} \times Z_{it}$ 在10%、25%、50%、75%及90%五个分位点上均呈现显著负值，说明当前环境规制通过产业结构对碳足迹减排发生了间接性积极影响，且影响程度逐步增加。其原因在于新旧常态时期中国环境规制日益严格，抑制了高碳足迹排放产业，而低碳足迹产业则受益于相关环境规制，得到了长足发展，使得中国产业结构日趋升级优化，有利于产业碳足迹减排。

所有分位点上能源结构交叉项 $U_{it} \times E_{it}$ 数值在1%的水平上均为显著正值，客观说明环境规制未能通过构建低碳能源结构遏制产业碳足迹。究其原因大致有三，一是在于中国能源禀赋为典型贫油少气多煤，造成能源结构长期以煤炭为主，且短期内彻底优化难度极大；二是政府为了确保经济稳定增长，长期对化石能源进行补贴，使得能源价格未能充分显示环境成本；三是当前清洁能源使用成本相对高昂，大规模商用化条件尚待完善。由此可见，当前中国通过环境规制倒逼能源结构优化仍需各方不断努力。

技术因素交叉项 $U_{it} \times S_{it}$ 在所有分位点上数值虽为负值，但均不显著。一方面说明环境规制通过技术效益间接降低了产业碳足迹，虽然影响程度相对较低且影响有限，但与全碳足迹直接影响效益分析的技术水平结果是相反的。其原因在于随着中国政府对于保护生态文明、降低产业碳足迹的意愿不断增强，出台的环境规制也愈加有利于产业低碳技术创新的发展，间接降低了产业碳足迹。

（3）分位数稳健性检测。为了进一步验证上文分位数估计结果的稳健性，将单位产业产值的污染治理投资额设置为环境规制 U'_{it}，利用该代理变量进一步分析环境规制对产业全碳足迹的直接及间接影响效应，分别得到表 9-10 及表 9-11。

表 9-10　　分位数直接影响稳健性检测

变量	10%	25%	50%	75%	90%
δ_0 常数	-15.8324*** (2.4235)	-15.6973*** (2.8790)	-16.0934*** (3.0425)	-16.3498*** (3.2315)	-16.2984*** (3.1523)
$\ln C_{i(t-1)}$ 碳	0.1687*** (0.0411)	0.1590*** (0.0403)	0.1876*** (0.0518)	0.1723*** (0.0419)	0.1924*** (0.0587)
$\ln U_{it}$ 环规	0.0349*** (0.0112)	0.0375*** (0.0145)	0.0381*** (0.0176)	0.0388*** (0.0172)	0.0402*** (0.0183)
$\ln U_{it}^2$ 环规	-0.0878*** (0.0082)	-0.0881*** (0.0093)	-0.0912*** (0.0087)	-0.0967*** (0.0091)	-0.0974*** (0.0096)
$\ln Z_{it}$ 产业	0.1023** (0.0241)	0.1039** (0.0259)	0.1100*** (0.0237)	0.1132** (0.0283)	0.1230** (0.0301)
$\ln E_{it}$ 能源	0.2023*** (0.0312)	0.2084*** (0.0318)	0.2129*** (0.0333)	0.2149*** (0.0341)	0.2190*** (0.0358)
$\ln S_{it}$ 技术	0.2238** (0.0173)	0.2321** (0.0182)	0.2348** (0.0185)	0.2381*** (0.0198)	0.2409** (0.0218)
$AR(1)$	-0.7823 (0.0478)	-0.7314 (0.0485)	-0.8258 (0.0502)	-0.8475 (0.0513)	-0.9284 (0.0534)
$AR(2)$	0.4275 (0.5129)	0.5283 (0.5730)	0.5032 (0.4725)	0.5911 (0.6053)	0.6702 (0.6342)
Sargan 检测	23.2134 (0.5105)	23.0238 (0.5578)	23.1034 (0.5410)	23.4812 (0.5491)	23.9146 (0.5018)
R^2	0.6738	0.7041	0.6854	0.6924	0.6823

注：***、**、* 分别表示系数通过 1%、5% 和 10% 水平下的显著性检测。

表 9－11　　　　　　　　分位数间接影响稳健性检测

变量	10%	25%	50%	75%	90%
δ_0	－11.8723*** (2.7562)	－11.3445*** (2.8741)	－10.9756*** (2.5091)	－10.8702*** (2.4823)	－10.7731*** (2.4605)
$C_{i(t-1)}$	0.5932*** (0.0675)	0.5711*** (0.0697)	0.5604*** (0.0741)	0.5115*** (0.0776)	0.5415*** (0.0718)
$U_{it} \times Z_{it}$	－0.0203*** (0.0032)	－0.0217*** (0.0037)	－0.0223*** (0.0043)	－0.0226*** (0.0042)	－0.0230*** (0.0045)
$U_{it} \times E_{it}$	0.0079*** (0.0005)	0.0075*** (0.0006)	0.0070*** (0.0006)	0.0069*** (0.0005)	0.0067*** (0.0007)
$U_{it} \times S_{it}$	－0.0034 (0.0002)	－0.0036 (0.0002)	－0.0041 (0.0002)	－0.0042 (0.0003)	－0.0046 (0.0003)
$AR(1)$	－0.0238 (0.0302)	－0.0344 (0.0322)	－0.0426 (0.0345)	－0.0535 (0.0419)	－0.0435 (0.0401)
$AR(2)$	0.7519 (0.7415)	0.7704 (0.7515)	0.8422 (0.7045)	0.8575 (0.8101)	0.8846 (0.8351)
Sargan 检测	22.4234 (0.5586)	23.6790 (0.5681)	22.4509 (0.5823)	22.1280 (0.6041)	23.8652 (0.6149)
R^2	0.7834	0.8031	0.8156	0.8341	0.8236

注：***、**、*分别表示系数通过 1%、5%和 10%水平下的显著性检测。

表 9－10、表 9－11 显示，分位数直接及间接影响稳健性检测的 $AR(1)$、$AR(2)$、Sargan 检测数值及 R^2 数值均符合相关检测标准，说明变量选择合理。分位数直接影响稳健性检测显示，环境规制的一次方项的系数 $\ln U_{it}$ 在五个分位点数值均为显著正值，二次方项的系数 $\ln U_{it}^2$ 则显著为负，也验证了环境规制与产业全碳足迹呈现明显倒“U”形曲线。此外，直接影响稳健性检测中的产业结构系数 $\ln Z_{it}$、能源结构 $\ln E_{it}$、技术水平 $\ln S_{it}$ 数值以及间接影响稳健性检测中的环境规制与其他变量的交叉项数值，虽然与表 9－7 及表 9－9 相对应的数值有一定差别，但正负性质均一致，说明代表的参数对产业碳足迹的作用方向相同。由以上分析可见，分位数估计结果拥有良好的稳健性。

9.5 环境规制对中国产业碳足迹减排门槛检验

由上节详细分析可知，环境规制对中国产业碳足迹的影响效应并非单纯线性作用，而是对于不同产业可能存在若干规制门槛，越过门槛可能陷入环境规制悖论陷阱，从而减弱甚至恶化环境规制碳减排效果。为此设置改进型环境规制门槛检测模型，进一步深入分析环境规制对中国产业碳足迹减排影响的作用。

9.5.1 门槛检测模型设计

传统门槛检测包括交叉项及分组检验两种方法，但均有一定缺陷。其中交叉项检测方法要求构建包括多种形式的交叉项的回归模型，但尚不能完全确保交叉项形式的准确性；分组检验方法的前提是对样本进行分组，但无法精准确定可行的分组标准；此外，两种方法均无法有效检测门槛效应[85]。为此，本书借鉴 Hansen 门槛检测模型，设置改进型环境规制门槛检测模型，以求有效考察环境规制与产业碳足迹等诸多变量间的非线性关系。

9.5.1.1 Hansen 门槛检测模型

Hansen 门槛检测模型主要关注于单一门槛情况，具体见式（9－8）。

$$y'_{it} = \mu'_i + \alpha'_1 x'_{it} \mathrm{I}(\partial_{it} \leqslant \gamma) + \alpha'_2 x'_{it} \mathrm{I}(\partial_{it} > \gamma) + \varepsilon'_{it} \qquad \text{（式 9－8）}$$

其中 y'_{it} 和 x'_{it} 分为被解释及解释变量；μ'_i、∂_{it} 及 γ 分别为不可测因素、门槛变量及未知一次门槛值；$\mathrm{I}(*)$ 及 ε'_{it} 分为集合示性函数及随机干扰项；i 及 t 分别代表研究对象代号及时间。基于式（9－8）可以转变求得分段函数（9－9），并可按照 ∂_{it} 不同数值为 x'_{it} 设置不同的系数值。

$$y'_{it} = \begin{cases} \mu'_i + \alpha'_1 x'_{it} + \varepsilon'_{it}, \partial_{it} \leqslant \gamma \\ \mu'_i + \alpha'_2 x'_{it} + \varepsilon'_{it}, \partial_{it} > \gamma \end{cases} \qquad \text{（式 9－9）}$$

鉴于 μ'_i 不可测性质，进一步设置式（9－10）及公式（9－11）消除个体效应，得到被解释及解释变量的估计量值，并形成变化模型（9－12）。

$$\hat{y}'_{it} = y'_{it} - \frac{1}{n'}\sum_{i=1}^{n'} y'_{it} \quad (式9-10)$$

$$\hat{x}'_{it} = x'_{it} - \frac{1}{n'}\sum_{i=1}^{n'} x'_{it} \quad (式9-11)$$

$$y'_{it} = \alpha'_1 \hat{x}'_{it} \mathrm{I}(\partial_{it} \leqslant \gamma) + \alpha'_2 x'_{it} \mathrm{I}(\partial_{it} > \gamma) + \varepsilon''_{it} \quad (式9-12)$$

而后可以通过对门槛 γ 进行赋值，采用最小二乘法（Ordinary Least Square，OLS）估计相关回归系数，在求取对应的残差平方和基础上，得到解释变量系数估计值，确保门槛数值的渐进有效性。

9.5.1.2 环境规制门槛检测模型

结合环境规制对产业碳足迹减排影响机理，设置改进型环境规制门槛检测模型，见式（9－13）。

$$\begin{aligned} CI_{it} = {} & \alpha'_0 + \alpha'_1 U_{it} \mathrm{I}(U_{it} \leqslant \gamma_1) + \alpha'_2 U_{it} \mathrm{I}(\gamma_1 < U_{it} \leqslant \gamma_2) \\ & + \cdots + \alpha'_n U_{it} \mathrm{I}(U_{it} \leqslant \gamma_n) + \beta_1 \ln Z_{it} \\ & + \beta_2 \ln E_{it} + \beta_3 \ln S_{it} + \varepsilon'_{it} \end{aligned} \quad (式9-13)$$

其中 CI_{it} 为第 i 产业在 t 年的全碳足迹强度，U_{it} 为门槛变量的环境规制强度，γ_n 为相应环境规制门槛值，Z_{it} 、E_{it} 及 S_{it} 分别对应产业结构、能源结构及技术水平，α'_n 及 β 为相关参数的拟合系数。继而假定该检测模型仅为单门槛，在取值范围内任取 γ_0 赋予 γ_1 。利用 OLS 方法估计回归系数后，计算不同 γ_0 相应的残差平方和 $S(\gamma_0)$ 。经过搜索比较，得到最小的 $S(\gamma'_0)$，将最小值对应的 $\gamma'_1 = \mathrm{argmin} S(\gamma'_0)$ 设置为单门槛值。而后再以 γ'_1 为临界值求取 $\gamma'_2 = \mathrm{argmin} S(\gamma'_1, \gamma_2)$ 。依次类推，便可得到相应的多重环境规制门槛值。

为了确保门槛计算的科学性，对计算所得的门槛值进行显著性及真实性检测。其中显著性检测主要以分析以各门槛值划分的样本模型估计参数是否显著为标准，具体先设置不存在相应阶段门槛值的原假设，而后构建统计量 LM_n ，依照其值显著与否判断原假设成立与否。

$$LM_n = n\frac{S(\gamma'_0) - S(\gamma'_n)}{S(\gamma'_n)} \quad (式9-14)$$

真实性检测则主要检测门槛估计值与真实值间的一致性，进而利用最大似然估计明确相应置信区间。构造原假设 $H_0: \gamma'_n = \gamma'_0$ ，而后设置统计量 LR_n，见式（9－15）。在原假设情况下，LR_n 呈现非标准分布状态；当

$LR_n > -2\ln(1-\sqrt{1-\alpha})$ 时，则拒绝原假设，否则原假设成立。

$$LR_n = n\frac{S(\gamma_n) - S(\gamma_n')}{S(\gamma_n')} \qquad (式 9-15)$$

9.5.2 中国产业环境规制门槛实证检验

基于设计的改进型环境规制门槛检测模型，对不同时期中国产业环境规制门槛值进行估计，再依据各细分产业环境规制强度内生特性划分区间，并完成显著性检测。

9.5.2.1 不同时期门槛分析

依据门槛检测模型基本原理，首先采用 OLS 法似然比识别新旧常态时期中国产业环境规制的基本门槛值。运算过程采用 Stata15.1 软件处理门槛面板模型，得到自抽样检验表 9-12。

表 9-12　　新旧常态时期环境规制门槛效应自抽样检验

模型	F 值	P 值	LM_n	显著水平临界值		
				1%	5%	10%
单一门槛	47.1923***	0.0011	12.8765***	10.7935	9.2586	7.3676
双重门槛	52.7556***	0.0012	10.4285**	12.0098	8.7693	6.3445
三重门槛	32.6712**	0.0008	10.0367	15.4632	12.7433	10.6746

注：***、**、*分别表示系数通过 1%、5% 和 10% 水平下的显著性检测。

表 9-12 利用软件的 Bootstrap 函数进行的反复抽样 500 次，检验结果显示，单一门槛、双重门槛及三重门槛 F 值均至少通过了 5% 的显著性检测，P 值也符合相关要求。再进一步结合 LM_n 值来看，单一门槛该值为 12.8765，数值大于 1%、5% 及 10% 的显著水平的临界值，且通过了 1% 的显著性检验，支持单一门槛的原假设；双重门槛 LM_n 值为 10.4285，大于 5% 及 10% 显著水平临界值，小于 1% 显著水平临界值，但通过了 5% 的显著性检验，说明支持双重门槛的原假设；而三重门槛的 LM_n 数值为 10.0367，小于三个显著水平临界值，且没有通过显著性检验，三重门槛原假设未通过。可见新旧常态时期，中国产业环境规制对碳排放强度的影响存在着两个门槛。确定门槛数目后，进一步计算门槛估计值，得到表 9-13。

表9-13　　新旧常态时期环境规制门槛值估计

参数	估计值	95%置信区间
门槛 γ_1	3.0990	[3.0813, 3.1771]
门槛 γ_2	0.2296	[0.2194, 0.3182]

由表9-13可见，新旧常态时期中国产业环境规制对全碳足迹强度的一级及二级门槛分为0.2296及3.0990，并依据其数值大小命名为低值门槛及高值门槛，软件验证显示估计的两个门槛值均真实可信。继而依据两个门槛值将新旧常态时期中国产业环境规制强度分为三段，其中低于0.2296为弱环境规制，高于3.0990的为强环境规制，处于两个门槛间的定义为中环境规制。而后利用公式（9-14）进行门槛回归分析，得到表9-14。

表9-14　　新旧常态时期环境规制对产业全碳足迹减排效应的门槛回归

参数	α'_n 系数	标准误差	t值	95%置信区间
弱环境规制	0.0718***	0.0126	0.6823***	[-0.4099, -0.2211]
中环境规制	-0.1328***	0.0282	-1.1642***	[-0.5681, -0.3137]
强环境规制	-0.0971***	0.0141	-0.9864***	[-0.7276, -0.3326]

注：***、**、*分别表示系数通过1%、5%和10%水平下的显著性检测。

表9-4显示，在新旧常态时期不同环境规制水平对于产业全碳足迹强度呈现了不同的影响效应，三种情况下的t值绝对值均大于95%置信区间，且都通过了1%显著性检测。当产业环境规制强度处于弱环境规制水平时（$U_{it} \leqslant 0.2296$），α'_1 数值为0.0718，显示此时环境规制增强对于产业全碳足迹强度影响为正向。产业环境规制强度处于中环境规制区间（$0.2296 < U_{it} \leqslant 3.0990$）和强环境规制区间（$U_{it} > 3.0990$）时，环境规制强度增强均降低了产业全碳足迹强度，其中产业环境规制强度处于中环境规制区间时，影响系数为-0.1328，而一旦跨过3.0990这个门槛值，影响系数则调整为-0.0971。总体而言，当产业环境规制强度处于弱环境规制区间时，环境规制增强与产业全碳足迹减排呈负向关系，而处于中及强环境规制区间时，与产业全碳足迹减排呈正向关系，但强环境规制区间较中环境规制区间影响程度有所降低，即环境规制与产业全碳足迹减排呈倒“U”形关系，与前文影响效应分析结果一致。

依照类似方法，再选取旧常态时期及新常态时期的中国产业环境规制数值，进一步估计这两个时期各自的门槛数值。其中通过门槛效应自抽样检测，发现旧常态及新常态时期均通过了双重门槛效应假设，但都未通过三重门槛，显示相关时期也只存在两个门槛。而后先后估计两个门槛数值，见表9－15及表9－16。

表9－15　旧常态时期环境规制门槛值估计

参数	估计值	95%置信区间
门槛 γ_1	1.1177	[1.0823，2.6846]
门槛 γ_2	0.1842	[0.1731，0.2045]

表9－16　新常态时期环境规制门槛值估计

参数	估计值	95%置信区间
门槛 γ_1	3.6151	[3.4132，4.2075]
门槛 γ_2	0.6291	[0.3776，0.7305]

在此基础上，对旧常态及新常态时期的数值进行门槛回归，得到表9－17及表9－18。其中依照不同时期所得门槛值，将旧常态时期弱环境规制区间定义为 $U_{it} \leqslant 0.1842$，中环境规制区间定义为 $0.1842 < U_{it} \leqslant 1.1177$，强环境规制区间定义为 $U_{it} > 1.1177$；新常态时期弱环境规制区间定义为 $U_{it} \leqslant 0.6291$，中环境规制区间定义为 $0.6291 < U_{it} \leqslant 3.6151$，强环境规制区间定义为 $U_{it} > 3.6151$。进一步对比三个时期门槛值可见，旧常态时期低门槛值和高门槛值均最小，其中低门槛值分别为新常态及新旧常态时期相应数值的29.28%和80.23%。高门槛数值分为两个时期的30.92%和36.07%；新常态时期的低值门槛和高值门槛均为最高。门槛值大小与旧常态时期中国产业环境规制强度数值相对较小、新常态时期环境规制强度最大保持一致。

表9－17　旧常态时期环境规制对产业全碳足迹减排效应的门槛回归

参数	α'_n 系数	标准误差	t值	95%置信区间
弱环境规制	0.0856***	0.0357	0.6095***	[－0.5023，－0.2375]
中环境规制	－0.1152***	0.0450	－1.2439***	[－0.5795，－0.3683]
强环境规制	－0.0721***	0.0378	－0.9751***	[－0.7347，－0.3124]

注：***、**、*分别表示系数通过1%、5%和10%水平下的显著性检测。

表 9－18　新常态时期环境规制对产业全碳足迹减排效应的门槛回归

参数	α'_n 系数	标准误差	t 值	95% 置信区间
弱环境规制	0.0523 ***	0.0435	0.6734 ***	[－0.5130，－0.3436]
中环境规制	－0.1438 ***	0.0551	－1.1487 ***	[－0.5546，－0.3896]
强环境规制	－0.1002 ***	0.0409	－1.0456 ***	[－0.6432，－0.4577]

注：***、**、* 分别表示系数通过 1%、5% 和 10% 水平下的显著性检测。

由表 9－17、表 9－18 可见，旧常态时期和新常态时期处于弱环境规制区间时，环境规制增强均增加了产业全碳足迹强度，而处于中环境规制及强环境规制区间时，环境规制增强均能有效降低产业全碳足迹强度。就旧常态、新常态及新旧常态三个时期的 α'_n 系数而言，处于弱环境规制区间时，系数分为 0.0856、0.0523 和 0.0718，其中旧常态时期最大，显示相应时期弱环境规制区间的环境规制强度增加所产生的碳足迹强度加强效果最大，减排效果相对最差。处于中环境规制区间时，三个时期的 α'_n 系数分为 －0.1152、－0.1328 和 －0.1438，新常态时期系数绝对值最大，说明该时期环境规制增强最能有效降低产业碳足迹强度。处于高环境规制区间时，三个时期的 α'_n 系数分为 －0.0721、－0.0971 和 －0.1002，新常态时期的减排效果仍相对最优。可见，中国产业新常态时期总体环境规制减排效果优于旧常态时期。就整体产业而言，旧常态、新常态及新旧常态三个时期相应的环境规制分别为 0.437901、2.802404 及 1.237372，在相应时期均处于中环境规制强度区间。说明相应时期中国不断增强环境规制强度，仍能对产业全碳足迹减排工作产生最为积极影响，为此仍需着力于不断增强产业环境规制强度。

9.5.2.2　不同时期环境规制及全碳足迹强度分组

根据各产业在各个时期的全碳足迹排放强度 C_{it}^q，综合产业排放强度选择 30%、70% 分位点排序及数值，分为低碳足迹排放强度、中碳足迹排放强度及高碳足迹排放强度三组。而后结合不同时期门槛所分的弱、中及强环境规制区间，对三个时期的产业进行分组解析。

（1）新旧常态时期，低碳足迹排放强度组区间定义为 $C_{it}^q \leqslant 0.6$；中碳足迹强度区间定义为 $0.6 < C_{it}^q \leqslant 2$，高碳足迹强度排放区间为 $C_{it}^q > 2$。而后结合该时期环境规制门槛进行分组解析，得到表 9－19。

表 9-19　　新旧常态时期产业环境规制与全碳足迹强度分组

分组	低碳排放强度	中碳排放强度	高碳排放强度
弱环境规制	D1、D26、D27	D16	D25
中环境规制	D8、D19、D23	D4、D6、D7、D9、D10、D15、D17、D18、D20、D21、D24	D5、D12、D13、D14 、D22
强环境规制	—	—	D2、D3、D11

表 9-19 显示，新旧常态时期环境规制处于弱环境规制的产业一共有 5 个，其中农林牧渔业（D1）、批发及零售贸易餐饮业（D26）、其他服务业（D27）属于低碳足迹排放强度组。结合弱环境规制特性和产业特点，此时重点考虑提升这些产业环境规制水平，需要通过加快制定法规、增强执法力度等方式提升环境规制建设强度，督促其快速提升环境规制完善程度，快速跨越相对应时期的低值门槛。处于中环境规制的产业相对最多，一共有 19 个，说明增强这些产业环境规制可以较好地降低产业碳足迹排放强度，目前加强这些产业环境规制将对全碳足迹减排工作产生最优化正向影响，但注意不可超过高值门槛，否则正向影响效应将有所降低。另有煤炭开采和洗选业（D2）、炼焦煤气及石油加工业（D11）和石油和天然气开采业（D3）三个产业已经跨越了第二门槛，显示这些产业在相关时期环境规制水平建设取得了较好的成效，但增加环境规制强度能取得碳减排效果会相应减弱。后续对这些产业不能一味强调提升环境规制强度，而必须结合相关产业企业的承受能力，依照产业特点制定更为精准的环境政策。可进一步采用更有针对性的环境管控手段，减少直接管控型环境规制，增加市场管控并对自主管控型环境规制进行柔性调节，防止碳足迹减排工作出现重组或倒“U”形现象。

（2）旧常态及新常态时期。依照分组情况，旧常态时期低碳足迹排放强度组区间定义为 $C_{it}^{q} \leqslant 0.7$；中碳足迹强度区间定义为 $0.7 < C_{it}^{q} \leqslant 2$，高碳足迹强度排放区间为 $C_{it}^{q} > 2$。新常态时期低碳足迹排放强度组区间定义为 $C_{it}^{q} \leqslant 0.5$；中碳足迹强度区间定义为 $0.5 < C_{it}^{q} \leqslant 1$，高碳足迹强度排放区间为 $C_{it}^{q} > 1$（见表 9-20 和表 9-21）。

表 9－20　　旧常态时期产业环境规制与全碳足迹强度分组

分组	低碳排放强度	中碳排放强度	高碳排放强度
弱环境规制	D1、D23、D27、D26	D16、D24	D25
中环境规制	D8、D19	D4、D6、D7、D9、D10、D12、D15、D17、D18、D20、D21	D5、D11、D13、D14、D22
强环境规制	—	—	D2、D3

表 9－21　　新常态时期产业环境规制与全碳足迹强度分组

分组	低碳排放强度	中碳排放强度	高碳排放强度
弱环境规制	D1、D23、D26、D27	D25、D16	—
中环境规制	D8、D19、D20	D4、D6、D7、D9、D10、D15、D17、D18、D24	D5、D12、D14
强环境规制	—	D21	D2、D3、D11、D13、D22

首先从产业环境规制角度切入分析。对比旧常态、新常态及新旧常态时期产业分组可见，三个时期中处于弱环境规制的产业数目依次为 7 个、6 个和 5 个。一直处于该区域的产业主要是农林牧渔业（D1）、通用专业设备制造业（D16）、交通运输仓储和邮电通信业（D25）、批发及零售贸易餐饮业（D26）和其他服务业（D27），除 D25 外，其他产业均为三低碳足迹产业，显示国家对于三低产业环境规制力度仍需进一步加强。新常态时期 D25 由旧常态时期高全碳足迹强度组调整至中碳足迹强度组，说明该产业环境规制建设虽然有一定成效，但仍需进一步加速实现低值门槛跨越。旧常态时期，建筑业（D24）处于弱环境规制区间，新常态时期则转移至中环境规制区间，显示该产业环境规制建设取得了一定成绩。

旧常态、新常态及新旧常态三个时期位于中环境规制区间的产业数目依次为 18 个、15 个和 19 个。该区间产业数目在各个时期都是相对最多的，且多为中等碳足迹排放强度产业，说明继续实施并完善此类产业环境规制，尚能对当前碳足迹减排工作起到良好的促进作用，为此可参照高门槛值积极提升这类产业环境规制强度。

旧常态、新常态及新旧常态三个时期进入强环境规制区间的产业数目依次为 2 个、6 个和 3 个。其中煤炭开采和洗选业（D2）和石油和天然气开采业（D3）这两个高碳足迹排放强度产业一直处于该区间，而炼焦煤气及石油加工业（D11）、非金属矿物制品业（D13）、电热气生产及供应业（D22）三个高碳足迹强度产业在新常态时期也进入了该区间，显示新常态时期中国对于高碳足迹排放产业环境规制强度取得了一定的成绩。

继而从产业全碳足迹强度角度切入分析。旧常态时期共有6个低碳足迹排放强度产业，其中有4个处于低环境规制区间，2个处于中环境规制区间；新常态时期，8个低碳产业中有5个处于低环境规制区间，3个处于中环境规制区间；新旧常态时期，6个低碳产业则有3个处于低环境规制，3个处于中环境规制区间。说明当前中国对于低碳足迹排放强度产业环境规制重视度尚待提升。旧常态时期共有13个产业归于中碳足迹排放强度产业，其中除通用专业设备制造业（D16）和建筑业（D24）外，其余11个产业均处于中环境规制区间；新常态时期属于中碳足迹排放强度的产业共有12个，其中有9个处于中环境规制区间，通用专业设备制造业（D16）、其他制造业（D21）和交通运输仓储和邮电通信业（D25）分属低及强环境规制区间；新旧常态时期中碳足迹排放强度产业有12个，除通用专业设备制造业（D16）属于低环境规制区间外，其余11个产业均归于中环境规制区间。说明各个时期中碳足迹排放强度产业总体环境规制提升空间仍然较大。就高碳足迹排放强度产业而言，旧常态时期共包括了8个产业，其中交通运输仓储和邮电通信业（D25）属于低环境规制区间，煤炭开采和洗选业（D2）和石油和天然气开采业（D3）一直属于强环境规制区间，其余5个产业属于中环境规制区间；在新常态时期8个高碳足迹排放强度产业中，有3个属于中环境规制区间，5个处于强环境规制区间；新旧常态时期9个该类型产业则又分别有1个、5个和3个处于低、中和强环境规制区间。显示进入新常态时期后，国家对于高碳足迹排放强度产业的环境规制不断完善，但仍可进一步提升以取得更优碳足迹减排效果。

9.6 当前中国碳减排制度建设问题分析

由上文分析可知，当前中国产业环境规制建设已经取得了很大成效。但因为碳减排制度涉及社会主义基本政治经济制度、工业化城市化进程、社会制度主体等诸多方面，是一个关联物质和制度因素的复杂系统工程，在建设过程中不可避免地出现了一些问题。

9.6.1 碳减排法律法规制度体系不健全

现有中国碳减排法律法规制度主要涉及低碳产业、气候变化、节约能源等诸多方面，但总体体系建设尚不健全。首先是缺失一部统领性的综合基本法。当前主要发达国家均已出台了相关基本法，如英国的《气候变化法案》、日本的《能源政策基本法》、美国的《环境政策法》等。基本法的缺失使得政府无法有效集中协调碳减排原则及体制，在一定程度上降低了现有单行法律法规的关联性和配合度，导致各自为政甚至互相矛盾的情况，进而影响了制度合法性和有效性。其次是未做到全环节覆盖，在一些非常重要的碳减排领域（如水电、原子能等）尚缺乏适用的专业立法。再次是部分出台较早的法律法规已经无法适应低碳经济发展需要，如《水污染防治法细则》等法律法规所依存的经济社会背景已发生深刻变化，客观要求及时修订完善。最后是原则性条款较多，缺乏具体可操作的规定及标准，如在《节约能源法》中鼓励企业利用节能燃料，却没有明确规定具体的鼓励方法。

9.6.2 碳减排管控制度使用仍相对单一

迄今为止，发达国家碳减排管控制度主要经历了三次大的变迁。20世纪50年代至70年代主要利用直接管控强化碳减排法治环境；20世纪80年代则利用基于市场的政策工具强化碳减排驱动力；20世纪90年代以来逐步向自主约束管理转变。为了辨明中国环境规制所处阶段，本章采用内容分析法原理，以2002—2018年中央级政府碳减排相关政策文本为分析样本，将其划分为直接管控（设置市场准入退出规制、规定碳排放绩效标准、规制低碳产品工艺等）、市场管控（包括金融、税收、补贴、交易等）和自主管控（包括低碳城市、生态示范区、绿色社区等）三种类型，再将相关碳减排政策文本归入分析框架并统计频数。梳理后发现相应时期中国直接管控占比为81.26%，市场管控和自主管控为17.75%和0.99%。而英国在2000—2013年的碳减排制度中，三种管控比例分别为52.74%、43.22%和4.04%；同期德国的比例为54.97%、40.52%和4.51%；日本为56.64%、39.93%和3.43%[80]。

以上结果显示，当前中国碳减排工作仍主要借助命令控制方式进行直接管控。当然，一方面直接管控具有较好的统筹作用，可简化实施流程、集中调度资源，在较短时间内实现碳减排目标。但也会产生系列问题，一是政府在标准制定及监督实施过程中需要花费海量管理成本；二是由于信息不对称等原因，直接管控主要采用一刀切方式来统一规定碳减排标准，无法有效根据地区及企业实际情况分配碳减排责任，在一定程度上扰乱了市场秩序；三是缺乏促进微观企业超越管控目标的经济激励，难以真正激发企业碳减排的积极性和自主性。

9.6.3 各级政府和政策体系协同度不足

该问题主要体现在三个方面。一是中央对地方政府的权力挤出。在现阶段环境规制工作中，中央政府拥有立法、激励、监管、规划审批等权力，地方政府具有决策、执行和监督三种权力，在一定程度上出现了中央对地方自主权力的挤出，导致部分地方政府无权结合自身实际执行能力设置更为合理的碳减排细则。二是中央意志和地方利益存在矛盾。中国现行环境规制定量化考核手段主要采用目标责任制，由国家发展和改革委员会、生态环境部、地方政府、企业进行层层分解。而碳减排目标作为考核地方的约束性指标，受制于经济增长的预期性目标。由于严格的碳减排往往会降低经济增长速度，使得部分地方政府采取了与中央政府不同的行为方式，客观出现了中央积极、地方消极的情况。三是部门利益与管理分割。环境规制工作涉及众多部门，因为当前中国正处在转型时期，在一定程度上出现了不同部门权力分割不明，政策法令相互矛盾等情况。如能源领域的《煤炭法》《电力法》《节约能源法》等出台部门和时代背景均不相同，而国家能源局作为能源主管部门，尚不具备对电力、石油等能源相关国有企业的行政管理权。类似的管理行政分割情况使得在具体执行法律法规过程中，出现了彼此对立和割裂的状态，降低了碳减排工作的管理效率。

9.6.4 国有企业减排工作引领亟待提升

当前，在中国碳排放最为显著的行业中，国有企业均占据明显主导地位。如 2021 年对全国碳排放足迹强度贡献前三位的产业分别是电力热力生产和供应业、石油炼焦及核燃料加工业、黑色金属冶炼及压延加工业，占比依次为 42.52%、15.39%和 7.46%，其国有产权比重则分别为 90.13%、59.81%和 54.65%。而国有企业的全民所有制性质决定其既是微观经济的主体，也是政府干预经济和宏观调控的重要工具，客观要求在碳减排工作中应起到表率示范作用。为了解析现阶段中国不同所有制企业对碳减排的影响，本书设计了一个工业碳排放强度影响动态面板模型，见式（9-16）。

$$\ln cin_{it} = \beta_{i0} + \beta_{i1}\ln ows_{it} + \beta_{i2}\ln tax_{it} + \beta_{i3}\ln inv_{it} + \beta_{i4}\ln cin_{it-1} + \eta_i + \varepsilon_{it} \quad \text{（式 9-16）}$$

其中 cin 代表工业全碳足迹排放强度，ows 为企业类型，国有企业、私营企业和外资企业分别对应着 i 等于 1、2、3。tax 为实际减排税率，定义为企业排污费与全碳足迹排放总量比值，inv 为企业治理污染投资比例，η_i 为未能观测的特质效应，ε_{it} 为随机扰动项。考虑碳减排工作具有一定持续性，特引入前期全碳足迹排放强度 cin_{it-1} 描述影响度。而后选取 2002—2018 年中国相关数据进行分析，首先利用 ADF 和 LLC 方法验证了各变量的平稳性，再利用差分 GMM 估计回归方程，以 cin 为应变量得到表 9-22。

表 9-22　企业所有制对工业碳排放强度影响

变量名	国有企业	私营企业	外资企业
AR（1）	-2.8138	-2.8304	-2.8336
AR（2）	-1.0102	-0.9966	-0.9874
Sargan test	23.8564	22.3579	22.1657
ln*cin*	0.3314***	0.3375***	0.3406***
ln*ows*	0.0276***	0.0092***	0.0064***
ln*tax*	-0.0617***	-0.0587***	-0.0521***
ln*inv*	0.0134	0.0153*	0.0185*
ln*cin*（-1）	0.8915***	0.8945***	0.8993***

注：***、**、*分别表示系数通过 1%、5%和 10%水平下的显著性检测。

表 9-22 中，AR（1）和 AR（2）结果正常，说明干扰项不存在二阶序列相关；Sargan 统计量不显著，表明工具变量合理。回归结果显示随着国有企业、私营企业和外资企业资产份额每增加一个百分点，工业碳排放将分别增加 0.0276%、0.0092%和 0.0064%。虽然每种类型企业比重均与

碳排放呈负相关关系，但国有企业最为显著，表明其在碳减排工作中引领职能明显缺失。

9.6.5 针对隐性碳经济活动的管制缺乏

相关研究表明，一旦政府加强对碳减排的管控，部分已经或将淘汰的污染型生产经济即转入隐性以逃避监管，形成隐性碳经济[86]。据联合国工业发展组织估算，2020 年中国隐性碳经济达到 GDP 总量的 13% 左右，规模巨大，而且中国环境管制强度每提高 1%，隐性碳经济规模将至少提高 4.3%。隐性碳经济以其隐秘性、模糊性和变动性特征，成为一个重要的制度弱化指标，增加了政府碳监管难度，极大影响了碳减排管制效果。中国现有碳减排制度中均未见提及对隐性碳经济活动的管制的相关论述，显示相关管理部门尚未予以足够重视，缺乏行之有效的管制方法。

9.7 本章小结

国内外日益增长的环境压力对中国碳减排工作提出了极高要求，制度作为核心要素显得尤为关键。本章首先通过环境规制与产业碳减排研究综述，分析现有研究主要存在的问题，界定碳减排制度及环境规制基本概念，确定研究基本思路。

依照新中国碳减排制度发展特点，将其分萌芽发展期、初步形成期、快速发展期、专注发展期和综合治理期五个阶段，并系统梳理各个时期主要的制度建设及对应的主要特点。总体而言，新中国碳减排制度内容经历了从无到有、由简到繁、由节能向节能减排的发展过程；制度管控手段也从主要依靠单一行政命令逐步向综合利用法律、行政、经济和技术等手段转变，更加注重遵循经济规律和自然规律，初步形成了具有自身特色的环境制度。基于中国环境规制特点，本着时变性、通用性、客观性及全面性原则，设置产业环境规制强度测算模型。并利用该模型测算新旧常态时期中国整体产业及 27 个细分产业的环境规制强度。研究对比发现，新旧常态时期中国整体产业及 27 个细分产业环境规制强度整体呈现不断增长趋势，但各个产业之间环境规制强度差距明显。

为了进一步分析厘清环境规制对于产业碳足迹影响传导机理，从直接及间接两个方面分析相关影响渠道。其中直接影响主要基于能源需求端及供给端，综合考虑由于环境规制监管产业碳足迹，每单位产品产量对企业利润贡献的变化情况；间接影响则主要考虑环境规制通过产业结构、能源结构及技术水平等方面对产业碳足迹的影响。而后基于环境规制对产业碳足迹的直接和间接影响渠道动态分析模型，通过分位数回归面板数据，解析环境规制对新旧常态时期中国产业碳足迹的直接及间接影响效应。

通过影响传导分析可知，环境规制对中国产业碳足迹的影响效应并非单纯线性作用，而是对于不同产业可能存在若干规制门槛。为此基于Hansen门槛检测模型，设置改进型环境规制门槛检测模型，对不同时期中国产业环境规制门槛值进行估计，再依据各细分产业环境规制强度内生特性划分区间，对不同时期环境规制及全碳足迹强度进行分组分析。门槛分组显示，进入新常态时期后，中国产业碳减排制度已经不断完善，但仍可进一步提升以取得更优碳足迹减排效果。为此结合当前中国实际情况，从碳减排法律法规制度体系不健全、碳减排管控制度使用仍相对单一、各级政府和政策体系协同度不足、国有企业减排工作引领亟待提升、针对隐性碳经济活动的管制缺乏五个方面分析现有中国产业碳减排制度的缺陷，后文将根据以上问题提出相关解决对策，为今后完善产业碳减排制度建设提供参考。

第10章　中国产业全碳足迹排放趋势预测

在当前中国经济结构中，产业是碳排放的核心产生源，合理预测中国产业全碳足迹排放情况，有助于明确产业碳足迹减排责任，提升减排措施效果。为此，本章以中国产业全碳足迹为研究对象，构建开放性STIRPAT模型。基于新旧常态产业历史数据辨析变量协整关系，运用最小二乘法完成数据的多重共线性检测，采用岭回归方法提升数据精准度，利用实际数据修正性预测模型拟合度达到要求，验证模型拟合性。继而运用情景分析法设置八种中国产业全碳足迹发展情景模式，结合中国及国际代表性国家发展历程预测变量发展趋势。再基于STIRPAT全碳足迹预测模型及设置情景模式，系统预测中国产业全碳足迹发展趋势及出现的峰值，奠定中国产业碳足迹排放差别责任分析数据基础。

10.1　预测模型与情景构建综述

科学预测产业碳排放趋势，关键是选择模型和设置情景。当前学界采用的预测模型主要有LEAP、KAVA、STIRPAT等[87-88]。LEAP模型根据自底向上原理核算不同情景下的能源及环境情况；KAYA恒等式计算方便，形式简单，但缺点在于仅能解释碳流量变化情况，无法分析静态存量数据；非线性的STIRPAT模型通过添加随机性，摆脱了其他模型线性及单位弹性假设限制，遂成为预测碳排放量最为实用的模型。

情景分析法原理是基于初始状态对未来状态设置多维度事实描述，构造对应情景严密预测研究目标的情况。依照斯坦福研究院的研究，情景分析法主要操作步骤如下，首先根据研究目标的考察时间，分析关键影响因素及其内外在驱动力量，依照不确定性程度及冲击水平归类驱动力量，继而设置情景发展逻辑，最终阐述情景基本内容[87]。基于情景分析法原理，若用该方法分析产业碳排放情况，可以有效地规避单维及低纬估计的缺陷，摆脱传统定性分析模式束缚，提升分析结果的科学性和可靠性。

由上分析可见，当前学者主要基于人口、经济、技术、城镇化等主要驱动因素研究了区域或单个产业碳排放情况，专门预测整体产业碳排放的研究相对缺乏。少量涉及产业碳排放趋势的研究又多基于单一变量分碳排放关系，忽略了综合考虑产业从业人口数、高碳足迹产业占比、环境规制等众多内外部因素，并缺乏基于长时间段对产业碳排放战略情景的综合性分析。为此，本章以中国产业全碳足迹为研究对象，构建开放性 STIRPAT 模型，基于新旧常态历史数据辨析变量协整关系，运用情景分析法预测中国产业碳足迹峰值，以求为合理分配产业碳足迹减排责任、提升中国产业碳足迹减排效率提供帮助。

10.2　中国产业全碳足迹预测模型的构建

10.2.1　拓展模型构建

经典 STIRPAT 模型是由 IPAT 模型演变而来。IPAT 模型基本形式为 $I = PAT$，该形式通过解释人口因素 P、人均财富 A 及技术水平 T，进而判断环境影响 I。在此基础上，经典 STIRPAT 模型引入模型系数 a 和模型误差 e，并为各影响因素配置弹性系数（b、c、d），创造了基本形式 $I = aP^bA^cT^de$，有效突破了 IPAT 模型线性及单位弹性假设。通过对 STIRPAT 模型基本形式的对数化操作，可将其进一步转变为加法模式，见式（10-1）。

$$\ln I = \ln a + b(\ln P) + c(\ln A) + d(\ln T) + \ln e \quad （式 10-1）$$

根据公式（10-1），便可清晰地分析出各自变量（影响因素）对因变量 $\ln I$ 的影响方向及程度。其中借助弹性系数正负可以辨析各因素对环境压力的影响方向；弹性系数绝对值则反映了各因素变动对环境压力的影响程度，绝对值越大，表明影响程度越大。为了构建产业全碳足迹 STIRPAT 模型，本着开放性原则对公式（10－1）进行拓展，引入产业从业人口数（I_P）、产业人均产值（I_G）、碳排放强度（I_S）、技术发展水平（S_E）、高碳足迹产业占比（H_P）、环境规制（R_I）六个自变量，创建式（10－2）。

$$\ln C = \ln a_c + \vartheta_1(\ln I_P) + \vartheta_2(\ln I_G) + \vartheta_3(\ln I_S) + \vartheta_4(\ln S_E) + \vartheta_5(\ln H_P) + \vartheta_6(\ln R_I) + \ln e_c \quad \text{（式 10－2）}$$

上式以产业全碳足迹 $\ln C$ 为因变量，借助情景分析法解析各自变量情况，结合自变量进行多元拟合，以求精准预测产业碳排放趋势。其中 a_c 及 e_c 分为模型系数及误差，ϑ_1 至 ϑ_6 为各自变量的弹性系数。产业从业人口数为全国相关产业从业人口总和，产业人均产值、碳排放强度、技术发展水平、高碳足迹产业占比分别定义为国内生产总值除以从业人口数、全碳足迹排放量除以单位产业增加值、各产业一次能源消费占总产值的比重、非三低碳足迹产业产值之和与所有产业产值之和的商。环境规制则为根据废水排放量、废气排放量和固体废物排放量计算得出的整体产业环境规制强度。

需要特别说明的是，在将影响因素导入开放性 STIRPAT 模型时，对于无量纲化因素可以直接借助系数及常数项修正，对于有量纲变量，则需要借助 IPAT 模型进行无残差分解，以对数形式导入模型。在产业全碳足迹 STIRPAT 模型中，I_P、I_G、I_S 分别对应经典模型中的人口因素、人均财富和技术水平，单位分别为万人、亿元/万人和吨/万元，对于 S_E、H_P、R_I 则进行无量纲化处理。

10.2.2 模型拟合修正

为了提升模型参数估计的精准性，首先基于新旧常态中国产业相关数据进行调整。鉴于式（10－2）中自变量数量较多，为了确保计算结果精准度，防止出现无穷解或无解情况，首先采用最小二乘法对面板数据进行多重共线性检测，利用 SPSS22.0 回归分析后，得到表 10－1。

表 10－1　自变量面板数据多重共线性检测结果

变量	系数	标准错误	标准化系数	T 统计值	Sig.	容差	VIF
常量	2E－05	0.000		0.529	0.625		
$\ln I_P$	1	0.000	0.061	330630.759	0	0.011	92.994

续表

变量	系数	标准错误	标准化系数	T 统计值	Sig.	容差	VIF
$\ln I_G$	1	0.000	2.049	2375854.905	0	0.000	2049.443
$\ln I_S$	1	0.000	1.161	8796146.913	0	0.021	47.997
$\ln S_E$	2E－06	0.000	0	0.316	0.768	0.000	2585.791
$\ln H_P$	－7E－09	0.000	0	－0.076	0.943	0.168	5.961
$\ln R_I$	－5E－08	0.000	0	－0.402	0.709	0.011	91.459

表 10－1 显示，I_P 、I_G 、I_S 、S_E 、H_P 、R_I 六个自变量容差数值分别为 0.011、0.000、0.021、0.000、0.168 和 0.011。自变量容差计算过程为：首先将目标自变量设置为因变量，其他自变量维持不变，而后计算线性回归模型的决定系数，再用 1 减去决定系数即得容差值，容差值越小则显示共线性越大。一般而言，容差值一旦小于 0.1，则说明相关自变量间存在较为明显的多重共线性。而数据显示，除高碳足迹产业占比 H_P 容差值高于判断标准外，其他五个变量容差值均小于 0.1，展示了较强的共线性。

除了容差值以外，方差膨胀因子（Variance Inflation Factor，VIF）也可以用于测度多元线性回归模型的多重共线性严重程度。该因子计算原理为自变量间存在多重共线性时的方差与无共线性时的方差比值，数值越大代表自变量间存在越严重的共线性。一般而言，当 VIF 值小于 10 时，说明不存在多重共线性；VIF 值位于 10—100 时，多重共线性较为严重；VIF 值大于 100 时，则显示存在严重的多重共线性。表 10－1 显示，六个自变量中除 H_P 的 VIF 值低于 10（为 5.961）外，其余五个自变量 VIF 数值均较大，其中 I_G 和 S_E 的 VIF 数值均大于 100，显示了严重的多重共线性。

由上分析可见，式（10－2）中描述的新旧常态时期中国产业全碳足迹自变量面板数据存在明显的多重共线性。当前处理多重共线性的方法主要包括逐步回归法、主成分回归法和岭回归三种方法[169]。逐步回归法原理为依据被解释变量对所有解释变量进行回归，通过偏回归方程计算平方和，借助 F 及 t 检验进行对比分析，而后保留贡献最大解释变量所对应的回归方程，并删除不显著的解释变量，确保引入新变量的显著性，再依照此原理进行反复回归，直到回归方程中变量均无法删除且无新变量符合引入标准为止。该方法计算原理简单，但对变量的自动筛选无法应对严重的多重共线性问题。主成分分析法则首先在自变量组合中拣选一定数量的主要成分，再将主成分与相关自变量结合进行线性回归，得到主成分回归系数，而后反向推导原始自变量，并根据得分系数矩阵倒推新计算公式。该方法借助少量非相关主成分，有效地反映了自变量内部结构，计算亦相对简单，但在主成分提取过程中无法有效保证包含所有的原始信息。岭回归方法是一种改进型最小二乘法，其通过在自变量标准化矩阵主对角线元素中引入非负因子 k，有效地提升了分析数据的稳定性和精准度，从而可以很好地应对存在多重共线性及病态问题的数据。

基于上述论述，本书决定采用岭回归方法，消除新旧常态时期中国产业全碳足迹自变量面板数据存在的多重共线性，以提升预测结果精准度。为了更好地保证数据拟合优度，将传统岭回归方法中的均方误差函数负梯度设置为参数向量方向，根据拟合误差及均方误差的双重预期条件设置参数向量模长。基于式（10－2），以产业全碳足迹 $\ln C$ 为因变量，以产业从业人口数 $\ln I_P$ 、产业人均产值 $\ln I_G$ 、碳排放强度 $\ln I_S$ 、技术发展水平 $\ln S_E$ 、高碳足迹产业占比 $\ln H_P$ 、环境规制 $\ln R_I$ 为自变量，利用 SPSS 完成岭回归，图 10－1 显示了可决系数随非负因子 k 变化图。

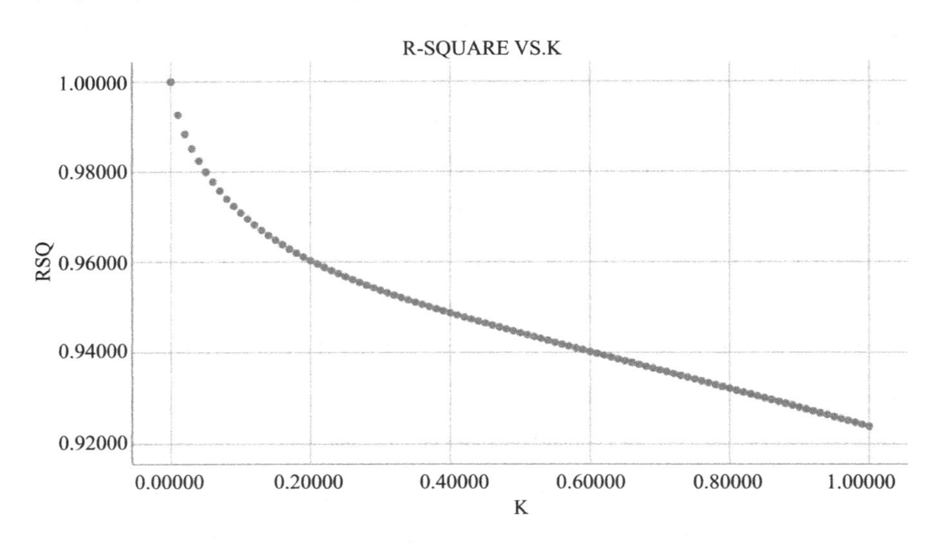

图 10－1　可决系数随非负因子 k 变化图

当非负因子 k 取值为 0.04 时，各自变量的回归系数逐步趋于稳定，因此将 0.04 带入回归过程，得表 10－2 所示的岭回归基本信息。

表 10－2　　岭回归基本信息（$k=0.04$）

变量	数值	变量	数值
Mult R	0.991	SE	0.034
RSquare	0.982	F value	37.113
Adj RSquare	0.956	Significance F	0.002

表 10－2 显示，RSquare、F value、Significance F 分别达到了 0.982、37.113 及 0.002，可决系数为 0.992，显示了较好的拟合性。为此，继续计算方程中相关变量数值，得到表 10－3。

表 10－3　　方程变量数值

自变量	B	SE（B）	Beta	B/SE（B）
$\ln I_P$	5.066	2.124	0.308	2.385
$\ln I_G$	0.131	0.034	0.269	3.911
$\ln I_S$	0.246	0.117	0.285	2.099
$\ln E_N$	1.876	0.400	0.270	4.685
$\ln H_P$	－0.068	0.197	－0.037	－0.346
$\ln R_I$	0.257	0.083	0.371	3.085
Constant	－43.093	23.898	0.000	－1.803

基于表 10－3 得到标准化岭回归方程及拟合岭回归方程，基本形式如式（10－3）和式（10－4）。

$$\ln C\hat{} = 0.308\ln I_P\hat{} + 0.269\ln I_G\hat{} + 0.285\ln I_S\hat{} + 0.270\ln S_E\hat{} - 0.037\ln H_P\hat{} + 0.371\ln R_I \quad （式 10－3）$$

$$\ln C = 5.066\ln I_P + 0.131\ln I_G + 0.246\ln I_S + 1.876\ln S_E - 0.068\ln H_P + 0.257\ln R_I - 43.093 \quad （式 10－4）$$

由公式（10－4）可见，当自变量 $\ln I_P$、$\ln I_G$、$\ln I_S$、$\ln S_E$、$\ln H_P$ 及 $\ln R_I$ 变化一个百分点时，将分别对因变量产业全碳足迹产生 5.066%、0.131%、0.246%、1.876%、－0.068% 和 0.257% 的变化量。将新常态时期中国产业全碳足迹自变量面板数据带入公式（10－4），将得到的预测值与新常态时期各年全碳足迹实际值进行比较，得到表 10－4。

表 10－4　新常态时期产业全碳足迹实际值与预测值比较　（单位：万吨 CO_2）

年份	实际值	预测值	误差
2008	1232426.8	1235110.8	0.22%
2009	1294366.2	1310737.4	1.26%
2010	1384788.1	1386386.6	0.12%
2011	1500228.6	1504548.5	0.29%
2012	1538466.6	1589389.7	3.31%
2013	1812776.1	1714526.1	－5.42%
2014	1792237.0	1787399.4	－0.27%
2015	1829410.2	1824083.4	－0.29%
2016	1848289.5	1859840.8	0.62%
2017	1855318.3	1885969.1	1.65%
2018	1938807.6	1931684.3	－0.77%
2019	2002745.0	2014360.9	0.58%
2020	2047221.4	2034528.6	－0.62%
2021	2152747.1	2136601.5	－0.75%

由表 10－4 可见，新常态时期实际值与预测值最大差距为 2013 年的 －5.42%，最小值为 2010 年的 0.12%，误差绝对值的平均值为 1.16%，仍然相对较大。根据库兹涅茨曲线理论，产业全碳足迹与经济发展呈现了明显的非一次线性关系，因此产业人均产值与碳足迹间存在着二次或者多次曲线关系，为了降低预测值误差度，进一步将公式（10－2）修正为式（10－5）。

$$\ln C = \ln a_c + \vartheta_1(\ln I_P) + \vartheta_2(\ln I_G) + \vartheta_2'(\ln I_G)^2 + \vartheta_3(\ln I_S) + \vartheta_4(\ln S_E) + \vartheta_5(\ln H_P) + \vartheta_6(\ln R_I) + \ln e_c \quad \text{（式 10－5）}$$

而后基于公式（10－5）进行岭回归计算，得表 10－5 修正方程岭回归基本信息。RSquare、F value、Significance F 分别达到了 0.994、77.264 及 0.002，可决系数为 0.997，亦显示了较好的拟合性。

表 10－5　修正方程岭回归基本信息（$k=0.04$）

变量	数值	变量	数值
Mult R	0.997	SE	0.022
RSquare	0.994	F value	77.264
Adj RSquare	0.982	Significance F	0.002

为此，继续计算修正方程中相关变量数值，得表10-6。

表10-6 修正方程变量数值

变量	B	SE（B）	Beta	B/SE（B）
$\ln I_P$	3.741	2.951	0.227	1.267
$\ln I_G$	0.179	0.042	0.368	4.234
$\ln I_S$	0.040	0.020	0.316	1.948
$\ln E_N$	0.578	0.136	0.671	4.260
$\ln H_P$	2.413	0.746	0.347	3.237
$\ln R_I$	-0.013	0.145	-0.007	-0.093
Constant	0.256	0.120	0.370	2.130

继而根据表10-6修正预测公式，得式（10-6）。

$$\ln C = 3.741\ln I_P + 0.179\ln I_G + 0.040(\ln I_G)^2 + 0.578\ln I_S + 2.413\ln S_E - 0.0013\ln H_P + 0.256\ln R_I - 28.717 \quad (式10-6)$$

再利用该式分析预测值与实际值相应误差，结果见表10-7。

表10-7 修正模型新常态时期产业全碳足迹实际值与测算值比较

（单位：万吨 CO_2）

年份	实际值	预测值	误差
2008	1232426.8	1235860.6	-0.28%
2009	1294366.2	1309124.9	-1.13%
2010	1384788.1	1382100.5	0.19%
2011	1500228.6	1503546.9	-0.22%
2012	1538466.6	1575552.2	-2.35%
2013	1812776.1	1767144.4	2.58%
2014	1792237.0	1796514.2	-0.24%
2015	1829410.2	1841184.8	-0.64%
2016	1848289.5	1865915.9	-0.94%
2017	1855318.3	1874150.7	-1.00%
2018	1938807.6	1936980.0	0.09%
2019	2002745.0	2004747.7	0.10%
2020	2047221.4	2044764.7	-0.12%
2021	2152747.1	2150379.1	-0.11%

表10-7显示修正模型中新常态时期实际值与预测值误差最大值为2013年的2.58%，最小值为2010年的0.09%，误差绝对值的平均值为0.73%，误差低于1%。对比模型修正前后，修正后误差绝对值最大值为修正前的误差绝对值最大值的47.6%，最小值为修正前最小值的75%，修正后误差绝对值均值为修正前的62.93%，呈现了明显优化，并进入误差可以接受范围。显示修正模型拟合程度较好，因此将该修正模型选定为产业全碳足迹预测模型。

10.3 中国产业全碳足迹预测情景分析

10.3.1 情景模式分析

为了更准确地预测中国产业全碳足迹，首先设置三种中国产业全碳足迹发展基础情景模式，即低增长、中增长和高增长。低增长情景假定产业从业人口数、产业人均产值、高碳足迹产业占比、碳排放强度、技术发展水平、环境规制六个变量均以有利于产业减少碳足迹方向发展或变化，中增长情景假定上述六个变量均以中速度发展或变化，高增长模型则假定六个变量以均以导致产业增加碳足迹方向发展或变化。为了更好地描述发展情景，基于三种基础情景模式，再拓展出中高情景、中低情景、高中情景、高低情景和低中情景五种情景模式，八种情景模式设置说明见表10-8。

表10-8　中国产业全碳足迹发展情景模式

情景模式	I_P	I_G	H_P	S_E	I_S	R_I
高增长模式	高模式	高模式	高模式	高模式	高模式	高模式
中增长模式	中模式	中模式	中模式	中模式	中模式	中模式
低增长模式	低模式	低模式	低模式	低模式	低模式	低模式
高中增长模式	高模式	高模式	高模式	中模式	中模式	中模式
高低增长模式	高模式	高模式	高模式	低模式	低模式	低模式
中高增长模式	中模式	中模式	中模式	高模式	高模式	高模式
中低增长模式	中模式	中模式	中模式	低模式	低模式	低模式
低中增长模式	低模式	低模式	低模式	中模式	中模式	中模式

需要说明的是，因为在产业就业人口数、产业人均产值低速增长时期，往往说明经济发展萎靡不振，此时技术发展水平、高碳足迹产业占比等变量高速发展概率相对较小，因此情景模式中不考虑低高增长模式。为了将各种情景分析得更为透彻，下文将对各变量进行目标设定。

10.3.2 变量目标设定

为了提升产业全碳足迹发展情景模式的精准度，首先对各个变量的低、中、高目标进行情景设置。鉴于本书数据预测年份涉及2023—2030年，考虑到基础数据可获得性，为了提升预测准确性，将预测年份分为三个时段，即2023—2025年、2026—2027年以及2028—2030年。而后依照两个阶段各个变量数据分析，梳理变量不同阶段的变化趋势，完成各个变量每年情景分析。下文即针对各变量分别进行描述。

10.3.2.1 产业从业人口数

据2017年国务院发布的《国家人口发展规划（2016—2030年）》，中国在2021年至2030年前后，人口进入关键转折期，并在2030年达到峰值的14.5亿人。其中旧常态时期中国产业从业人口数与总人口数占比总体可以分为三个阶段，1987—1989年均低于50%，1991—2000年维持在56%—57%，2001—2007年均高于57%，整个旧常态均值为55.702%。新常态时期，中国产业从业人口数与总人口数占比总体可以分为两个阶段，2008—2016年比值处于56%—57%，2017—2021年降至55%—56%，整个新常态均值为56.431%。1987—2021年，中国产业从业人口数与总人口数占比均值为55.878%。就产业从业人口增长率而言，在旧常态时期，中国产业从业人口年均增长率为1.794%，在新常态时期，年均增长率下降为0.264%，新旧常态中国产业就业人口虽然一直在增加，但增长率明显降低，并在2018年首次出现同比负增长情况。

为了进一步分析中国产业从业人口数基本情况，根据全球经济指标数据网收集美国、日本、意大利及德国四个发达国家的产业从业人口数。1987—2021年，美国产业从业人口数一直处于逐步增长过程中，全时期产业从业人口数占总人口数比重为47.85%；日本全时期产业从业人口数占总人口数比重为55.94%；意大利产业从业人口数总体相对较为稳定，一直处于2300万左右，全时期产业从业人口数占总人口数比重为40.84%；

德国产业从业人口数占总人口数比重为53.99%。根据国务院颁发的《国家人口发展规划（2016—2030年）》，中国总人口从2021年开始，受到老龄人口增加及育龄人口减少等多重因素影响，人口增长势能进一步减弱，与其他国家类似，中国产业从业人口也与总人口呈现较为稳定的比例。

基于中国及四个发达国家产业从业人口数的发展历程，分别对中国产业从业人口数的三种模式进行情景设置。其中，高模式情景拟定为从业人口数一直以低增长率增长，2030年前不会出现峰值。为此，将高模式情景设置为第一阶段（2023—2025年）产业从业人口平均增长率为0.264%，第二阶段（2025—2027年）为0.164%，第三阶段（2028—2030年）为0.064%。低模式情景为以2017年中国产业就业人口数为峰值，而后进入就业人口负增长模式，具体设置为第一阶段产业从业人口平均增长率为-0.07%，第二阶段平均增长率下调为-0.12%，第三阶段平均增长率为-0.17%。处于中模式情景时，自2019年起中国产业就业人口就呈现了波动时增长情况，并在2022年达到峰值，而后逐年递减，为此将第一阶段、第二阶段及第三阶段产业从业人口平均增长率分别设置为0.086%、-0.014%及-0.114%。

10.3.2.2 产业人均产值

鉴于产业人均产值与人均国民生产总值的比值存在一定关联性，为了提升预测准确性，分别结合人均国民生产总值和产业人均产值历史信息进行综合性预测。表10-9显示了中国、日本、英国、德国、美国、西班牙、意大利等国1973—2021年人均国民生产总值的变化情况。

表10-9 世界部分国家人均国民生产总值年均增速

年份	中国	日本	英国	德国	美国	西班牙	意大利
1973—1986	4.58%	11.84%	9.09%	7.84%	8.35%	8.53%	10.19%
1987—2007	12.60%	2.69%	6.93%	4.72%	4.46%	7.15%	5.01%
2008—2021	9.11%	0.15%	-0.85%	0.52%	2.05%	-1.46%	-1.55%

表10-9显示中国1973—1986年人均国民生产总值年均增速为4.58%，旧常态时期年均增速达到了12.60%，新常态时期年均增速相对旧常态时期减缓，为9.11%。进一步分析产业人均产值，该处产业人均产值定义为工业增加值与产业从业人口数之商，1987—2021年中国产业人均

产值逐年增长率均值为13.79%，其中旧常态时期均值为14.71%，新常态时期均值为12.27%；就年均增长率而言，1987—2021年中国产业人均产值年均增长率均值为13.01%，旧常态时期年均增长率为14.69%，新常态时期年均增长率为10.27%，年均增长率明显递减。综合中国及其他国家国民生产总值及产业人均产值的情况，将中国产业人均产值高模式情景设置为第一阶段年均增长率为12.27%，第二阶段为9.27%，第三阶段为7.27%；中模式情景三个阶段分别设置为10.27%、7.27%和5.27%；低模式情景三个阶段分别设置为8.27%、5.27%及3.27%。

10.3.2.3 碳排放强度

将碳排放强度定义为单位国民生产总值增长所产生的全碳足迹量。在国务院印发的《"十三五"控制温室气体排放工作方案》中，明确规定中国二氧化碳排放拟于2030年左右达到峰值，2030年国民生产总值二氧化碳排放量较2005年下降60%—65%。为了更好地分析变化情况，计算新旧常态中国碳排放强度及其增长率。旧常态时期中国碳排放强度由1987年的35.615吨/万元降低至2007年4.244吨/万元，年均增长率为-10.09%；新常态时期中国碳排放强度则由2008年的3.857吨/万元降低到2018年的2.316吨/万元，年均增长率为-4.98%；新旧常态中国碳排放强度年均增长率为-8.44%。结合国家设置的目标，若2030年国内生产总值二氧化碳排放量较2005年下降60%—65%，则2005—2030年的碳排放强度年均增长率应控制在-4.112%至-3.599%之间。再结合第6章碳足迹约束下中国产业能源结构预测结果，2030年，中国产业煤炭、石油、天然气及非化石能源占能源消费比重分别为36.76%、8.17%、23.93%和22.15%，再除以相关年份的产业产值可进一步验证中国碳排放强度。

基于以上论述，将中模式情景目标设置为中国在2030年碳排放强度较2005年下降65%；高模式情景目标为中国在2030年碳排放强度较2005年下降60%；低模式情景目标为中国在2030年碳排放强度较2005年下降70%。依此计算可得，2030年中国在中模式情景碳排放强度约为1.824吨/万元，低模式情景碳排放强度约为1.564吨/万元，高模式情景碳排放强度约为2.085吨/万元。因此设定处于中模式情景时，三个阶段中国碳排放强度的年增长率分别为-1.372%、-2.372%和-3.372%；低模式情景三个阶段年均增长率分别设定为-2.631%、-3.631%和-4.631%；高模式情景三个阶段年均增长率分别设定为 -0.269%、-1.269%和 -2.269%。

10.3.2.4 高碳足迹产业占比

为了更好地设定高碳足迹产业占比指标情景，首先计算中国旧常态和新常态两个时期高碳足迹产业占比。结果显示，旧常态时期中国高碳足迹产业占比最大值为2006年的47.213%，最小值为1989年的41.202%，旧常态时期占比均值为44.278%，占比年均增长率为0.478%。新常态时期中国高碳足迹产业占比最大值为2008年的46.503%，最小值为2014年的36.893%，新常态时期占比均值为42.640%，占比年均增长率为 -2.163%。整个新旧常态中国高碳足迹产业占比年均增长率为 -0.402%，特别注意的是，2015—2021年占比年均增长率为 -3.286%，显示了随着中国对生态文明建设、产业低碳化关注度的不断提升，高碳足迹产业占比日益呈现了下降趋势。因此，设定中模式情景高碳足迹产业占比第一阶段增长率为 -2.163%，第二阶段为 -2.663%，第三阶段为 -3.163%。低模式情景高碳足迹产业占比第一阶段的平均增长率为 -3.279%，第二阶段为 -3.779%，第三阶段为 -4.279%。假设中模式情景的年均增长率为高模式和低模式的中间值，则高模式情景第一阶段高碳足迹产业占比的平均增长率为 -1.047%，第二阶段为 -1.547%，第三阶段为 -2.047%。

10.3.2.5 技术发展水平

依照前文对产业碳足迹影响因素的划分标准，以一次能源供应总量与国内生产总值的比率（即能源消耗强度）反映技术发展水平，以更好地反映产业经济活动对能源的利用水平。首先计算新旧常态中国产业能源消耗强度变化情况。结果显示，旧常态时期中国产业能源消耗强度由1987年的7.496吨二氧化碳/万元降低至2007年的1.152吨二氧化碳/万元，年均变化幅度为 -8.54%；新常态时期中国能源消耗强度年均变化幅度为 -6.65%，整个新旧常态年均变化幅度为 -8.36%。其中旧常态时期仅有2003年同比正向增长，其余均为相对减少；新常态时期均为负向减少，其中2007年及2008年降幅超过了10%，而后逐步降低至5.5%左右，2016年起降幅又逐步扩大，其中2015—2018年能源强度的年均增长率为 -5.183%。基于以上论述及前章关于能源结构调整的情景模型，假定处于中模式情景时，能源消费强度按照2015—2021年的发展状态继续减少，即设定中模式情景下能源消费强度第一阶段增长率为 -5.183%，第二阶段为

-6.183%，第三阶段为-7.183%。当处于低模式情景时，能源消费强度按照新常态时期发展状态继续减少，第一阶段能源消费强度平均增长率为-6.649%，第二阶段为-7.649%，第三阶段为-8.649%。拟定中模式情景的年均增长率为高模式和低模式的中间值，则高模式情景第一阶段能源消费强度的平均增长率为-3.717%，第二阶段为-4.717%，第三阶段为-5.717%。

10.3.2.6　环境规制

环境规制作为影响产业碳足迹的重要因素，对产业全碳足迹峰值产生了较大关联性。鉴于各个产业环境规制强度也存在明显异质性，本章采用第9章相关研究方法，综合考虑产业特性，采用废水排放量、废气排放量和固体废物排放量三种度量指标，构建典型污染物综合指数，对环境规制进行定量化综合描述。为了更好地预测环境规制基本情况，首先分析新旧常态中国产业三种废弃物排放量的变化趋势。结果显示，旧常态时期中国产业废水排放量、废气排放量和固体废物排放量逐年变化率均值分别为21.27%、18.09%和20.59%；新常态时期三种废弃物排放量逐年变化率均值分别为5.00%、10.21%和8.94%。旧常态中时期国产业废水排放量、废气排放量和固体废物排放量年均变化率分别为16.93%、20.16%和18.84%；新常态时期三种废弃物排放量年均增长率分别为8.811%、3.391%和7.297%。

根据以上数据，综合"十四五"规划设定情景数据。其中当处于中模式情景时，设定中国产业固体废物排放量于2024年左右达到峰值；高模式和低模式情景则分别于2030年及2020年达到峰值。废水排放量在中模式、高模式和低模式情景下，分别于2020年、2025年及2019年达到峰值。废气排放量在中模式情景中于2030年前后达到峰值；高模式情景下设置为在2030年前不会达到峰值，低模式情景则在2025年达到峰值。

依据三种主要废弃物排放量的情景设置，分析各阶段三种废弃物排放量年均增长率。设定3.341%、0.607%、8.288%为中模式情景的第一阶段中国产业废水排放量、废气排放量、固体废物排放量的年平均增长率；第二阶段为4.288%、-1.393%、1.341%；第三阶段为0.288%、-3.393%和-0.659%。高模式情景的第一阶段年平均增长率设置为8.811%、3.391%、4.146%；第二阶段平均增长率为4.811%、1.391%、2.146%；

第三阶段年均增长率为 0.811%、-0.609%、0.146%。低模式情景的第一阶段年均增长率设置为 7.765%、-2.177%、2.536%；第二阶段年均增长率为 3.765%、-4.177%、-0.536%；第三阶段年均增长率为 -0.235%、-6.177%、-1.464%。在此基础上，利用环境规制计算公式，得到处于中模式情景时，环境规制第一阶段增长率为 3.662%，第二阶段为 1.334%，第三阶段为 -1.204%；低模式情景中环境规制的三个阶段增长率分别为 5.230%、2.742% 和 0.114%；高模式情景中的环境规制三个阶段增长率分别为 2.273%、-0.241% 和 -2.272%。

10.4 中国产业全碳足迹排放峰值预测

结合上文对各个变量情景模式的分析的描述，设计表 10-10 至表10-17 统一描述中国产业全碳足迹发展情景自变量设置情况，其中引入 I_P、$I_G I_S$、S_E、H_P、R_I 分别代表产业从业人口数、产业人均产值、碳排放强度、技术发展水平、高碳足迹产业占比和环境规制六个变量的变化率。

表 10-10　低模式发展情景自变量设置　（单位:%）

自变量	2023—2025 年	2026—2027 年	2028—2030 年
I_P	-0.070	-0.120	-0.170
I_G	8.270	5.270	3.270
I_S	-3.279	-3.779	-4.279
I_S	-2.631	-3.631	-4.631
S_E	-6.649	-7.649	-8.649
H_P	5.230	2.743	0.114

表 10-11　中模式发展情景自变量设置　（单位:%）

自变量	2023—2025 年	2026—2027 年	2028—2030 年
I_P	0.086	-0.014	-0.114
I_G	10.270	7.270	5.270
I_S	-2.163	-2.663	-3.163

续表

自变量	2023—2025 年	2026—2027 年	2028—2030 年
I_S	-1.372	-2.372	-3.372
S_E	-5.183	-6.183	-7.183
H_P	3.662	1.334	-1.204

表 10-12　　高模式发展情景自变量设置　　(单位:%)

自变量	2023—2025 年	2026—2027 年	2028—2030 年
I_P	0.264	0.164	0.064
I_G	12.270	9.270	7.270
I_S	-1.047	-1.547	-2.047
I_S	-0.269	-1.269	-2.269
S_E	-3.717	-4.717	-5.717
H_P	2.273	-0.241	-2.272

表 10-13　　低中模式发展情景自变量设置　　(单位:%)

自变量	2023—2025 年	2026—2027 年	2028—2030 年
I_P	-0.070	-0.120	-0.170
I_G	8.270	5.270	3.270
I_S	-3.279	-3.779	-4.279
I_S	-1.372	-2.372	-3.372
S_E	-5.183	-6.183	-7.183
H_P	3.662	1.334	-1.204

表 10-14　　中低模式发展情景自变量设置　　(单位:%)

自变量	2023—2025 年	2026—2027 年	2028—2030 年
I_P	0.086	-0.014	-0.114
I_G	10.270	7.270	5.270
I_S	-2.163	-2.663	-3.163
I_S	-2.631	-3.631	-4.631
S_E	-6.649	-7.649	-8.649
H_P	5.230	2.743	0.114

表 10－15　　中高模式发展情景自变量设置　　（单位:%）

自变量	2023—2025 年	2026—2027 年	2028—2030 年
I_P	0.086	－0.014	－0.114
I_G	10.270	7.270	5.270
I_S	－2.163	－2.663	－3.163
I_S	－0.269	－1.269	－2.269
S_E	－3.717	－4.717	－5.717
H_P	2.273	－0.241	－2.272

表 10－16　　高中模式发展情景自变量设置　　（单位:%）

自变量	2023—2025 年	2026—2027 年	2028—2030 年
I_P	0.264	0.164	0.064
I_G	12.270	9.270	7.270
I_S	－1.047	－1.547	－2.047
I_S	－1.372	－2.372	－3.372
S_E	－5.183	－6.183	－7.183
H_P	3.662	1.334	－1.204

表 10－17　　高低模式发展情景自变量设置　　（单位:%）

自变量	2023—2025 年	2026—2027 年	2028—2030 年
I_P	0.264	0.164	0.064
I_G	12.270	9.270	7.270
I_S	－1.047	－1.547	－2.047
I_S	－2.631	－3.631	－4.631
S_E	－6.649	－7.649	－8.649
H_P	5.230	2.743	0.114

结合上述情景分析及参数设置，利用公式（10－6）预测中国产业全碳足迹峰值及出现年份，结果如表 10－18 所示。

表 10－18　　八种情景下的预测结果　　（单位：万吨 CO_2）

情景	出现峰值年份	峰值量
低模式	2026	2002704.832

续表

情景	出现峰值年份	峰值量
中模式	2030	2429025.464
高模式	2030	3196133.638
低中模式	2030	2176392.857
中低模式	2026	2215144.923
中高模式	2030	2673737.535
高中模式	2030	2903609.607
高低模式	2030	2542602.177

由表 10 - 18 可见，考察时段内仅有低模式和中低模式中国产业全碳足迹的峰值出现在 2026 年，其余六种模式峰值出现时间均在 2030 年。峰值量由高到低分别为高模式、高中模式、中高模式、高低模式、中模式、中低模式、低中模式和低模式。八种模式标准差为 0.008，均值为 2517418.879 万吨二氧化碳。

10.5　本章小结

合理预测中国产业全碳足迹排放趋势并解析全碳足迹排放峰值，是清晰分解产业碳足迹减排责任的重要依据。本章首先系统分析了产业碳足迹减排的预测模型及情景构建现有研究，发现存在预测整体产业碳排放研究匮乏、缺少基于综合考虑因素及长时间段的研究等问题。

基于文献综述，构建修正性经典 STIRPAT 产业全碳足迹预测模型。选择新旧常态中国产业相关数据，运用最小二乘法完成数据的多重共线性检测，并采用岭回归方法提升数据精准度，经过新常态时期产业全碳足迹实际值与测算值比较验证，修正性预测模型拟合度达到要求。而后设置低增长、中增长、高增长、中高情景、中低情景、高中情景、高低情景、低中情景八种中国产业全碳足迹发展情景模式。结合中国及国际代表国家发展历程，梳理产业从业人口数、产业人均产值、碳排放强度、技术水平、高碳足迹产业占比、环境规制等变量发展趋势，完成情景模式分析。最后基于全碳足迹预测模型及设置情景模式，系统预测中国产业全碳足迹发展趋势及出现的峰值，以求为合理分配产业碳足迹减排责任、提升中国产业碳足迹减排效率提供帮助。

第11章 中国产业碳足迹差别减排责任分解

鉴于各个产业间存在纷繁复杂的关系，仅使用传统的限制高碳足迹产业、发展低碳足迹产业等方式，虽然可以在一定程度上减少产业碳足迹，但也极易导致产业结构失衡。此外，由于各个产业技术水平、能源结构等内部因素迥异，造成产业碳足迹减排能力有明显差别，使得统一设置碳足迹强度减排目标难以有效执行。为此，构建改进的ZSG－DEA模型，基于新旧常态典型年份及预测年份的全碳足迹数据，依照多重原则系统解析新旧常态中国产业碳足迹减排责任分解效率，并根据不同多种情景模式状况，分解中国产业碳足迹减排责任，为合理制定各产业碳足迹减排目标、出台差别性减排政策提供依据。

11.1 产业碳足迹减排责任分解模型及原则分析

现有研究对于碳减排责任的研究已经取得了丰硕成果，但仍存在一些尚待改进之处。一是现有研究对象主要集中于国际、国家及区域层面，关注于产业层面的研究则相对欠缺。二是主流研究多选择一个或两个责任分解原则，缺乏基于多原则的碳减排责任比较。三是研究方法主要采用经典DEA分解方法，虽然该方法已经能较好地满足责任分析要求，但仍然存在以下一些问题。（1）计算过程较为复杂繁琐，结果存在一定不确定性，极易导致分解结果的无效性；（2）在分解碳减排责任时，要求涉及的投入产出变量总额不变，无法满足DEA法要求变量间完全独立的计算前提；（3）计算所得结果的经济学解释性仍显不足。为此，本章首先改进零和博弈数据包络法（Zero Sum Gains DEA，ZSA－DEA），采用多种分解原则，对于新旧常态及多种模式产业碳足迹进行减排责任分解。

11.1.1 产业碳足迹减排责任分解模型构造

在当前涉及碳减排责任分解的 DEA 模型中，主要将碳排放设置为非期望产出，本章亦采用该思路，将碳足迹设置为非期望产出变量纳入模型。首先将 N_d个产业对应设置为 DEA 模型中的等同数量的决策单元（Decision Making Units，DMU），每个决策单元均包括 R_d 个投入指标 c 和 P_d 个产出指标 v，并保持投入产出指标的相互独立性。在此基础上，采用 DEA 经典的投入导向型 BCC 模型，设计式（11－1），对决策单元进行效率评价。

$$\min\varphi_o$$

$$s.t.\begin{cases}\sum_{i=1}^{N_d}\lambda_i v_{ij} \geqslant v_{oj}, j = 1,2,\cdots,P_d \\ \sum_{i=1}^{N_d}\lambda_i c_{ik} \leqslant \varphi_o c_{ok}, k = 1,2,\cdots,R_d \\ \sum_{i=1}^{N_d}\lambda_i = 1, i = 1,2,\cdots,N_d \\ \lambda_i \geqslant 0\end{cases} \quad \text{（式 11－1）}$$

其中 φ_o为产业决策单元的相对技术效率，λ_i 为基于初始 DMU 重新构造的 DMU 在有效组合中的比例。对于 DEA 效率相对较低的产业，典型 DEA 模型可以通过以 DEA 有效产业为标杆单元，进行对比投影提升效率，从而保证基于经济最优化角度实现产业最低碳减排目标。但该模型仅从相关产业的松弛变量及效率值出发，在一定程度上忽视了技术条件等产业实际发展情况，未充分考虑部分产业无法达到最低碳减排目标。为此，本章进一步引入碳足迹总量控制约束条件，利用 ZSG－DEA 模型分摊碳足迹总量，通过迭代调整，力求使得所有产业碳足迹减排责任分解效率均达到有效边界，寻求最优责任分解方案。该方法首先假定产业初始决策单元为无效或低效，为了提升决策单元效率，必须减少相关产业碳足迹投入变量 c_{ok}。设计式（11－2）计算目标产业碳足迹减少量 c_o，其中 h_o 为该产业的 ZSG－DEA 效率值。

$$c_o = c_{ok}(1 - h_o) \quad \text{（式 11－2）}$$

该模型将碳足迹作为唯一的投入变量，鉴于总体产业投入量恒定，目

标产业减少的 c_0 将按照本产业实际投入量，依照在剔除本产业投入量后的总投入量中所占的比例进行调整，将碳足迹余额分配给其他产业。利用式（11－3），则可计算第 i 个其他产业决策单元从目标产业决策单元分配得到的碳足迹。

$$\pi_{ik} = \frac{c_{ik}}{\sum_{i \neq 0} c_{ik}} c_{ok}(1 - h_0) \qquad (式\ 11-3)$$

式（11－3）中 π_{ik} 表示第 i 个产业从目标产业碳足迹变量中所分得的碳足迹增加量。依照此原理，所有的产业碳足迹均发生了一定的调整，最终产业决策单元碳足迹调整为式（11－4）。

$$c'_{ik} = \sum_{i \neq 0} \left[\frac{c_{ik}}{\sum_{i \neq 0} c_{ik}} c_{ok}(1 - h_o) \right] - c_{ik}(1 - h_o), i = 1,2,3,\cdots,N_d \qquad (式\ 11-4)$$

在调整所有产业比例后，即可利用 ZSG－DEA 模型对产业决策单元进行相对效率评价，设计式（11－5）完成模型升级。

$$\min h_0$$

$$s.t. \begin{cases} \sum_{i=1}^{N} \lambda_i v_{ij} \geqslant v_{oj}, j = 1,2,3,\cdots,P_d \\ \sum_{i=1}^{N} \lambda_i c_{ik} \left[1 + \frac{c_{ok}(1 - h_0)}{\sum_{i \neq 0} c_{ik}} \right] \leqslant h_0 x_{ok}, k = 1,2,3,\cdots,R_d \\ \sum_{i=1}^{N_d} \lambda_i = 1, i = 1,2,3,\cdots,N_d \\ \lambda_i \geqslant 0 \end{cases} \qquad (式\ 11-5)$$

根据 h_0 及碳足迹投入比例等参数，即可在保证碳足迹总量不变的前提下，提升各个产业决策单元效率。但鉴于产业性质迥然不同，无法确保一次迭代即得到各个产业的效率最大化。鉴于 DEA 的 BCC 效率值 φ_0 与ZSG－DEA 效率值 h_0 存在一定线性关系，其可以通过式（11－6）加以描述。

$$h_0 = \varphi_0 \left[1 + \frac{\sum_{i \in W_d} c_{ik}(1 - \rho_{io} h_0)}{\sum_{i \notin W_d} c_{ik}} \right] \qquad (式\ 11-6)$$

其中 W_d 为利用经典 BCC 模型计算分析所得初始效率未到达有效水平

的产业集合，$\rho_{io} = \varphi_i / \varphi_o$ 为相应两个产业的技术效率比。基于此原理通过计算 BCC 模型中的效率值，得到 ZSG－DEA 模型的技术效率，从而完成各产业碳足迹减排责任的优化分解。

11.1.2　产业碳足迹减排责任分解原则解析

在减排责任分解过程中，不能仅仅关注于单一产业的分解，而要实现所有产业同时达到碳足迹的有效配置。鉴于碳足迹在产业间存在复杂的关联流动性，必须要高度重视碳足迹减排责任的分解原则。为此，本章设计效率原则、公平原则、产值原则和溯往原则，对碳足迹减排责任进行分解。

第一，效率原则。选取相关产业碳足迹 c_i^x，利用 ZSG－DEA 模型进行效率计算，通过计算相关年度该产业的碳足迹初始 BCC 效率系数及 ZSG－DEA 效率系数，即可得到基于效率原则的责任分解结果。

第二，公平原则。该原则按照相关产业从业人口数量占整体产业从业人口数量进行碳足迹分解。具体而言，首先选取整体产业人均碳足迹作为公平性指标，而后乘以相关产业从业人口数量，即可得到该产业的公平原则碳足迹 c_i^e。在此基础上，利用 ZSG－DEA 模型计算效率，即可得到基于公平原则的相关碳足迹减排责任分解结果。

第三，产值原则。依据考察年份相关产业产值占整体产业产值进行碳足迹分解，按照整体产业碳足迹强度乘以相关产业产值，得到基于产值原则的该产业产值原则碳足迹 c_i^c，再利用 ZSG－DEA 即可求得分解结果。

第四，溯往原则。按照实际需求，将考察时期分为考察前期及考察当期，而后计算考察前期某产业总体碳足迹与整体产业总体碳足迹比例，乘以考察当期整体产业碳足迹，即可求得基于溯往原则的相关产业碳足迹 c_i^s。在此基础上，运用 ZSG－DEA 模型进行计算，得到基于溯往原则的当期产业碳足迹分解结果。

在设置单一原则的基础上，为了确保各个原则的综合性，可以依据实际需要引入权重因子，计算不同原则下的综合碳足迹。如综合考虑效率原则及公平原则，首先设置权重因子 w_i^1，计算基于以上两种原则的该产业碳足迹 $c_i^{z1} = w_i^1 c_i^x + (1 - w_i^1) c_i^e$，再利用 ZSG－DEA 模型即可得到基于效率及公平双原则的产业碳足迹减排责任分解结果。

11.2　新旧常态中国产业碳足迹减排责任分解效率解析

为了更好地描述新旧常态中国产业碳足迹减排责任分解情况，依据 ZSG－DEA 模型，利用 DEAP2.1 软件，基于各个年份的碳足迹及产出指标数据，迭代计算测算新旧常态各个年份的直接、间接及全碳足迹分解效率。

11.2.1　直接碳足迹减排责任分解效率解析

首先根据模型计算 1987—2021 年中国产业直接碳足迹减排责任分解效率。并拣选 1987 年、2007 年及 2021 年三个代表年份进行详细解析，其中表 11－1 至表 11－3 显示了三个年份中国 27 个产业直接碳足迹减排责任分解效率及迭代结果。

表 11－1　1987 年中国产业直接碳足迹减排责任分解效率及迭代结果

产业	初始值			第 1 次迭代			第 13 次迭代			第 14 次迭代		
	直接碳足迹	ϕ	h	直接碳足迹	ϕ	h	直接碳足迹	ϕ	h	直接碳足迹	ϕ	h
D1	7396	1	1	9927	1	1	14018	1	1	14019	1	1
D2	12698	0.084	0.159	6367	0.225	0.317	2018	1	1	2018	1	1
D3	3150	0.120	0.227	1794	0.283	0.399	717	1	1	717	1	1
D4	885	1	1	1189	1	1	1678	1	1	1679	1	1
D5	742	0.111	0.210	410	0.271	0.382	156	1	1	156	1	1
D6	6056	0.546	1	8129	0.552	0.783	6349	0.999	0.999	6343	1	1
D7	4397	0.440	0.833	5169	0.502	0.708	3640	0.999	0.999	3637	1	1
D8	614	1	1	824	1	1	1163	1	1	1164	1	1
D9	698	0.157	0.297	447	0.329	0.464	208	0.998	0.998	207	1	1
D10	2991	0.151	0.286	1879	0.323	0.455	842	1	1	842	1	1
D11	33556	1	1	45044	1	1	63606	1	1	63611	1	1

续表

产业	初始值			第1次迭代			第13次迭代			第14次迭代		
	直接碳足迹	ϕ	h	直接碳足迹	ϕ	h	直接碳足迹	ϕ	h	直接碳足迹	ϕ	h
D12	23736	1	1	31862	1	1	44992	1	1	44995	1	1
D13	21286	0.700	1	28574	0.700	0.988	28222	1	1	28225	1	1
D14	29838	0.712	1	40052	0.712	1	40277	1	1	40280	1	1
D15	978	0.308	0.583	906	0.447	0.630	553	1	1	553	1	1
D16	3952	0.294	0.557	3553	0.439	0.619	2167	1	1	2167	1	1
D17	1679	0.262	0.496	1408	0.419	0.591	819	1	1	819	1	1
D18	1024	0.359	0.680	1046	0.472	0.666	686	1	1	686	1	1
D19	7843	0.031	0.059	3145	0.103	0.145	455	1	1	455	1	1
D20	142	0.407	0.771	159	0.489	0.690	108	1	1	108	1	1
D21	1524	0.470	0.890	1878	0.512	0.722	1358	1	1	1358	1	1
D22	44051	0.017	0.032	16498	0.061	0.086	1410	1	1	1410	1	1
D23	14	1	1	19	1	1	27	1	1	27	1	1
D24	2143	0.487	0.922	2711	0.517	0.729	1976	1	1	1976	1	1
D25	8970	0.114	0.216	5008	0.275	0.388	1946	1	1	1946	1	1
D26	1836	0.743	1	2465	0.743	1	2580	0.999	0.999	2578	1	1
D27	5081	0.553	1	6820	0.553	0.780	5310	0.999	0.999	5305	1	1
总体	227279	0.484	0.675	227279	0.553	0.687	227279	0.999	0.999	227279	1	1

表11－1显示，1987年中国产业直接碳足迹初始BCC效率均值仅为0.484，初始ZSG－DEA效率平均值也仅为0.675，直接碳足迹减排责任分解效率数值均较低，距离有效边界值分别有0.516和0.325的较大差距。具体而言，仅有农林牧渔业（D1）、金属矿采选业（D4）等6个产业的初始BCC效率值均达到1的有效水平；煤炭开采和洗选业（D2）、石油和天然气开采业（D3）等14个产业初始BCC效率值低于平均水平，其中电热气生产及供应业（D22）、通信设备计算机及其他电子设备制造业（D19）、煤炭开采和洗选业（D2）数值远低于平均水平，说明该年度这些产业直接碳足迹效率急需提升。

表11－2显示2007年中国产业直接碳足迹初始BCC效率平均值为0.506，距离有效边界尚存在0.494的较远距离。27个产业中农林牧渔业

（D1）、金属矿采选业（D4）等 9 个产业的初始 BCC 效率值达到有效水平，较 1987 年数量增加了 3 个，且化学工业（D12）、建筑业（D24）接近于有效水平。非金属矿和其他矿采选业（D5）、食品制造及烟草加工业（D6）等 13 个产业初始 BCC 效率值低于平均水平。

表 11－2　2007 年中国产业直接碳足迹减排责任分解效率及迭代结果

产业	初始值			第 1 次迭代			第 14 次迭代			第 15 次迭代		
	直接碳足迹	ϕ	h	直接碳足迹	ϕ	h	直接碳足迹	ϕ	h	直接碳足迹	ϕ	h
D1	11460	1	1	19821	1	1	27564	1	1	27564	1	1
D2	33097	0.023	1	22632	0.059	1	556	1	1	556	1	1
D3	5274	0.048	1	3811	0.115	1	117	1	1	117	1	1
D4	971	1	1	1679	1	1	2334	1	1	2334	1	1
D5	1400	0.063	1	1019	0.149	1	117	1	1	117	1	1
D6	6377	0.073	1	4598	0.176	1	876	1	1	876	1	1
D7	5075	0.107	1	3668	0.255	1	511	1	1	511	1	1
D8	847	0.384	0.717	1225	0.459	0.125	404	0.999	0.999	403	1	1
D9	873	0.155	0.374	635	0.372	0.542	130	0.998	0.998	130	1	1
D10	7123	0.044	0.435	5128	0.105	0.653	147	1	1	147	1	1
D11	144490	0.848	1	249896	0.848	1	260360	1	1	260360	1	1
D12	45011	0.972	1	77846	0.972	1	105222	1	1	105222	1	1
D13	37424	0.023	0.412	25356	0.058	0.741	607	1	1	607	1	1
D14	130171	1	1	225132	1	1	313087	1	1	313087	1	1
D15	965	0.292	0.247	942	0.514	0.284	156	1	1	156	1	1
D16	4052	0.139	0.234	2934	0.333	0.423	711	1	1	711	1	1
D17	2220	0.274	0.167	1986	0.529	0.328	1002	1	1	1002	1	1
D18	600	0.639	1	1037	0.611	1	304	1	1	304	1	1
D19	557	1	1	963	1	1	1340	1	1	1340	1	1
D20	94	1	1	163	1	1	118	1	1	118	1	1
D21	965	1	1	1669	1	1	2321	1	1	2321	1	1
D22	263358	0.01	0.541	51669	0.084	0.656	4856	1	1	4856	1	1
D23	79	1	1	136	1	1	117	1	1	117	1	1

续表

产业	初始值			第1次迭代			第14次迭代			第15次迭代		
	直接碳足迹	ϕ	h	直接碳足迹	ϕ	h	直接碳足迹	ϕ	h	直接碳足迹	ϕ	h
D24	3167	0.989	1	5478	0.988	1	7533	1	1	7533	1	1
D25	39217	0.044	0.534	26467	0.112	0.532	3311	1	1	3311	1	1
D26	4987	0.546	1	8626	0.536	0.977	5773	1	1	5773	1	1
D27	7316	1	1	12654	1	1	17597	1	1	17597	1	1
总体	757169	0.506	0.802	757169	0.567	0.824	757169	0.999	0.999	757169	1	1

表11-3显示，2021年中国产业初始碳排放BCC效率平均值仍然较低，仅为0.546。27个产业之间的效率值呈现了两极分化情况，包括农林牧渔业（D1）、金属矿采选业（D4）在内的11个产业BCC初始效率值均达到1的有效水平；石油和天然气开采业（D3）、食品制造及烟草加工业（D6）等14个产业效率值低于平均值，其中电热力生产和供应业（D22）、煤炭开采和洗选业（D2）、造纸印刷及文教体育用品制造业（D10）分别以0.007、0.043、0.043的数值排名最末，效率最低，需要进一步减少这些产业的直接碳足迹以提升产业协同减排效率。

表11-3　2021年中国产业直接碳足迹减排责任分解效率及迭代结果

产业	初始值			第1次迭代			第5次迭代			第6次迭代		
	直接碳足迹	ϕ	h	直接碳足迹	ϕ	h	直接碳足迹	ϕ	h	直接碳足迹	ϕ	h
D1	11431	1	1	18026	1	1	21907	1	1	21907	1	1
D2	77486	0.043	0.082	46533	0.112	0.136	6322	1	1	6322	1	1
D3	4482	0.078	0.149	3242	0.170	0.207	669	1	1	669	1	1
D4	2582	1	1	4072	1	1	4948	1	1	4948	1	1
D5	3368	0.050	0.096	2258	0.116	0.141	320	1	1	320	1	1
D6	13370	0.369	0.707	17124	0.455	0.553	9459	1	1	9459	1	1
D7	5427	0.113	0.216	4287	0.226	0.275	1177	1	1	1177	1	1
D8	1132	0.317	0.607	1340	0.422	0.513	687	1	1	687	1	1
D9	1671	0.109	0.209	1311	0.219	0.266	349	1	1	349	1	1
D10	11046	0.043	0.082	7195	0.104	0.126	906	0.999	0.999	905	1	1

续表

产业	初始值			第 1 次迭代			第 5 次迭代			第 6 次迭代		
	直接碳足迹	ϕ	h	直接碳足迹	ϕ	h	直接碳足迹	ϕ	h	直接碳足迹	ϕ	h
D11	262530	1	1	413989	1	1	503102	1	1	503111	1	1
D12	92357	1	1	145639	1	1	176989	1	1	176992	1	1
D13	76976	0. 118	0. 226	58022	0. 247	0. 300	17406	0. 999	0. 999	17389	1	1
D14	232173	1	1	366117	1	1	444926	1	1	444934	1	1
D15	1677	0. 255	0. 489	1786	0. 378	0. 459	820	1	1	820	1	1
D16	4550	0. 602	1	7176	0. 602	0. 732	5246	1	1	5246	1	1
D17	2415	1	1	3809	1	1	4628	1	1	4628	1	1
D18	1653	0. 298	0. 571	1897	0. 409	0. 497	944	1	1	944	1	1
D19	477	1	1	752	1	1	914	1	1	914	1	1
D20	112	1	1	176	1	1	214	1	1	214	1	1
D21	2028	0. 755	1	3198	0. 755	0. 917	2932	1	1	2932	1	1
D22	378227	0. 007	0. 013	68070	0. 058	0. 070	4760	0. 999	0. 999	4756	1	1
D23	113	1	1	178	1	1	217	1	1	217	1	1
D24	5094	1	1	8033	1	1	9762	1	1	9762	1	1
D25	66533	0. 193	0. 370	60700	0. 334	0. 406	24623	1	1	24624	1	1
D26	9863	0. 388	0. 743	13002	0. 464	0. 564	7323	1	1	7324	1	1
D27	18794	1	1	29636	1	1	36016	1	1	36016	1	1
总体	1287566	0. 546	0. 650	1287566	0. 595	0. 636	1287566	0. 999	0. 999	1287566	1	1

就三个代表年份直接碳足迹初始 BCC 减排责任分解效率比较而言，产业平均效率值总体呈现逐步递增趋势，但总体仍然保持了相对较低效率水平。就 27 个产业而言，初始 BCC 效率值达到有效边界的产业数由 1987 年的 6 个增长至 2007 年的 9 个，2018 年则增加到 11 个。除农林牧渔业（D1）、石油和天然气开采业（D3）和水生产和供应业（D23）三个产业效率值一直保持为 1 外，其中各个产业效率值均呈现出不断变化的趋势。

在重点分析相关年份的基础上，根据新旧常态各年份中国产业直接碳足迹减排责任分解效率计算结果，计算中国产业及细分产业直接碳足迹初始减排责任分解效率。1987—2021 年中国产业直接碳足迹初始减排责任分解效率整体均值为 0. 533，距离 DEA 有效边界差距仍然较远，其中旧常态时期均值为0.534，新常态时期均值为0.530，比旧常态时期还低0.004。单个年份中，效率均值最高的为1993年的0.617，最低值为1987年的0.484，其余年份均处于0.5至0.6之间，相对比较稳定。

表11-4显示了新旧常态中国细分产业直接碳足迹初始减排责任分解效率，仅有农林牧渔业（D1）、金属矿采选业（D4）和水生产和供应业（D23）效率均值达到了DEA有效边界；此外，炼焦煤气及石油加工业（D11）、化学工业（D12）等5个产业均值超过了0.9，效率相对较高。27个产业均值为0.533，其中11个产业效率值高于均值，16个产业效率值低于均值，电热力生产和供应业（D22）、石油和天然气开采业（D3）等11个产业效率值甚至低于0.3，产业直接碳足迹初始减排责任分解效率呈现明显两极分化状态。

表11-4　新旧常态中国细分产业直接碳足迹初始减排责任分解率

产业	效率	产业	效率	产业	效率
D1	1.000	D10	0.086	D19	0.924
D2	0.149	D11	0.955	D20	0.831
D3	0.066	D12	0.983	D21	0.737
D4	1.000	D13	0.394	D22	0.027
D5	0.092	D14	0.958	D23	1.000
D6	0.261	D15	0.272	D24	0.916
D7	0.220	D16	0.274	D25	0.174
D8	0.548	D17	0.502	D26	0.572
D9	0.152	D18	0.477	D27	0.838

11.2.2　间接碳足迹减排责任分解效率解析

计算显示，中国整体产业间接碳足迹初始BCC减排责任分解效率平均效率值总体呈现波动状态，并都处于相对较低的效率水平。27个产业中初始BCC效率值达到有效边界的产业数由1987年的8个减为2007年的5个，至2021年又增加到10个。除农林牧渔业（D1）、石油和天然气开采业（D3）和水生产及供应业（D23）三个产业效率值一直保持为1外，其余各个产业效率值均呈现了不断变化趋势。

在重点分析相关年份的基础上，分析新旧常态中国产业及细分产业间接碳足迹初始减排责任分解效率。结果显示，新旧常态中国产业间接碳足迹初始减排责任分解效率整体均值为0.560，离DEA有效边界仍然存在0.440的较大差距，其中旧常态时期均值为0.545，新常态时期均值为0.588，较旧常态时期提高了7.89%。间接碳足迹初始效率均值最高的年份为2012年，数值为0.619，最低值为2004年的0.506，除2010年及2012年外，其余年份数值均相对稳定地处于0.5至0.6之间。

由表11-5可知，在新旧常态中国单个产业间接碳足迹初始减排责任分解效率中，仅有农林牧渔业（D1）、金属冶炼及压延加工业（D14）和水生产及供应业（D23）效率均值达到了DEA有效边界，此外金属矿采选业（D4）和炼焦煤气及石油加工业（D11）产业均值超过了0.9，效率相对较高。27个产业均值为0.560，其中12个产业效率值高于均值，15个产业效率值低于均值，仪器仪表及文化办公机械制造业（D20）、其他制造业（D21）等5个产业效率值低于0.3，产业间接碳足迹初始减排责任分解效率差别较大。

表11-5 新旧常态中国细分产业间接碳足迹初始减排责任分解率

产业	效率	产业	效率	产业	效率
D1	1.000	D10	0.179	D19	0.890
D2	0.868	D11	0.917	D20	0.094
D3	0.445	D12	0.898	D21	0.297
D4	0.996	D13	0.395	D22	0.337
D5	0.459	D14	1.000	D23	1.000
D6	0.572	D15	0.565	D24	0.422
D7	0.536	D16	0.174	D25	0.386
D8	0.357	D17	0.123	D26	0.718
D9	0.394	D18	0.418	D27	0.677

11.2.3 全碳足迹减排责任分解效率解析

计算显示，研究期整体产业全碳足迹初始BCC减排责任分解效率总体呈现先降再升的情况。就27个细分产业而言，初始BCC效率值达到有效边界的产业数在1987年和2007年均为6个，2021年则增加到9个。除农林牧渔业（D1）、石油和天然气开采业（D3）和水生产及供应业（D23）产业效率值一直保持为1外，其中各个产业效率值均呈现了不断变化趋势。

在重点分析相关年份的基础上，计算新旧常态中国产业全碳足迹初始减排责任分解平均效率及细分产业全碳足迹初始减排责任分解效率。结果显示，1987—2021年中国产业全碳足迹初始减排责任分解效率整体均值为0.511，离DEA有效边界仍然存在明显差距，其中旧常态时期均值为0.498，新常态时期均值为0.536，较旧常态时期提高了7.63%。全碳足迹初始效率均值最高年份为2015年及2021年的0.562，最低值为1995年的0.463，共有13个年份全碳足迹初始减排责任分解效率值低于0.5，其余22个年份效率值则处于0.5至0.6之间。

表11-6显示，在新旧常态中国细分产业全碳足迹初始减排责任分解效率中，仅有农林牧渔业（D1）、金属矿采选业（D4）和水生产及供应业（D23）效率均值达到了DEA有效边界；炼焦煤气及石油加工业（D11）、化学工业（D12）等4个产业均值超过了0.9，效率相对较高。27个产业均值为0.511，其中11个产业效率值高于均值，16个产业效率值低于均值，煤炭开采和洗选业（D2）、非金属矿和其他矿采选业（D5）等9个产业效率值低于0.3。

表11-6　新旧常态中国细分产业全碳足迹初始减排责任分解率

产业	效率	产业	效率	产业	效率
D1	1.000	D10	0.146	D19	0.922
D2	0.278	D11	0.952	D20	0.127
D3	0.161	D12	0.982	D21	0.361
D4	1.000	D13	0.472	D22	0.062
D5	0.198	D14	0.987	D23	1.000
D6	0.522	D15	0.462	D24	0.516
D7	0.386	D16	0.248	D25	0.258
D8	0.422	D17	0.218	D26	0.705
D9	0.301	D18	0.448	D27	0.674

11.3 新旧常态中国产业碳足迹减排责任分解

11.3.1 新旧常态中国产业碳足迹合理分解

根据前文所述，合理分解产业碳足迹首先需要遵循公平有效原则，即在确保产业的 BCC 及 ZSG – DEA 效率值的同时达到有效边界水平。基于此原理，对新旧常态中国产业直接、间接及全碳足迹减排责任分别进行分解。

11.3.1.1 直接碳足迹减排责任再分解

由直接碳足迹减排责任分解效率解析结果可见，新旧常态中国直接碳足迹初始减排责任分解的平均效率整体均值仅为 0.533，且只有三个产业效率值达到了有效边界。为此，利用 ZSG – DEA 模型进行迭代计算，寻求合理减排责任分解结果。对照直接碳足迹减排责任分解效率计算结果，以 1987 年、2007 年及 2021 年为代表年份进行详细分析。

（1）1987 年直接碳足迹减排责任再分解。由表 11 – 1 的 1987 年中国产业直接碳足迹减排责任分解效率及迭代结果可见，1987 年所有 27 个产业的 ZSG – DEA 初始值均高于 BCC 效率值，共有 11 个产业的 ZSG – DEA 效率值达到了有效边界，产业数较 BCC 有效初始状态效率值增加了 5 个。初始状态 ZSG – DEA 模型整体运算效率为 0.670，虽然比初始 BCC 效率的 0.484 数值更为有效，但仍有 16 个产业的 ZSG – DEA 初始状态处于低效率状况，为此进一步将调整的直接碳足迹量作为投入变量带入模型，重新测算 BCC 和 ZSG – DEA 效率值。第 1 次迭代运算后，整体 BCC 和 ZSG – DEA 效率值分别提升至 0.553 和 0.687，距有效边界更近，但尚待提升，因此进行下一轮迭代。运算过程显示，每轮单一产业 BCC 效率值均有所提升，在运算至第 14 次迭代过程后，所有产业的 BCC 及 ZSG – DEA 效率值均达到了有效边界，迭代运算结束。在实现有效迭代运算后，将所得的直接碳足迹结果与初始值进行比较，计算得到表 11 – 7。

表 11－7　1987 年中国产业直接碳足迹迭代结果比较　（单位：万吨 CO_2）

产业	迭代责任	责任变化	产业	迭代责任	责任变化
D1	14019	6623	D15	553	－425
D2	2018	－10680	D16	2167	－1785
D3	717	－2433	D17	819	－860
D4	1679	794	D18	686	－338
D5	156	－586	D19	455	－7388
D6	6343	287	D20	108	－34
D7	3637	－760	D21	1358	－166
D8	1164	550	D22	1410	－42641
D9	207	－491	D23	27	13
D10	842	－2149	D24	1976	－167
D11	63611	30055	D25	1946	－7024
D12	44995	21259	D26	2578	742
D13	28225	6939	D27	5305	224
D14	40280	10442			

表 11－7 显示，炼焦煤气及石油加工业（D11）、化学工业（D12）、金属冶炼及压延加工业（D14）、非金属矿物制品业（D13）、农林牧渔业（D1）的直接碳足迹排放减排责任最大，占到整体产业碳排放减排责任的 84.12%。木材加工及家具制造业（D9）、非金属矿及其他矿采选业（D5）、仪器仪表及文化办公用机械制造业（D20）、水生产及供应业（D23）直接碳足迹减排责任相对小，仅占到整体产业直接碳足迹减排责任的 0.22%。

就迭代责任与初始责任相比较而言，农林牧渔业（D1）、炼焦煤气及石油加工业（D11）等 11 个产业直接碳足迹减排责任发生了增长，说明在效率达到有效边界的前提下，这些产业可通过碳交易市场等方式增加全碳足迹的排放；煤炭开采和洗选业（D2）、金属冶炼及压延加工业（D14）等 16 个产业直接碳足迹减排责任减少，说明应着重减少这些产业的直接碳足迹排放量。此外，所有产业增加和减少的直接碳足迹总量代数和为零，符合 ZSG－DEA 计算模型的约束条件。

（2）2007 年直接碳足迹减排责任再分解。由表 11－2 可见，2007 年所有产业直接碳足迹的 ZSG－DEA 初始效率均高于 BCC 效率值，共有 18

个产业的 ZSG－DEA 效率值达到了有效边界，较 BCC 增加了 10 个产业，ZSG－DEA 模型整体初始状态运算效率为 0.802，为 BCC 效率 0.506 的 158.49%。与此同时，ZSG－DEA 初始值还有 9 个产业仍处于低效率状况，为此重新测算迭代至第 15 次后，整体 BCC 和 ZSG－DEA 效率值分别由第 1 次迭代的 0.567 和 0.824 均增长至 1 的有效边界，计算得到表 11－8。

表 11－8　　2007 年中国产业直接碳足迹迭代结果比较　（单位：万吨 CO_2）

产业	迭代责任	责任变化	产业	迭代责任	责任变化
D1	27564	16104	D15	156	－809
D2	556	－32541	D16	711	－3341
D3	117	－5157	D17	1002	－1218
D4	2334	1363	D18	304	－296
D5	117	－1283	D19	1340	783
D6	876	－5501	D20	118	24
D7	511	－4564	D21	2321	1356
D8	403	－444	D22	4856	－258502
D9	130	－743	D23	117	38
D10	147	－6976	D24	7533	4366
D11	260360	115870	D25	3311	－35906
D12	105222	60211	D26	5773	786
D13	607	－36817	D27	17597	10281
D14	313087	182916			

表 11－8 显示，金属冶炼及压延加工业（D14）、炼焦煤气及石油加工业（D11）、化学工业（D12）、农林牧渔业（D1）、其他服务业（D27）的直接碳足迹减排责任最大，占到整体产业碳减排责任的 95.63%。仪器仪表及文化办公用机械制造业（D20）、石油和天然气开采业（D3）、水的生产和供应业（D23）、非金属矿及其他矿采选业（D5）责任相对较小，仅占到整体产业减排责任的 0.06%。就迭代责任与初始责任相比较而言，农林牧渔业（D1）、化学工业（D12）等 12 个产业直接碳足迹减排责任发生了增长；煤炭开采和洗选业（D2）、电力热力生产和供应业（D22）等 15 个产业直接碳足迹减排责任应进一步减少。

（3）2021 年直接碳足迹减排责任再分解。表 11－3 显示 2021 年直接碳足迹的 ZSG－DEA 初始值均高于 BCC 效率值，位于 BCC 曲线下方；共有 13 个产业的 ZSG－DEA 效率值达到了有效边界，较 BCC 仅增加了 2 个产业；ZSG－DEA 模型整体初始状态运算效率为0.650，为 BCC 效率0.546 的 119.05%。与此同时，ZSG－DEA 初始值还有 14 个产业仍处于低效率状况，为此重新测算迭代至第 6 次后，整体 BCC 和 ZSG－DEA 效率值分别由第 1 次迭代的 0.546 和 0.650 增长至1，运算结束得到表 11－9。

表 11－9　2021 年中国产业直接碳足迹迭代结果比较　（单位：万吨 CO_2）

产业	迭代责任	责任变化	产业	迭代责任	责任变化
D1	21907	10476	D15	820	－857
D2	6322	－71164	D16	5246	696
D3	669	－3813	D17	4628	2213
D4	4948	2366	D18	944	－709
D5	320	－3048	D19	914	437
D6	9459	－3911	D20	214	102
D7	1177	－4250	D21	2932	904
D8	687	－445	D22	4756	－373471
D9	349	－1322	D23	217	104
D10	905	－10141	D24	9762	4668
D11	503111	240581	D25	24624	－41909
D12	176992	84635	D26	7324	－2539
D13	17389	－59587	D27	36016	17222
D14	444934	212761			

表 11－9 显示，炼焦煤气及石油加工业（D11）、金属冶炼及压延加工业（D14）、化学工业（D12）、交通运输设备制造业（D17）、交通运输仓储和邮电通信业（D25）的直接碳足迹减排责任最大，占到整体产业碳减排责任的 92.12%。木材加工及家具制造业（D17）、非金属矿及其他矿采选业（D17）、水的生产和供应业（D17）、仪器仪表及文化办公用机械制造业（D17）责任相对最小，仅占到整体产业减排责任的 0.08%。就迭代责任与初始责任相比较而言，共有农林牧渔业（D1）、金属冶炼及压延加工业（D14）等 13 个产业直接碳足迹减排责任发生了增长；煤炭开采和洗选业（D2）、纺织业（D7）等 14 个产业直接碳足迹减排责任应该减少。

11.3.1.2　间接碳足迹减排责任再分解

（1）1987 年直接碳足迹减排责任再分解。1987 年所有产业间接碳足迹的 ZSG – DEA 初始效率均高于 BCC 效率值；共有 17 个产业的 ZSG – DEA 效率值达到了有效边界，较 BCC 增加了 8 个产业；ZSG – DEA 模型整体初始状态运算效率为 0.794，高于 BCC 初始效率的 0.578。鉴于 ZSG – DEA 初始值还有 10 个产业仍处于低效率状况，为此重新测算 BCC 和 ZSG – DEA 效率值。迭代至第 14 次后，整体 BCC 和 ZSG – DEA 效率值分别由第 1 次迭代的 0.606 和 0.757 增长至 1 的有效边界。继而将运算后该年间接碳足迹结果与初始值进行比较，计算得到表 11 – 10。

表 11 – 10　　1987 年中国产业间接碳足迹迭代结果比较　（单位：万吨 CO_2）

产业序号	迭代责任	责任变化	产业序号	迭代责任	责任变化
D1	36436	22417	D15	2432	1112
D2	2616	1610	D16	7165	– 16191
D3	2209	1304	D17	3130	– 22640
D4	2415	1486	D18	3505	– 751
D5	288	14	D19	2435	– 28961
D6	17214	8144	D20	498	– 3492
D7	10241	6301	D21	3416	– 8580
D8	6384	3110	D22	3074	– 188
D9	960	102	D23	75	46
D10	2968	– 383	D24	7146	– 19876
D11	30665	18866	D25	4631	277
D12	34789	21404	D26	9356	5436
D13	15400	5711	D27	13605	– 9015
D14	20698	12734			

从表 11 – 10 排序结果来看，农林牧渔业（D1）、化学工业（D12）、炼焦煤气及石油加工业（D11）、金属冶炼及压延加工业（D14）、食品制造及烟草加工业（D6）的碳减排责任最大，分别为 36436 万吨 CO_2、34789 万吨 CO_2、30665 万吨 CO_2、20698 万吨 CO_2 以及 17214 万吨 CO_2，占到整体产业间接碳足迹减排责任的 57.46%。木材加工及家具制造业（D9）、仪器仪表及文化办公用机械制造业（D20）、非金属矿及其他矿采

选业（D5）、水的生产和供应业（D23）间接碳足迹减排责任最小，分别为960万吨CO_2、498万吨CO_2、288万吨CO_2和75万吨CO_2，占到整体产业碳减排责任的0.72%。就1987年间接碳足迹迭代责任与初始责任相比较而言，共有农林牧渔业（D1）、化学工业（D12）等17个产业间接碳足迹减排责任发生了正向增长；通用专用设备制造业（D16）、建筑业（D24）等10个产业间接碳足迹减排责任应进一步减少。

（2）2007年间接碳足迹减排责任再分解。2007年共有11个产业间接碳足迹的ZSG－DEA效率值达到了有效边界，较BCC增加了5个产业，ZSG－DEA模型整体初始状态运算效率为0.693，为BCC效率0.510的135.88%。间接碳足迹中，ZSG－DEA初始值还有多达16个产业仍处于低效率状况，为此重新测算BCC和ZSG－DEA效率值。迭代至第11次后，整体BCC和ZSG－DEA效率值分别由第1次迭代的0.671和0.724均增长至1的有效边界。继而将运算后间接碳足迹结果与初始值进行比较，计算得到表11－11。

表11－11　2007年中国产业间接碳足迹迭代结果比较　（单位：万吨CO_2）

产业序号	迭代责任	责任变化	产业序号	迭代责任	责任变化
D1	57225	28191	D15	941	－364
D2	1877	－747	D16	2229	－22005
D3	787	－729	D17	2788	－32372
D4	2012	991	D18	1858	－593
D5	335	－182	D19	4430	2182
D6	2965	－6615	D20	393	－2400
D7	1896	－2660	D21	6708	－1011
D8	1635	－2933	D22	10790	－8712
D9	582	－492	D23	310	153
D10	883	－7114	D24	27419	－13549
D11	64567	13728	D25	7078	－11973
D12	41281	15870	D26	13711	3020
D13	1702	－15349	D27	64779	31913
D14	68514	33752			

表11－11显示，金属冶炼及压延加工业（D14）、其他服务业（D27）、石油加工炼焦及核燃料加工业（D11）、农林牧渔业（D1）、化学

工业（D12）的 2007 年度间接碳足迹减排责任最大，占到整体产业间接碳足迹减排责任的 76.18%。木材加工及家具制造业（D9）、仪器仪表及文化办公用机械制造业（D20）、非金属矿及其他矿采选业（D5）、水的生产和供应业（D23）责任相对小，四个产业仅占到整体产业减排责任的 0.42%。此外，就迭代责任与初始责任相比较而言，共有农林牧渔业（D1）、化学工业（D12）等 9 个产业间接碳足迹减排责任发生了增长；非金属矿物制品业（D13）、建筑业（D24）等 18 个产业间接碳足迹减排责任需调整降低。

（3）2018 年间接碳足迹减排责任再分解。2018 年所有产业间接碳足迹的 ZSG－DEA 初始值均高于 BCC 效率值，位于 BCC 曲线下方；共有 10 个产业的 ZSG－DEA 效率值达到了有效边界，和 BCC 有效边界产业数目相同；ZSG－DEA 模型整体初始状态运算效率为 0.679，为 BCC 效率 0.597 的 113.74%。鉴于 ZSG－DEA 初始值还有 17 个产业仍处于低效率状况，为此重新测算 BCC 和 ZSG－DEA 效率值。迭代至第 9 次后，整体 BCC 和 ZSG－DEA 效率值分别由第 1 次迭代的 0.753 和 0.894 均增长至 1，运算结束。继而将运算后间接碳足迹结果与初始值进行比较，计算得到表 11－12。

表 11－12　2018 年中国产业间接碳足迹迭代结果比较　（单位：万吨 CO_2）

产业序号	迭代责任	责任变化	产业序号	迭代责任	责任变化
D1	35921	9490	D15	1437	－825
D2	8282	2188	D16	18170	－8965
D3	922	－356	D17	19494	－18646
D4	3661	967	D18	2714	－4023
D5	523	－711	D19	2612	690
D6	27080	7154	D20	575	－2732
D7	1571	－3263	D21	7574	－9043
D8	1822	－4260	D22	7856	－20125
D9	969	－1067	D23	307	81
D10	1543	－10823	D24	62423	－3397
D11	125160	33064	D25	14882	－17407
D12	70648	18663	D26	19754	－1367
D13	16713	－17761	D27	114622	30280
D14	84008	22192			

表 11－12 显示，石油加工炼焦及核燃料加工业（D11）、其他服务业（D27）、非金属矿物制品业（D14）、化学工业（D12）、建筑业（D24）的间接碳足迹减排责任最大，占到该年整体产业间接碳足迹减排责任的 70.26%。石油和天然气开采业（D3）、仪器仪表及文化办公用机械制造业（D20）、非金属矿及其他矿采选业（D5）、水的生产和供应业（D23）责任相对小，占到整体产业减排责任的 0.41%。就迭代责任与初始责任相比较而言，共有农林牧渔业（D1）、其他服务业（D27）等 10 个产业间接碳足迹减排责任发生了增长；造纸印刷及文教体育用品制造业（D10）、交通运输设备制造业（D17）等 17 个产业间接碳足迹减排责任应该减少。

11.3.1.3 全碳足迹减排责任再分解

由全碳足迹减排责任分解效率解析结果可见，新旧常态中国全碳足迹减排责任初始分解的平均效率均值仅为 0.511，相对较低。为此利用ZSG－DEA 模型进行二次计算，寻求合理减排责任分解结果。对照上文全碳足迹减排责任分解效率，亦以 1987 年、2007 年及 2021 年为代表年份进行详细分析。

（1）1987 年全碳足迹减排责任再分解。首先结合 1987 年详细分析迭代过程。1987 年所有 27 个产业的 ZSG－DEA 初始值均高于 BCC 效率值，共有 12 个产业的 ZSG－DEA 效率值达到了有效边界，较 BCC 有效初始状态效率值增加了 6 个产业，显示初始状态 ZSG－DEA 模型运算效率较 BCC 效率距离有效边界更近。但初始状态中还有其中 15 个产业的 ZSG－DEA 初始值仍处于低效率状况，为此进一步将调整的全碳足迹量作为投入变量带入模型，重新测算 BCC 和 ZSG－DEA 效率值。第 1 次迭代运算后，整体 BCC 和 ZSG－DEA 效率值分别由初始状态的 0.511 和 0.670 提升至 0.649 和 0.814，但仍未达到有效边界，为此继续进行下一轮迭代。运算过程显示，每轮单一产业 BCC 效率值均有所提升，在运算至第 13 次迭代过程中，所有产业的 BCC 及 ZSG－DEA 效率值均达到了有效边界，本次迭代运算结束。在实现有效迭代运算后，将运算后全碳足迹结果与初始值进行比较，计算得到表 11－13。

表 11－13 显示，炼焦煤气及石油加工业（D11）、化学工业（D12）、金属冶炼及压延加工业（D14）、非金属矿物制品业（D13）迭代后全碳足迹减排责任最大，分别达到了 99100 万吨 CO_2、81109 万吨 CO_2、70749 万

吨 CO_2 和 48953 万吨 CO_2，占到全体产业全碳足迹减排责任的 63.67%。这些产业均属于能源生产或是高能耗产业，生产过程中产生了较多的碳排放，并相应承担了较多碳减排责任。木材加工及家具制造业（D9）、仪器仪表及文化办公用机械制造业（D20）、非金属矿及其他矿采选业（D5）、水生产和供应业（D23）的全碳足迹减排责任则相对最小，分别为 956 万吨 CO_2、507 万吨 CO_2、449 万吨 CO_2、94 万吨 CO_2，仅占到整体产业全碳足迹减排责任的 0.42%。

表 11-13　1987 年中国产业全碳足迹迭代结果比较　（单位：万吨 CO_2）

产业序号	迭代责任	责任变化	产业序号	迭代责任	责任变化
D1	46791	25376	D15	2408	110
D2	5131	-8573	D16	7760	-19548
D3	2631	-1424	D17	3330	-24118
D4	3965	2150	D18	3448	-1832
D5	449	-567	D19	2401	-36837
D6	21462	6337	D20	507	-3626
D7	12441	4104	D21	2924	-10595
D8	6258	2371	D22	4438	-42875
D9	957	-599	D23	94	51
D10	3276	-3065	D24	6931	-22234
D11	99101	53746	D25	5941	-7383
D12	81110	43989	D26	10076	4320
D13	48953	17977	D27	17497	-10203
D14	70750	32948			

此外，就迭代责任与初始责任相比较而言，共有农林牧渔业（D1）、金属矿采选业（D4）等 10 个产业全碳足迹减排责任发生了增长，说明在效率达到有效边界的前提下，这些产业可以通过碳交易市场等方式，适当增加全碳足迹的排放；煤炭开采和洗选业（D2）、石油和天然气开采业（D3）等 17 个产业全碳足迹减排责任减少，说明应减少这些产业的全碳足迹排放量。此外，所有产业增加和减少的全碳足迹总量代数和为零，符合 ZSG-DEA 计算模型的约束条件。

（2）2007 年全碳足迹减排责任再分解。2007 年所有 27 个产业的

ZSG－DEA 初始值均高于 BCC 效率值，共有 9 个产业的 ZSG－DEA 效率值达到了有效边界，较 BCC 增加了 3 个产业；ZSG－DEA 模型整体初始状态运算效率为 0.595，达到 BCC 效率值 0.464 的 128.23%。与此同时，ZSG－DEA 初始值还有 18 个产业仍处于低效率状况，为此重新测算 BCC 和 ZSG－DEA 效率值。迭代至第 9 次后，整体 BCC 和 ZSG－DEA 效率值分别由第 1 次迭代的 0.577 和 0.803 增长至 1 的有效边界。继而将运算后全碳足迹结果与初始值进行比较，计算得到表 11－14。

表 11－14　2007 年中国产业全碳足迹迭代结果比较　（单位：万吨 CO_2）

产业	迭代责任	责任变化	产业	迭代责任	责任变化
D1	87946	47452	D15	1409	－861
D2	3648	－32073	D16	3080	－25205
D3	1053	－5737	D17	3879	－33501
D4	4325	2334	D18	2214	－836
D5	303	－1614	D19	6091	3286
D6	2394	－13563	D20	573	－2314
D7	2806	－6825	D21	10921	2237
D8	2504	－2911	D22	14365	－268495
D9	890	－1056	D23	302	66
D10	1559	－13561	D24	31354	－12782
D11	337014	141685	D25	7460	－50808
D12	150646	80225	D26	20653	4975
D13	4002	－50473	D27	87269	47086
D14	358203	193271			

表 11－14 显示，金属冶炼及压延加工业（D14）、炼焦煤气及石油加工业（D11）、化学工业（D12）、农林牧渔业（D1）以及其他服务业（D27）的全碳足迹碳减排责任位居前五位，占到整体产业全碳足迹减排责任的 89.26%。木材加工及家具制造业（D9）、仪器仪表及文化办公用机械制造业（D20）、非金属矿及其他矿采选业（D5）、水的生产和供应业（D23）的减排责任相对最小，仅占到整体产业减排责任的 0.23%。此外，就迭代责任与初始责任相比较而言，共有农林牧渔业（D1）、炼焦煤气及石油加工业（D11）等 10 个产业全碳足迹减排责任发生了增长；煤炭开采

和洗选业（D2）、食品制造及烟草加工业（D6）等 17 个产业全碳足迹减排责任应减少。

（3）2021 年全碳足迹减排责任再分解。2021 年所有产业的 ZSG－DEA 初始值均高于 BCC 效率值，共有 13 个产业的 ZSG－DEA 效率值达到了有效边界，较 BCC 增加了 4 个产业；ZSG－DEA 模型整体初始状态运算效率为 0.668，为 BCC 效率值 0.562 的 118.61%。与此同时，ZSG－DEA 初始值还有 14 个产业仍处于低效率状况，为此重新测算迭代至第 7 次后，整体 BCC 和 ZSG－DEA 效率值分别由第 1 次迭代的 0.661 和 0.711 增长至 1，运算结束，计算得到表 11－15。

表 11－15　2021 年中国产业全碳足迹迭代结果比较　（单位：万吨 CO_2）

产业序号	迭代责任	责任变化	产业序号	迭代责任	责任变化
D1	59860	21997	D15	2348	－1591
D2	27839	－55741	D16	36806	5121
D3	1625	－4136	D17	44292	3737
D4	8342	3066	D18	3993	－4397
D5	873	－3729	D19	3792	1394
D6	52640	19344	D20	916	－2503
D7	2980	－7280	D21	12638	－6007
D8	2871	－4342	D22	24283	－381924
D9	1472	－2235	D23	536	197
D10	2626	－20786	D24	96013	25099
D11	560657	206031	D25	45835	－52987
D12	228201	83859	D26	34951	3968
D13	54577	－56872	D27	163055	59920
D14	464789	170801			

表 11－15 显示，炼焦煤气及石油加工业（D11）、金属冶炼及压延加工业（D14）、化学工业（D12）、其他服务业（D27）、建筑业（D24）的全碳足迹减排责任最大，占到整体产业全碳足迹减排责任的 78.43%。木材加工及家具制造业（D9）、仪器仪表及文化办公用机械制造业（D20）、非金属矿及其他矿采选业（D5）、水生产和供应业（D23）减排责任最小，仅占到整体产业减排责任的 0.23%。就迭代责任与初始责任相比较而言，

共有农林牧渔业（D1）、食品制造及烟草加工业（D6）等13个产业全碳足迹减排责任发生了增长；煤炭开采和洗选业（D2）、纺织业（D7）等14个产业全碳足迹减排责任则可相应减少。

11.3.2 产业碳足迹减排责任再分解纵横向比较

为了更好地比较三个时间段产业碳足迹迭代减排责任变化情况，设计表11－16反映了直接、间接和全碳足迹产业迭代责任与初始责任对比时增加或减少最大的三个产业。

表11－16 产业碳足迹迭代责任变化波动对比

参数	1987年		2007年		2021年	
	增加	减少	增加	减少	增加	减少
直接碳足迹	D11、D12、D14	D22、D2、D19	D14、D11、D12	D22、D13、D2	D11、D14、D27	D22、D2、D13
间接碳足迹	D1、D12、D11	D19、D17、D24	D14、D27、D1	D17、D16、D13	D11、D27、D14	D22、D13、D25
全碳足迹	D11、D12、D14	D22、D19、D17	D14、D11、D1	D22、D25、D13	D11、D14、D27	D22、D13、D2

（1）单年度纵向比较。1987年化学工业（D11）、非金属矿物制品业（D12）在三个碳足迹排名中均进入需要增加责任的前三位，金属制品业（D14）则在直接碳足迹和全碳足迹方面位居需要增加责任的第三位，农林牧渔业（D1）在间接碳足迹增加责任位次中排名第一。通信设备计算机及其他电子设备制造业（D19）处于减少三类碳足迹责任排名的前三位，电热气生产及供应业（D22）在直接和全碳足迹减少位次中均排名第一，交通运输设备制造业（D17）出现在间接和全碳足迹减少的前三位中。

在2007年增加责任名单中，金属冶炼及压延加工业（D14）一直稳居第一位，炼焦煤气及石油加工业（D11）在直接和全碳足迹增加名单中排名第二位，农林牧渔业（D1）在间接和全碳足迹增加名单中位居第三位，化学工业（D12）、其他服务业（D27）则分别仅出现在直接和间接碳足迹增加名单中。碳足迹需要减少的前三位中，非金属矿物制品业（D13）一直排名第二和第三，电热气生产及供应业（D22）则在直接和全碳足迹中排名第一。

2021 年三个碳足迹需要增加的前三位构成一直稳定，其中炼焦煤气及石油加工业（D11）一直排名第一，金属冶炼及压延加工业（D14）和其他服务业（D27）则位次有所变化更替。在需要减少的名单中，电热气生产及供应业（D22）一直稳居第一位，非金属矿物制品业（D13）除直接碳足迹排名第三外，其余两个足迹均排名第二，煤炭开采和洗选业（D2）则出现在直接和全碳足迹排名中，交通运输仓储和邮电通信业（D25）仅出现在该年度间接碳足迹需要减少的前三位中，排名第三。

（2）年度横向比较。在直接碳足迹方面，1987 年和 2007 年中炼焦煤气及石油加工业（D11）、化学工业（D12）、金属冶炼及压延加工业（D14）三个产业一直位于应该增加直接碳足迹的前三位，2021 年其他服务业（D27）替换了化学工业（D12）。在应进一步减少直接碳足迹的产业中，电热气生产及供应业（D22）在三个年度中一直稳居第一位，煤炭开采和洗选业（D2）除 2007 年下降为第三位外，其余两个年度排名第二位，1987 年通信设备计算机及其他电子设备制造业（D19）为第三位，2007 年及 2021 年非金属矿物制品业（D13）进入前三位。

在间接碳足迹方面，农林牧渔业（D1）在 1987 年和 2007 年位居应增加的前三位，其他服务业（D27）、金属冶炼及压延加工业（D14）在 2007 年及 2021 年进入前三位，炼焦煤气及石油加工业（D11）仅缺席了 2007 年，化学工业（D12）则仅在 1987 年排名第二。应减少排名中，交通运输设备制造业（D17）在 1987 年、2007 年分别位居第二位和第一位，非金属矿物制品业（D13）则在 2007 年和 2021 年分别排名第三和第二，其余产业（D19、D24、D16、D22、D25）则均只出现了一次。

在全碳足迹方面，炼焦煤气及石油加工业（D11）、金属冶炼及压延加工业（D14）一直出现在应增加全碳足迹的前三位，其中炼焦煤气及石油加工业（D11）两次位居第一位，化学工业（D12）、农林牧渔业（D1）和其他服务业（D27）则分别在三个年度出现了一次。电热气生产及供应业（D22）在三个年度中一直位居应减少全碳足迹的第一位，非金属矿物制品业（D13）则出现在 2007 年和 2018 年度中，其余通信设备计算机及其他电子设备制造业（D19）、交通运输设备制造业（D17）、煤炭开采和洗选业（D2）、金属制品业（D15）分别出现了一次。

（3）比较情况说明。需要特别指出的是，第一，对于 BCC 及 ZSG - DEA 效率值未达到有效边界的产业，碳足迹减排过程中需要加大调整力度以取得更高效率；部分产业初始值效率值虽然位于有效边界，但并不意味着这些产业不需要任何调整，而是也要通过采用低碳技术改造等方式减少碳足迹排放。第二，本书计算过程中设置了碳足迹总量不变的原则，直接、间接和全碳足迹产业的增加值和产业减少的增加值维持一致。第三，在计算过程中，鉴于碳足迹总量不变，使得多数产业投入变量对于产出变量影响松弛值接近于零，而尚存在农林牧渔业（D1）、食品制造及烟草加工业（D6）等产业的产出变量松弛变量为正数，说明当前中国这些产业尚能在保持碳足迹投入不变的情况下，进一步提升产业产出效率。

11.4 多情景模式下中国产业全碳足迹减排责任分解

根据上章中国产业全碳足迹峰值预测数据，可分别测算出八种情景模式下中国 27 个产业的投入产出指标，继而采用 ZSG - DEA 模型测算出各个情景模式下的碳排放效率值，并通过迭代计算达到最优方案。需要指出的是，鉴于各峰值年度投入产出指标预测均是以 2021 年数据为基础数据，依据不同发展情景增长率预测指标，因而在利用 Deap 测算时，八种模式下的初始 BCC 效率值以及 ZSG - DEA 效率值基本保持一致。

计算过程中，需要预测各个情景模式的投入指标，首先以低模式为例说明预测过程。由第 10 章可见低模式下产业全碳足迹出现峰值的年份为 2026 年，根据 2021 年各个产业从业人口数据可测算得出 2026 年低模式下的各个产业从业人数；将 2021 年各个产业产值除以相应产业从业人数便可得出产业人均产值基础数据，再根据低模式发展情景自变量设置中产业人均 GDP 增长率，便可测算出 2026 年各个产业部门的产值。同理，利用 2021 年产业能源消耗量除以产业产值得出各个产业的能源消耗强度，根据能源消费强度增长率测算得出 2026 年 27 个产业的能源消耗量。再利用 2021 年各个产业的碳排放量除以产业产值得出各个产业的碳排放强度，结合碳排放强度增长率测算得出 2026 年 27 个产业的碳排放量。依此原理，便可完成低增长、中增长、高增长、高中增长、高低增长、中高增长、中低增长、低中增长等 8 种情景模式的投入指标，继而根据不同原则分解产业全碳足迹责任。

11.4.1　低增长模式下产业全碳足迹减排责任分解

依照本书前章分析，低增长模式时全碳足迹碳排放峰值出现在 2026 年，首先根据 2018 年基础数据，依照情景分析中的增长趋势预测各投入产出指标（见表 11－17）。

表 11－17　　低增长模式下产业投入产出指标

产业	就业人口（万人）	能源消耗（万吨 CO_2）	产值（万元）	全碳足迹（万吨 CO_2）
D1	15119	8197	225012	39111
D2	482	21785	313818	86335
D3	66	4198	56377	5950
D4	122	35258	157674	5450
D5	61	1560	36852	4753
D6	800	1434	535755	34393
D7	376	7365	10342	10598
D8	748	390	79951	7451
D9	286	502	26788	3829
D10	506	4901	65174	24184
D11	105	101259	241934	366314
D12	550	54427	847627	149099
D13	654	31974	317544	115122
D14	662	81186	648551	303677
D15	418	4466	161695	4069
D16	899	4898	415186	32729
D17	812	11023	439045	41891
D18	736	2454	318849	8666
D19	1101	3298	273314	2477
D20	107	283	37951	3531
D21	3999	1595	66107	19259

续表

产业	就业人口（万人）	能源消耗（万吨 CO_2）	产值（万元）	全碳足迹（万吨 CO_2）
D22	349	24827	231630	419595
D23	39	1336	1238	350
D24	19827	8058	426490	73251
D25	2979	40081	86430	102079
D26	10460	12053	292331	32004
D27	21914	23556	644658	106534

基于投入产出指标，利用 ZSG - DEA 模型测算低增长模式下产业全碳足迹减排责任分解效率以及迭代结果。结果显示，低增长模式下中国产业全碳足迹初始 BCC 效率均值为 0. 609，距离 DEA 有效边界有明显差距。就单个产业而言，农林牧渔业（D1）、金属矿采选业（D4）等 10 个产业的初始 BCC 效率值达到了 1，其余 17 个产业则均未达到有效边界，需要进一步进行减排责任分解分析。低增长模式下所有产业的 ZSG - DEA 初始值均高于 BCC 效率值，共有 11 个产业的 ZSG - DEA 效率值达到了有效边界，较 BCC 有效初始状态效率值增加了 3 个产业。鉴于 ZSG - DEA 初始状态中还有 16 个产业仍处于低效率状况，为此进一步重新测算 BCC 和 ZSG - DEA 效率值。第 1 次迭代运算后，整体 BCC 和 ZSG - DEA 效率值分别提升至 0. 695 和 0. 731，距有效边界更近，但尚待提升，为此继续迭代至第 6 轮，所有产业的 BCC 及 ZSG - DEA 效率值均达到了有效边界。在实现有效迭代运算后，将运算后全碳足迹结果与初始值进行比较，结果见表11 - 18。

表 11 - 18 显示，炼焦煤气及石油加工业（D11）、金属冶炼及压延加工业（D14）、化学工业（D12）、其他服务业（D27）、建筑业（D24）的全碳足迹减排责任最大，占到整体产业碳减排责任的 63. 33%。木材加工及家具制造业（D9）、仪器仪表及文化办公用机械制造业（D20）、非金属矿及其他矿采选业（D5）、水生产和供应业（D23）全碳足迹减排责任最小，仅占到整体产业全碳足迹减排责任的 0. 16%。就迭代责任与初始责任相比较而言，共有农林牧渔业（D1）、金属矿采选业（D4）、食品制造及烟草加工业（D6）等 14 个产业全碳足迹减排责任发生了增长；煤炭开采和洗选业（D2）、造纸印刷及文教体育用品制造业（D10）等 13 个产业全碳足迹减排责任相应减少。

表11－18　效率原则下低增长模式中国产业全碳足迹迭代结果比较

（单位：万吨CO_2）

产业序号	迭代责任	责任变化	产业序号	迭代责任	责任变化
D1	60172	21061	D15	2828	－1241
D2	27802	－58533	D16	32739	10
D3	1651	－4299	D17	43550	1658
D4	8385	2935	D18	12335	3669
D5	967	－3786	D19	3812	1335
D6	52914	18521	D20	980	－2551
D7	2792	－7806	D21	15457	－3802
D8	2725	－4726	D22	13883	－405712
D9	1300	－2529	D23	538	188
D10	2585	－21599	D24	112697	39446
D11	563576	197262	D25	82297	－19782
D12	229390	80291	D26	49239	17235
D13	46979	－68143	D27	163904	57370
D14	467209	163532			

而后基于公平原则、产值原则和溯往原则，对于低模式投入产出指标分别进行配量计算，再利用ZSG－DEA模型进行效率寻优，最终得到低模式下多原则全碳足迹减排责任分解结果，数据见表11－19。

表11－19　低增长模式下多原则全碳足迹减排责任分解结果

（单位：万吨CO_2）

产业	公平初始	公平效率	产值初始	产值效率	溯往初始	溯往效率
D1	359710	359790	112886	128584	42527	68032
D2	11474	11444	56501	64358	78095	26713
D3	1575	1564	19260	12121	8011	2054
D4	2912	2890	35976	38216	4760	7615
D5	1445	1446	7223	8156	4081	1384
D6	19034	19002	122185	135140	32199	51509
D7	8941	8918	20879	6268	12354	3237
D8	17805	17758	44717	18351	7816	3899
D9	6816	6784	11051	6619	3623	1806

续表

产业	公平初始	公平效率	产值初始	产值效率	溯往初始	溯往效率
D10	12039	12008	23139	14820	25755	3375
D11	2488	2488	60951	69427	352943	564613
D12	13077	13080	204099	232481	135051	216045
D13	15549	15537	70521	69549	110822	44439
D14	15752	15756	171778	195665	293727	469883
D15	9934	9918	41666	33870	4245	4031
D16	21392	21355	110175	97541	41437	32567
D17	19308	19294	108885	104766	55312	42193
D18	17520	17473	85318	66721	8410	13453
D19	26184	26165	96747	57850	3724	5957
D20	2544	2535	11898	8414	4613	1405
D21	95142	95164	20625	23493	16151	17617
D22	8299	8278	74054	49681	451363	13533
D23	936	936	813	926	435	696
D24	471717	471823	167816	191152	74027	118423
D25	70871	70887	33429	38078	102000	81500
D26	248857	248913	84872	96675	28262	45211
D27	521385	521501	205243	233784	100964	161514
合计	2002705	2002705	2002705	2002705	2002705	2002705

由表 11－19 可知，低增长模式下产业基于公平原则的初始减排责任分解与 ZSG 效率减排责任分解结果非常接近，在一定程度上说明各产业基于公平原则的初始减排责任分解结果恰好位于各产业投入产出变量构成的前沿面上。而基于溯往原则和产值原则的初始减排责任分解与 ZSG 效率减排责任分解结果则均存在较大差异，说明必须经过 ZSG 减排责任分解计算，才能实现全部产业整体减排责任分解效率最优化。

鉴于各个减排责任分解原则有所不同，所以减排责任分解结果亦有所不同。以交通运输仓储和邮电通信业（D25）为例，根据情景分析法，该产业 2026 年预计全碳足迹为 102079 万吨 CO_2，基于效率原则减排责任分解结果为 82297 万吨 CO_2；基于公平原则减排责任分解得出初始分解和 ZSG 减排责任分解结果为 70871 万吨 CO_2 和 70887 万吨 CO_2；基于溯往原则减排责任分解得出的初始分解结果为 102000 万吨 CO_2，ZSG 分解结果为 81500 万吨 CO_2；基于产值原则减排责任分解得出的初始分解结果为 33429 万吨 CO_2，ZSG 分解结果为 38078 万吨 CO_2。分解结果显示，按照效率原则、公平原则、溯往原则和产值原则的 ZSG 分解结果均有所不同且差距较大，但各种原则均显示该产业全碳足迹需要在一定程度上实现减排。在与其他各个产业基于不同分解原则所得的计算结果进行横向对比时，会出现各分解原则计算结果存在矛盾的情况，如部分产业在某种原则下需要减排，而在另一种原则下允许增加排放，例如煤炭开采和洗选业（D2）依据效率原则、公平原则、溯往原则时均需要实现不同程度的全碳足迹减排，而依据产值原则，却应适当增加该产业的全碳足迹排放。之所以会出现这类矛盾性数据冲突情况，其根本原因在于单一分解原则的差异化利益导向。

为了更好地平衡各个减排责任分解原则，根据不同原则结合计算公式，将效率、公平权重因子和溯往、产值权重因子分别取值 0.5，计算出低增长模式下中国各产业组合原则全碳足迹减排责任分解结果，并与实际预测全碳足迹量进行比较，计算结果见表 11－20。

表 11－20　低增长模式下组合原则产业全碳足迹减排责任分解结果

（单位：万吨 CO_2）

产业	实际预测值	效率公平	溯往产值
D1	39111	209981	98308
D2	86335	19623	45535
D3	5950	1607	7088
D4	5450	5637	22915
D5	4753	1206	4770
D6	34393	35958	93325
D7	10598	5855	4753
D8	7451	10242	11125
D9	3829	4042	4213
D10	24184	7296	9098
D11	366314	283032	317020
D12	149099	121235	224263

续表

产业	实际预测值	效率公平	溯往产值
D13	115122	31258	56994
D14	303677	241483	332774
D15	4069	6373	18951
D16	32729	27047	65054
D17	41891	31422	73480
D18	8666	14904	40087
D19	2477	14988	31903
D20	3531	1757	4910
D21	19259	55310	20555
D22	419595	11080	31607
D23	350	737	811
D24	73251	292260	154788
D25	102079	76592	59789
D26	32004	149076	70943
D27	106534	342703	197649
总体	2002705	2002705	2002705

由表 11 -20 可见，不同的责任分解原则组合所得的分解结果有所区别。在实际应用中，需要结合实际需求或者具体偏向性要求，选择或组合适合的减排责任分解原则进行产业全碳足迹的合理分解，需要指出的是，无论采取何种责任分解原则，整体产业全碳足迹总量维持不变。

11.4.2 中增长模式下产业全碳足迹减排责任分解

情景分析设置为中增长模式时，产业碳排放峰值出现在 2030 年，首先利用中增长模式下的情景参数，对 2030 年产业就业人口数量、能源消耗量、产业产值及全碳足迹进行预测，结果见表 11 -21。

表 11 -21　　中增长模式下产业投入产出指标

产业	就业人口（万人）	能源消耗（万吨 CO_2）	产值（万元）	全碳足迹（万吨 CO_2）
D1	15209	9882	322469	47437
D2	485	26265	449737	104713

续表

产业	就业人口（万人）	能源消耗（万吨 CO_2）	产值（万元）	全碳足迹（万吨 CO_2）
D3	67	5061	80795	7218
D4	123	42509	225965	6610
D5	61	1881	52814	5766
D6	805	1729	767799	41715
D7	378	8879	14821	12854
D8	753	470	114579	9037
D9	288	605	38390	4644
D10	509	5908	93402	29332
D11	105	122082	346719	444292
D12	553	65620	1214747	180838
D13	657	38550	455077	139628
D14	666	97881	929447	368322
D15	420	5384	231728	4935
D16	904	5905	595009	39696
D17	816	13290	629202	50809
D18	741	2959	456947	10511
D19	1107	3976	391691	3004
D20	108	342	54389	4283
D21	4023	1923	94740	23359
D22	351	29933	331953	508915
D23	40	1611	1774	425
D24	19945	9715	611209	88844
D25	2996	48324	123863	123809
D26	10522	14532	418944	38817
D27	22045	28401	923868	129212

利用 ZSG－DEA 模型测算显示 27 个产业之间的效率值差异较大，第 1 次迭代运算后，整体 BCC 和 ZSG－DEA 效率值分别提升至 0.693 和 0.731，尚未达到有效边界，为此继续迭代至第 7 轮。继而基于公平原则、产值原则和溯往原则，对于中增长模式投入产出指标分别进行配量计算，再利用 ZSG－DEA 模型进行效率寻优，得到中增长模式下多原则全碳足迹减排责任分解结果，数据见表 11－22。

表 11－22　中增长模式下多原则全碳足迹减排责任分解结果一览表

（单位：万吨 CO_2）

产业	公平初始	公平效率	产值初始	产值效率	溯往初始	溯往效率
D1	436282	436311	136916	155955	51580	82527
D2	13917	13905	68529	78058	94719	32324
D3	1910	1910	23360	14701	9716	2470
D4	3532	3522	43634	46351	5773	9237
D5	1753	1737	8760	9892	4950	1666
D6	23085	23087	148195	163907	39053	62484
D7	10844	10835	25324	7603	14983	3897
D8	21595	21596	54236	22257	9480	4699
D9	8266	8251	13403	8036	4394	2176
D10	14602	14589	28064	17975	31238	4035
D11	3017	3018	73925	84205	428075	684910
D12	15860	15861	247546	281969	163800	262076
D13	18859	18842	85533	84353	134413	53917
D14	19106	19107	208345	237316	356253	569996
D15	12049	12039	50536	41080	5149	4865
D16	25945	25923	133628	118304	50258	39407
D17	23418	23398	132063	127068	67087	51123
D18	21249	21251	103480	80923	10200	16320
D19	31758	31760	117342	70165	4516	7226
D20	3086	3086	14431	10205	5595	1693
D21	115395	115403	25015	28494	19589	21290
D22	10066	10057	89818	60256	547445	16267
D23	1135	1135	986	1123	528	844
D24	572132	572171	203539	231843	89785	143654
D25	85958	85964	40545	46183	123713	99151
D26	301832	301852	102939	117254	34278	54844
D27	632373	632415	248933	283549	122456	195926
合计	2429025	2429025	2429025	2429025	2429025	2429025

为了进一步平衡各个减排责任分解原则，根据不同原则，结合计算公式，将效率、公平权重因子和溯往、产值权重因子分别取值 0.5，计算出

中增长模式下组合原则产业全碳足迹减排责任分解结果，并与实际预测全碳足迹量进行比较，计算结果见表 11－23。

表 11－23　　中增长模式下组合原则产业全碳足迹减排责任分解结果

（单位：万吨 CO_2）

产业	实际预测值	效率公平	溯往产值
D1	47437	254647	119241
D2	104713	23821	55191
D3	7218	1955	8585
D4	6610	6846	27794
D5	5766	1455	5779
D6	41715	43633	113195
D7	12854	7109	5750
D8	9037	12451	13478
D9	4644	4914	5106
D10	29332	8861	11005
D11	444292	343290	384558
D12	180838	147045	272022
D13	139628	37914	69135
D14	368322	292893	403656
D15	4935	7734	22972
D16	39696	32797	78856
D17	50809	38106	89096
D18	10511	18105	48622
D19	3004	18191	38695
D20	4283	2137	5949
D21	23359	67076	24892
D22	508915	13450	38262
D23	425	894	984
D24	88844	354431	187748
D25	123809	92875	72667
D26	38817	180787	86049
D27	129212	415607	239738
合计	2429025	2429025	2429025

由表 11－23 可见，不同的减排责任分解原则组合所得的分解结果有所区别，但中增长模式下整体产业全碳足迹均维持在 2429025 万吨 CO_2。

11.4.3 高增长模式下产业全碳足迹减排责任分解

高增长模式下产业碳排放峰值出现在 2030 年，首先利用高增长模式下的情景参数，投入产出指标进行预测，结果如表 11－24 所示。

表 11－24　　高增长模式下产业投入产出指标

产业	就业人口（万人）	能源消耗（万吨 CO_2）	产值（万元）	全碳足迹（万吨 CO_2）
D1	15537	15169	410930	62417
D2	496	40316	573111	137782
D3	68	7769	102959	9497
D4	126	65249	287953	8698
D5	62	2887	67302	7586
D6	822	2653	978425	54889
D7	386	13629	18887	16914
D8	769	721	146011	11891
D9	294	928	48922	6111
D10	520	9069	119025	38595
D11	107	187389	441833	584603
D12	565	100723	1547983	237949
D13	672	59172	579916	183724
D14	680	150243	1184418	484641
D15	429	8264	295297	6493
D16	924	9064	758235	52233
D17	834	20400	801808	66855
D18	757	4542	582300	13831
D19	1131	6103	499142	3953
D20	110	524	69309	5636
D21	4109	2952	120729	30736
D22	358	45945	423015	669635
D23	40	2473	2261	559

续表

产业	就业人口（万人）	能源消耗（万吨 CO_2）	产值（万元）	全碳足迹（万吨 CO_2）
D24	20375	14913	778879	116902
D25	3061	74174	157842	162909
D26	10749	22305	533871	51076
D27	22520	43594	1177309	170019

基于表 11－24 利用 ZSG－DEA 模型，测算出高增长模式下产业初始碳排放 BCC 效率平均值及 ZSG－DEA 效率平均值均未达到有效边界。第 1 次迭代运算后，整体 BCC 和 ZSG－DEA 效率值分别提升至 0.695 和 0.731，尚未达到有效边界，为此继续迭代至第 7 轮，所有产业的 BCC 及 ZSG－DEA 效率值均达到了有效边界，迭代运算结束。继而基于公平原则、产值原则和溯往原则，对于高增长模式投入产出指标分别进行配量计算，再利用 ZSG－DEA 模型进行效率寻优，得到高增长模式下多原则全碳足迹减排责任分解结果，数据见表 11－25。

表 11－25　高增长模式下多原则全碳足迹减排责任分解结果一览表

（单位：万吨 CO_2）

产业	公平初始	公平效率	产值初始	产值效率	溯往初始	溯往效率
D1	574064	574230	180155	205176	67869	108572
D2	18312	18299	90170	102694	124632	42631
D3	2513	2514	30738	19358	12785	3279
D4	4647	4649	57415	60993	7596	12152
D5	2306	2296	11527	13024	6513	2209
D6	30376	30326	194996	215614	51386	82204
D7	14269	14233	33321	10002	19715	5167
D8	28414	28369	71364	29295	12473	6222
D9	10877	10838	17636	10565	5782	2883
D10	19213	19163	36927	23656	41103	5387
D11	3970	3971	97272	110782	563265	901071
D12	20869	20875	325723	370962	215529	344789
D13	24814	24798	112545	111003	176862	70921
D14	25140	25147	274142	312216	468761	749890

续表

产业	公平初始	公平效率	产值初始	产值效率	溯往初始	溯往效率
D15	15855	15814	66495	54094	6775	6433
D16	34139	34083	175829	155724	66130	51973
D17	30814	30763	173770	167234	88273	67336
D18	27960	27913	136160	106581	13421	21470
D19	41788	41719	154399	92367	5942	9506
D20	4060	4061	18988	13440	7362	2242
D21	151838	151732	32915	37487	25776	28113
D22	13245	13197	118183	79312	720334	21595
D23	1493	1494	1298	1478	694	1110
D24	752817	753035	267818	305015	118140	188992
D25	113104	113024	53349	60759	162783	130068
D26	397154	397269	135449	154261	45103	72153
D27	832082	832323	327548	373041	161129	257762
合计	3196134	3196134	3196134	3196134	3196134	3196134

而后根据不同原则结合计算公式，将效率、公平权重因子和溯往、产值权重因子分别取值0.5，计算出高增长模式下组合原则产业全碳足迹减排责任分解结果，并与实际预测全碳足迹量进行比较，计算结果见表11－26。

表11－26　高增长模式下组合原则产业全碳足迹减排责任分解结果

（单位：万吨 CO_2）

产业	实际预测值	效率公平	溯往产值
D1	62417	335130	156874
D2	137782	31336	72662
D3	9497	2574	11319
D4	8698	9015	36573
D5	7586	1920	7617
D6	54889	57386	148909
D7	16914	9344	7585
D8	11891	16359	17758
D9	6111	6457	6724

续表

产业	实际预测值	效率公平	溯往产值
D10	38595	11645	14522
D11	584603	451696	505926
D12	237949	193482	357875
D13	183724	49888	90962
D14	484641	385387	531053
D15	6493	10163	30264
D16	52233	43167	103849
D17	66855	50134	117285
D18	13831	23799	64026
D19	3953	23901	50937
D20	5636	2813	7841
D21	30736	88200	32800
D22	669635	17678	50454
D23	559	1177	1294
D24	116902	466445	247004
D25	162909	122161	95414
D26	51076	237925	113207
D27	170019	546950	315401
合计	3196134	3196134	3196134

11.4.4　低中增长模式下产业全碳足迹减排责任分解

依据情景分析对低中模式的参数进行设置，分析低中增长模式下的投入产出指标（见表 11－27）。

表 11－27　低中增长模式下产业投入产出指标

产业	就业人口（万人）	能源消耗（万吨 CO_2）	产值（万元）	全碳足迹（万吨 CO_2）
D1	15016	7790	254184	42503
D2	479	20704	354502	93822
D3	66	3989	63686	6467
D4	122	33507	178115	5923
D5	60	1482	41630	5166

续表

产业	就业人口（万人）	能源消耗（万吨 CO_2）	产值（万元）	全碳足迹（万吨 CO_2）
D6	795	1363	605212	37376
D7	373	6999	11683	11517
D8	743	370	90316	8097
D9	285	477	30261	4161
D10	503	4657	73624	26281
D11	104	96230	273299	398083
D12	546	51725	957516	162030
D13	649	30386	358711	125106
D14	658	77154	732630	330014
D15	415	4244	182658	4422
D16	893	4655	469012	35568
D17	806	10476	495964	45525
D18	731	2332	360186	9418
D19	1093	3134	308748	2692
D20	106	269	42872	3838
D21	3972	1516	74678	20930
D22	346	23594	261659	455985
D23	39	1270	1398	381
D24	19692	7658	481781	79604
D25	2959	38091	97634	110932
D26	10389	11454	330229	34780
D27	21766	22387	728233	115773

根据表 11 -27 中的投入产出指标，利用 ZSG - DEA 模型测算，显示 BCC 效率平均值及 ZSG - DEA 效率平均值相对较低。该模式下所有 27 个产业的 ZSG - DEA 初始值均高于 BCC 效率值，共有 13 个产业的 ZSG - DEA 效率值达到了有效边界。连续迭代至第 7 轮，所有产业的 BCC 及 ZSG - DEA 效率值均达到了有效边界，迭代运算结束。再基于公平原则、产值原则和溯往原则，对于低中增长模式投入产出指标分别进行配量计算，继而利用 ZSG - DEA 模型进行效率寻优，得到低中增长模式下多原则全碳足迹减排责任分解结果，数据见表 11 -28。

表11-28 低中增长模式下多原则全碳足迹减排责任分解结果一览表

（单位：万吨 CO_2）

产业	公平初始	公平效率	产值初始	产值效率	溯往初始	溯往效率
D1	390906	390948	122676	139713	46215	73931
D2	12470	12459	61401	69929	84868	29031
D3	1711	1712	20931	13182	8706	2233
D4	3165	3165	39096	41533	5173	8275
D5	1571	1557	7849	8869	4435	1505
D6	20684	20687	132782	146821	34991	55976
D7	9717	9699	22690	6811	13425	3518
D8	19349	19333	48595	19949	8494	4237
D9	7407	7407	12009	7194	3937	1963
D10	13083	13085	25145	16109	27989	3668
D11	2704	2704	66237	75436	383553	613572
D12	14211	14212	221800	252604	146764	234779
D13	16897	16883	76637	75588	120433	48297
D14	17119	17121	186676	212602	319201	510627
D15	10796	10787	45280	36835	4613	4381
D16	23247	23228	119730	106041	45031	35395
D17	20982	20965	118328	113879	60109	45857
D18	19039	19005	92718	72575	9139	14620
D19	28455	28430	105137	62898	4046	6473
D20	2765	2749	12930	9152	5013	1527
D21	103394	103405	22413	25526	17552	19146
D22	9019	8994	80476	54008	490508	14705
D23	1017	1017	884	1006	473	756
D24	512627	512683	182370	207698	80447	128692
D25	77018	77026	36328	41373	110846	88579
D26	270440	270469	92233	105043	30713	49132
D27	566603	566664	223043	254019	109720	175519
合计	2176393	2176393	2176393	2176393	2176393	2176393

为了进一步平衡各个减排责任分解原则，根据不同原则结合计算公式，将效率、公平权重因子和溯往、产值权重因子分别取值0.5，计算出

低中增长模式下组合原则产业全碳足迹减排责任分解结果，并与实际预测全碳足迹量进行比较，计算结果见表11－29。

表11－29　低中增长模式下组合原则产业全碳足迹减排责任分解结果

（单位：万吨 CO_2）

产业	实际预测值	效率公平	溯往产值
D1	42503	228170	106822
D2	93822	21338	49480
D3	6467	1752	7707
D4	5923	6139	24904
D5	5166	1304	5187
D6	37376	39096	101398
D7	11517	6365	5165
D8	8097	11146	12093
D9	4161	4411	4579
D10	26281	7947	9888
D11	398083	307586	344504
D12	162030	131751	243691
D13	125106	33971	61942
D14	330014	262431	361614
D15	4422	6929	20608
D16	35568	29387	70718
D17	45525	34148	79868
D18	9418	16205	43598
D19	2692	16286	34685
D20	3838	1907	5339
D21	20930	60102	22336
D22	455985	12041	34356
D23	381	801	881
D24	79604	317579	168195
D25	110932	83219	64976
D26	34780	161990	77087
D27	115773	372393	214769
合计	2176393	2176393	2176393

11.4.5　中低增长模式下产业全碳足迹减排责任分解

当产业发展模式为中低增长模式时，碳排放峰值出现在 2026 年，而后依据中低增长模式情景参数，预测投入产出指标，结果见表 11－30。

表 11－30　　中低增长模式下产业投入产出指标

产业	就业人口（万人）	能源消耗（万吨 CO_2）	产值（万元）	碳排放量（万吨 CO_2）
D1	15278	9609	263785	43260
D2	487	25539	367893	95493
D3	67	4921	66092	6582
D4	124	41334	184844	6028
D5	61	1829	43203	5258
D6	808	1681	628074	38042
D7	380	8634	12124	11722
D8	756	457	93728	8241
D9	289	588	31404	4235
D10	511	5745	76405	26749
D11	106	118707	283622	405171
D12	555	63806	993685	164915
D13	660	37484	372261	127334
D14	669	95175	760305	335890
D15	422	5235	189558	4500
D16	909	5742	486728	36201
D17	820	12923	514699	46335
D18	744	2877	373791	9586
D19	1112	3866	320410	2740
D20	108	332	44491	3906
D21	4041	1870	77499	21302
D22	353	29105	271543	464104
D23	40	1567	1451	387
D24	20036	9447	499980	81021
D25	3010	46988	101323	112907
D26	10570	14130	342704	35399
D27	22145	27616	755741	117835

根据表 11 – 30 利用 ZSG – DEA 模型发现 BCC 及 ZSG – DEA 效率平均值距离有效边界还很远。连续迭代至第 7 轮后，所有产业的 BCC 及 ZSG – DEA 效率值均达到了有效边界。再基于公平原则、产值原则和溯往原则，对于中低增长模式投入产出指标分别进行配量计算，利用 ZSG – DEA 模型进行效率寻优，得到表 11 – 31。

表 11 – 31　中低增长模式下多原则全碳足迹减排责任分解结果一览表

（单位：万吨 CO_2）

产业	公平初始	公平效率	产值初始	产值效率	溯往初始	溯往效率
D1	397866	397923	124860	142202	47038	75249
D2	12692	12669	62494	71174	86379	29543
D3	1742	1737	21303	13414	8861	2272
D4	3221	3218	39792	42279	5265	8423
D5	1599	1581	7989	9025	4514	1531
D6	21053	21037	135146	149474	35614	56974
D7	9890	9872	23094	6932	13664	3580
D8	19693	19659	49460	20305	8645	4312
D9	7539	7510	12223	7320	4007	1998
D10	13316	13280	25593	16393	28487	3734
D11	2752	2752	67416	76780	390382	624514
D12	14464	14466	225749	257104	149377	238966
D13	17198	17168	78002	76906	122578	49148
D14	17423	17426	189999	216389	324884	519734
D15	10988	10969	46086	37490	4695	4458
D16	23661	23664	121862	107950	45833	36020
D17	21356	21340	120435	115865	61179	46667
D18	19378	19364	94369	73866	9302	14881
D19	28962	28940	107009	64032	4119	6589
D20	2814	2803	13160	9310	5102	1554
D21	105235	105250	22813	25981	17864	19485
D22	9180	9181	81909	54964	499242	14958
D23	1035	1035	899	1024	481	770
D24	521755	521830	185617	211398	81880	130987

续表

产业	公平初始	公平效率	产值初始	产值效率	溯往初始	溯往效率
D25	78389	78400	36975	42110	112820	90142
D26	275255	275295	93875	106914	31260	50008
D27	576691	576774	227014	258544	111673	178650
合计	2215145	2215145	2215145	2215145	2215145	2215145

根据不同原则结合计算公式，将效率、公平权重因子和溯往、产值权重因子分别取值0.5，计算出中低增长模式下组合原则产业全碳足迹减排责任分解结果，并与实际预测全碳足迹量进行比较，计算结果见表11－32。

表 11－32　　中低增长模式下组合原则产业全碳足迹减排责任分解结果

（单位：万吨 CO_2）

产业	实际预测值	效率公平	溯往产值
D1	43260	232239	108726
D2	95493	21718	50359
D3	6582	1781	7843
D4	6028	6246	25351
D5	5258	1326	5278
D6	38042	39782	103224
D7	11722	6480	5256
D8	8241	11335	12308
D9	4235	4473	4659
D10	26749	8069	10064
D11	405171	313057	350647
D12	164915	134095	248035
D13	127334	34567	63027
D14	335890	267099	368061
D15	4500	7047	20974
D16	36201	29939	71985
D17	46335	34756	81266
D18	9586	16503	44373
D19	2740	16578	35310
D20	3906	1944	5432

续表

产业	实际预测值	效率公平	溯往产值
D21	21302	61174	22733
D22	464104	12269	34961
D23	387	816	897
D24	81021	323241	171192
D25	112907	84700	66126
D26	35399	164878	78461
D27	117835	379032	218597
合计	2215145	2215145	2215145

11.4.6 中高增长模式下产业全碳足迹减排责任分解

基于2018年投入产出指标，根据中高增长模式下的情景参数设置情况，对中高增长模式下产业基本情况进行预测，得到表11－33。

表11－33　　　　中高增长模式下产业投入产出指标

产业	就业人口（万人）	能源消耗（万吨 CO_2）	产值（万元）	全碳足迹（万吨 CO_2）
D1	15209	11903	322469	52215
D2	485	31637	449737	115262
D3	67	6096	80795	7945
D4	123	51203	225965	7276
D5	61	2265	52814	6346
D6	805	2082	767799	45917
D7	378	10695	14821	14149
D8	753	566	114579	9947
D9	288	728	38390	5112
D10	509	7117	93402	32287
D11	105	147050	346719	489052
D12	553	79041	1214747	199057
D13	657	46434	455077	153695
D14	666	117900	929447	405428
D15	420	6485	231728	5432
D16	904	7113	595009	43696

续表

产业	就业人口（万人）	能源消耗（万吨 CO_2）	产值（万元）	全碳足迹（万吨 CO_2）
D17	816	16008	629202	55928
D18	741	3564	456947	11570
D19	1107	4789	391691	3307
D20	108	412	54389	4715
D21	4023	2317	94740	25713
D22	351	36054	331953	560185
D23	40	1941	1774	468
D24	19945	11702	611209	97795
D25	2996	58207	123863	136282
D26	10522	17504	418944	42728
D27	22045	34209	923868	142230

根据预测的投入产出指标，利用 ZSG－DEA 模型测算出中高增长模式下 BCC 及 ZSG－DEA 效率平均值距离有效边界尚有较大距离。第 1 次迭代运算后，整体 BCC 和 ZSG－DEA 效率值分别提升至 0.6953 和 0.731，直到继续迭代至第 7 轮，所有产业的 BCC 及 ZSG－DEA 效率值均达到了有效边界，迭代运算结束。继而基于公平原则、产值原则和溯往原则，对于中高增长模式投入产出指标分别进行配量计算，再利用 ZSG－DEA 模型进行效率寻优，得到表 11－34。

表 11－34　中高增长模式下多原则全碳足迹减排责任分解结果一览表

（单位：万吨 CO_2）

产业	公平初始	公平效率	产值初始	产值效率	溯往初始	溯往效率
D1	480235	480267	150709	171609	56776	90829
D2	15319	15306	75432	85893	104261	35656
D3	2102	2103	25714	16203	10695	2742
D4	3888	3877	48030	51052	6355	10166
D5	1929	1912	9643	10890	5449	1848
D6	25411	25413	163125	180456	42987	68769
D7	11937	11927	27875	8367	16493	4321
D8	23770	23772	59700	24521	10435	5204

续表

产业	公平初始	公平效率	产值初始	产值效率	溯往初始	溯往效率
D9	9099	9082	14753	8834	4837	2411
D10	16073	16059	30892	19789	34385	4508
D11	3321	3322	81373	92658	471201	753812
D12	17458	17459	272485	310273	180302	288441
D13	20758	20740	94150	92904	147955	59318
D14	21031	21032	229334	261138	392144	627338
D15	13263	13252	55627	45252	5667	5381
D16	28559	28534	147090	130319	55321	43475
D17	25777	25755	145368	139946	73845	56326
D18	23390	23392	113905	89151	11228	17962
D19	34958	34960	129163	77341	4971	7953
D20	3396	3397	15885	11246	6159	1875
D21	127021	127029	27535	31354	21563	23519
D22	11080	11071	98866	66339	602598	18050
D23	1249	1249	1086	1236	581	929
D24	629772	629814	224045	255115	98831	158106
D25	94618	94624	44630	50819	136176	108799
D26	332240	332263	113310	129024	37731	60362
D27	696081	696128	274012	312011	134793	215637
合计	2673738	2673738	2673738	2673738	2673738	2673738

继而将效率、公平权重因子和溯往、产值权重因子分别取值0.5，计算中高增长模式下组合原则产业全碳足迹减排责任分解结果，并与实际预测全碳足迹进行比较，结果见表11－35。

表11－35　中高增长模式下组合原则产业全碳足迹减排责任分解结果

（单位：万吨 CO_2）

产业	实际预测值	效率公平	溯往产值
D1	52215	280302	131219
D2	115262	26213	60775
D3	7945	2152	9472

续表

产业	实际预测值	效率公平	溯往产值
D4	7276	7536	30609
D5	6346	1602	6369
D6	45917	48029	124613
D7	14149	7825	6344
D8	9947	13705	14862
D9	5112	5408	5623
D10	32287	9755	12149
D11	489052	377875	423235
D12	199057	161858	299357
D13	153695	41733	76111
D14	405428	322400	444238
D15	5432	8514	25317
D16	43696	36102	86897
D17	55928	41950	98136
D18	11570	19930	53557
D19	3307	20024	42647
D20	4715	2353	6560
D21	25713	73835	27436
D22	560185	14803	42195
D23	468	984	1083
D24	97795	390138	206610
D25	136282	102233	79809
D26	42728	199000	94693
D27	142230	457477	263824
合计	2673738	2673738	2673738

由表 11 - 35 可见，不同的减排责任分解原则组合所得的分解结果有所区别，但中高增长模式下整体产业全碳足迹均维持在 2673738 万吨 CO_2。

11.4.7　高中增长模式下产业全碳足迹减排责任分解

当情景分析设置为高中增长模式时，利用高中增长模式下的情景参数，对产业就业人口数量、能源消耗量、产业产值及全碳足迹进行预测，结果如表 11 - 36 所示。

表 11 - 36　　高中增长模式下产业投入产出指标

产业	就业人口（万人）	能源消耗（万吨 CO_2）	产值（万元）	全碳足迹（万吨 CO_2）
D1	15537	12593	410930	56705
D2	496	33471	573111	125172
D3	68	6450	102959	8628
D4	126	54170	287953	7901
D5	62	2397	67302	6892
D6	822	2203	978425	49865
D7	386	11315	18887	15366
D8	769	599	146011	10802
D9	294	771	48922	5552
D10	520	7529	119025	35062
D11	107	155572	441833	531098
D12	565	83622	1547983	216171
D13	672	49125	579916	166909
D14	680	124733	1184418	440285
D15	429	6861	295297	5899
D16	924	7525	758235	47452
D17	834	16936	801808	60736
D18	757	3771	582300	12565
D19	1131	5067	499142	3591
D20	110	435	69309	5120
D21	4109	2451	120729	27923
D22	358	38144	423015	608347
D23	40	2053	2261	508
D24	20375	12381	778879	106203
D25	3061	61580	157842	147999
D26	10749	18518	533871	46401
D27	22520	36192	1177309	154458

根据表 11 - 36 中的投入产出指标，利用 ZSG - DEA 模型测算出初始碳排放 BCC 效率平均值较低，仅为 0.609，初始 ZSG - DEA 效率平均值仅

为 0.700，与有效边界仍有一定距离。所有 27 个产业的 ZSG - DEA 初始值均高于 BCC 效率值，共有 14 个产业的 ZSG - DEA 效率值达到了有效边界，较 BCC 有效初始状态效率值增加了 3 个产业。迭代至第 6 轮，所有产业的 BCC 及 ZSG - DEA 效率值均达到了有效边界，迭代运算结束。继而基于公平原则、产值原则和溯往原则，对于高中增长模式投入产出指标分别进行配量计算，再利用 ZSG - DEA 模型进行效率寻优，得到表 11 - 37。

表 11 - 37　高中模式下多原则全碳足迹减排责任分解结果一览表

（单位：万吨 CO_2）

产业	公平初始	公平效率	产值初始	产值效率	溯往初始	溯往效率
D1	521523	521590	163666	186418	61658	98638
D2	16636	16622	81918	93305	113225	38721
D3	2283	2283	27924	17584	11615	2978
D4	4222	4223	52160	55417	6901	11040
D5	2095	2085	10472	11824	5917	2007
D6	27596	27573	177149	195869	46683	74682
D7	12963	12927	30271	9095	17911	4693
D8	25814	25792	64833	26621	11332	5651
D9	9882	9844	16022	9595	5252	2619
D10	17455	17423	33547	21496	37341	4896
D11	3607	3607	88369	100653	511713	818620
D12	18959	18962	295912	337047	195803	313239
D13	22543	22546	102245	100857	160675	64418
D14	22839	22842	249051	283672	425858	681273
D15	14403	14377	60409	49104	6155	5844
D16	31014	30989	159736	141450	60077	47213
D17	27993	27970	157866	151924	80194	61168
D18	25401	25380	123698	96730	12193	19506
D19	37963	37931	140268	83864	5399	8636
D20	3688	3685	17250	12207	6688	2037
D21	137941	137959	29903	34059	23417	25541
D22	12033	11999	107366	72049	654406	19602
D23	1357	1357	1179	1343	631	1009

续表

产业	公平初始	公平效率	产值初始	产值效率	溯往初始	溯往效率
D24	683916	684004	243307	277129	107328	171699
D25	102752	102765	48467	55204	147884	118153
D26	360804	360851	123052	140157	40975	65551
D27	755926	756023	297570	338935	146381	234176
合计	2903610	2903610	2903610	2903610	2903610	2903610

继而将效率、公平权重因子和溯往、产值权重因子分别取值0.5，计算出高中增长模式下组合原则产业全碳足迹减排责任分解结果，并与实际预测全碳足迹量进行比较，计算结果见表11－38。

表11－38　高中增长模式下组合原则产业全碳足迹减排责任分解结果

（单位：万吨 CO_2）

产业	实际预测值	效率公平	溯往产值
D1	56705	304415	142528
D2	125172	28466	66013
D3	8628	2338	10281
D4	7901	8190	33229
D5	6892	1743	6915
D6	49865	52146	135275
D7	15366	8488	6894
D8	10802	14872	16136
D9	5552	5865	6107
D10	35062	10586	13196
D11	531098	410356	459637
D12	216171	175772	325143
D13	166909	45331	82638
D14	440285	350114	482472
D15	5899	9239	27474
D16	47452	39229	94331
D17	60736	45557	106546
D18	12565	21632	58118
D19	3591	21728	46250

续表

产业	实际预测值	效率公平	溯往产值
D20	5120	2553	7122
D21	27923	80185	29800
D22	608347	16064	45826
D23	508	1069	1176
D24	106203	423699	224414
D25	147999	111023	86679
D26	46401	216120	102854
D27	154458	496830	286556
合计	2903610	2903610	2903610

11.4.8　高低增长模式下产业全碳足迹减排责任分解

依照高低增长模式分析，中国产业碳排放峰值出现在 2030 年，基于高低模式下的情景参数，预测高低增长模式下的各个产业部门投入产出指标（见表 11－39）。

表 11－39　　　　高低增长模式下产业投入产出指标

产业	就业人口（万人）	能源消耗（万吨 CO_2）	产值（万元）	全碳足迹（万吨 CO_2）
D1	15537	10424	410930	49655
D2	496	27706	573111	109609
D3	68	5339	102959	7555
D4	126	44841	287953	6919
D5	62	1984	67302	6035
D6	822	1824	978425	43665
D7	386	9367	18887	13455
D8	769	496	146011	9459
D9	294	638	48922	4861
D10	520	6233	119025	30703
D11	107	128779	441833	465066
D12	565	69220	1547983	189294
D13	672	40664	579916	146157
D14	680	103251	1184418	385544

续表

产业	就业人口（万人）	能源消耗（万吨 CO_2）	产值（万元）	全碳足迹（万吨 CO_2）
D15	429	5679	295297	5166
D16	924	6229	758235	41553
D17	834	14019	801808	53185
D18	757	3121	582300	11003
D19	1131	4194	499142	3145
D20	110	360	69309	4484
D21	4109	2029	120729	24452
D22	358	31575	423015	532711
D23	40	1700	2261	445
D24	20375	10248	778879	92999
D25	3061	50975	157842	129598
D26	10749	15329	533871	40632
D27	22520	29959	1177309	135254

根据表11－39投入产出指标，利用ZSG－DEA模型测算出全碳足迹初始BCC效率均值为0.609，与DEA有效边界一定差距。就单个产业而言，农林牧渔业（D1）、其他服务业（D27）等11个产业的初始BCC效率值达到了1，其余16个产业则均未达到有效边界，需要进一步进行减排责任分解分析。27个产业ZSG－DEA初始效率值差异也很大，金属矿采选业（D4）、食品制造及烟草加工业（D6）等14个产业初始ZSG－DEA效率值均达到1，其余13个产业初始效率值也未达到最优。为此，进行迭代计算到第6次时，所有产业BCC及ZSG－DEA效率值均达到了有效边界。而后对高低模式下的投入产出指标分别进行基于公平原则、产值原则和溯往原则的碳排放初始分解量计算，并利用ZSG－DEA模型进行效率分解，得到表11－40。

表11－40　高低增长模式下多原则全碳足迹减排责任分解结果

（单位：万吨 CO_2）

产业	公平初始	公平效率	产值初始	产值效率	溯往初始	溯往效率
D1	456682	456736	143318	163222	53992	86374
D2	14568	14555	71733	81695	99148	33907

续表

产业	公平初始	公平效率	产值初始	产值效率	溯往初始	溯往效率
D3	1999	2000	24452	15394	10171	2607
D4	3697	3698	45675	48516	6043	9668
D5	1835	1826	9170	10352	5181	1757
D6	24165	24145	155124	171519	40879	65397
D7	11351	11331	26508	7965	15684	4109
D8	22604	22585	56772	23315	9923	4949
D9	8653	8629	14030	8404	4599	2293
D10	15285	15257	29376	18825	32698	4287
D11	3158	3159	77382	88129	448091	716841
D12	16602	16604	259121	295109	171459	274294
D13	19740	19743	89533	88324	140698	56409
D14	19999	20001	218086	248375	372911	596570
D15	12613	12590	52899	43017	5390	5117
D16	27158	27135	139876	123886	52608	41343
D17	24513	24492	138238	133041	70223	53563
D18	22243	22224	108319	84742	10677	17081
D19	33243	33215	122828	73490	4727	7563
D20	3230	3230	15106	10689	5857	1783
D21	120791	120805	26185	29821	20505	22365
D22	10537	10507	94017	63134	573043	17165
D23	1188	1188	1032	1176	552	883
D24	598884	598956	213056	242646	93983	150352
D25	89977	89988	42441	48335	129498	103463
D26	315945	315983	107753	122718	35881	57401
D27	661942	662021	260573	296762	128182	205061
合计	2542602	2542602	2542602	2542602	2542602	2542602

在此基础上，根据不同原则结合计算公式，将效率、公平权重因子和溯往、产值权重因子分别取值 0.5，计算得到表 11－41。

表 11-41 高低增长模式下组合原则产业全碳足迹减排责任分解结果

（单位：万吨 CO_2）

产业	实际预测值	效率公平	溯往产值
D1	49655	266565	124798
D2	109609	24927	57801
D3	7555	2047	9001
D4	6919	7171	29092
D5	6035	1527	6055
D6	43665	45662	118458
D7	13455	7438	6037
D8	9459	13023	14132
D9	4861	5140	5349
D10	30703	9269	11556
D11	465066	359335	402485
D12	189294	153918	284701
D13	146157	39695	72366
D14	385544	306584	422472
D15	5166	8090	24067
D16	41553	34352	82615
D17	53185	39893	93302
D18	11003	18942	50912
D19	3145	19027	40526
D20	4484	2238	6236
D21	24452	70215	26093
D22	532711	14067	40150
D23	445	936	1030
D24	92999	371018	196499
D25	129598	97220	75899
D26	40632	189248	90059
D27	135254	435056	250911
合计	2542602	2542602	2542602

从表11－41数据可见，由于不同减排责任分解原则侧重点的差异，使得高低增长模式下各产业全碳足迹分解结果有较大差别，需要结合实际不同情况进行适当选择，以求找寻最优全碳足迹减排责任分解结果。

11.5 本章小结

考虑到产业间存在复杂的关联关系，统一设置目标不能确保减排工作取得实际有效成果，而鉴于现有研究对于碳减排额度分解指标相对简单，无法全方位基于生产函数角度进行比较。为此，本章将碳足迹作为产业生产的非期望产出变量，基于环境生产技术原理，设计ZSG－DEA效率碳足迹责任分解模型，将碳足迹相对前沿面扩张系数测定设置为责任分解基点，以整体产业技术效率最优化为目标进行规划求解，完成产业碳足迹效率减排责任分解建模。继而设计效率原则、公平原则、产值原则、溯往原则四种碳足迹减排责任分解原则。

基于ZSG－DEA模型测算新旧常态各个年份的直接、间接及全碳足迹减排责任分解效率，重点拣选1987年、2007年及2021年三个代表年份进行比较说明。各个产业及整体产业碳足迹减排责任分解效率结果显示，仅有少量产业初始减排责任分解效率达到最优，多数产业效率均未达到最优，整体产业直接、间接及全碳足迹减排责任分解平均效率值总体呈现波动状态，总体效率水平较低。

为此，基于设计的责任分解原则，对新旧常态中国产业碳足迹减排责任进行分解，在通过迭代计算确保所有产业的BCC及ZSG－DEA效率值均达到有效边界后，显示了相关时期产业碳足迹减排责任的变化，并从纵横向视角对比分析了直接、间接及全碳足迹减排责任再分解结果，以求更为科学地描述新旧常态中国各个产业的碳足迹减排责任。当然，通过设置不同权重因子，能从不同程度影响多重导向的减排责任分解机制，进而导致减排责任分解结果的明显性差异。

基于第10章计算的中国产业全碳足迹峰值预测数据，测算低增长、中增长、高增长、中高增长、中低增长、高中增长、高低增长、低中增长八种情景模式下中国产业投入产出指标数值，采用 ZSG - DEA 模型测算出各个情景模式下的碳排放效率值，根据不同碳足迹责任分解原则，迭代计算实现多重兼顾减排责任分解导向的帕累托最优整理，分析中国产业全碳足迹减排责任及减排能力。

第 12 章　结论对策与研究展望

随着全球经济的飞速发展，超量碳排放已对自然系统及社会经济产生了极大负面效应。国际社会正通过优化产业结构、增强环境管制等方式极力减少产业碳排放量，并产生了空前巨大的节能减排压力，客观要求中国必须高度关注产业协同碳足迹减排问题。为此，本书基于新常态研究视野，以产业关联及协同减排为切入点，通过更新整理数据源，构建新旧常态中国产业全碳足迹基础数据库，并以此解析新旧常态中国产业全碳足迹关联链，构建产业全碳足迹关联复杂网络，动静态分析网络关联关系、结构和效应。进而辨析影响新旧常态中国产业碳足迹的诸多因素，并分别从能源结构、技术进步、产业结构及环境规制四个关键因素入手，充分挖掘其与新旧常态中国产业碳足迹的关联关系。继而在合理预测中国产业全碳足迹排放趋势的基础上，设计多目标、多阶段 ZSA - DEA 责任分配模型，依照情景仿真，将碳足迹减排责任系统分解至产业。在此基础上得到相关结论对策，并对未来研究进行展望。

12.1　主要结论

基于全书的系统研究，形成以下五个方面的结论。

第一，新旧常态中国整体产业碳足迹快速增长，但年均增速逐步下降。旧常态时期（1987—2007 年），中国整体产业全碳足迹累计为 8267900.50 万吨 CO_2，其中直接碳足迹为 5832488.10 万吨 CO_2，间接碳足迹为 14100388.60 万吨 CO_2。旧常态时期，直接碳足迹、间接碳足迹和全碳足迹排放量的年度均值分别为 394396.86 万吨 CO_2、280480.63 万吨 CO_2

和674877.49万吨 CO_2，直接及间接碳足迹均值占比分别为58.44%和41.56%，单年度排放最大值为2007年的1146862.62万吨 CO_2。新常态时期（2008—2021年）中国整体产业全碳足迹累计为24229828.56万吨 CO_2，其中直接碳足迹为16037705.51万吨 CO_2，间接碳足迹为8192123.02万吨 CO_2。新常态时期中国整体产业全碳足迹排放量的最大值为2021年的2152747.1万吨 CO_2，为旧常态时期单年度最高值的188.59%。新常态时期，中国整体产业直接碳足迹、间接碳足迹和全碳足迹排放量平均值分别为1145550.46万吨 CO_2、585151.65万吨 CO_2 和1730702.12万吨 CO_2，分别为旧常态均值的290.46%、208.62%和256.45%，直接及间接碳足迹均值占比分别为66.11%及33.89%，其中直接碳足迹均值所占比例较旧常态时期有所上升。旧常态、新常态时期整体产业全碳足迹年均增幅分别为6.43%及4.61%，其中新常态时期碳足迹年均增长幅度明显低于旧常态时期，仅为旧常态时期的71.69%，在一定程度上说明新常态时期传统的高能耗高污染的粗放式发展模式得到了一定改善。但当前中国产业碳足迹排放状况整体仍然维持高位，各产业碳排放强度虽在不断降低，但降低幅度仍需加大。

第二，产业累计碳足迹排放量呈现明显聚集特征。旧常态时期27个产业累计全碳足迹排名前五的产业分别是电热气生产及供应业（D22）、炼焦煤气及石油加工业（D11）、金属冶炼及压延加工业（D14）、化学工业（D12）、其他服务业（D27），占比分别为18.62%、13.18%、10.99%、7.75%和5.93%，五个产业占全碳足迹总排放量的56.47%；直接碳足迹排名前五的产业依次是电热气生产及供应业（D22）、炼焦煤气及石油加工业（D11）、金属冶炼及压延加工业（D14）、化学工业（D12）、非金属矿物制品业（D13），占比分别为29.57%、16.63%、14.80%、8.44%和6.78%，五个产业占直接碳足迹总排放量的76.22%；间接碳足迹排名前五的产业依次是其他服务业（D27）、交通运输设备制造业（D17）、建筑业（D24）、炼焦煤气及石油加工业（D11）、通用专业设备制造业（D16），占比分别为11.73%、11.10%、10.19%、8.29%和8.05%，五个产业占间接碳足迹总排放量的49.36%。新常态时期27个产业累计全碳足迹排名前五的产业分别是电热气生产及供应业（D22）、炼焦煤气及石油加工业（D11）、金属冶炼及压延加工业（D14）、化学工业（D12）、非金属矿物制品业（D13），占比分别为22.21%、17.77%、14.77%、6.88%和5.56%，五个产业占全碳足迹总排放量的67.21%；直接碳足迹排名前五的产业依次是电热气生产及供应业（D22）、炼焦煤气及石油加工业（D11）、金属冶炼及压延加工业（D14）、化学工业（D12）、非金属矿物制品业（D13），占比分别为31.28%、19.89%、17.64%、6.66%和5.80%，五个产业占直接碳足迹总排放量的81.27%；间接碳足迹排名前五的产业依次是炼焦煤气及石油加工业（D11）、其他服务业（D27）、建筑业（D24）、金属冶炼及压延加工业（D14）、化学工业（D12），占比分别为13.65%、12.34%、10.11%、9.19%和7.33%，五个产业占间接碳足迹总排放量的52.62%。

第一产业、第二产业和第三产业旧常态时期累计全碳足迹为583462.22万吨CO_2、11287504.43万吨CO_2和2229423.10万吨CO_2，占比依次为4.12%、80.06%和15.82%；新常态时期三大产业累计全碳足迹占比依次为2.07%、82.57%和15.36%。三大产业新常态时期累计直接碳足迹依次为179260.01万吨CO_2、7456628.72万吨CO_2和1143663.54万吨CO_2，占比依次为2.17%、90.19%和13.84%；新常态时期三大产业累计直接碳足迹占比依次为0.87%、91.44%和7.69%。三大产业旧常态时期累计间接碳足迹依次为404202万吨CO_2、3828198.4万吨CO_2和1597410.2万吨CO_2，占比依次为6.95%、65.66%和27.39%；新常态时期三大产业累计间接碳足迹占比依次为4.43%、65.27%和30.30%。由上可见，新旧常态，全碳足迹、直接碳足迹及间接碳足迹第二产业稳居第一位，并占据了主导地位，其中直接碳足迹占比最高。第三产业一直排名第二，其中间接碳足迹占比高于直接碳足迹占比。第一产业则排名最后，占比最小。

第三，产业间存在着明显的碳足迹关联关系。实际经济系统中各产业相互关联、相互制约，蕴含着多条由各产业构成的有序生产链条。碳足迹即依照这些生产链条进行流动和转移，产业间关联波及程度决定了上下游产业间的碳足迹联系紧密性。依照设计改进型产业全碳足迹影响力及感应度等关联系数，分析得到了各产业全碳足迹关联波及程度，并将中国的27个产业归为4个类型，按照类型特点则可采用不同的减排策略。结果显示，旧常态时期和新常态时期的类型组合在不断变化，从整体看旧常态时期各

产业主要集中于 G_1 、G_3 和 G_4 三种类型，而新常态时期则主要属于 G_1 和 G_4 两种类型。显示随着节能减排工作的不断进行，技术减排所带来的提升空间相对减少，需要政府更有目的性地出台合理的产业减排政策。通过构建的产业全碳足迹关联传播距离模型 CLDC，可以清晰梳理新旧常态中国产业全碳足迹关联传播距离链。基于距离链发现，旧常态时期，最上游碳足迹供给产业主要包括石油和天然气开采业（D3）、其他制造业（D21）、其他服务业（D27）等 3 个产业，新常态时期，在保留旧常态时期 3 个产业的基础上，另外新增了 4 个产业；旧常态和新常态时期，最下游需求产业均为 6 个产业，其中水生产及供应业（D23）、交通运输仓储和邮电通信业（D25）、批发及零售贸易餐饮业（D26）一直属于该类型产业。

鉴于新旧常态中国各个产业全碳足迹存在着错综复杂的关系，分析单一产业尚能梳理出相对清晰的线性关联传播距离链，而所有产业关联传播距离链组合则更多地呈现线性链条与复杂网络结构相互融合的情况。为此，结合构建的新旧常态中国产业全碳足迹复杂网络，对比发现该复杂网络具备显著的无标度和小世界效应特征，网络蕴含的关联关系由 2007 年的 346 个增长至 2021 年的 420 个，产业间全碳足迹联系日趋紧密。节点地位方面，出度值较大的产业数量基本持平，入度值较大产业数量明显增加，且包含产业均发生了较大变化；介数中心性大于 10 的产业明显增长，说明新常态时期复杂网络中核心及关键产业展现了更强的控制影响力，并显示了更为紧密的中心性。新旧常态中国产业全碳足迹网络最优社团数均为 4 个，虽然关联关系发生了一定变化，但社团结构总体稳定，节点产业在直接、间接及全碳足迹强度方面均未发生根本性改变。此外，相关网络各社团中心边缘结构方面有一定相似性。

第四，影响中国产业全碳足迹减排的因素众多。利用创建产业碳足迹影响因素分解 SDLM 模型，分解得到了碳排放因子、残差因素、能源结构、技术进步、产业结构和环境规制 6 个影响因素，结合新旧常态中国单个及整体产业碳足迹影响程度分析，辨析后 4 个因素为关键影响因素。研究发现，就整体产业而言，除产业结构和环境规制分别在旧常态时期及新常态时期全碳足迹产生负向影响外，其余因素在相关时期均为正向增加影响，且排名有所不同。旧常态时期共有 23 个因素对各细分产业全碳足迹影响度为负向，新常态时期产生负向影响的因素增长到 45 个因素，新旧常态总时期负向影响因素仍为 23 个，但负向影响程度有所增加。说明进入新常态后，越来越多的关键影响因素对各细分产业碳足迹起到了负向降低效应。总体而言，由于所处时期及产业性质不同，各个关键影响因素对于整体产业及细分产业的全碳足迹、直接碳足迹及间接碳足迹影响显示了一定差异性。

计算结果显示，在所有影响因素中，影响最明显且最关键的为能源结构、技术进步、产业结构及环境规制四个因素。就能源结构因素而言，新旧常态中国产业能源结构占比由高到低依次为煤炭、石油、非化石能源及天然气。且产业能源结构主要受到碳足迹量、经济状况、产业结构、人口数量、技术进步、能源节约等相关因素的综合性影响。结合路径分析法分析可见，当前产业碳足迹排放量对于中国产业能源结构直接及间接影响综合排名第一，其次是能源节约，其他影响因素则相对影响较弱，且存在碳足迹约束时中国产业能源结构预测效果明显优于无碳足迹约束时的结果。利用能源生产函数计算中国各产业的能源产出弹性，发现煤炭产出弹性均呈现极慢增长趋势，石油产出弹性增长较为缓慢，天然气产出弹性相对较低，非化石能源产出弹性则呈现逐步上升趋势，四种能源的最优被替代位次依次为煤炭、石油、天然气和非化石能源。结合碳足迹约束、能源供给约束、能源内部替代约束、能源消耗约束等多重条件，以碳足迹最小化为目标，计算发现不同情境下产业能源结构优化节能减排贡献度有所不同，但均显示了正向的节能减排效果。

就技术进步因素而言，旧常态时期中国整体产业碳足迹总体偏向度排名第二位，技术进步还是呈现出明显的优先使用资本和碳足迹、节约能源与劳动力的特征；在新常态时期，碳足迹总体偏向度排名为第三位，显示技术进步开始呈现节约碳足迹的偏向。在细分的 27 个产业中，新旧常态碳足迹偏向度排名第二的产业共有 20 个，7 个产业排名第三，说明该时期中国各细分产业仍未实现低碳清洁技术进步，总体偏向使用资本和碳资源。分时期来看，旧常态时期碳足迹偏向度排名第一的共有 6 个产业，18 个产业排名第二，3 个部门排名第三；新常态时期碳足迹偏向度第二的产业数目降为 8 个，18 个产业排名第三，1 个部门排名第四，各产业总体呈现出逐步节约碳资源的偏向。在技术进步的不同来源中，新旧常态 R&D、FDI 水平溢出和 FDI 前向溢出三种来源的技术进步会降低中国整体产业的碳足迹强度，FDI后向溢出、进口溢出和出口溢出三种来源的技术进步则会增加碳足迹强度。从时间纵向来看，较旧常态时期而言，所有六种技术来源在新常态时期对产业碳足迹强度影响效应均出现了正面调整。

就产业结构调整对碳足迹影响而言，新旧常态产业结构与碳足迹的综合关联度由高到低分别为第二产业、第三产业及第一产业，其中第一产业及第二产业的综合关联度均逐步下降，第三产业与全碳足迹的关联度则在不断上升。新旧常态综合关联度由高到低排名分别为高低高产业、高高低产业、三高产业、三低产业及高等高产业，显示了不同的碳足迹影响程度。旧常态时期、新常态时期及新旧常态中国27个细分产业的综合关联度均大于0.5，显示产业结构调整对全碳足迹有较大的影响，并应结合不同产业特点制定合理减排策略。通过设计的改良模拟退火遗传混合算法，基于四种优化方案模拟中国产业结构调整的优化状态，发现与实际数据相比，四种方案的优化结果都能满足降低碳足迹、保持经济增长和促进就业稳定的要求，但鉴于方案建立时不同的着力点，各个方案目标实现程度有所不同。其中在维持经济增长和稳定就业前提下，通过产业结构调整可以实现较好的降低碳足迹效果。

在环境规制对产业碳足迹影响方面，根据不同时期特点，中国碳减排制度发展可以分为萌芽发展期（1949—1977年）、初步形成期（1978—1989年）、快速发展期（1990—2001年）、专注发展期（2002—2011年）和综合治理期（2012年至今）五个阶段。根据产业环境规制强度测算模型分析，新旧常态中国整体产业及27个细分产业环境规制强度整体呈现不断增长趋势，但各个产业之间环境规制强度差距明显。根据环境规制对于产业碳足迹影响传导机理，当前中国环境规制主要是依照成本效应对产业碳足迹发生直接影响，且环境规制与产业全碳足迹呈现明显倒“U”形曲线关系；环境规制借助对产业结构、能源结构及技术水平分别间接影响了产业碳足迹。通过改进环境规制门槛检测模型，对不同时期中国产业环境规制门槛值进行估计，再依据各细分产业环境规制强度内生特性划分区间，对不同时期环境规制及全碳足迹强度进行分组分析，发现进入新常态时期后，中国产业碳减排制度已经不断完善，但仍可进一步提升以取得更优碳足迹减排效果。进而解析当前中国产业环境规制存在的问题，并可以从持续完善碳减排法律法规体系、积极发展多元化碳减排管控制度、提升碳减排制度协同度、督促国有企业引领职能归位、加强隐性碳经济的管制五个方面提升中国产业碳减排制度建设水平。

第五，产业碳足迹减排责任需要进一步差别对待。中国产业间存在复杂的关联关系，统一设置目标不能确保减排工作取得实际有效成果。为此，运用情景分析法设置八种中国产业全碳足迹发展情景模式，结合中国及国际代表国家发展历程预测变量发展趋势，基于STIRPAT全碳足迹预测模型及设置情景模式，系统预测中国产业全碳足迹发展趋势及出现的峰值。在此基础上，将碳足迹作为产业生产的非期望产出变量，利用环境生产技术原理，设计ZSG－DEA效率碳足迹责任分解模型。各个产业及整体产业碳足迹减排责任分解效率结果显示，新旧常态仅有少量产业初始减排责任分解效率达到最优，多数产业效率均未达到最优，整体产业直接、间接及全碳足迹减排责任分解平均效率值呈现波动状态，总体效率水平较低。为此，基于设计的效率、公平、产值、溯往责任分解原则，对新旧常态中国产业碳足迹减排责任进行分解，在通过迭代计算确保所有产业的BCC及ZSG－DEA效率值均达到有效边界后，显示了相关时期产业碳足迹减排责任的变化，并从纵横向视角对比分析了直接、间接及全碳足迹减排责任再分解结果，客观说明各细分产业的碳足迹减排责任各不相同，需要基于不同分解原则科学地分解对待。

12.2 政策建议

当前我国正处于中华民族伟大复兴的关键时期，保持经济健康可持续发展是关键要务。而采用何种合理的政策解决产业发展与环境保护间的矛盾非常重要，结合本书研究，提出以下六个方面的建议。

12.2.1 构建产业碳足迹核算及责任分担体系

结合新旧常态中国产业碳足迹实证解析可知，鉴于中国各个细分产业投入产出结构及生产要素禀赋的不同，造成各自的碳足迹排放量、碳足迹排放强度均存在明显差异，使得协调各产业共同发展及减排成为亟待解决的关键问题。由于产业碳足迹存在复杂的关联关系，仅凭借传统产业碳核算方法无法清晰描绘并真正提升产业的协同减排效率。为此，我国应进一步构建科学的产业碳足迹核算体系，综合衡量产业全碳足迹。主管部门在分析产业碳足迹排放过程中，不能仅计算直接碳足迹排放，而应构建科学产业碳足迹统计及核算制度，从直接和间接、显性和隐性角度综合衡量产业全碳足迹，全面清楚地解析各产业碳排放来源及流向，系统分析产业全碳足迹关联复杂网络结构及关联关系，实施产业碳足迹减排考评工作体系，为科学制定产业碳足迹减排目标及计划夯实基础。

科学性及系统性是合理界定产业碳足迹减排责任的重要前提。当前我国产业碳减排责任分配总体存在指标相对简单、考虑维度有限等问题，无法保证公平有效。为此，需要结合科学的产业碳足迹统计及核算制度，本着历史及预测的产业全碳足迹数据，依照公平、效率、产值、溯往多重原则，系统解析我国产业碳足迹减排责任分解效率。并根据不同多种情景模式状况，结合各产业碳足迹排放关联链条及网络，系统分解我国产业碳足迹差别性减排责任。再基于不同产业碳足迹减排责任分解结果，将强制减排和市场交易紧密结合，实现产业碳足迹减排责任的合理分解。在此基础上，各方也应结合产业碳足迹减排责任，基于产业链网协同发展角度，制定不同层面的碳足迹减排目标。在具体制定碳足迹减排目标过程中，可以综合考虑碳减排责任和经济影响度两方面。具体而言，针对负有高碳减排责任的产业，重点关注经济影响度小的产业减排，一是提前减排，二是适当增加减排责任；针对经济影响度小的产业，则优先考虑高碳减排责任产业的减排工作。

此外，鉴于减排工作往往存在前期投资相对较高、短期效益不显著、长期收益不明显等情况，且当前中国各类型企业普遍存在节能投资不足、减排设备短缺、减排技术落后等问题，中小微型企业尤为困难。为此要特别注意给予弱势企业倾向性政策，结合市场手段予以扶持，调动企业研发和使用减排技术的积极性，提升全链条减排效果，追求社会及经济综合成本最小化。在分解责任的过程中，必须要注意结合中国不同区域产业发展特征，如当前东部地区重点关注产业升级改造，而中西部地区主要承接产业转移，由此可能会导致相同产业在不同地区会承担不同的减排责任，从而对各省市产业低碳发展决策产生微妙影响。因此各级行政机构需要结合各区域产业碳足迹关联特征，更为科学而精准地计算碳足迹减排责任，为合理制定各产业碳足迹减排目标、出台差别性减排政策提供依据。

12.2.2 积极打造低碳产业链网推进协调减排

各产业通过产品及服务的需求和供给形成了一定的产业链条及网络，进而直接产生了碳足迹传导链条及网络，客观使得碳足迹减排成为全产业链条乃至网络的共同责任。

为此，一是要综合考虑产业碳足迹关联链条及网络中各产业个体及整体特征。制定产业碳减排政策时，不仅要考虑单一产业的网络独特性个体特征，还应顾及产业全碳足迹关联复杂网络关联性整体特征，按照由节点及社团、由局部及整体的思路，制定各产业节能减排措施，切实避免各措施效应互相抵消及效益背反的情况。并充分利用关联复杂网络兼具局部及全局性视角优点，依照全碳足迹流向性和传导机制，完善碳资源循环利用机制，制定全面、协同、弹性式的碳足迹减排计划，降低单一产业及整体产业的全碳足迹。产业链条及网络上各利益相关方也要相应从原材料选用、产品研发、制造生产、仓储运输、营销消费、回收利用等各个环节协同行动，共同完成碳足迹减排目标。

二是要重点关注核心、关键及中心区节点产业。应依据中国产业全碳足迹关联复杂网络节点地位，重点关注电热气生产及供应业、化学工业等中心位置产业，以及交通运输仓储和邮电通信业、其他服务业等影响范围广的关键产业，以点带面提升碳减排效率。通过在这些产业大力开展低碳技术创新、清洁能源利用等行动，并辅以扶持保护、限制调整等特定政策，最大化发挥该类型产业的主导引领优势，利用其在产业全碳足迹关联复杂网络的控制力及影响力，积极带动自身及相关产业更好地完成碳足迹减排工作。

三是要充分考虑产业社团特征。在中国产业全碳足迹关联复杂网络中存在着明显的聚类社团情况，因此应充分考虑社团内外产业节点的联系，依据社团关联波及效应实施产业分类减排管理。具体而言，对于全碳足迹外向辐射效应较大的溢出性社团，应在保持产业健康发展的前提下，通过关闭落后污染产能、提升能源使用效率等方式，大力优化自身全碳足迹，降低社团外向碳足迹输出。对于全碳足迹吸收效应较大的接受性社团，则应在降低产业碳足迹的同时，注重上下游产业结构优化工作，调节关联产业的全碳足迹排放。对于中介性及双向性社团，应着力理顺与其他产业的碳足迹承接转移关系，充分发挥其在构建低碳产业链条中的桥梁沟通作用。

四是着力发展低碳产业集群。要根据产业链网发展规律及国际先进经验，注重编制低碳产业集群体系、交通物流、市政设施、碳汇交易等规划，加强低碳产业集群规划试点建设规模。充分依托类似苏州工业园区、上海化工产业区、深圳低碳产业园等生态园区和高新技术园区，以低碳绿色发展为目标进行科学产业布局，构建区内产业能量物质的综合循环利用网络。借助采取科学的节能生产、绿色研发、节约资源、治理污染和淘汰落后等手段，积极引导鼓励产业集群内企业构建一体化低碳可持续发展模式，推动高能耗、高排放、高污染型产业集群向资源节约及低碳环保型的转变，形成经验并逐步推广。

12.2.3 着力优化产业能源消费结构的合理性

进入新常态以来，中国产业能源消费结构呈现了逐步优化趋势。总体而言，特别是与发达国家相比，能源消费结构仍存在很大改进空间。为此，主要可以从以下几个方面进一步提升产业能源结构的合理性，继而降低碳足迹排放总量。

第一，继续完善能源管理及监管体系。以煤炭为主的能源消费结构直接导致了中国产业碳足迹的大幅增长，对国家及区域生态环境影响颇大。而由于中国固有的富煤炭、少油气的能源禀赋，且东中西部经济发展及能源分布极不均衡，使得不同区域产业的能源消费及碳足迹排放也迥然不同。客观要求中国及各省市在已经出台的《中华人民共和国节约能源法》《中华人民共和国电力法》等相关法律法规的基础上，进一步协调中央与地方规划一致性，加强宏观政策引导，深化能源管理及监管体制改革，提升能源管理水平。需要特别指出的是，当前中国应特别关注新能源工作，深入研究不同的新能源立法模式、制度结构等，夯实新能源推广利用基础。

第二，进一步规范市场竞争环境。当前中国能源相关企业多属于国有企业，市场竞争机制尚未完全建立，并在相当程度上形成了寡头垄断格局。为此，应率先由能源服务、能源销售、能源加工等外围领域入手，逐步开放更多能源领域，积极鼓励引导合法经营主体进入。此外，应进一步推进电力、成品油、天然气等能源价格机制改革，提升国家指导价调整频率，夯实市场定价基础，同时严防投机行为，切实形成以价格反映能源稀缺及供需关系的市场竞争格局。

第三，加快产业使用能源结构调整步伐。切实结合当前中国产业发展结构，综合发挥政府调控及市场推动两方面作用，加快三高一低产业的优化调整步伐，积极推动能源清洁高效利用行动计划，充分发挥各行业能效之星的引领作用，重点优化焦化、工业炉窑、煤化工等高能耗高污染行业的产品结构，加大能源转化深度，推进传统产业高质量快速度转型升级。并从财政及税收政策着手，着力发展新能源、生物医药、高端制造业等技术含量高、能源消耗少的新兴产业，特别关注物流、文化、旅游、金融等服务业的发展。通过加强互联网、信息基础工程建设，进一步提升传统、新兴及现代服务业的大数据融合发展程度，逐步实现产业能源利用由粗放型向集约高效型转变，配置由局域平衡向全局优化型的转变。

第四，积极鼓励能源技术创新。一是加强能源产业的勘探开采技术，加强石油、天然气等能源的勘探及开采，提升原有油气田利用回收率，加强西部及海域能源开发利用，加快发展沼气等生物质燃料开发及运用。二是增强能源加工及转化技术，进一步提升煤制油发电等技术水平，提升能源综合使用效率；并重点提升清洁煤炭、石油深加工、天然气集成、油气储存、电网传输等相关技术的研究力度。三是做好新能源产业发展规划，大力开展绿色能源替代工程。通过提升太阳能、核能、风能、生物质能等多种绿色能源的研发力度，增加新能源产业的投资力度，加强相关基础设施建设，采取税负减免、价格保护等政策措施，鼓励气代油、气代煤等能源替代，提高绿色能源开发转化及推广应用水平。

第五，提升产业能源利用效率。首先，可积极发展洁净煤使用技术，选择适宜地点布局构建一体化煤气化联合循环联产工程，提升煤炭清洁高效利用水平。继续实施城乡一体化低压输配电网络改造工程，优化火电厂区域布局，利用节能燃煤发电、高效洁净发电循环等技术，推进整体煤气燃气综合循环发电等示范工程，优化供电效率。继续完善中石油及中石化成品油管道及油库工程，建设大容量液化天然气储配站，努力提升天然气在能源消费中的比率。完善海上清洁能源接收配套工程，加强煤炭港口、集散中心、能源终端服务设施等能源基础设施建设。其次，努力改进供能方式，可利用全国建设特高压电网的契机，采用分布式能源管理方式变革传统供能方式。具体可在系统分析现有三联式供电厂能源供应情况的基础上，全额消纳区域上网电量，逐层实时统计监控用能数据，剖析能源使用效率，进而调节区域产业用能比例，提升能源使用效率。此外，要大力加强能效管理，可以借助智能化电网管理系统、能源合同管理、建设能源管理平台建设等方式。其中智能化电网管理主要采用经济杠杆，通过峰谷价差、能耗实时监控、能源需求剖析调控等手段，重点限制高能耗、高排放工业企业用电增长，引导提升能源使用效率。

12.2.4 提升技术进步水平以节约碳资源要素

在碳资源日益成为稀缺战略资源的背景下，为了更好地促进技术进步节约碳资源要素，基于结论提出以下政策和建议。

第一，创造诱发节约碳资源技术进步的有利环境。首先，应持续完善碳减排技术法律法规体系，继续提升管控力度。一是积极发展市场管控力。碳资源公共物品属性使得企业在估算低碳技术投资收益时，往往忽略了社会效益，直接导致低碳技术研发贴现率难以达到社会最优水平。为此，政府应通过提高低碳技术研发补贴、出台优惠税收政策、优化低碳技术研发投融资机制等方式，帮助企业形成对低碳技术投入的稳定预期，内部化低碳技术研发创新的外部正效应。二是继续提升直接管控力，政府应通过采用设置市场准入退出规制、规定碳排放绩效标准、规制低碳产品工艺等措施，倒逼企业淘汰高碳技术而改用低碳技术，矫正使用高碳技术的外部负效应。三是加强自主管控力，通过实施低碳技术创新及产业化示范工程、加强低碳产品消费的政府采购和公众导向等策略，引领企业低碳技术的自主研发和扩散。四是积极探索低碳技术研发应用信息公示制度，借助构建公共信息共享平台、施行低碳技术信息推广计划等方式，降低低碳技术扩散过程中的信息不确定及不对称性，提升各来源先进低碳技术的信息传播范围及速度。同时注意强化知识产权保护力度，切实保护低碳技术创新企业的研发积极性。

第二，高度重视低碳节能技术改造。应在深入研究产业低碳发展面临的基础理论和关键共性技术问题的基础上，重点突破低碳设计、绿色工艺、绿色回收资源化、再制造、低碳制造技术标准等关键共性技术，推动技术、标准、产品、产业协同发展。在纺织、电力、冶金、化工、建材等主要耗能行业加快节能核心关键技术创新和产业化应用，支持节能低碳技术改造和工艺提升，实施重点行业单位产品能耗示范者等制度，深入开展能效达标对标活动。进一步完善产业节能监测、监管体系，广泛推进工业园区和产业集聚区的分布式能源开发利用、工业能源梯级利用、余热余压尾气综合利用。深入开展重点用能企业节能低碳行动，促进重点用能企业节能工作持续改进、节能管理持续优化和能效持续提高。深入推进节水、节地、节材，全面提高产业资源产出率。推广应用节地技术和模式，积极引导和推广中小企业使用标准厂房，引导工业项目向开发区和标准厂房集中。积极鼓励零技改用地和厂房加层，提高产业用地投资强度和产出率。

第三，关注推进低碳技术进步政策的差异性。充分考虑各产业、各地区在技术水平、制度环境、经济基础等方面的异质性，因地制宜、区别选择针对性的低碳技术政策措施。就产业而言，应充分考虑到各产业部门不同的技术进步碳足迹偏向性，具体结合不同部门技术基础、生产状况、投资周期等特性，采取区别性的部门低碳技术进步引导政策。对于资本密集型、投资周期长，特别是在新常态时期未呈现节约碳资源偏向的部门的中高碳产业部门，优先采用严格减排规制、技术创新补贴、简化审批程序等直接管控手段，促进实现低碳技术改造和升级；对于农林牧渔业、其他服务业等低碳部门，则主要通过完善技术研发环境、扩大低碳产品需求等方式，增强节约碳资源偏向技术进步的引导。就地区而言，中国东部拥有相对较高的低碳技术存量，因此应积极采取自主研发或吸收引进国际先进的低碳技术，引领全国的低碳技术进步；而中西部地区低碳技术自主创新能力相对较弱，则应优先从东部地区吸收成熟的低碳技术，着力发挥技术后发优势。

第四，充分发挥其他生产要素对于低碳技术进步的作用。首先，在继续加强政府对低碳技术研发投入的基础上，积极引导鼓励社会私人资本进入相关领域，并通过合理分配低碳资本体现式及非体现式技术研发投入比例，实现均衡协调发展。其次，当前中国产业能源消费结构仍长期以煤炭为主导，直接导致了中国能源效率较发达国家低下，产生了较高的单位

GDP碳排放量。为此，应以提升煤炭高效利用技术为突破口，加快高效低碳能源消耗技术改造，降低对传统及落后低碳技术的路径依赖。最后，提高劳动投入是促进技术进步节约碳资源的重要因素。各级政府及企业应通过继续加强技术教育投入提升劳动者整体素质，培养引进更多合格人才，既利于形成和维系低碳理念，又利于低碳技术的研发和应用。

第五，应结合不同来源技术进步对产业碳强度的影响制定更为合理的政策。(1) 要大力激励政府、产业及企业加大科学研究与试验发展投入水平，提高低碳技术存量，提升自主研发低碳技术水平。(2) 加强国际低碳技术合作，充分鼓励引进及吸收先进低碳技术，积极争取先进低碳技术转让及各类型国际技术研发资金。(3) 通过设置更为严格的进出口产品碳排放标准，大力提升技术密集及环境友好型产品占比，科学规划引导外资流向，控制进出口技术进步的碳排放水平。(4) 要特别注意针对不同来源技术进步偏向特性，制定区别性的科技、贸易及外资等政策，深化技术进步相关要素的市场化改革，促使各种来源低碳技术进步充分发挥节约碳资源作用。(5) 应进一步深入挖掘高碳强度产业技术进步对于碳强度影响效果不佳的原因，力争通过高质量低碳技术进步有效降低相关产业的碳强度。

12.2.5 科学调整产业结构发展战略新兴产业

依照经济发展规律，在外部其他条件不变的情况下，不同的产业结构将导致能源消耗量存在差异，进而直接影响产业碳足迹排放。中国当前正处于过渡工业化后期的关键时期，如何通过改进产业结构实现经济低碳可持续发展成为亟待解决的重要问题，为此主要可以从以下几个方面进行研究。

(1) 促进工业升级改造。中国工业在旧常态、新常态及新旧常态时期全碳足迹排放占比分别为79.75%、82.61%和80.73%，占据了绝对主导地位。其中电热力生产及供应业、炼焦煤气及石油加工业、金属冶炼及压延加工业、化学工业和非金属矿物制品业在新旧常态时期全碳足迹排放占整体产业比例分别为19.18%、14.31%、11.97%、7.58%及5.81%，五个产业之和高达58.85%，碳足迹排放总量及排放强度远高于其他产业。为此，现阶段可以重点从以下几个方面进行工业升级改造。

一是优化产业布局。应充分发挥产业主体功能规划引导作用，依照中国各区域迥异的资源环境承载能力，确定工业生态发展方向及强度。依托全国各级开发区和自贸区，有序建设东中西部工业产业发展轴，重点打造长江经济带、珠三角城市群、京津冀地区等产业发展圈，大力培育高端电气器材、新材料设备制造业等类型产业集群。建立全国性跨区域工业转移协调机制，加强全国各区域间的工业生态协同，实现上下游工业产业及区域的良性互动，形成分工协作、布局合理、优势互补、特色鲜明的工业发展新格局。

二是提升工业结构。依据不同产业直接及间接碳足迹情况，以供给侧结构性改革为导向，按照国家新兴产业倍增计划，借助市场准入负面清单等方式加强工业分类指导。严格控制石油加工、化学原料等行业项目的环境风险，以新一代电子信息产业、节能环保、生物医药等行业为建设重点，积极打造一批具有示范带动作用的生态工厂、生态供应链及生态工业园区，全力推进战略新兴产业实现高端化、规模化、集约化发展。要加快传统产业绿色改造，强化能耗、水耗、环保、安全和技术等标准约束，实施重污染行业达标排放改造工程，结合中国产业实际情况，重点针对高能耗、高耗水行业加大工业节能监察力度，依法依规淘汰化解钢铁、水泥、电解铝等行业过剩产能。各相关省份应积极呼应“一带一路”等倡议，打造境外产能合作载体，创新合作方式，推动优势富余产能与国际需求有效对接。

三是推动绿色生产。努力探索并实施互联网 + 清洁生产服务平台、集聚区及工业园区快速整体审核等新载体和新模式，进一步完善各类型工业企业绿色生产审核标准，加快建设低碳生产制造体系，通过实施低碳绿色生产示范项目，打造具有示范带动作用的低碳工厂和低碳供应链。鼓励各方通过免费诊断、生产培训、自主研发等多种方式，加大清洁生产技术实施力度，重点在纺织、电力、冶金、化工等主要高耗能、高耗水行业加快绿色关键技术创新和产业化应用。借助推行企业绿色生产计划、工业清洁生产专项行动等措施，进一步引导、规范和监督工业企业深入贯彻绿色生产的落实，推进传统企业生产过程的智能化升级，鼓励企业开展智能工厂、数字车间升级改造，探索建立绿色智能生产示范区，促进企业、行业、产业三方形成循环链接的耦合体系。

（2）积极发展战略性新兴产业。应继续按照国家新兴产业倍增计划，立足中国产业现状，发挥比较优势，以新一代电子信息产业、纳米、生物制药、新材料、新能源、节能环保、医药生物技术、智能电网、新能源、高端装备制造业等为建设重点，全力推进战略新兴产业实现高端化、规模化、集约化发展。大力培育低碳环保市场，支持符合条件的地区建设省级及国家级低碳环保产业基地。切实做大做强，实现空间、资源、人才等方面的有效集聚，打造产业集群，使其成为引领中国经济发展的先导产业和支柱产业。

要通过完善金融信贷税收等产业支撑体系，降低战略新兴产业的风险性及不确定性；本着技术优先和动态关联原则，做好做优产业链条规划，狠抓高端优质项目的引进和实施。鼓励企业突破掌握关键技术，创造符合新兴产业发展的商业、盈利及组织模式，制定倾斜性政策促进资源要素集聚于百十亿级企业，培育一批拥有核心技术和前沿技术的纳米制品、新型医疗器械、智能发电装备、新型显示器件、高端装备与工程机械等行业骨干企业。扶持中小型企业实现专一、精品和特色化发展，提升配套协作能力，以充分发挥战略新兴产业带动大、效益好、能耗低、前景广和就业广等优点。

应积极培育引进发展与工业良性互动现代生产服务业，特别是能助推工业转型升级、具有较高科技含量产业，诸如金融、会展、工业设计、文化创意、软件和服务外包、商务服务、科技信息服务等生产性主流服务产业，丰富和完善工业产业价值链的高端环节。具体而言，首先要完善生产服务业与工业的服务平台。产业间相关性和合作环境决定了生产性服务技术对工业技术溢出效应的效果，为此各地区应积极建立与国际接轨的专业化生产服务体系，完善互联网+生产性服务业方案，努力打造大宗商品网络交易、网络化工业设计等各类型专业化网络平台。利用物联网、大数据、云计算、跨境电商等新兴产业，促进智慧物流与电子商务等新兴生产服务业的融合式发展。借助工业设计等实用性服务平台，鼓励工业企业开展供应链整体设计创新、信息技术咨询服务等工作，加速推进工业设计成果产业化。其次是提高生产服务业的专业化水平，发挥知识资本传送器的特点，使得生产服务业成为工业绿色转型的助推器。具体操作时，生产服务业应侧重开发工业所需的生产性服务，根据不同工业部门特点匹配不同服务业。结合不同工业行业特点，实施工业服务化示范企业培育计划，深入组织具有自主品牌工业服务化示范企业的认定工作。引导支持工业企业立足品牌和核心技术优势，通过流程再造，积极开展专业化的产品和服务工作，提供更好的产品整体解决方案和承包服务，为工业企业绿色转型提供支撑。同时加大人力和知识资本的投入，提高服务水平，加强与工业各部门的融合互动，由传统的点点式互动模式向点群式和群落式转变。

12.2.6 持续完善中国产业降碳减排环境制度

针对中国碳减排制度建设中存在的诸多问题，从以下几个方面提出中国碳减排制度发展对策。

（1）持续完善碳减排法律法规体系。完善碳减排法律法规体系，首先需要制定一部符合中国国情的碳减排基本法以统领其他分散法律法规。为此，中国可以学习国际经验，本着前瞻性、可行性和导向性的原则，将正在修订的《中华人民共和国气候变化应对法》（以下简称《气候变化应对法》）作为碳减排基本法。通过科学顶层设计与国际相关法规紧密衔接，使得该法囊括气候变化、能源战略、保护开发等碳减排相关内容，明确社会各方的权责关系，确立碳减排管理的基本体制和机制。进而以此法为基础，在尚未立法的原子能等碳减排重要领域设置单行法，继续完善低碳技术、生活、环保、交通等碳减排相关领域的法律文本，并注重配套低碳产业进出口等指导目录，设置碳捕获封存等技术标准。最终形成以《气候变化应对法》为核心，其他单行法律法规为基础，各类碳减排指导目录和技术标准为辅助的全方位碳减排法律法规体系。

（2）积极发展多元化碳减排管控制度。当前中国碳减排管控工作先要在直接管控的基础上，有步骤、有重点地完善市场管控制度。

一是继续加大碳金融制度的探索力度。具体而言，一方面应积极拓展绿色信贷、低碳创业板、碳金融债券、碳信托基金等各种资金融通方式，加大对实体经济体低碳技术设备、能源材料等方面的支持力度；另一方面要积极提升制度创新水平，如现阶段可重点关注完善碳排放交易制度。虽然中国在2011年就设置了碳排放权交易试点，但截至2021年12月，全国累计成交量仅为1.09亿吨CO_2，而欧盟碳市场交易量2020年一年就达到162.6亿吨CO_2。可见在现阶段中国仍需总结已有经验，积极推进碳交易法的顶层设计，通过完善配额分配方法和注册登记制度加强基础支撑体系建设，加快建立全国性碳排放交易市场。

二是注重碳减排税收调节。对于实施碳减排工作的企业，可采取增值税抵扣、税收优惠、免征增值税等措施予以优惠，并对依靠碳排放技术开发转让取得的收入免征营业税。继续关注健全税制，特别是可逐步开征碳税，因为碳排放权交易虽然具有成交相对稳定等优点，但也存在着价格和成本波动的缺点，为此，荷兰、瑞典等国家均以碳税加以补充。虽然征收碳税会增加企业生产成本，导致GDP的下降，但《中国低碳经济发展报告(2021)》指出，开征碳税对于中国GDP的损失约为0.8%，而治理碳污染成本则高达3.5%，因此碳税切实可行。当然，开征碳税需要依据国情和国际形势，通盘考虑国内外碳税联系，防止双重征税；要高度重视结合产业碳足迹减排责任分析结果和实际情况，针对不同地区不同产业的企业实施浮动式差别碳税，可选择如减缓或补贴等其他措施予以补充，并着重解决税收优惠、分配补偿、收入使用和盘查审计等系列问题。此外，也可学习丹麦经验，首先筹划开征消费端碳税，从消费端倒逼上游供应链企业减少碳排放。

三是健全财政扶持体系。财政政策对于碳排放工作非常重要，应通过增列支持碳减排发展支出预算项目等方式，确保支持碳减排发展基金的稳定性增长，并将其作为专门科目纳入政府预算。进而完善低碳采购制度、分税制财政体制和财政转移支付等方法，为低碳产品及技术创新创造更大的市场空间。此外，特别要扭转碳排放的补贴取向。国际货币基金组织报告指出，2021年中国能源补贴高达2.65万亿美元，占当年全球能源补贴的44.66%，其中主要补贴对象为成品油和煤炭等化石能源。补贴一方面降低了化石能源价格，另一方面也进一步刺激了化石能源消费，加剧了碳排放。为此，中国应逐步停止无效率鼓励过度消费化石能源的补贴行为，提升清洁能源和低碳技术补贴，进而有效降低相关低碳企业的融资成本，促进节能减少碳排放。

在完善市场管控机制的同时，中国可学习国际经验，逐步完善自主性管控制度，以激发碳排放主体的自我能动力。如美国《国家能源政策法》便设置了强制性和自愿性两种能耗标准，其中自愿性标准由企业自主推广，通过认证的产品可以进入政府及行业推广目录。日本则通过经济团体联合会敦促企业达成自愿减排协议，并借助实施碳标签制度向消费者展示产品碳足迹，鼓励全民参与碳减排工作。为此，中国可结合国情，设置原则性和宣示性规范，灵活运用立法、低碳产品认证等方式，引导教育企业和公众等碳排放主体相互作用，形成共识性合作参与的协调规范，最大限度地激发各主体的积极性和自主管控力。

（3）提升碳减排制度协同度。碳减排制度建设纷繁复杂，各主体存在不同的利益诉求，容易导致减排目标及政策的分裂。政府作为环境规制的供给、执行和考核工作的主导者，需要借助科学民主的环境规制决策、考核问责和软性监督机制，加强相关环境制度的链式衔接，提升各碳减排主体的协同度。具体而言，相关部门在政策出台前，首先要协调引导各政策子系统的价值取向，积极听取各利益相关方诉求，按照民主集中制原则综合体现各方意愿，避免决策权挤出现象，减少各自为政和一己之私的情况。要切实考虑区域及行业的差异性，通过设立科学的碳减排差别减排责任分解体系，依照产业碳减排责任分解结果，明确碳减排目标的约束性、指导性和鼓励性属性；注重目标弹性，完善环境规制审计核查体系，健全能源及碳足迹计量管理数据实时报送制度，加强对产业碳足迹排放形势的监测分析和提前预警，并及时依照现状调整目标，实现碳排放工作降增速、稳排量、降排量的循序渐进过程。在此基础上，应完善考核问责机制，加大碳减排相关指标的考核权重，扭转政府在碳减排管制过程中重权力、轻义务、怠服务的现象。

此外，还要特别关注建立健全碳减排管理、监察、服务“三位一体”的管理体系，加强政府管理能力建设，完善机构，充实人员，加强组织协调，完善工作机制，细化工作方案，推动工作落实。高度重视从外在和内在双方面完善软性监督机制。外在监督可通过进一步建设环境规制监测和技术服务中心，设立全国各级碳减排统计平台，健全碳排放信息披露制度，督促各级政府公开碳减排工作中的信息和决策，让社会和公众更好地行使话语权和监督权。内在监督则需要强调环境规制对象的自身监督机制，一是通过宣传教育提升各主体对于环境理念的认同，促使其由自我内省转变为自我规制；二是要强调各主体成员借助司法力量保证软性监督的有效性，一旦某一成员违反环境规制共同自愿协议，其他成员有权借助法律手段追究相应责任。

（4）督促国有企业引领职能归位。探究当前国有企业环境规制工作引领失职的主要原因，一是在于环境规制基础法律法规制度缺失，二是国有企业管理者由于受到任期有限、受益国有等原因的影响，更加注重短期利益最大化，缺乏碳排放外部性内部化意愿；三是国有企业与政府存在天然依赖关系，具有较强的碳减排讨还价能力。依照委托代理理论，耗能污染企业的私人所有权可有效避免政府在管制过程与企业合谋。因此，除了继续健全环境规制基础法律法规制度外，政府应着眼于促进国民经济可持续发展视角，坚持政企分开，科学减少有利于国企垄断的政策法规；通过改革产权制度和简化核准机制等方式，培育多元化市场主体，积极引导非公投资进入煤炭、石油、电力等高能耗高排放行业。并督促国有企业积极利用在资本、技术、人才等方面的优势，提升低碳技术的研发水平，提高自身及社会的经济效益和碳减排水平，确立环境工作的主导地位。

（5）加强隐性碳经济的管制。针对巨大的隐性碳经济活动，各级政府首先应予以足够重视，建立科学有效的隐性碳经济部门核算制度予以监测。再依据不同地区、行业及碳排放程度等特点，通过制定区别化、合理化的税收和财政政策，提升碳排放污染的惩罚效率，减少高碳排放企业密集度和经济部门占比，建立行之有效的碳减排奖惩制度惠及隐性碳经济。要特别关注创建隐性经济部门的同行监察和反腐制度，综合利用直管、市场和自主管控手段，鼓励隐性碳经济部门同行间相互监督，严惩、削弱及预防非法政商关联，显性化已有的隐性碳经济，并减少官方碳经济转变为隐性碳经济的活动，切实降低隐性碳经济对中国碳减排工作的负面影响。

12.3 研究展望

现有研究缺乏充分考虑中国新常态的结构影响、综合显性和隐性碳、从整体产业关联角度进行协同减排的文献。本书从这三个被忽视的因素入手，以新常态时期中国产业协同减排为问题导向，以产业全碳足迹关联性为切入点，围绕新旧常态建立整体性关联链及复杂网络，依托纵横多重对比分析各影响因素碳减排关联效应，着力分解碳协同减排责任，以求提出科学的减排政策建议，为产业低碳绿色发展提供了一个更有针对性和适用

性的分析视角和理论体系。下一步拟从两个方面加强相关研究，

一是进一步比较不同地区产业变动与碳足迹排放的演变规律，挖掘中国不同省域、经济圈产业与碳足迹的关联特征，继而分析如何结合区域发展特点，制定基于不同空间尺度的、更有针对性的产业低碳发展措施。二是当前中国作为全球碳排放总量第一的国家，面临着来自以美国、欧洲为首的其他国家的强大减排压力。下一步的研究将结合产业全球供应链视野，基于各国各产业历史排放量，系统解析全球相关产业全碳足迹、直接碳足迹、间接碳足迹排放量，分析产业碳足迹在各国间的转移流动轨迹，结合前向及后向网络，准确核算各国各产业碳足迹在网络中的转移情况。并以此为突破口，构建公平合理的产业碳减排责任分解体系，以求中国产业避免不合理的碳减排责任。

参考文献

[1] A. M. Solovev. Correlation of wage growth and labor productivity in military – industrial complex of Russia through 2020 [J]. Studies on Russian Economic Development, 2014, 25 (5): 478 – 484.

[2] 郑休休，刘青，赵忠秀. 产业关联、区域边界与国内国际双循环相互促进 [J]. 管理世界，2022，38 (11)：56—70.

[3] Beach B, Hanlon W W. Coal smoke and mortality in an early industrial economy [J]. The Economic Journal, 2018, 128 (9): 2652 – 2675.

[4] 田金方，李慧萍，张伟. 中国数字经济产业的关联拉动效应研究 [J]. 统计与信息论坛，2022，37 (5)：12—25.

[5] Sharma A K, Sharma C, Mullick S C, et al. Carbon mitigation potential of solar industrial process heating: paper industry in India [J]. Journal of Cleaner Production, 2016, 20 (1): 1683 – 1691.

[6] 毛晓蒙，刘明. 生产性服务业的产业关联与波及效应 [J]. 统计与决策，2021，37 (18)：116—119.

[7] Wiebe K S. Identifying emission hotspots for low carbon technology transfers [J]. Journal of Cleaner Production, 2018, 194: 243 – 252.

[8] 杨灿. 产业关联测度的净乘数法问题研究 [J]. 厦门大学学报，2019 (3)：46—55.

[9] Li Y M, Zhang B, Wang B, et al. Evolutionary trend of the coal industry chain in China [J]. Resources, Conservation and Recycling, 2019, 145 (4): 399 – 410.

[10] 吴永亮，王恕立. 中美 GVC 和 NVC 视角产业关联对比分析 [J]. 国际贸易问题，2019 (4)：125—142.

[11] 郭守前，陈吟珊，马珍珍. 基于复杂网络的产业碳值投入产出

分析［J］. 经济与管理，2016，30（3）：84—89.

［12］章杰宽．旅游与碳排放［J］. 地理研究，2022，41（11）：3088—3104.

［13］Li W C，Yan Y H，Tian L X. Spatial spillover effects of industrial carbon emissions in China［J］. Energy Procedia，2018，152（10）：679－684.

［14］胡莉娜，胡海洋．基于脱钩理论的西藏旅游业碳排放与经济增长关系研究［J］. 西藏大学学报，2019，34（4）：185—192，208.

［15］Al－Mansour F，Jejcic V. A model calculation of the carbon footprint of agricultural products：The case of Slovenia［J］. Energy，2017，136（1）：7－15.

［16］王霞，张丽君，秦耀辰等．中国制造业碳排放时空演变及驱动因素研究［J］. 干旱区地理，2020（1）：1—11.

［17］Chang C C，Chang K C，Lin W C，et al. Carbon footprint analysis in the aquaculture industry［J］. Journal of Cleaner Production，2017，168（1）：1101－1107.

［18］董昕灵，张月友．中国碳强度变化因素再分解的理论与实证［J］. 软科学，2019，33（9）：75—80.

［19］Verge X，Maxime D，Desjardins R L，et al. Allocation factors and issues in agricultural carbon footprint［J］. Journal of Cleaner Production，2016，113（10）：587－595.

［20］刘小丽，王永利．基于 LMDI 分解的中国制造业碳排放驱动因素分析［J］. 统计与决策，2022，38（12）：60—63.

［21］Chang N. Sharing responsibility for carbon dioxide emissions：A perspective on border tax adjustments［J］. Energy Policy，2013，59（8）：850－856.

［22］赵慧卿，郝枫．中国区域碳减排责任分摊研究［J］. 北京理工大学学报，2013，15（6）：27—32，38.

［23］胡中华，吴帅帅．社会正义视域下碳排放权初始额度分配规则之选择［J］. 吉首大学学报，2020，41（1）：59—71.

［24］史亚东．各国二氧化碳排放责任的实证分析［J］. 统计研究，

2012，29（7）：61—67.

[25] Wei B Y, Fang X Q, Wang Y. An empirical analysis of the impact of China's carbon emissions on international trade [J]. Journal of Geographical Sciences, 2011, 21 (2): 301 - 316.

[26] 姜钰卿，唐旭，任凯鹏．基于双层嵌套SDA的中国减污降碳驱动因素研究［J］．系统工程理论与实践，2023（1）：1—16.

[27] Zhu J. Analysis of carbon emission efficiency based on DEA model [J]. Journal of Discrete Mathematical Sciences and Cryptography, 2018 (21): 405 - 409.

[28] Wang N, Chen J, Yao S, et al. A meta - frontier DEA approach to efficiency comparison of carbon reduction technologies on project level [J]. Renewable and Sustainable Energy Reviews, 2018, 82 (3): 2606 - 2612.

[29] 王文举，陈真玲．中国省级区域初始碳配额分配方案研究［J］．管理世界，2019，35（3）：81—98.

[30] Dong F, Yu B, Hadachin T, et al. Drivers of carbon emission intensity change in China [J]. Resources, Conservation and Recycling, 2018, 129: 187 - 201.

[31] 姜宛贝，韩梦瑶，唐志鹏，等．基于经济发展水平和产业转移视角的碳强度国别对比研究［J］．资源科学，2019，41（10）：1814—1823.

[32] Ma X, Wang C, Dong B, et al. Carbon emissions from energy consumption in China [J]. Science of The Total Environment, 2019, 648 (15): 1411 - 1420.

[33] 卞勇，曾雪兰．基于三部门划分的能源碳排放总量目标地区分解［J］．中国人口·资源与环境，2019，29（10）：106—114.

[34] Acar S, Saderholm P, Brannlund R. Convergence of per capita carbon dioxide emissions [J]. Climate Policy, 2017 (18): 1 - 14.

[35] Pandey D, Agrawal M, Pandey J S. Carbon footprint [J]. Environmental Monitoring & Assessment, 2011, 178 (1 - 4): 135.

[36] 孙丽文，韩莹，杜娟．京津冀高能耗产业碳足迹的影响因素［J］．技术经济，2019，38（8）：86—92.

［37］ Jolley D，Douglas K M. The social consequences of conspiracism ［J］. British Journal of Psychology，2014，105（1）：35 – 56.

［38］ 黎恒，王宁，王宗水，等．碳足迹研究现状与演变［J］. 世界地理研究，2019，28（6）：132—144.

［39］ Chakraborty D，Roy J. Energy and carbon footprint ［J］. Current Opinion in Environmental Sustainability，2013，5（2）：237 – 243.

［40］ 杨传明．新旧常态中国产业全碳足迹关联效应对比研究［J］. 软科学，2020，34（12）：68—73.

［41］ 孙才志，阎晓东．基于MRIO的中国省区和产业灰水足迹测算及转移分析［J］. 地理科学进展，2020（2）：1—12.

［42］ 朱强，段继红，钱煜昊，等．基于生命周期理论的有机米碳足迹分析［J］. 干旱区资源与环境，2019，33（10）：41—46.

［43］ Pauli J N，Carey C C，Peery M Z. Green sloths and brown cows ［J］. Mammal Review，2017，47（2）：26 – 36.

［44］ 张晗，孟佶贤．激励约束视角下中国碳市场的碳减排效应［J］. 资源科学，2022，44（9）：1759—1771.

［45］ Huisingh D，Zhang Z，Moore J C，et al. Recent advances in carbon emissions reduction ［J］. Journal of Cleaner Production，2015，103：1 – 12.

［46］ Alshehry A S，Belloumi M. Energy consumption，carbon dioxide emissions and economic growth ［J］. Renewable & Sustainable Energy Reviews，2015，41（2）：237 – 247.

［47］ 张云，刘枚莲，王向进．中国工业部门贸易开放与碳泄漏效应研究［J］. 华东师范大学学报，2019，51（6）：151—161，180.

［48］ Wiedmann T. An input – output virtual laboratory in practice survey of uptake，usage and applications of the first operational IELab ［J］. Economic Systems Research，2017，16（3）：1 – 17.

［49］ Gurgul H，Łukasz Lach. Structural change versus turnpike optimality ［J］. Communist and Post – Communist Studies，2017，50（1）：26 – 30.

［50］ Beruvides G，Quiza R，Haber R E. Multi – objective optimization based on an improved cross – entropy method ［J］. Information Sciences，2016，26（5）：161 – 173.

[51] Poissonnier A. A general weighted least squares approach for the projection of input - output tables [J]. Economic Systems Research, 2017, 5 (6): 86 -97.

[52] Kopidou D, Tsakanikas A, Diakoulaki D. Common trends and drivers of CO_2 emissions and employment [J]. Journal of Cleaner Production, 2016, 112: 4159 - 4172.

[53] 米国芳，长青. 能源结构和碳排放约束下中国经济增长“尾效”研究 [J]. 干旱区资源与环境，2017，31 (2): 50—55.

[54] 魏军晓，耿元波，王松. 中国水泥碳排放测算的影响因素分析与不确定度计算 [J]. 环境科学学报，2016，36 (11): 4234—4244.

[55] 肖皓，朱俏. 影响力系数与感应度系数的评价与改进 [J]. 管理评论，2015，27 (3): 57—66.

[56] 黄祖南，郑正喜. 复杂产业网络度中心性研究 [J]. 统计研究，2021，38 (5): 147—160.

[57] Benson A R, Gleich D F, Leskovec J. Higher - order organization of complex networks [J]. Science, 2017, 35 (10): 105 - 113.

[58] 徐涵，张庆. 复杂网络上传播动力学模型研究综述 [J]. 情报科学，2020，38 (10): 159—167.

[59] Park S H. Decomposition of industrial energy consumption [J]. Energy Economics, 1992, 14 (4): 265 - 270.

[60] Albrecht J, François D, Schoors K. A Shapley decomposition of carbon emissions without residuals [J]. Energy Policy, 2002, 30 (9): 727 - 736.

[61] Aag, B. W, Liu, et al. A generalized Fisher index approach to energy decomposition analysis [J]. Energy Economics, 2004, 26 (5): 757 - 763.

[62] 李冰. 农村社群关系、农业技术扩散嵌入“三产融合”的路径分析 [J]. 经济问题，2019 (8): 91—98.

[63] Kamatani K. Efficient strategy for the Markov chain Monte Carlo in high - dimension with heavy - tailed target probability distribution [J]. Eprint Arxiv, 2018, 24 (4): 442 - 461.

[64] Hicks J R. Marginal productivity and the principle of variation [J]. Economica, 1932, 35 (35): 79 - 88.

[65] 祝长华，傅元海．技术进步偏向性对中国制造业结构升级的影响研究 [J]. 数理统计与管理，2023，1 (10)：1—22.

[66] 韩国高，张倩．技术进步偏向对工业产能过剩影响的实证研究 [J]. 科学学研究，2019，37 (12)：2157—2167.

[67] Felix K, Pia S, Linda K, Susanne N. Investigating changes in self - evaluation of technical competences in the serious game Serena Supergreen [J]. Metacognition and Learning, 2019, 14 (1): 87 - 96.

[68] 李治国，王杰，车帅．资源型产业依赖如何影响环境质量 [J]. 商业研究，2022 (3)：24—35.

[69] 岳立，韩亮．不同类型资本偏向性技术进步对碳排放效率的影响 [J]. 科技管理研究，2022，42 (14)：211—218.

[70] Nelson, R. R. , S. G. Winter. 1982. An evolutionary theory of economic change [M]. Harvard university press.

[71] 郝枫．超越对数函数要素替代弹性公式修正与估计方法比较 [J]. 数量经济技术经济研究，2015，32 (4)：88—105，122.

[72] 梅韵杰，曾祥艳，闫书丽．三参数区间灰数序列的矩阵型自回归时滞灰色多变量模型 [J]. 中国管理科学，2023，1 (1)：1—11.

[73] 刘畅，姚建明．社区团购场景下供应链末端配送资源整合优化研究 [J]. 管理学报，2022，19 (8)：1231—1239.

[74] Peraza C, Valdez F, Castillo O. A harmony search algorithm comparison with genetic algorithms [M]. Springer International Publishing, 2015.

[75] 张品一，梁锶．基于 ADGA - BP 神经网络模型的金融产业发展趋势仿真与预测 [J]. 管理评论，2019，31 (12)：49—60.

[76] 张建同，丁烨．变邻域模拟退火算法求解速度时变的 VRPTW 问题 [J]. 运筹与管理，2019，28 (11)：77—84.

[77] Singh S, Agrawal S, Tiwari A, et al. Modeling and parameter optimization of hybrid single channel photovoltaic thermal module using genetic algorithms [J]. Solar Energy, 2015, 113 (3): 78 - 87.

[78] Carlos A. Donis - Díaz, Bello R, Kacprzyk J. Using ant colony opti-

mization and genetic algorithms for the linguistic summarization of creep data [M]. Springer International Publishing, 2015.

[79] Shivasankaran N, Kumar P S, Raja K V. Hybrid sorting immune simulated annealing algorithm for flexible job shop scheduling [J]. International Journal of Computational Intelligence Systems, 2015, 8 (3): 455 - 466.

[80] 张建同，丁烨．变邻域模拟退火算法求解速度时变的 VRPTW 问题 [J]. 运筹与管理，2019，28 (11)：77—84.

[81] Almutairi H, Elhedhli S. Carbon tax based on the emission factor [J]. Journal of Global Optimization, 2014, 58 (4): 795 - 815.

[82] 成琼文，陆思宇．经济政策不确定性、环境管制与绿色创新 [J]. 华东经济管理，2022，36 (11)：44—53.

[83] 黄庆华，胡江峰，陈习定．环境规制与绿色全要素生产率 [J]. 中国人口·资源与环境，2018 (11)：140—149.

[84] Michalek G, Schwarze R. Carbon leakage [J]. Environment, Development and Sustainability, 2015, 17 (6): 1471 - 1492.

[85] 魏泽盛，杨屹，魏泽龙．悖论认知、制度环境与绿色绩效的关系研究 [J]. 管理评论，2018，30 (11)：76—85.

[86] Mallaburn P S, Eyre N. Lessons from energy efficiency policy and programs in the UK from 1973 to 2013 [J]. Energy Efficiency, 2014, 7 (1): 23 - 41.

[87] George N I, Ojonugwa Un, Samuel A S. Testing the role of oil production in the environmental Kuznets curve of oil producing countries [J]. Science of the Total Environment, 2020 (1), 711 - 718.

[88] 李建豹，黄贤金，揣小伟．基于碳排放总量和强度约束的碳排放配额分配研究 [J]. 干旱区资源与环境，2020，34 (12)：72—77.

附录　新旧常态时期各年份产业碳足迹

附表 1　　1987 年中国细分产业碳足迹　　（单位：万吨 CO_2）

产业	直接碳足迹	间接碳足迹	全碳足迹	产业	直接碳足迹	间接碳足迹	全碳足迹	产业	直接碳足迹	间接碳足迹	全碳足迹
D1	7395.6	14019.1	21414.7	D10	2990.8	3350.5	6341.3	D19	409.1	1395.5	1804.6
D2	12697.9	1006.5	13704.4	D11	33556.3	11798.5	45354.8	D20	142.5	3990.3	4132.8
D3	3150.2	904.9	4055.1	D12	23736.0	13385.1	37121.1	D21	1523.5	11995.7	13519.2
D4	885.5	929.3	1814.8	D13	21286.5	9689.3	30975.8	D22	44051.0	3261.6	47312.6
D5	742.3	273.9	1016.2	D14	29838.0	7963.9	37801.9	D23	14.4	28.7	43.1
D6	6055.5	9069.7	15125.2	D15	978.2	1319.9	2298.1	D24	2143.3	27021.8	29165.1
D7	4396.5	3940.4	8336.9	D16	3951.8	23355.9	27307.7	D25	8970.2	4353.5	13323.7
D8	613.8	3273.6	3887.4	D17	1678.5	25769.7	27448.2	D26	1836.3	3919.5	5755.8
D9	698.5	857.5	1556.0	D18	1023.5	4256.5	5280.0	D27	5080.5	22619.8	27700.3

附表 2　　1988 年中国细分产业碳足迹　　（单位：万吨 CO_2）

产业	直接碳足迹	间接碳足迹	全碳足迹	产业	直接碳足迹	间接碳足迹	全碳足迹	产业	直接碳足迹	间接碳足迹	全碳足迹
D1	7749.6	15718.3	23467.9	D10	3252.6	3637.7	6890.3	D19	429.2	1956.8	2386.0
D2	12637.9	1001.6	13639.5	D11	35303.5	12406.3	47709.8	D20	132.5	3559.9	3692.4
D3	3573.1	1026.0	4599.1	D12	24827.8	13989.0	38816.8	D21	1752.7	13639.4	15392.1
D4	923.1	967.3	1890.4	D13	22652.1	10303.8	32955.9	D22	49750.1	3683.2	53433.3
D5	786.5	290.0	1076.5	D14	31518.6	8409.0	39927.6	D23	16.7	33.2	49.9
D6	6461.1	9655.5	16116.6	D15	1067.5	1437.5	2505.0	D24	1900.3	23513.5	25413.8
D7	4788.4	4285.9	9074.3	D16	4139.5	24250.3	28389.8	D25	9250.3	4486.2	13736.5
D8	689.1	3646.5	4335.6	D17	1873.4	28114.1	29987.5	D26	2107.9	4484.9	6592.8
D9	725.7	889.3	1615.0	D18	1088.4	4386.2	5474.6	D27	5836.6	25813.4	31650.0

附表 3　　1989 年中国细分产业碳足迹　　（单位：万吨 CO_2）

产业	直接碳足迹	间接碳足迹	全碳足迹	产业	直接碳足迹	间接碳足迹	全碳足迹	产业	直接碳足迹	间接碳足迹	全碳足迹
D1	7472.1	14474.5	21946.6	D10	3378.9	3785.4	7164.3	D19	445.2	1782.2	2227.4
D2	14126.1	1119.7	15245.8	D11	37882.2	13319.6	51201.8	D20	155.2	4347.7	4502.9
D3	3866.9	1110.8	4977.7	D12	26473.9	14929.1	41403.0	D21	1998.1	15733.4	17731.5
D4	1024.1	1074.8	2098.9	D13	23093.3	10511.7	33605.0	D22	53456.7	3958.0	57414.7
D5	805.9	297.3	1103.2	D14	32144.9	8579.6	40724.5	D23	18.3	36.4	54.7
D6	6908.9	10347.8	17256.7	D15	1199.2	1618.1	2817.3	D24	1952.6	24617.6	26570.2
D7	4985.3	4468.1	9453.4	D16	4312.4	25487.5	29799.9	D25	9525.8	4623.2	14149.0
D8	712.2	3798.9	4511.1	D17	1988.2	30524.2	32512.4	D26	2322.8	4958.0	7280.8
D9	752.2	923.5	1675.7	D18	1140.2	4622.8	5763.0	D27	6092.7	27126.4	33219.1

附表 4　　1990 年中国细分产业碳足迹　　（单位：万吨 CO_2）

产业	直接碳足迹	间接碳足迹	全碳足迹	产业	直接碳足迹	间接碳足迹	全碳足迹	产业	直接碳足迹	间接碳足迹	全碳足迹
D1	7523.0	14644.8	22167.8	D10	3375.3	3779.2	7154.5	D19	402.7	1609.0	2011.7
D2	15830.6	1254.7	17085.3	D11	37426.7	13157.1	50583.8	D20	149.4	4124.9	4274.3
D3	4329.4	1243.5	5572.9	D12	27326.3	15405.4	42731.7	D21	2531.6	19855.4	22387.0
D4	996.3	1045.1	2041.4	D13	21701.0	9875.7	31576.7	D22	56896.6	4212.6	61109.2
D5	803.6	296.5	1100.1	D14	34307.6	9155.6	43463.2	D23	19.3	38.3	57.6
D6	6929.7	10371.3	17301.0	D15	1278.2	1723.5	3001.7	D24	1905.8	23877.6	25783.4
D7	4955.6	4439.6	9395.2	D16	4421.3	26054.3	30475.6	D25	9442.8	4581.7	14024.5
D8	648.1	3447.8	4095.9	D17	1945.5	29640.0	31585.5	D26	2325.7	4958.9	7284.6
D9	774.2	949.9	1724.1	D18	1123.5	4545.7	5669.2	D27	6192.9	27511.0	33703.9

附表 5　　1991 年中国细分产业碳足迹　　（单位：万吨 CO_2）

产业	直接碳足迹	间接碳足迹	全碳足迹	产业	直接碳足迹	间接碳足迹	全碳足迹	产业	直接碳足迹	间接碳足迹	全碳足迹
D1	7607.3	15279.5	22886.8	D10	3486.3	3905.6	7391.9	D19	432.8	1732.5	2165.3
D2	17470.2	1384.8	18855.0	D11	37668.9	13244.5	50913.4	D20	168.6	4720.8	4889.4
D3	5019.2	1441.8	6461.0	D12	28867.8	16279.1	45146.9	D21	2210.5	17405.9	19616.4
D4	968.2	1016.2	1984.4	D13	22555.9	10267.1	32823.0	D22	62079.9	4596.5	66676.4
D5	831.8	306.9	1138.7	D14	36434.8	9724.6	46159.4	D23	21.4	42.7	64.1
D6	7148.8	10707.1	17855.9	D15	1294.1	1746.2	3040.3	D24	1999.5	25209.2	27208.7
D7	5025.4	4504.1	9529.5	D16	4512.8	26671.5	31184.3	D25	9746.3	4730.2	14476.5
D8	693.2	3697.5	4390.7	D17	2099.1	32226.6	34325.7	D26	2229.3	4758.5	6987.8
D9	798.2	980.0	1778.2	D18	1058.1	4290.0	5348.1	D27	6960.0	30987.7	37947.7

附表 6　　**1992 年中国细分产业碳足迹**　　（单位：万吨 CO_2）

产业	直接碳足迹	间接碳足迹	全碳足迹	产业	直接碳足迹	间接碳足迹	全碳足迹	产业	直接碳足迹	间接碳足迹	全碳足迹
D1	6970.5	11938.4	18908.9	D10	3668.6	4118.2	7786.8	D19	421.8	1700.7	2122.5
D2	17012.0	1348.6	18360.6	D11	42270.9	14872.0	57142.9	D20	142.6	4204.7	4347.3
D3	5423.6	1558.8	6982.4	D12	29893.3	16874.5	46767.8	D21	2115.5	16896.8	19012.3
D4	1088.3	1144.4	2232.7	D13	23476.9	10695.1	34172.0	D22	69268.3	5129.4	74397.7
D5	866.7	320.0	1186.7	D14	39111.9	10444.1	49556.0	D23	25.0	49.9	74.9
D6	7403.2	11118.2	18521.4	D15	1288.5	1742.8	3031.3	D24	2197.5	28349.3	30546.8
D7	5217.9	4684.2	9902.1	D16	4715.2	28167.9	32883.1	D25	10102.4	4907.3	15009.7
D8	712.5	3836.9	4549.4	D17	2145.1	33869.1	36014.2	D26	2351.5	5038.6	7390.1
D9	853.6	1050.4	1904.0	D18	1024.4	4183.9	5208.3	D27	7462.4	33492.6	40955.0

附表 7　　**1993 年中国细分产业碳足迹**　　（单位：万吨 CO_2）

产业	直接碳足迹	间接碳足迹	全碳足迹	产业	直接碳足迹	间接碳足迹	全碳足迹	产业	直接碳足迹	间接碳足迹	全碳足迹
D1	7184.3	13172.6	20356.9	D10	3951.2	4434.4	8385.6	D19	457.1	1841.7	2298.8
D2	17293.3	1370.9	18664.2	D11	42350.1	14898.9	57249.0	D20	163.1	4783.2	4946.3
D3	6431.4	1848.3	8279.7	D12	31425.9	17737.6	49163.5	D21	2345.4	18703.5	21048.9
D4	1123.2	1180.8	2304.0	D13	25634.8	11677.0	37311.8	D22	78625.8	5822.3	84448.1
D5	895.3	330.5	1225.8	D14	45231.5	12077.6	57309.1	D23	42.5	84.8	127.3
D6	7725.4	11598.6	19324.0	D15	1312.5	1774.7	3087.2	D24	1995.2	25673.5	27668.7
D7	5123.5	4598.6	9722.1	D16	4465.1	26642.0	31107.1	D25	10192.3	4950.5	15142.8
D8	688.2	3702.6	4390.8	D17	2213.5	34837.6	37051.1	D26	2351.5	5036.5	7388.0
D9	861.2	1059.5	1920.7	D18	994.2	4057.0	5051.2	D27	8236.2	36932.8	45169.0

附表 8　　**1994 年中国细分产业碳足迹**　　（单位：万吨 CO_2）

产业	直接碳足迹	间接碳足迹	全碳足迹	产业	直接碳足迹	间接碳足迹	全碳足迹	产业	直接碳足迹	间接碳足迹	全碳足迹
D1	7234.2	13709.3	20943.5	D10	4398.3	4941.2	9339.5	D19	487.1	1969.6	2456.7
D2	18951.8	1502.5	20454.3	D11	45078.2	15863.6	60941.8	D20	155.8	4690.4	4846.2
D3	7709.2	2216.1	9925.3	D12	34034.0	19219.5	53253.5	D21	2828.4	22718.2	25546.6
D4	1068.1	1123.9	2192.0	D13	26365.2	12014.7	38379.9	D22	83688.0	6197.5	89885.5
D5	941.9	347.8	1289.7	D14	48591.8	12977.9	61569.7	D23	61.2	122.5	183.7
D6	7913.9	11897.7	19811.6	D15	1328.6	1798.7	3127.3	D24	1768.2	23018.6	24786.8
D7	5261.7	4726.4	9988.1	D16	4642.3	27848.9	32491.2	D25	11005.3	5347.7	16353.0
D8	614.4	3321.4	3935.8	D17	1985.4	31697.6	33683.0	D26	2739.8	5879.4	8619.2
D9	821.6	1011.8	1833.4	D18	932.7	3820.1	4752.8	D27	9090.4	40928.2	50018.6

附表 9　　1995 年中国细分产业碳足迹　　（单位：万吨 CO_2）

产业	直接碳足迹	间接碳足迹	全碳足迹	产业	直接碳足迹	间接碳足迹	全碳足迹	产业	直接碳足迹	间接碳足迹	全碳足迹
D1	7782.7	16966.3	24749.0	D10	4706.0	5285.7	9991.7	D19	371.4	1500.5	1871.9
D2	16706.1	1324.4	18030.5	D11	52588.5	18505.3	71093.8	D20	180.8	5410.6	5591.4
D3	7855.5	2258.0	10113.5	D12	37817.0	21353.3	59170.3	D21	2051.9	16454.9	18506.8
D4	912.2	959.7	1871.9	D13	29257.7	13331.6	42589.3	D22	92247.6	6831.3	99078.9
D5	1095.2	404.4	1499.6	D14	54458.1	14544.0	69002.1	D23	86.3	172.7	259.0
D6	8803.0	13230.4	22033.4	D15	1464.5	1982.1	3446.6	D24	1641.3	21311.3	22952.6
D7	5397.0	4847.1	10244.1	D16	4446.0	26638.8	31084.8	D25	11400.7	5539.3	16940.0
D8	816.7	4410.4	5227.1	D17	2101.0	33435.5	35536.5	D26	2963.0	6355.6	9318.6
D9	816.7	1005.6	1822.3	D18	888.1	3634.7	4522.8	D27	8167.5	36740.1	44907.6

附表 10　　1996 年中国细分产业碳足迹　　（单位：万吨 CO_2）

产业	直接碳足迹	间接碳足迹	全碳足迹	产业	直接碳足迹	间接碳足迹	全碳足迹	产业	直接碳足迹	间接碳足迹	全碳足迹
D1	7940.3	17975.1	25915.4	D10	4593.6	5160.7	9754.3	D19	349.5	1413.3	1762.8
D2	18853.3	1494.7	20348.0	D11	53490.6	18824.1	72314.7	D20	155.7	4688.3	4844.0
D3	8353.1	2401.2	10754.3	D12	39600.3	22362.8	61963.1	D21	1275.2	10242.6	11517.8
D4	988.6	1040.3	2028.9	D13	29559.1	13470.1	43029.2	D22	104016.1	7703.0	111719.1
D5	1155.8	426.8	1582.6	D14	53870.3	14387.7	68258.0	D23	70.6	141.3	211.9
D6	8677.7	13046.0	21723.7	D15	1535.6	2078.9	3614.5	D24	1713.0	22299.8	24012.8
D7	4766.1	4281.3	9047.4	D16	4815.6	28888.2	33703.8	D25	11339.9	5510.2	16850.1
D8	627.5	3391.9	4019.4	D17	2143.1	34215.5	36358.6	D26	3218.0	6905.6	10123.6
D9	817.6	1006.9	1824.5	D18	878.0	3596.0	4474.0	D27	8987.8	40466.5	49454.3

附表 11　　1997 年中国细分产业碳足迹　　（单位：万吨 CO_2）

产业	直接碳足迹	间接碳足迹	全碳足迹	产业	直接碳足迹	间接碳足迹	全碳足迹	产业	直接碳足迹	间接碳足迹	全碳足迹
D1	8014.3	17617.0	25631.3	D10	4279.3	4792.5	9071.8	D19	346.1	1383.6	1729.7
D2	19305.3	1530.2	20835.5	D11	53183.1	18697.4	71880.5	D20	131.7	3657.6	3789.3
D3	10684.9	3069.1	13754.0	D12	35794.4	20181.7	55976.1	D21	1431.0	11241.2	12672.2
D4	837.7	878.9	1716.6	D13	27898.0	12697.0	40595.0	D22	107389.3	7951.1	115340.4
D5	1080.3	398.6	1478.9	D14	53999.4	14411.5	68410.9	D23	61.2	121.8	183.0
D6	7810.9	11693.5	19504.4	D15	1294.4	1745.8	3040.2	D24	1651.4	20742.2	22393.6
D7	4318.7	3869.7	8188.4	D16	4031.8	23786.7	27818.5	D25	14314.4	6946.2	21260.6
D8	555.9	2960.5	3516.4	D17	2001.6	30587.7	32589.3	D26	2943.8	6279.5	9223.3
D9	751.3	922.1	1673.4	D18	807.4	3269.3	4076.7	D27	6814.3	30298.3	37112.6

附表 12 **1998 年中国细分产业碳足迹** （单位：万吨 CO_2）

产业	直接碳足迹	间接碳足迹	全碳足迹	产业	直接碳足迹	间接碳足迹	全碳足迹	产业	直接碳足迹	间接碳足迹	全碳足迹
D1	8270.8	19287.4	27558.2	D10	4179.3	4683.1	8862.4	D19	362.1	1450.6	1812.7
D2	16280.2	1290.5	17570.7	D11	55033.8	19351.5	74385.3	D20	127.1	3579.1	3706.2
D3	10618.8	3050.5	13669.3	D12	34463.2	19436.6	53899.8	D21	1121.2	8842.4	9963.6
D4	789.7	828.9	1618.6	D13	25996.8	11834.4	37831.2	D22	103562.5	7668.1	111230.6
D5	1009.3	372.4	1381.7	D14	51601.2	13773.2	65374.4	D23	81.0	161.5	242.5
D6	7342.0	10999.9	18341.9	D15	1309.4	1767.2	3076.6	D24	2134.2	26975.4	29109.6
D7	3859.3	3459.6	7318.9	D16	3282.5	19423.3	22705.8	D25	15846.9	7691.7	23538.6
D8	648.7	3463.6	4112.3	D17	1833.0	28226.8	30059.8	D26	3163.7	6755.8	9919.5
D9	735.5	903.3	1638.8	D18	707.5	2870.7	3578.2	D27	6295.1	28052.5	34347.6

附表 13 **1999 年中国细分产业碳足迹** （单位：万吨 CO_2）

产业	直接碳足迹	间接碳足迹	全碳足迹	产业	直接碳足迹	间接碳足迹	全碳足迹	产业	直接碳足迹	间接碳足迹	全碳足迹
D1	8280.1	19727.9	28008.0	D10	3660.4	4107.6	7768.0	D19	355.8	1432.7	1788.5
D2	14408.2	1142.2	15550.4	D11	58884.6	20715.0	79599.6	D20	140.8	4116.5	4257.3
D3	11503.4	3305.9	14809.3	D12	31717.1	17901.0	49618.1	D21	849.5	6768.6	7618.1
D4	619.1	650.8	1269.9	D13	24732.9	11265.7	35998.6	D22	106471.9	7884.2	114356.1
D5	1060.8	391.6	1452.4	D14	50991.1	13615.1	64606.2	D23	139.1	277.9	417.0
D6	7013.7	10528.5	17542.2	D15	1181.4	1597.3	2778.7	D24	2050.4	26349.6	28400.0
D7	3387.4	3040.1	6427.5	D16	2945.6	17564.8	20510.4	D25	18037.0	8760.2	26797.2
D8	658.5	3540.6	4199.1	D17	1918.3	30145.0	32063.3	D26	3380.0	7237.7	10617.7
D9	632.1	777.5	1409.6	D18	688.6	2809.1	3497.7	D27	6942.2	31116.4	38058.6

附表 14 **2000 年中国细分产业碳足迹** （单位：万吨 CO_2）

产业	直接碳足迹	间接碳足迹	全碳足迹	产业	直接碳足迹	间接碳足迹	全碳足迹	产业	直接碳足迹	间接碳足迹	全碳足迹
D1	8334.5	20205.3	28539.8	D10	3815.2	4283.8	8099.0	D19	312.9	1262.8	1575.7
D2	13723.3	1087.9	14811.2	D11	63849.9	22465.7	86315.6	D20	109.4	3244.8	3354.2
D3	12617.3	3626.5	16243.8	D12	31622.2	17852.5	49474.7	D21	780.6	6245.1	7025.7
D4	621.7	653.9	1275.6	D13	22762.6	10370.6	33133.2	D22	112156.5	8305.5	120462.0
D5	1013.6	374.3	1387.9	D14	49977.5	13346.3	63323.8	D23	99.1	198.2	297.3
D6	5901.3	8865.4	14766.7	D15	1003.3	1357.4	2360.7	D24	2148.1	27783.6	29931.7
D7	3073.4	2759.5	5832.9	D16	2448.7	14645.7	17094.4	D25	19250.0	9351.6	28601.6
D8	531.4	2865.0	3396.4	D17	1651.3	26154.0	27805.3	D26	3217.6	6897.4	10115.0
D9	557.5	686.1	1243.6	D18	543.6	2221.9	2765.5	D27	7202.8	32356.6	39559.4

附表 15　　2001 年中国细分产业碳足迹　　（单位：万吨 CO_2）

产业	直接碳足迹	间接碳足迹	全碳足迹	产业	直接碳足迹	间接碳足迹	全碳足迹	产业	直接碳足迹	间接碳足迹	全碳足迹
D1	8447.7	21351.5	29799.2	D10	3795.0	4268.2	8063.2	D19	334.9	1359.6	1694.5
D2	13980.1	1108.4	15088.5	D11	65979.4	23227.2	89206.6	D20	108.2	3359.4	3467.6
D3	12878.4	3703.2	16581.6	D12	30725.0	17360.6	48085.6	D21	696.7	5641.1	6337.8
D4	623.8	657.1	1280.9	D13	21184.5	9658.2	30842.7	D22	117178.0	8678.3	125856.3
D5	1174.4	433.9	1608.3	D14	50868.6	13589.7	64458.3	D23	95.0	190.6	285.6
D6	6092.4	9173.1	15265.5	D15	1072.1	1453.4	2525.5	D24	2250.2	29680.1	31930.3
D7	3115.8	2801.4	5917.2	D16	2453.7	14808.2	17261.9	D25	19641.6	9548.9	29190.5
D8	521.9	2836.7	3358.6	D17	1731.3	28088.3	29819.6	D26	3277.6	7048.8	10326.4
D9	879.6	1084.6	1964.2	D18	547.4	2251.5	2798.9	D27	7430.5	33606.1	41036.6

附表 16　　2002 年中国细分产业碳足迹　　（单位：万吨 CO_2）

产业	直接碳足迹	间接碳足迹	全碳足迹	产业	直接碳足迹	间接碳足迹	全碳足迹	产业	直接碳足迹	间接碳足迹	全碳足迹
D1	8830.5	23580.3	32410.8	D10	3924.7	4412.6	8337.3	D19	395.6	1604.1	1999.7
D2	14779.6	1171.8	15951.4	D11	71075.4	25018.6	96094.0	D20	112.3	3455.1	3567.4
D3	13548.2	3895.4	17443.6	D12	31896.1	18019.3	49915.4	D21	683.6	5521.8	6205.4
D4	653.2	687.9	1341.1	D13	20979.1	9563.3	30542.4	D22	132521.0	9814.4	142335.4
D5	1239.9	458.0	1697.9	D14	56395.3	15064.9	71460.2	D23	85.0	170.5	255.5
D6	5794.6	8720.7	14515.3	D15	1132.9	1535.3	2668.2	D24	2387.7	31369.4	33757.1
D7	2979.7	2678.3	5658.0	D16	2433.3	14658.4	17091.7	D25	21067.0	10240.3	31307.3
D8	538.1	2920.1	3458.2	D17	1724.8	27848.7	29573.4	D26	3358.6	7218.2	10576.8
D9	550.1	678.0	1228.1	D18	529.4	2174.5	2703.9	D27	7473.4	33754.3	41227.7

附表 17　　2003 年中国细分产业碳足迹　　（单位：万吨 CO_2）

产业	直接碳足迹	间接碳足迹	全碳足迹	产业	直接碳足迹	间接碳足迹	全碳足迹	产业	直接碳足迹	间接碳足迹	全碳足迹
D1	8971.4	24534.5	33505.9	D10	4165.0	4684.4	8849.4	D19	399.2	1620.6	2019.8
D2	20869.0	1654.6	22523.6	D11	81739.4	28775.3	110514.7	D20	158.4	4919.0	5077.4
D3	15519.0	4462.5	19981.5	D12	34810.1	19668.8	54478.9	D21	626.3	5071.2	5697.5
D4	765.4	806.3	1571.7	D13	25208.2	11492.7	36700.9	D22	161109.5	11931.9	173041.4
D5	1242.5	459.0	1701.5	D14	69309.4	18516.2	87825.6	D23	91.7	184.0	275.7
D6	6030.6	9080.0	15110.6	D15	1024.4	1388.8	2413.2	D24	2501.5	32994.9	35496.4
D7	3207.1	2883.5	6090.6	D16	2675.0	16143.9	18818.9	D25	23921.3	11629.5	35550.8
D8	586.7	3188.8	3775.5	D17	1758.2	28525.7	30283.9	D26	3747.7	8059.6	11807.3
D9	665.0	820.0	1485.0	D18	570.5	2346.1	2916.6	D27	7352.0	33251.2	40603.2

附表 18 **2004 年中国细分产业碳足迹** （单位：万吨 CO_2）

产业	直接碳足迹	间接碳足迹	全碳足迹	产业	直接碳足迹	间接碳足迹	全碳足迹	产业	直接碳足迹	间接碳足迹	全碳足迹
D1	10944.7	25377.6	36322.3	D10	5803.2	6505.6	12308.8	D19	468.4	1879.7	2348.1
D2	20885.0	1655.5	22540.5	D11	110922.7	39009.1	149931.8	D20	95.0	2706.4	2801.4
D3	5633.0	1618.4	7251.4	D12	35134.2	19819.5	54953.7	D21	1295.4	10248.1	11543.5
D4	775.1	814.0	1589.1	D13	35243.2	16046.5	51289.7	D22	192386.7	14245.3	206632.0
D5	1154.2	426.0	1580.2	D14	82386.7	21992.8	104379.5	D23	77.7	154.9	232.6
D6	5771.3	8651.8	14423.1	D15	1029.6	1390.4	2420.0	D24	2813.3	35740.2	38553.5
D7	4419.8	3963.4	8383.2	D16	3072.0	18221.0	21293.0	D25	28145.4	13663.7	41809.1
D8	746.6	3994.8	4741.4	D17	2140.5	33167.7	35308.2	D26	4129.5	8825.7	12955.2
D9	832.7	1023.2	1855.9	D18	609.2	2475.8	3085.0	D27	8116.6	36233.9	44350.5

附表 19 **2005 年中国细分产业碳足迹** （单位：万吨 CO_2）

产业	直接碳足迹	间接碳足迹	全碳足迹	产业	直接碳足迹	间接碳足迹	全碳足迹	产业	直接碳足迹	间接碳足迹	全碳足迹
D1	11187.9	26197.4	37385.3	D10	6420.9	7185.2	13606.1	D19	562.4	2242.4	2804.8
D2	26317.5	2085.9	28403.4	D11	118089.3	41506.1	159595.4	D20	91.1	2481.7	2572.8
D3	5865.3	1684.4	7549.7	D12	40542.1	22849.5	63391.6	D21	1064.8	8318.9	9383.7
D4	873.6	915.9	1789.5	D13	36384.1	16553.9	52938.0	D22	213122.0	15778.7	228900.7
D5	1394.5	514.3	1908.8	D14	102194.6	27268.8	129463.4	D23	77.8	154.7	232.5
D6	6046.0	9041.9	15087.9	D15	1054.1	1420.4	2474.5	D24	3012.9	37513.6	40526.5
D7	4577.7	4099.2	8676.9	D16	3250.7	19099.5	22350.2	D25	31452.7	15257.5	46710.2
D8	801.0	4249.6	5050.6	D17	2125.4	32136.0	34261.4	D26	4446.3	9470.3	13916.6
D9	848.8	1040.8	1889.6	D18	598.5	2416.6	3015.1	D27	7829.5	34704.3	42533.8

附表 20 **2006 年中国细分产业碳足迹** （单位：万吨 CO_2）

产业	直接碳足迹	间接碳足迹	全碳足迹	产业	直接碳足迹	间接碳足迹	全碳足迹	产业	直接碳足迹	间接碳足迹	全碳足迹
D1	11658.3	29391.3	41049.6	D10	7030.5	7876.2	14906.7	D19	563.7	2256.4	2820.1
D2	28825.8	2284.9	31110.7	D11	133844.1	47060.2	180904.3	D20	92.3	2584.6	2676.9
D3	5188.8	1490.5	6679.3	D12	42400.9	23910.6	66311.5	D21	1030.9	8117.5	9148.4
D4	925.7	971.6	1897.3	D13	36845.7	16771.6	53617.3	D22	241632.5	17890.9	259523.4
D5	1308.9	482.9	1791.8	D14	119972.6	32021.0	151993.6	D23	78.2	155.7	233.9
D6	6065.2	9084.3	15149.5	D15	1070.4	1444.3	2514.7	D24	3134.9	39524.3	42659.2
D7	4895.6	4387.8	9283.4	D16	3871.4	22880.7	26752.1	D25	35153.8	17061.1	52214.9
D8	835.5	4456.5	5292.0	D17	2162.6	33200.5	35363.1	D26	4677.5	9984.0	14661.5
D9	857.3	1052.6	1909.9	D18	599.7	2431.2	3030.9	D27	7866.3	35022.8	42889.1

附表 21　　2007 年中国细分产业碳足迹　　（单位：万吨 CO_2）

产业	直接碳足迹	间接碳足迹	全碳足迹	产业	直接碳足迹	间接碳足迹	全碳足迹	产业	直接碳足迹	间接碳足迹	全碳足迹
D1	11460.2	29033.9	40494.1	D10	7122.7	7997.4	15120.1	D19	557.0	2247.6	2804.6
D2	33097.1	2623.8	35720.9	D11	144489.6	50838.9	195328.5	D20	94.1	2793.0	2887.1
D3	5274.3	1516.0	6790.3	D12	45010.5	25410.9	70421.4	D21	964.9	7718.9	8683.8
D4	970.5	1020.7	1991.2	D13	37424.4	17050.5	54474.9	D22	263357.9	19502.3	282860.2
D5	1400.2	517.0	1917.2	D14	130170.9	34761.5	164932.4	D23	78.6	157.1	235.7
D6	6377.1	9580.1	15957.2	D15	964.8	1305.3	2270.1	D24	3167.5	40968.1	44135.6
D7	5074.7	4556.5	9631.2	D16	4051.8	24233.5	28285.3	D25	39216.6	19051.4	58268.0
D8	847.3	4567.9	5415.2	D17	2219.9	35160.0	37379.9	D26	4987.2	10690.9	15678.1
D9	872.5	1073.8	1946.3	D18	599.6	2450.9	3050.5	D27	7316.3	32866.4	40182.7

附表 22　　2008 年中国细分产业碳足迹　　（单位：万吨 CO_2）

产业	直接碳足迹	间接碳足迹	全碳足迹	产业	直接碳足迹	间接碳足迹	全碳足迹	产业	直接碳足迹	间接碳足迹	全碳足迹
D1	7084.1	22725.0	29809.1	D10	8163.6	9168.2	17331.8	D19	769.2	3106.6	3875.8
D2	36712.8	2910.5	39623.3	D11	148549.4	52271.1	200820.5	D20	126.7	3782.6	3909.3
D3	5817.5	1672.2	7489.7	D12	52292.1	29525.0	81817.1	D21	1060.6	8498.1	9558.7
D4	1166.4	1227.0	2393.4	D13	49353.1	22487.2	71840.3	D22	272193.4	20156.9	292350.3
D5	1515.5	559.6	2075.1	D14	133830.3	35740.7	169571.0	D23	93.5	187.1	280.6
D6	7915.5	11894.7	19810.2	D15	1333.2	1804.2	3137.4	D24	3114.4	40385.7	43500.1
D7	5356.9	4810.6	10167.5	D16	4280.2	25630.3	29910.5	D25	42287.6	20545.3	62832.9
D8	931.9	5029.7	5961.6	D17	2678.0	42550.1	45228.1	D26	4557.6	9774.1	14331.7
D9	1087.4	1338.7	2426.1	D18	776.8	3177.9	3954.7	D27	10629.0	47791.0	58420.0

附表 23　　2009 年中国细分产业碳足迹　　（单位：万吨 CO_2）

产业	直接碳足迹	间接碳足迹	全碳足迹	产业	直接碳足迹	间接碳足迹	全碳足迹	产业	直接碳足迹	间接碳足迹	全碳足迹
D1	7305.7	23928.8	31234.5	D10	8396.0	9423.9	17819.9	D19	744.4	3000.2	3744.6
D2	40472.4	3208.4	43680.8	D11	158591.9	55795.0	214386.9	D20	137.7	4050.5	4188.2
D3	5521.8	1587.0	7108.8	D12	51488.3	29063.0	80551.3	D21	997.7	7962.4	8960.1
D4	1083.1	1138.7	2221.8	D13	50577.9	23040.1	73618.0	D22	287722.8	21306.2	309029.0
D5	1641.1	605.9	2247.0	D14	143619.7	38349.9	181969.6	D23	86.1	172.1	258.2
D6	7837.2	11768.2	19605.4	D15	1335.9	1806.6	3142.5	D24	3409.2	43924.0	47333.2
D7	5111.2	4588.0	9699.2	D16	4954.2	29578.0	34532.2	D25	43159.5	20963.8	64123.3
D8	892.3	4802.7	5695.0	D17	2708.8	42701.6	45410.4	D26	5086.8	10897.2	15984.0
D9	1080.3	1329.1	2409.4	D18	1185.2	4838.5	6023.7	D27	10825.2	48563.8	59389.0

附表 24　　2010 年中国细分产业碳足迹　　（单位：万吨 CO_2）

产业	直接碳足迹	间接碳足迹	全碳足迹	产业	直接碳足迹	间接碳足迹	全碳足迹	产业	直接碳足迹	间接碳足迹	全碳足迹
D1	7798.8	26837.2	34636.0	D10	8926.1	10016.7	18942.8	D19	715.3	2880.7	3596.0
D2	46270.0	3668.0	49938.0	D11	179913.0	63291.6	243204.6	D20	137.8	4027.3	4165.1
D3	5263.1	1512.5	6775.6	D12	51237.2	28918.0	80155.2	D21	1013.8	8077.9	9091.7
D4	1369.4	1439.5	2808.9	D13	49806.8	22686.7	72493.5	D22	299647.9	22188.9	321836.8
D5	1550.3	572.3	2122.6	D14	158553.5	42335.3	200888.8	D23	160.4	320.4	480.8
D6	8154.7	12241.3	20396.0	D15	1208.5	1633.9	2842.4	D24	3908.9	50232.2	54141.1
D7	5477.9	4916.3	10394.2	D16	5161.8	30780.3	35942.1	D25	47241.7	22944.4	70186.1
D8	887.6	4772.4	5660.0	D17	2785.3	43769.0	46554.3	D26	5208.6	11153.5	16362.1
D9	1089.6	1340.2	2429.8	D18	950.9	3878.9	4829.8	D27	11658.5	52255.5	63914.0

附表 25　　2011 年中国细分产业碳足迹　　（单位：万吨 CO_2）

产业	直接碳足迹	间接碳足迹	全碳足迹	产业	直接碳足迹	间接碳足迹	全碳足迹	产业	直接碳足迹	间接碳足迹	全碳足迹
D1	8166.7	29343.0	37509.7	D10	9151.6	10281.3	19432.9	D19	494.1	1997.8	2491.9
D2	49445.7	3920.1	53365.8	D11	190572.0	67064.9	257636.9	D20	96.9	2916.9	3013.8
D3	5176.9	1488.2	6665.1	D12	57216.7	32311.0	89527.7	D21	964.5	7747.1	8711.6
D4	1752.3	1843.9	3596.2	D13	53096.7	24196.3	77293.0	D22	339973.2	25176.8	365150.0
D5	1481.8	547.2	2029.0	D14	173265.2	46275.9	219541.1	D23	103.8	207.8	311.6
D6	8122.6	12211.4	20334.0	D15	1014.2	1373.0	2387.2	D24	4148.7	54008.5	58157.2
D7	4698.3	4220.4	8918.7	D16	5692.4	34147.8	39840.2	D25	50883.4	24725.2	75608.6
D8	781.1	4222.6	5003.7	D17	2693.6	43004.2	45697.8	D26	5781.7	12407.1	18188.8
D9	1049.2	1292.1	2341.3	D18	1338.3	5481.6	6819.9	D27	12840.8	57814.0	70654.8

附表 26　　2012 年中国细分产业碳足迹　　（单位：万吨 CO_2）

产业	直接碳足迹	间接碳足迹	全碳足迹	产业	直接碳足迹	间接碳足迹	全碳足迹	产业	直接碳足迹	间接碳足迹	全碳足迹
D1	8416.4	21005.9	29422.3	D10	9287.1	10439.3	19726.4	D19	620.5	2514.2	3134.7
D2	52572.4	4168.1	56740.5	D11	205504.1	72332.4	277836.5	D20	106.8	3264.0	3370.8
D3	4683.4	1346.5	6029.9	D12	59770.9	33763.0	93533.9	D21	1086.4	8761.4	9847.8
D4	1545.6	1627.2	3172.8	D13	53087.9	24197.8	77285.7	D22	344780.2	25533.8	370314.0
D5	2507.4	926.2	3433.6	D14	176605.7	47174.4	223780.1	D23	141.9	284.3	426.2
D6	8150.4	12262.5	20412.9	D15	1257.4	1703.5	2960.9	D24	4087.0	53554.1	57641.1
D7	4231.6	3802.9	8034.5	D16	4589.4	27614.0	32203.4	D25	56459.6	27441.4	83901.0
D8	808.6	4383.3	5191.9	D17	2716.4	43717.3	46433.7	D26	6188.5	13294.4	19482.9
D9	1021.9	1259.2	2281.1	D18	1234.5	5066.5	6301.0	D27	13708.2	61858.7	75566.9

附表 27　　2013 年中国细分产业碳足迹　　（单位：万吨 CO_2）

产业	直接碳足迹	间接碳足迹	全碳足迹	产业	直接碳足迹	间接碳足迹	全碳足迹	产业	直接碳足迹	间接碳足迹	全碳足迹
D1	10151.5	21896.3	32047.8	D10	11079.9	12468.6	23548.5	D19	466.5	1897.9	2364.4
D2	73540.1	5830.9	79371.0	D11	233624.5	82259.1	315883.6	D20	131.2	4136.5	4267.7
D3	4685.9	1347.6	6033.5	D12	80543.6	45522.6	126066.2	D21	1697.4	13799.6	15497.0
D4	2427.9	2558.8	4986.7	D13	67428.0	30748.1	98176.1	D22	375582.8	27817.0	403399.8
D5	3142.5	1161.1	4303.6	D14	207738.8	55505.3	263244.1	D23	128.2	257.4	385.6
D6	14006.7	21105.2	35111.9	D15	1940.7	2632.8	4573.5	D24	4560.6	60553.2	65113.8
D7	5853.9	5265.5	11119.4	D16	4385.8	26548.6	30934.4	D25	59858.0	29107.3	88965.3
D8	1150.0	6267.6	7417.6	D17	2752.8	45027.3	47780.1	D26	9505.3	20463.8	29969.1
D9	1483.7	1830.6	3314.3	D18	1653.7	6815.3	8469.0	D27	18151.5	82280.3	100431.8

附表 28　　2014 年中国细分产业碳足迹　　（单位：万吨 CO_2）

产业	直接碳足迹	间接碳足迹	全碳足迹	产业	直接碳足迹	间接碳足迹	全碳足迹	产业	直接碳足迹	间接碳足迹	全碳足迹
D1	10508.1	23298.5	33806.6	D10	10204.7	11457.9	21662.6	D19	441.2	1780.6	2221.8
D2	71227.2	5646.7	76873.9	D11	242526.1	85333.3	327859.4	D20	103.3	3064.3	3167.6
D3	4120.3	1184.3	5304.6	D12	85319.6	48167.5	133487.1	D21	1876.9	15615.2	17492.1
D4	2373.5	2496.3	4869.8	D13	71110.2	31942.1	103052.3	D22	350103.2	25926.1	376029.3
D5	3096.0	1143.1	4239.1	D14	214481.6	57276.3	271757.9	D23	104.6	209.2	313.8
D6	12290.0	18462.8	30752.8	D15	1549.3	2096.1	3645.4	D24	4715.2	60986.6	65701.8
D7	4988.2	4478.8	9467.0	D16	4203.7	25141.9	29345.6	D25	61585.8	29918.3	91504.2
D8	1045.3	5635.3	6680.6	D17	2231.2	35339.0	37570.2	D26	9129.2	19569.8	28699.0
D9	1532.5	1886.2	3418.7	D18	1527.1	6242.1	7769.2	D27	17396.3	78148.3	95544.6

附表 29　　2015 年中国细分产业碳足迹　　（单位：万吨 CO_2）

产业	直接碳足迹	间接碳足迹	全碳足迹	产业	直接碳足迹	间接碳足迹	全碳足迹	产业	直接碳足迹	间接碳足迹	全碳足迹
D1	10722.5	24590.3	35312.8	D10	10412.9	11691.7	22104.6	D19	450.2	1816.9	2267.1
D2	72680.8	5761.9	78442.7	D11	247475.6	87074.8	334550.4	D20	105.4	3126.9	3232.3
D3	4204.4	1208.5	5412.9	D12	87060.8	49150.5	136211.3	D21	1915.2	15714.5	17629.7
D4	2422.0	2547.2	4969.2	D13	72561.4	32594.0	105155.4	D22	357248.2	26455.2	383703.4
D5	3159.2	1166.5	4325.6	D14	218858.8	58445.2	277304.0	D23	106.7	213.5	320.2
D6	12540.8	18839.6	31380.4	D15	1580.9	2138.9	3719.8	D24	4811.5	62231.2	67042.7
D7	5090.0	4570.2	9660.2	D16	4289.5	25655.0	29944.5	D25	62842.6	30528.9	93371.5
D8	1066.6	5750.3	6816.9	D17	2276.7	36060.2	38336.9	D26	9315.5	19969.2	29284.7
D9	1563.8	1924.7	3488.5	D18	1558.3	6369.5	7927.8	D27	17751.3	79743.2	97494.5

附表 30　　2016 年中国细分产业碳足迹　　（单位：万吨 CO_2）

产业	直接碳足迹	间接碳足迹	全碳足迹	产业	直接碳足迹	间接碳足迹	全碳足迹	产业	直接碳足迹	间接碳足迹	全碳足迹
D1	10830.8	25242.7	36073.5	D10	10518.1	11809.8	22327.9	D19	454.8	1835.3	2290.1
D2	73415.0	5820.1	79235.1	D11	249975.4	87954.3	337929.7	D20	106.5	3158.4	3264.9
D3	4246.9	1220.7	5467.6	D12	87940.2	49647.0	137587.2	D21	1934.5	15869.5	17804.0
D4	2446.4	2573.0	5019.4	D13	73294.4	32923.2	106217.6	D22	360856.7	26722.4	387579.1
D5	3191.1	1178.2	4369.3	D14	221069.5	59035.6	280105.1	D23	107.8	215.6	323.4
D6	12667.5	19029.9	31697.4	D15	1596.9	2160.5	3757.4	D24	4860.1	62859.8	67719.9
D7	5141.4	4616.3	9757.7	D16	4332.8	25914.2	30247.0	D25	63477.4	30837.3	94314.7
D8	1077.4	5808.4	6885.8	D17	2299.7	36424.5	38724.2	D26	9409.6	20170.9	29580.5
D9	1579.6	1944.1	3523.7	D18	1574.0	6433.9	8007.9	D27	17930.6	80548.7	98479.3

附表 31　　2017 年中国细分产业碳足迹　　（单位：万吨 CO_2）

产业	直接碳足迹	间接碳足迹	全碳足迹	产业	直接碳足迹	间接碳足迹	全碳足迹	产业	直接碳足迹	间接碳足迹	全碳足迹
D1	10939.1	25293.2	36232.3	D10	10570.7	11833.4	22404.1	D19	456.2	1839.0	2295.2
D2	74149.1	5831.7	79980.8	D11	251225.2	88130.2	339355.4	D20	106.8	3164.8	3271.6
D3	4289.4	1223.1	5512.5	D12	88379.9	49746.3	138126.2	D21	1940.4	15901.3	17841.7
D4	2470.9	2578.1	5049.0	D13	73660.8	32989.1	106649.9	D22	361939.3	26775.8	388715.2
D5	3223.0	1180.6	4403.6	D14	222174.8	59153.7	281328.5	D23	108.1	216.1	324.2
D6	12794.1	19067.9	31862.0	D15	1604.9	2164.8	3769.7	D24	4874.7	62985.5	67860.2
D7	5192.8	4625.6	9818.4	D16	4354.4	25966.0	30320.4	D25	63667.8	30899.0	94566.8
D8	1082.8	5820.0	6902.8	D17	2311.2	36497.3	38808.5	D26	9437.8	20211.2	29649.0
D9	1599.4	1948.0	3547.4	D18	1581.9	6446.7	8028.6	D27	17984.4	80709.8	98694.2

附表 32　　2018 年中国细分产业碳足迹　　（单位：万吨 CO_2）

产业	直接碳足迹	间接碳足迹	全碳足迹	产业	直接碳足迹	间接碳足迹	全碳足迹	产业	直接碳足迹	间接碳足迹	全碳足迹
D1	11431.4	26431.4	37862.8	D10	11046.4	12365.9	23412.3	D19	476.7	1921.7	2398.4
D2	77485.9	6094.2	83580.0	D11	262530.4	92096.1	354626.4	D20	111.6	3307.2	3418.8
D3	4482.4	1278.1	5760.5	D12	92357.0	51984.9	144341.9	D21	2027.7	16616.8	18644.5
D4	2582.1	2694.1	5276.2	D13	76975.6	34473.6	111449.1	D22	378226.6	27980.7	406207.3
D5	3368.0	1233.7	4601.8	D14	232172.7	61815.6	293988.3	D23	113.0	225.8	338.8
D6	13369.9	19926.0	33295.9	D15	1677.1	2262.2	3939.3	D24	5094.0	65819.9	70913.9
D7	5426.5	4833.7	10260.2	D16	4550.4	27134.5	31684.9	D25	66532.9	32289.4	98822.3
D8	1131.5	6081.9	7213.4	D17	2415.2	38139.7	40554.9	D26	9862.6	21120.7	30983.3
D9	1671.3	2035.7	3707.0	D18	1653.1	6736.8	8389.9	D27	18793.7	84341.7	103135.4

附表 33　　2019 年中国细分产业碳足迹　　（单位：万吨 CO_2）

产业	直接碳足迹	间接碳足迹	全碳足迹	产业	直接碳足迹	间接碳足迹	全碳足迹	产业	直接碳足迹	间接碳足迹	全碳足迹
D1	10843.1	25183.4	36026.4	D10	9628.4	10826.8	20455.3	D19	615.8	2493.7	3109.5
D2	76583.8	6050.2	82633.9	D11	304082.0	107150.1	411232.0	D20	85.2	2535.1	2620.2
D3	4003.0	1146.6	5149.6	D12	93789.1	53027.4	146816.5	D21	2423.0	19945.0	22368.0
D4	2682.2	2811.0	5493.2	D13	72425.2	32581.0	105006.1	D22	388982.1	28905.2	417887.3
D5	5020.1	1847.1	6867.2	D14	227730.8	60904.5	288635.3	D23	126.2	253.4	379.6
D6	12464.9	18660.5	31125.5	D15	1624.0	2200.4	3824.5	D24	5315.5	68988.5	74304.0
D7	5024.0	4495.3	9519.4	D16	4429.1	26529.7	30958.9	D25	65225.7	31796.8	97022.5
D8	1063.9	5743.8	6807.7	D17	2354.2	37342.9	39697.1	D26	10149.3	21832.2	31981.6
D9	1555.0	1902.4	3457.4	D18	1711.3	7005.4	8716.7	D27	20089.4	90560.2	110649.6

附表 34　　2020 年中国细分产业碳足迹　　（单位：万吨 CO_2）

产业	直接碳足迹	间接碳足迹	全碳足迹	产业	直接碳足迹	间接碳足迹	全碳足迹	产业	直接碳足迹	间接碳足迹	全碳足迹
D1	10797.0	25328.1	36125.1	D10	8909.2	10118.7	19027.9	D19	648.7	2653.2	3301.9
D2	75370.1	6014.0	81384.1	D11	334737.9	119136.3	453874.2	D20	74.2	2231.7	2305.9
D3	3817.2	1104.3	4921.6	D12	94472.6	53949.9	148422.5	D21	2821.9	23461.4	26283.3
D4	2691.9	2849.6	5541.5	D13	71391.3	32438.2	103829.5	D22	389981.8	29270.4	419252.2
D5	6230.6	2315.5	8546.1	D14	228212.7	61645.9	289858.6	D23	136.8	277.5	414.4
D6	12299.8	18598.2	30898.0	D15	1642.1	2247.2	3889.2	D24	5425.0	71116.6	76541.6
D7	4888.4	4417.9	9306.3	D16	4385.9	26534.7	30920.6	D25	63665.2	31347.6	95012.7
D8	1054.9	5752.5	6807.4	D17	1885.5	30208.9	32094.5	D26	10317.7	22417.3	32735.0
D9	1500.3	1853.9	3354.2	D18	1747.2	7224.1	8971.3	D27	20457.4	93144.6	113602.0

附表 35　　2021 年中国细分产业碳足迹　　（单位：万吨 CO_2）

产业	直接碳足迹	间接碳足迹	全碳足迹	产业	直接碳足迹	间接碳足迹	全碳足迹	产业	直接碳足迹	间接碳足迹	全碳足迹
D1	11035.5	26078.2	37113.7	D10	8461.7	9681.2	18143.0	D19	701.4	2889.8	3591.3
D2	76137.2	6120.0	82257.2	D11	378229.3	135607.0	513836.3	D20	66.4	2011.2	2077.6
D3	3736.3	1088.9	4825.2	D12	97677.6	56191.1	153868.7	D21	3373.3	28252.8	31626.1
D4	2773.1	2957.2	5730.3	D13	72233.2	33062.5	105295.7	D22	401323.9	30343.6	431667.5
D5	7937.4	2971.6	10909.0	D14	234743.6	63877.3	298620.9	D23	152.3	311.2	463.5
D6	12457.9	18975.9	31433.8	D15	1704.2	2349.4	4053.5	D24	5683.2	75050.1	80733.3
D7	4882.2	4444.8	9327.0	D16	4458.0	27169.5	31627.5	D25	63785.3	31638.1	95423.5
D8	1073.6	5897.9	6971.6	D17	1550.1	25017.8	26567.9	D26	10766.3	23564.3	34330.6
D9	1485.8	1849.5	3335.3	D18	1831.0	7626.5	9457.5	D27	21383.0	98076.5	119459.5

后　记

公元两千二三年，岁次癸卯，仲夏之月，拙作乃告杀青。时光荏苒，回首来路，虽未敢称凌云之作，然镂心鸟迹，筚路蓝缕。由思路萌芽至付梓出版，整整十年，方磨一剑。写作之艰辛，身心之疲惫，出版之欣慰，非一言以尽之。成书长路，悠悠思绪，感怀之心，因情造文，铭而致谢。

父兮生我，母兮鞠我，衷衷父母，生我够劳！羊有跪乳之思，鸦有反哺之义，唯心怀感恩。学有所成，兹方慰心，恭祝健泰如意，福寿安康！

家有贤妻，劳侍弄家，井井有条。惟愿携子之手，与子偕老！家涵家淇，聪明伶俐，承欢膝下。希冀开心快乐，一生顺遂！

亲朋好友，晓吾以理，博我以知，感吾以情。投以木桃，报以琼瑶！

岁月峥嵘，神州奋起，国家资助，省校重视。诚愿国泰民安，再谱华章！

无冥冥之志者，无昭昭之明。拙作既成，虽有蚁得，然学路漫漫而修远，当念时代及众亲师友，定振奋百倍，精进图强，百尺竿头，更进一步！